航空航天新兴领域高等教育教材

# 航天概论

## Introduction to Aerospace

马志昊　主编

哈爾濱工業大學出版社

## 内容简介

本书作为航天相关基础知识的普及教材，主要从基本概念、简单原理，以及主要应用的角度出发，介绍航天的基本知识，使读者能够把握航天相关的基本概念，理解航天相关的基本原理，了解航天应用中的关键问题，初步建立对航天的整体认识。本书从知识、能力、价值观三位一体的培养目标出发，提供具体化、操作化和目标化的知识点阵列。

本书可作为高等院校飞行器设计、航天器动力学与控制等专业本科生、研究生的教材，也可供相关领域的研究、设计人员参考。


**图书在版编目（CIP）数据**

航天概论／马志昊主编. — 哈尔滨：哈尔滨工业大学出版社，2024. 12. — ISBN 978-7-5767-1812-6

Ⅰ. V4

中国国家版本馆 CIP 数据核字第 2024EC1795 号

**航天概论**

**HANGTIAN GAILUN**

策划编辑　薛　力
责任编辑　薛　力　张志雯　李长波
封面设计　刘　乐
出版发行　哈尔滨工业大学出版社
社　　址　哈尔滨市南岗区复华四道街 10 号　邮编 150006
传　　真　0451-86414749
网　　址　http://hitpress. hit. edu. cn
印　　刷　哈尔滨博奇印刷有限公司
开　　本　787 mm×1 092 mm　1/16　印张 17. 5　字数 460 千字
版　　次　2024 年 12 月第 1 版　2024 年 12 月第 1 次印刷
书　　号　ISBN 978-7-5767-1812-6
定　　价　93. 00 元

（如因印装质量问题影响阅读，我社负责调换）

# 编 审 人 员


顾　问　李　智

主　编　马志昊

编写组　（按笔画排序）

王　阳　刘若炎　刘海洋　佟小雪

张占月　陈维高　胡　敏　陶雪峰

主　审　杜小平

审　定　方宇强　韩　蕾

校　对　陆　瑶

# 前言

人类的活动范围总是随着自身实践能力的提高而不断拓展。自从 1957 年世界上第一颗人造地球卫星发射升空，开辟了人类进入太空的新纪元以来，人类的活动区域便从陆地、海洋和大气层空间迈向了外层空间。航天技术的发展为人类社会的进步和文明的发展带来了巨大的影响，使社会生活、国民经济、国防建设等各个领域发生了深刻的变革。

利用遥感卫星，可以更全面、更及时地获取人类赖以生存的地球及其周围环境的信息，更好地开发地表、海洋和天空的资源，提供更全面准确的天气预报；借助通信卫星，可以实现远距离、大容量传递和中继各类信息，实现信息技术革命；通过导航卫星，可以为地球上任何位置的用户提供实时的定位服务；人类还在近地轨道部署了适合航天员长期生活和工作的空间站，可以进一步开发和利用太空环境，支持人类开展包括生物学、物理学、天文学以及地理学等领域的研究。

20 世纪初，航天先驱齐奥尔科夫斯基曾预言："地球是人类的摇篮，但人类不会永远躺在这个摇篮里，而是会不断探索新的天体和空间。人类首先将小心翼翼地穿过大气层，然后再去征服太阳系空间。"随着航天技术的进步，人类已经先后将 600 余名航天员送入太空；人类的足迹已经登陆月球，正在向火星迈进；人类的探测器早已征服太阳系各大行星，正在也必将最终走向更远的太空深处。

本书作为航天相关基础知识的普及教材，主要从基本概念、简单原理以及主要应用的角度出发，介绍航天的基本知识，使读者能够把握航天相关的基本概念，理解航天相关的基本原理，了解航天应用中的关键问题，初步建立对航天的整体认识，具备一定的知天用天能力。本书的首要目标是传授航天工程基础知识，帮助读者理解这些知识在航天各系统发挥的重要支撑性作用；次要目标是借助丰富的航天知识辐射延伸，帮助读者形成航天工程知识之外的、具有共识性的航天认知架构和价值观。本书共设置了认识太空、进出太空、利用太空及太空安全 4 部分，共 12 章内容。

### （一）认识太空

本部分包括绪论、太空环境、轨道运动和航天器 4 章内容。第 1 章绪论主要介绍航天相关的基本概念、航天发展的历史与现状；第 2 章太空环境主要以航天器运行的日地太空环境为重点，介绍太阳系行星际环境、近地太空环境以及典型的太空环境效应；第 3 章轨道运动主要从运动学角度介绍航天器轨道运动的基本特点与规律，介绍典型的轨道及其应用，从应用实践的角度扩展读者对轨道的理解；第 4 章航天器主要介绍航天器的基本概念、分类，航天器有效载荷和航天器平台的基本构成和相关技术，以及新概念航天器发展方向。

（二）进出太空

本部分包括运载火箭、航天发射与再入返回和航天测控 3 章内容。第 5 章运载火箭主要介绍火箭飞行基本原理、运载火箭系统构成以及工作过程和性能；第 6 章航天发射与再入返回主要介绍航天发射的基本概念和发射要素、航天发射的轨道选择、航天发射场的基本构成和测试发射模式，以及航天再入返回的基本概念、过程以及再入返回航天器的分类，航天器返回轨道的选择以及着陆与回收相关技术；第 7 章航天测控主要介绍航天测控的对象、类型和主要任务，航天器跟踪测量和遥测遥控相关技术。

（三）利用太空

本部分包括卫星通信、卫星导航和卫星遥感 3 章内容。第 8～10 章分别介绍卫星通信、卫星导航及卫星遥感的特点、基本概念和原理、系统组成，以及相关应用和新技术发展方向。

（四）太空安全

本部分包括太空目标监视和太空国际法规 2 章内容。第 11 章太空目标监视介绍太空目标监视的基本概念、能力构成以及主要活动，太空目标特性，以及太空目标监视系统的基本组成和典型应用；第 12 章太空国际法规主要介绍太空国际公约、国际电信联盟法律文件以及太空国际规则谈判相关内容。

本书在编写过程中参考了国内外众多学者的学术成果和专著，谨向这些学者表示感谢。特别感谢中国科学院国家空间科学中心罗冰显研究员、师立勤研究员，他们在本书的编写过程中给予了专业的指导意见。感谢课程组全体教师的辛勤付出，感谢在编写过程中曾提出宝贵意见的各位老师，使本书得以完稿。

限于作者水平，书中难免存在疏漏及不足之处，请读者批评指正。

作　者

**2024 年 10 月于北京**

# 目录

# 第1章
# 绪　论

**本章中，你将学到**

◇ 航天相关的基本概念
◇ 航天发展简史
◇ 人类航天成就

**你应该已经掌握**

◇ 这是一个全新的开始

**内容安排**

本章主要内容包括 3 个部分：

◇ 航天相关的基本概念。主要介绍太空的范畴及特点，航空、航天和航宇的定义及其区别，以及航天系统的概念和组成。
◇ 航天发展简史。主要介绍近代天文学和天体力学等基础理论对航天发展的指导，火箭运动和太空飞行的基本理论的建立及现实实践，以及各国家发射卫星开启航天时代的历程。
◇ 人类航天成就。主要从太空进出、太空利用两方面介绍人类航天发展的重要成就，着重介绍运载工具、载人航天器，应用于通信、导航、遥感和科学试验等领域的先进航天器，以及当前深空探测发展等。

## 1.1　基本概念

航天相关的基本概念，主要包括太空、太阳系、地月系统、航天与航宇等。同时，航空、航天与航宇的联系和区别以及航天系统的概念与基本构成等内容，也是理解航天必备的基础知识。

### 1.1.1　太空

太空也称为空间（space）或外层空间（outer space），简称天，是指地球稠密大气层以外的广阔宇宙空间。国际航空联合会（Fédération Aéronautique Internationale，FAI）定义了大气层与太空的分界线为距离地面 100 km（约 62 mi，mi 即英里）的高度，这一高度也被称为“卡门线①”。

#### 1.1.1.1　太空的范畴

如图 1-1 所示，按照范围尺度，可以将太空划分为近地空间、地月空间、太阳系行星际空

① 此线得名自匈牙利裔美国工程师、物理学家西奥多·冯·卡门。他首次计算出，在这个高度附近，由于大气太过稀薄，因此难以产生足够的升力以实现航空飞行。

间以及星际空间等。

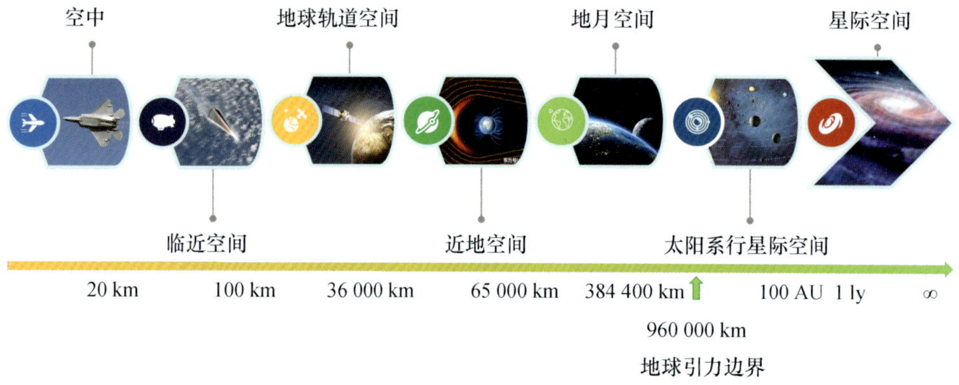


图 1-1 地面以上空间的划分

在考虑航天任务时,近地空间一般指地球轨道空间,即人类发射的人造地球卫星(围绕地球飞行的航天器)所运行的空间,当前,部分人造地球卫星轨道的远地点可达到距离地球表面约 54 000 km。而从太空物理环境的角度考虑,近地空间一般指地球磁层顶以内的空间,在向日面与地球之间的距离约为 10 个地球半径,即约为 65 000 km。在这个空间范围内,太阳风与地球磁场相互作用,形成了相对稳定的近地太空环境。通常将近地空间包含在地月空间中,将地月空间划分为近地空间、月球空间和地月转移空间,其中地球是中心天体,如图 1-2 所示。地月空间主要是指地球至月球之间的太空范围,地月之间的平均距离约为 38.6 万 km。地月满足构成拉格朗日点的条件,存在 5 个地月拉格朗日点。其中 $L_1$ 点位于地月之间距离月球约

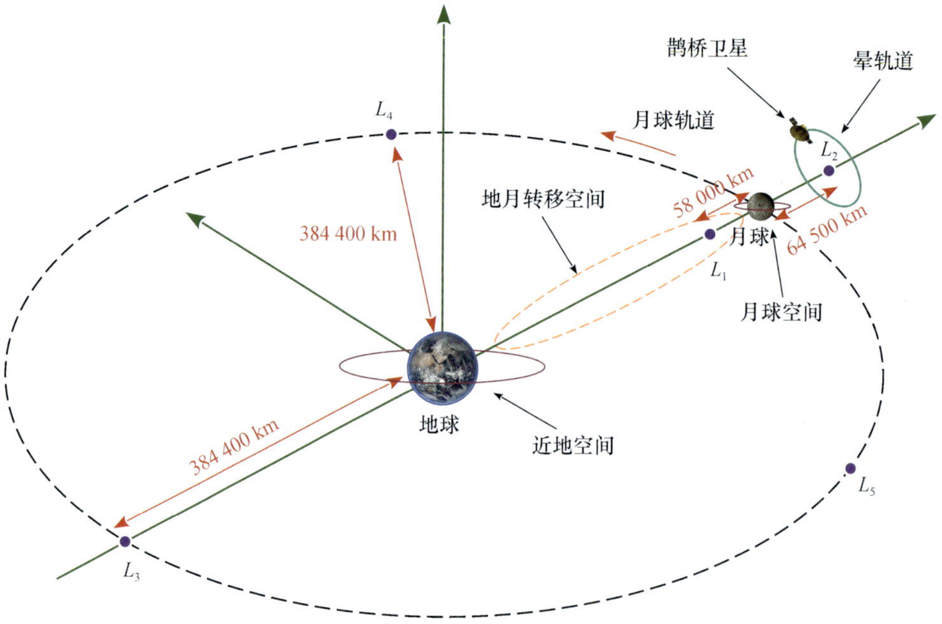


图 1-2 地月空间示意图

5.8 万 km 处；$L_2$ 点位于月球外侧距离月球约 6.5 万 km 处，我国的鹊桥中继卫星就运行在这一点附近的晕轨道上；$L_3$ 点位于地月连线的另一侧，距离地球约 38.6 万 km；$L_4$ 点和 $L_5$ 点是两个平衡点，与地月连线大致构成等边三角形。在地球与月球之间进行轨道转移时，转移轨道可能会远远超出地月之间距离的范围，因此一般认为地月空间的外围与地球之间的距离超过 150 万 km。

太阳系是指受太阳引力约束在一起的天体系统，包括太阳、行星及其卫星、矮行星、小行星、彗星以及行星际物质。太阳大气向外延伸所及的范围称为行星际空间，从日冕一直延伸到太阳系的边缘，即日球层顶。日球层顶是太阳风和宇宙辐射基本平衡的区域，其外边缘到达太阳中心的距离超过了 120 个天文单位①，也就是约 180 亿 km，其厚度大约为 0.5 个天文单位。行星际空间是一个广阔的极高真空的环境，其中的主要物质包括太阳风以及太阳和其他天体所辐射出来的电磁波等。而太阳引力影响的边界要更遥远，其最外层结构为奥尔特云，距离太阳中心约 1 光年②。

太阳系行星际空间之外的太空称为星际空间或宇宙空间。当前的普遍被接受的理论认为，宇宙起源于大约 137 亿年前发生的一次大爆炸，并且宇宙空间还在不断膨胀。目前人类观测到的最远天体距离地球约 320 亿光年。而由于宇宙膨胀和光传播速度的限制，人类观测宇宙的最远距离约为 460 亿光年，这个范围称为可观测宇宙③。

#### 1.1.1.2 太空的特点

**1. 太空空间广阔，资源宝贵**

太空空间广阔，没有边界，具有巨大的开发潜力。以人类当前的技术能力，还无法冲出太阳系，而这仅仅是浩瀚宇宙中的沧海一粟。太阳是银河系中一颗普通的恒星，银河系中的恒星总数大约在 2 000 亿到 4 000 亿颗之间，总质量大约是太阳质量的 1.5 万亿倍。整个宇宙空间由各种形状不同的星系和各类星云构成，它们均由几十至几千亿颗恒星、星际气体和尘埃物质组成。浩瀚宇宙中包含着无数的星系、物质、能量，也隐藏着宇宙起源、人类起源、意识起源等问题的终极答案，这些都等待着人类去探索。

太空可利用的资源比地球要丰富得多。仅从太阳系范围来说，在月球、火星和小行星等天体上，有丰富的矿产资源；在类木行星和彗星上，有丰富的氢能资源；在行星空间和行星际空间，有真空资源、辐射资源、大温差资源，那里的太阳能利用效率也要比地球上高得多。除此之外，太空资源还包括轨道资源和频谱资源，特别是在地球轨道空间，这两类有限的资源实际上是当前太空竞争的热点。

**2. 太空位置高远，俯瞰全球**

从地球轨道空间可以俯瞰全球，实现对地面全天时全天候的不间断侦察与监视。航天器运行于 100 km 以上的太空，居高临下，视野广阔。当轨道高度为 200 km、视角为 20°时，视场

---

① 天文单位(astronomical unit, AU)，天文学中计量天体之间距离的一种单位，等于地球和太阳之间的平均距离，定义为 149 597 870.7 km，一般用以计量太阳系中各天体间的距离。

② 光年(light year, ly)，长度单位，指光在真空中传播一儒略年(365.25 d)所经过的距离，约为 $9.46\times10^{12}$ km，常用于表示天文学距离。

③ 可观测宇宙，又称哈勃体积(Hubble volume)，是一个以观测者为中心的球体空间，在这个空间之外的物体会以超越光速的速度远离观测者，这导致它们发出的光线永远不可能被观测到。

约为 10 000 $km^2$,是飞机视场的 100 倍。一颗地球静止轨道卫星可以覆盖地球表面 40%以上的区域,理论上在地球静止轨道上均匀部署 3 颗卫星就可以实现对除两极外的地球表面的持续覆盖。利用航天器可以大范围地观测地球,预报天气,监视环境,同时可与地域分布广泛的地面终端进行通信。

由于航天器的飞行轨道是环绕地球的椭圆轨道,其飞行过程完全遵循轨道动力学规律,无法随意改变运动轨迹,因此按照现行国际法,太空没有主权属性,也就是说人类有领土、领空、领海,但不能定义领天。太空的无主权属性允许绕地球飞行的航天器合法地飞越地球上任何地点,也使得地球轨道空间成为俯瞰全球的战略制高点。

3. 太空环境复杂,充满挑战

太空环境具有超低温、高真空、大温差、强辐射、微重力等特点。大爆炸后随着宇宙的膨胀,太空背景温度不断降低,平均温度约为-270 ℃。另外,由于太空中基本没有大气,当恒星直射航天器或天体表面时温度会剧烈上升。比如月球表面没有大气层,其向阳面的温度可达到 150 ℃,而背阳面的温度可降低到-180 ℃。太空中的辐射主要来源于各种天体向外辐射的电磁波和高能粒子,包含伽马射线、高能质子和宇宙射线等。在航天器轨道运行的过程中,地球或其他天体对航天器的引力被离心力所抵消,从而在航天器内部形成了微重力环境。

超低温、大温差环境要求航天器必须有高效的热平衡系统,以保持航天器内部温度不超出各种载荷的工作温度范围;高真空、强辐射环境会严重影响航天器材料和芯片的安全,辐射也会对进入太空的航天员造成永久性的辐射损伤。另外,可以利用太空中这些独特环境使工程技术、生物技术、农业技术、医药技术、能源技术等取得新的突破,创造出在地球表面难以获得的成果。

### 1.1.2 航空、航天和航宇

钱学森将人类的飞行活动划分为 3 个阶段,即航空、航天、航宇。航空指航空器(飞行器)在地球大气层(空气空间)中的飞行(航行)活动,涉及与此相关的科研教育、工业制造、公共运输、专业作业、航空运动、国防军事、政府管理等众多领域;航天①是载人或不载人的航天器在太空(外层空间)的航行活动,又称空间飞行或宇宙航行,航天活动的主要目的是探索、开发和利用太空以及地球以外的天体,而当前人类的航天活动主要通过航天器来实现;航宇专指人类在太阳系外从事的飞行活动,即星际航行。

航空与航天主要的区别可以总结为以下 5 个方面。

(1)飞行环境不同。所有航空器都是在稠密大气层中飞行的,现代飞机最大的飞行高度距离地面超过 30 km。即使以后飞机上升高度提高,它也离不开稠密大气层。而航天器冲出稠密大气层后,要在近真空、微重力、强辐射的复杂宇宙空间中,以类似自然天体的运动规律飞行,其运行轨道的近地点高度在 100 km 以上。

(2)动力装置不同。航空器大多应用吸气发动机提供推力,吸收空气中的氧气作氧化剂,本身只携带燃烧剂。而航天器的发射和运行都应用火箭发动机提供推力,既携带燃烧剂又携带氧化剂。吸气发动机包括燃烧剂箱在内都可随飞机多次使用,而发射航天器的运载火箭一

① 航天一词由钱学森首创,在此之前国内普遍采用的是"宇航"一词。钱学森从毛主席的诗句"坐地日行八万里,巡天遥看一千河"中得到启示,提出将人类在大气层之外的飞行称为"航天",而在大气层之内的飞行则应该称为"航空"。

般是一次性使用或有限次重复使用。如航天飞机的固体助推器经过回收可以重复使用 20 次以上，其轨道器液体火箭发动机可以重复使用 50 次以上，但与航空器使用的吸气发动机比较起来，使用次数仍然是很少的。

(3) 工作时限不同。无论是军用还是民用飞机，一般航空器的单次最大航程约 2 万 km，最长飞行时间不超过一昼夜，其活动范围和工作时间都很有限。而航天器在轨道上可持续工作时间非常长，如静止轨道卫星工作寿命可长达 20 年。

(4) 飞行速度不同。现代飞机最快速度是音速的 3 倍多，且大多是军用飞机。至于目前正在使用的客机，都是以亚音速飞行的。而航天器为了不致坠地，都是以非常高的速度在太空中运行。例如，在距地面 600 km 高的圆形轨道上运行的航天器，其速度是地面音速的 22 倍。

(5) 升降方式不同。飞机的升空一般是从起飞线开始滑跑到离开地面，加速爬升到安全高度为止的运动过程。它返回地面降落时只要经过下滑和着陆即可。只有个别飞机如英国的“鹞”型战斗机，采用发动机喷口转向的方式使飞机能够垂直起落，但机身并未竖起，仍处于水平位置。而迄今为止的航天器发射，包括地面和海上的发射，运载火箭都是垂直腾空的。在完成发射过程中，运载火箭要按程序转向和逐级脱离，最终将航天器送入预定轨道运行。

### 1.1.3　航天系统

航天系统主要由航天器系统、航天运输系统、航天发射场系统、航天测控系统、地面运控与应用系统五大部分组成(图 1-3)，而载人航天等工程还包括着陆场、航天员等系统。航天系统以航天器系统、航天运输系统及地面运控与应用系统的建造和应用为核心开展工作。

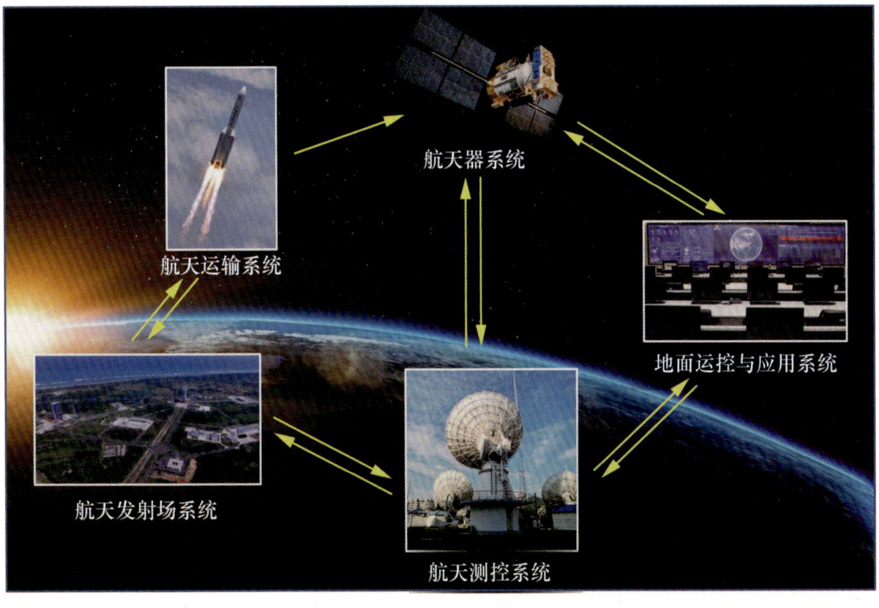


图 1-3　航天五大系统示意图

航天器是为执行一定任务，在地球大气层以外的宇宙空间(太空)基本按照天体力学规律运行的各类飞行器，又称空间飞行器或航天飞行器。航天器系统是执行航天任务的主体，是航天系统中最重要的组成部分,一般由通用平台和有效载荷两部分组成。通用平台主要包括结构与机构分系统、热控分系统、姿态与轨道控制分系统、推进分系统、电源分系统、数据管理分系统和测控分系统等部分。

航天运输系统主要是指各种运载火箭,有时也称为运载火箭系统,一般是由多级火箭组成的航天运载工具,其任务是将人造地球卫星、载人飞船、空间站或深空探测器等航天器送入预定轨道,以实现各类航天器部署、重构、扩充和维护的保障,是大规模开发和利用太空资源的重要力量。

航天发射场是专门供运载火箭发射航天器的场所,也称为航天港或发射中心,是航天系统的重要组成部分。航天发射场负责航天器和运载火箭发射前各项技术准备工作,执行运载火箭的发射操作。

航天测控系统(也称为航天跟踪测控网)是航天系统的重要组成部分,其主要作用是对各飞行阶段的运载火箭和航天器进行跟踪、测量与控制,确保测控对象按照预定的状态和计划完成航天任务。

地面运控与应用系统是部署在地面,对航天器进行运行控制、实行功能管理,并接收、记录和处理航天器数据信息,为各类用户提供航天器数据和服务的系统。

## 1.2 航天发展简史

在人类足迹踏入太空之前,太空一直是安静的、神秘的。天空中闪烁的星星,是人们持续关注的对象。它们到底是什么?我国战国时期诗人屈原在其长诗《天问》中就发出了“天何所沓?十二焉分?日月安属?列星安陈?”的疑问。20世纪初,航天先驱齐奥尔科夫斯基曾经预言:“地球是人类的摇篮,人类决不会永远躺在这个摇篮里,而是会不断探索新的天体和空间。人类首先将小心翼翼地穿过大气层,然后再去征服太阳系空间。”一些大胆的人还想上天去看看,虽然都以失败告终,但太空的神秘一直吸引着人们的好奇心,直到有一天人们在不懈的探索中终于找到了通往太空的“钥匙”,冲破了地球引力的束缚,飞向天际。

### 1.2.1 基础理论的建立

航天思想萌芽于古代人们对太空的向往,但是科学地论证克服地球引力场的条件,只有在经典力学,特别是天体力学的基础上才能做到。随着近代天文学的发展和天体力学的创立,航天活动开始得到理论的指导。

#### 1.2.1.1 近代自然科学提供的条件

16世纪中叶,波兰天文学家哥白尼创立了日心地动说,改变了当时人们对宇宙的认识。之后,天文学家第谷·布拉赫通过大量天文观测获得了有关行星运动的丰富资料。约翰内斯·开普勒①(Johannes Kepler,1571—1630)对第谷的观测资料用数学方法进行了分析计算和研究,发现了行星运动三定律,为经典天文学奠定了基石。1609年,伽利略用自制的望远镜巡

① 德国天文学家、数学家,被誉为“天空立法者”,是第谷·布拉赫的学生,在天文学观测的数据研究及精确度等方面深受其影响。

视星空,使人类对太空的认识产生一个飞跃。伽利略还发现了自由落体定律和惯性原理,为经典力学的发展做出了贡献。1673年,荷兰科学家克里斯蒂安·惠更斯由单摆和圆周运动的实验得出向心力定律。艾萨克·牛顿根据运动的现象研究自然界的力,在1687年发表了他的不朽著作《自然哲学的数学原理》。他在书中提出了万有引力定律和三大运动定律,创立了天体力学,使人们得以从动力学的角度来研究天体的力学运动。经典力学,特别是天体力学是航天先驱们寻求克服地球引力而进入太空的理论基础。

#### 1.2.1.2 科学幻想作品的启迪

科学幻想作品常常寓有科学的预言,能够启发人们做出重大的发明和创造。将天文知识与虚构的故事结合起来的太空飞行幻想小说起源于17世纪。开普勒是最早撰写太空科学幻想小说的作家,他的作品《梦游》描述了人飞到月球的情景。在17世纪的太空幻想小说作家中,法国的西拉诺·德·贝尔热拉克最富有想象力,他设想了多种推进方法,包括火箭和利用太阳能的喷射推进器。1783年第一个载人气球升空后,人们发现垂直向上的飞行能力是极其有限的。高度越高,空气越稀薄,气温越寒冷,人无法忍受。人们从而懂得了航天与大气层内飞行有本质的不同。此后半个世纪,有关太空旅行的科学幻想作品出现了低潮。19世纪60年代这类作品再度兴起。法国艾罗、美国黑尔、德国拉塞维茨和英国威尔斯等作家所写的太空旅行著作吸引了许多读者,而法国著名作家儒勒·凡尔纳的《从地球到月球》及其续集《环游月球》产生的影响更为广泛。这些优秀的科幻作品,在天体运行规律和天体力学等科学原理的基础上,进行推理、演绎,以丰富的想象力,提出许多合理的设想,宣传了航天知识,给人们以鼓舞与启迪,激励了人们对航天的向往和兴趣,影响了许多现代航天的先行者,使他们投身于航天的理论研究和工程实践。

### 1.2.2 火箭理论与实践

有了基础理论的支撑,从20世纪初期开始,一些科学家对摆脱地球引力的手段展开了研究,并提出了很多构想。直至第二次世界大战末期,德国V-2火箭的发射成功,为现代航天技术的发展奠定了基础。

#### 1.2.2.1 航天理论先驱

掌握了天体运行规律后,人们认识到想要进行星际间航行,必须获得足够高的飞行速度。为了指导航天活动,获取星际航行的速度,许多航天先驱着手进行基本理论研究和工程实践,做出了重大贡献。这些先驱者中最著名的有苏联科学家康士坦丁·齐奥尔科夫斯基(1857—1935)、美国科学家罗伯特·戈达德(R. H. Goddard,1882—1945)和德国科学家赫尔曼·奥伯特(Hermann Oberth,1894—1989)(图1-4)等人。

齐奥尔科夫斯基是现代航天和火箭理论的奠基人。他研究了星际航行的运载工具,最早明确阐明了利用反作用装置作为太空飞行推进动力的思想,指明火箭是实现星际航行的理想工具。他以动量守恒定律为依据研究火箭运动,从理论上证明了火箭可以在无大气环境下产生动力,实现航天飞行,并于1897年推导出了被誉为宇宙航行第一公式的火箭运动方程式。他还首先提出利用多级火箭可以获得第一宇宙速度,能够将人造地球卫星送上太空。在他后续的论文和著作中,确定了液体火箭发动机是航天器最适合的动力装置,为运载火箭的发展指

(a)康士坦丁 · 齐奥尔科夫斯基　(b)罗伯特 · 戈达德　(c)赫尔曼 · 奥伯特

图 1-4　近代航天先驱

出了方向,他还研究了卫星轨道和开发太空的设想,提出了为实现星际航行必须设置空间站的设想,以及航天器在地面起飞、在星际空间飞行和在没有大气层的星球表面着陆的条件。齐奥尔科夫斯基所建立的航天学理论基础指导着航天活动的实践。

戈达德被尊称为美国火箭之父,他研究和阐述了宇宙航行学的理论和基本数学原理,提出了将火箭发射到月球的方案。他进行了火箭工作性能的实验,通过实验证明了火箭能在真空中工作,消除了当时许多人的疑虑。他研究了火箭发动机燃烧室和喷管形状对热效率的影响,得出火药火箭比液体燃料火箭效率低的结论,并着手研制液体火箭。1926 年 3 月 16 日,戈达德进行了世界上第一枚液体火箭的发射试验,取得了成功,成为液体燃料火箭创始人。1932 年,他首次利用陀螺控制燃气舵操纵火箭飞行。1935 年,他制造的火箭的速度超过了声速,射程达到 70 km。戈达德的贡献是将航天理论与火箭技术结合起来,使火箭进入实际研制阶段。他不断地改进火箭,最终使火箭达到了可观的高度和速度。他的成就启发和鼓舞了 20 世纪 30 年代一大批火箭研制者。

出生在罗马尼亚的德国籍物理、数学教授奥伯特是德国火箭研制工作的发起者,他的经典理论著作《飞往星际空间的火箭》和《通向航天之路》,论述了摆脱地球引力和载人飞向太空的原理,在德国建立了火箭和宇宙航行学的基本理论。他的著作引起了公众强烈的反响,激发了许多青年的兴趣。1927 年,德国创立星际航行协会,奥伯特担任会长。该协会成为航天人才基地,团结了一批欧洲航天爱好者,开展了液体火箭的研制和试验,进行了宇宙飞船的研究。通过交流与火箭研制活动,布劳恩、瓦利尔、内贝尔等一批著名航天专家得到了锻炼和成长。1938 年,奥伯特在维也纳工程学院开始从事固体火箭研究,并于 1940 年加入德国籍,1941 年参与“V-2”火箭的研制工作。他的贡献主要是在理论方面,对早期火箭技术和航天学的发展产生了较大的影响。

#### 1.2.2.2　火箭研究组织的实践

20 世纪 20 年代以前,齐奥尔科夫斯基等航天先驱者建立了比较完善而系统的火箭运动和太空飞行的基本理论。到了 20 年代中期,他们的理论和非凡成就已逐渐被世人所知,并且在一定程度上得到了承认。在这些先驱者的卓越思想和伟大著作的影响和激励下,欧洲许多国家和美国等都有不少热血青年自发组织起来,成立了有关火箭研究和太空飞行的研究协会或有关组织。这些行动使液体火箭得到了很大发展。可以说,从航天学理论创立到 20 世纪 40 年代德国液体火箭的技术高峰,20 世纪二三十年代的火箭研究组织是其中极其重要的承上启下的环节。

1. 德国星际航行协会

德国星际航行协会创始人是温克勒(J. Winkler)和法利尔(M. Valier)。该协会于 1927 年 6 月 5 日成立,参加首次会议的只有 12 人,会议推举温克勒担任主席。会议确定协会的宗旨是:验证并应用奥伯特的理论,进行火箭与太空飞行的理论和试验研究。由于他们的最终目标是研制宇宙飞船,因此把座右铭定为“宇宙飞船万岁”。协会还决定创办一个刊物《火箭》。为了扩大影响并在公众中宣传航天思想,协会决定编辑出版一本介绍太空飞行知识的著作《太空飞行的可能性》。该书出版后得到热烈反响,又吸引一批年轻人加入到协会中来,其中就有当时只有 19 岁,还在柏林工业大学学习的冯 · 布劳恩。

德国星际航行协会成立初期,经费筹措比较困难,进行的工作也很分散。为了尽早研制发射一枚液体火箭,他们计划先从小型火箭开始研制,并取得了初步成功。之后,他们决定研制新的液体火箭,取名“推进器”。该火箭取得了极大成功,也使协会名声远扬。德国星际航行协会在开始活动的 5 年内,做了大量开拓性的努力,共举办了 23 次火箭和太空飞行展览,进行了 270 次火箭发动机点火试验,进行了 87 次火箭发射试验。

2. 美国火箭学会

美国火箭学会的发起人大多是职业作家或业余作家,这批人有一个共同的爱好:阅读和创作科学幻想小说。1930 年 4 月 4 日,在纽约哈罗尔德论坛报记者爱德华 · 彭德利(E. Pendray)家中,12 个人聚集在一起,发起成立了美国星际航行协会。在成立大会上,《幻想故事》杂志的编辑戴维 · 拉舍(D. Lasser)被选为协会的第一任主席。1930 年 7 月,该协会正式出版了刊物《会志》,后来改名为《航天学》,接着又改名为《美国火箭协会杂志》,最终演变成了《喷气推进》。

1934 年 4 月 6 日,协会更名为美国火箭学会,并成立了一个委员会,开展第一枚液体火箭的研制工作。彭德利和佩尔斯负责第一枚火箭的设计,并按照美国火箭学会的缩写命名为“ARS1”号。“ARS4”火箭取得成功后,学会决定将火箭和发动机研制工作分开,优先开展发动机和试验台的研制。与此同时,美国火箭学会其他成员分别进行火箭结构设计、冷却、火箭运动理论以及火箭应用方面的广泛研究。1936 年,埃弗里科诺(A. Alfricano)基于学会进行的大量研究和试验,设计了一枚高空火箭。这项设计为他和学会赢得了第二届 REP-Hirsch 航天学大奖,使美国火箭学会在世界范围内确立了自己的地位。

3. 苏联的火箭研究协会

苏联在 20 世纪二三十年代,也有几个火箭及太空飞行研究组织,包括 1924 年成立的星际交通协会、1925 年成立的乌克兰太空研究协会等。1928 年 6 月,列宁格勒气体动力学实验室开始研制助推火箭;1929 年 4 月,该实验室成立第二分部,开始研究液体火箭发动机和电火箭发动机;1931 年,又有两个研究小组成立,一是莫斯科喷气推进研究小组,二是列宁格勒喷气推进研究小组。1932 年 4 月,莫斯科反作用研究小组创建了实验火箭工厂,并于 1933 年成功试射了苏联第一枚全液体火箭“GIRD-X”号。

为便于统一领导,莫斯科和列宁格勒小组与气体动力学实验室于 1933 年 10 月 31 日联合起来,成立喷气推进科学研究所,原气体动力学实验室主任、军事工程师克莱梅诺夫被任命为研究所所长,科罗廖夫担任副所长。20 世纪 30 年代后期,喷气推进科学研究所在火箭研究设计方面也取得了一定成绩。从 1929 年到 1945 年,苏联的火箭技术在各方面都取得了重大突破,特别重要的是,这一时期涌现出了大批火箭专家,包括格鲁什科、科罗廖夫、吉洪拉沃夫等,他们为苏联发展火箭、导弹和航天技术做出了巨大的贡献。

#### 1.2.2.3 “V-2”火箭及其历史作用

从 20 世纪 20 年代到第二次世界大战之前的一段时间,欧洲各国、美国以及苏联涌现了一大批火箭专家,在火箭技术方面都取得了重大的突破性成果,无论从理论还是实践上都为人类制造火箭并最终摆脱地球引力做好了准备。然而由于战争的爆发,世界各国当时并没有认识到火箭的价值,美国、英国、法国和苏联都没有研制出实用的火箭武器,只有德国例外。

1932 年底,在冯 · 布劳恩(Wernher Von Braun,1912—1977,图 1-5(a))的主持下开始研制 A 系列液体火箭。其中,1942 年 10 月取得飞行成功的“A-4”火箭代表了 A 系列火箭的最高水平,推力高达 26 t,利用陀螺平台与石墨燃气舵和气动舵组成的系统,实现了火箭飞行的制导和控制。

“A-4”火箭后改名为“V-2”火箭(图 1-5(b)),德国将其用于袭击英国本土,前后向伦敦发射了约 3 000 枚,造成了巨大的人员和建筑物的损失,引起了很大的恐慌,充分显示了火箭武器的威力。“V-2”火箭从工程上实现了航天先驱的技术设想,标志着现代大型火箭技术取得了突破,成为人类向地球引力挑战的工具,是航天史的一个重要里程碑。

(a)冯·布劳恩

(b)“V-2”火箭

图 1-5 “V-2”火箭及其设计者冯 · 布劳恩

### 1.2.3　航天时代的开启

火箭技术、电子学及半导体器件的发展，为发射卫星创造了条件。科学界尤其是地球物理学界的迫切需求，也催促着尽早发射卫星。实际上更为迫切的需求和起主要促进作用的是苏联、美国都想抢先发射卫星，取得太空竞赛的领先地位。

#### 1.2.3.1　兰德报告

1946 年 3 月，美国陆军航空局要求兰德小组利用 3 周的时间完成一项人造卫星的可行性研究。1946 年 5 月 12 日，兰德小组提交了第一篇报告《实验性环地宇宙飞船的最初设计》，结论是带有某些适当仪器的人造卫星装置将成为 20 世纪最有价值的科学工具之一，美国制造人造卫星的成就将极大地唤起人们的想象力，能够在世界范围内产生不亚于第一颗原子弹爆炸的影响。报告还对人造卫星的军事价值做了分析，指出"人造卫星可以起到侦察飞机的作用……也许最重要的两类军事侦察内容是，从人造卫星上观察发射的炸弹的轰炸效果，以及敌人领土上的天气条件。"1946 年 10 月 18 日，兰德小组又递交了第二篇报告《卫星计划的时间因素》。这篇报告根据种种迹象分析指出，已有动向表明有的国家正在发展洲际导弹和人造卫星，美国必须意识到当前的紧迫性，应当积极迎接这一挑战。1947 年兰德小组又发表了第二阶段研究报告。这篇报告重新计算了人造卫星运载工具的性能，认为利用液氢液氧推进剂，只需三级火箭便可把人造卫星送入轨道。这样的运载火箭初始质量约为 37 t，可把小型人造卫星送入 560 km 的轨道上。这样一个卫星计划的总成本约为 8 200 万美元。

1948 年底，美国空军要求兰德公司继续进行人造卫星应用价值和其潜在影响的研究。兰德公司的一系列报告对人造地球卫星的能力做了技术上的界定：它能够携带小型有效载荷；与现有的方法相比，人造卫星的破坏作用并不出色；它的运行轨道可根据需要选择在某一区域的上空；现有的武器系统不可能将卫星击落；人造卫星可根据需要让人们用裸眼能看见或看不见；人造卫星可以中继无线电信号或声音信号；人造卫星可装备照相机或电视摄像机；人造卫星的发展将是高成本的。兰德报告给出了人造卫星的战略性意义：具备战略威慑价值、通信价值、遥感价值、政治意义和显示技术优越性的价值。

#### 1.2.3.2　人造地球卫星的诞生

20 世纪四五十年代，美国和苏联都正式做出研制和发射人造地球卫星的决定。但在人造地球卫星研制和发射计划的具体执行上，美国和苏联采取的方针却是完全不同的。苏联将运载火箭和洲际导弹通盘考虑，并行发展，从而大大加快了进度。美国则把人造地球卫星计划与洲际导弹研制截然分开。

**1. 苏联第一颗人造地球卫星**

苏联宇航科学家米哈伊尔・克拉夫基耶维奇・吉洪拉沃夫最早提出关于人造地球卫星的可行性和必要性的建议，论证了利用二级火箭可以达到第一宇宙速度并可用于发射人造地球卫星。受此启发，科罗廖夫认为导弹稍加改进就可以作为发射卫星的运载火箭。1955 年，苏联成立了人造地球卫星委员会，负责人造地球卫星和运载火箭的研制，由科罗廖夫担任运载火箭的总设计师。1956 年 1 月 30 日，苏联政府正式做出在 1957—1958 年内研制人造地球卫星的决定，并于 1956 年 2 月开始制定卫星的技术要求。1957 年 8 月 21 日，世界上第一枚洲际弹道导弹“P-7”成功进行了全程发射试验，射程达到了 8 000 km，为苏联率先跨入太空时代奠定了坚实的技术基础。为了发射人造地球卫星和达到第一宇宙速度的要求，科罗廖夫及其卫星小组对“P-7”导弹进行了改进，主要取消了武器有效载荷，改装后的运载火箭被定名为“卫星”号运载火箭。此时苏联已先后完成了地面测控网和位于哈萨克斯坦拜科努尔附近的发射场的建设。

1957 年 10 月 4 日，“卫星”号运载火箭携带世界上第一颗人造地球卫星“斯普特尼克 1 号(Спутник-1/Sputnik-1，图 1-6)”在拜科努尔航天发射场发射成功，进入近地点 228.5 km、远地点 946.1 km、轨道倾角 65°、周期 96.2 min 的椭圆形轨道。该卫星共在轨道上运行了 92 d，绕地球飞行约 1 400 圈，于 1958 年 1 月 4 日再入大气层时烧毁。“斯普特尼克 1 号”卫星外形为球形，直径为 0.58 m，质量为 83.6 kg，安装有 4 根 2 m 多长的天线。这颗人造地球卫星在技术上进行了星内温度压力试验，高空大气密度测量和电离层研究，并探测出几百千米高空的空气阻力。但与它的科学研究成果相比，它的政治影响和对科学技术发展的影响更加深远。

**图 1-6　苏联“斯普特尼克 1 号”卫星**

### 2. 美国第一颗人造地球卫星

美国虽然制定了人造地球卫星发展规划，但由于提出人造地球卫星计划的单位有多个，一时难以取舍。几个大型火箭、人造地球卫星计划并存，多家单位互不相让，各行其是。第一个计划是以冯·布劳恩为首的陆军弹道导弹局和海军研究实验室 1954 年联合提出的“轨道器计划”，该计划采用的火箭是由丘比特中程导弹改装的。1955 年春，海军研究实验室原海盗探空火箭计划小组提出了一个“先锋”计划。空军有关单位也提出了用“宇宙神”导弹改装成运载火箭发射人造卫星的计划。航空喷气工程公司和马丁公司也提出了各自的人造地球卫星计划。

1955 年 9 月 9 日，国防部经过权衡，批准了海军研究实验室的“先锋”计划。虽然“先锋”计划小组及各承包公司几年中一直在不懈地努力，但由于原方案多次修改，需要解决许多新的技术问题。当苏联成功发射第一颗人造卫星后,“先锋号”运载火箭还未进行过完整的试验。1957 年 10 月 25 日,美国国防部终于批准恢复原本已经取消的“轨道器计划”。在冯·布劳恩的主持下,于 1958 年 1 月 31 日用“朱诺 1 号”四级运载火箭将美国的第一颗卫星“探险者 1 号(Explorer-1)”送入轨道,如图 1-7 所示。“探险者 1 号”卫星很小,本体质量为 4.8 kg,与末级火箭连在一起质量为 14 kg。不过这颗卫星首先发现了地球辐射带,即范·艾伦带,在科学探测上取得了重要成果。地球辐射带是人类认识近地太空环境的第一个伟大发现。“探险者 1 号”在轨道上运行了 12 年,直到 1970 年 3 月 31 日才坠毁。

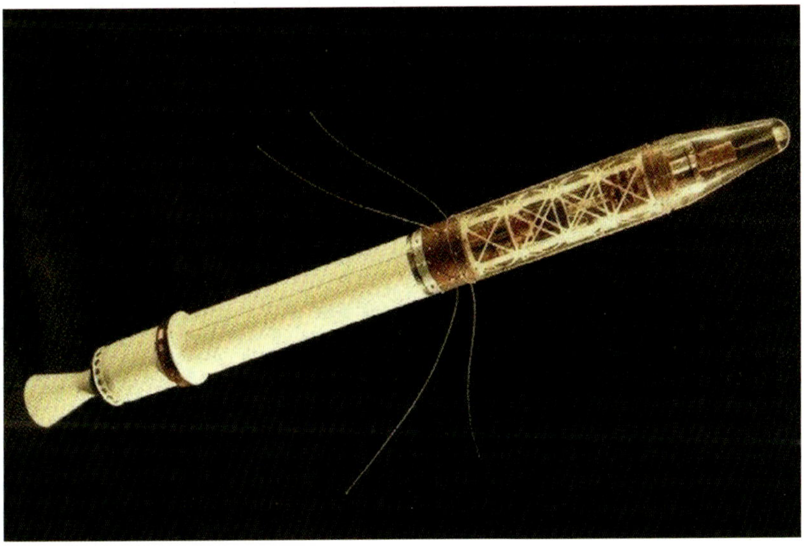

图 1-7　美国“探险者 1 号”卫星

### 3. 我国第一颗人造地球卫星

我国卫星工作的起步可以追溯到 1958 年。毛泽东同志于 1958 年 5 月中共八大二次会议上提出“我们也要搞人造卫星”。其后聂荣臻责成中国科学院张劲夫召集草拟人造卫星发展规划设想,成立了由钱学森、赵九章、卫一清为领导的中国科学院 581 组,开展我国人造地球卫星和探空火箭的探测工作。1965 年,周恩来主持中央专委第 13 次会议,批准了中国科学院上报的《关于发展我国人造卫星工作的规划方案建议》,正式启动了我国发射人造地球卫星的研制工作,组建了以赵九章和钱骥为领导的 651 设计院,负责卫星的总体设计、研制和总体协调,组建了以陈芳允等为领导的 701 工程处,负责地面跟踪站的总体设计和建设。1968 年,以中国科学院 651 设计院和七机部八院为基础,成立了以钱学森为院长的中国空间技术研究院,在孙家栋、戚发轫等领导下继续完成“东方红一号”卫星的研制工作。1970 年 4 月 24 日,“长征一号”运载火箭从酒泉卫星发射中心发射升空,将“东方红一号”卫星成功地送入轨道,轨道近地点 439 km、远地点 2 384 km、倾角 68.5°、周期 114 min。我国成为世界上第五个用本国火箭发射卫星的国家,开始了我国的航天时代,是我国航天事业的第一个里程碑。“东方红一号”卫星(图 1-8)是完全由我国自行设计和研制的卫星,为接近球形的 72 面体,直径为 1 m,质量为 173 kg。卫星由结构、热控、电源、乐音、遥测、跟踪、天线、姿态测量和探测仪等分系统组成,可发送《东方红》乐曲和遥测的短波无线电信号。发射“东方红一号”卫星的火箭是“长征一号”运载火箭，火箭技术是在王希季主持下提出的，由三级火箭组成，总长近 30 m，起飞质量为 81.5 t，起飞推力为 104 t。第三级火箭上装设有可膨胀的观测体，增加了对太阳光的反射面，便于地面观测。

图 1-8　我国“东方红一号”卫星

除苏联、美国和中国外，其他一些国家也都纷纷根据自己的国情制定了各自的航天发展计划，并且取得了不同的成就，各国自主发射的首颗卫星见表 1-1。

表 1-1　各国自主发射的首颗卫星

| 国家 | 卫星名称 | 发射日期 | 卫星质量/kg | 近地点/远地点/km | 轨道倾角/(°) | 运载火箭 |
|---|---|---|---|---|---|---|
| 苏联 | 斯普特尼克 1 号 | 1957-10-04 | 83.6 | 228.5/946.1 | 65 | 卫星号 |
| 美国 | 探险者 1 号 | 1958-01-31 | 14 | 260.4/2 531.4 | 33.34 | 探险者 1 号 |
| 法国 | 试验卫星 A1 号 | 1965-11-26 | 42 | 536.2/1 808.9 | 34.24 | 钻石 |
| 日本 | 大隅号 | 1970-02-11 | 9.4 | 339/5 138 | 31.07 | 兰姆达 4S5 号 |
| 中国 | 东方红一号 | 1970-04-24 | 173 | 439/2 384 | 68.5 | 长征一号 |
| 英国 | 普洛斯帕罗 | 1971-10-28 | 66 | 537/1 482 | 82.1 | 黑箭 |
| 印度 | 罗希尼(光明) | 1980-07-18 | 40 | 306/919 | 44.8 | SLV-3 |
| 以色列 | 地平线 1 号 | 1988-09-19 | 155 | 250/1 150 | 142.9 | 彗星号 |

#### 1.2.3.3　商业航天的兴起

近年来,在新一轮科技革命的驱动下,全球航天产业迎来大发展大变革的新阶段,靠国家包揽包办的发展模式已然发生改变,商业航天成为助推航天产业快速发展的新生重要力量。全球著名的太空探索技术公司 SpaceX 的液体燃料火箭发射、可重复利用火箭技术达成了航天史上的标志性成就,其推出星链宽带(专网通信)、卫星发射(卫星代工)以及商业载人航天和运载等新商业模式,拓宽了航天产业全新应用场景。以 SpaceX 公司为代表的商业航天企业通过技术创新和商业新模式推动着世界航天产业的迅速发展。全球商业航天如火如荼的发展推动航天事业空前繁荣,吸引了社会各界的广泛关注,彰显了航天产业商业化蕴含的巨大生命力和无限活力。

近年来,我国商业航天数次成功发射引发社会各界关注。2023 年 12 月 9 日,液氧甲烷运载火箭“朱雀二号”成功发射,“一箭三星”商业发射任务圆满完成。2024 年 1 月 11 日,全球运力最大的固体运载火箭“引力一号”首飞成功,这也是我国首款海上发射的捆绑型运载火箭。早在 2015 年,国家发展改革委、财政部和国家国防科工局联合下发《关于印发国家民用空间基础设施中长期发展规划(2015—2025 年)的通知》,我国航天领域向民间资本敞开大门,我国商业航天开始进入起步和探索阶段。2023 年 12 月,中央经济工作会议强调打造商业航天等战略新兴产业。时至今日,我国在航天产业的多个领域已产出商业化成果,许多民营企业的研发成果与应用服务已将商业航天蓝图变为现实。可以预见,在“征途是星辰大海”的新航天时代,我国商业航天发展具有巨大的空间。

## 1.3　人类航天成就

从第一颗人造地球卫星进入太空开始,人类对太空的探索和利用就在艰难而又坚定地开展着:人类设计了各种运载火箭,建造了人造卫星、宇宙飞船和航天飞机,先后将 600 余名航天员送入太空和空间站开展各类科学研究;在地球周围运行着超过 10 000 颗人造地球卫星,为人类提供通信、导航、遥感等服务,促进了人类社会文明的进步发展;人类的足迹已经登陆月球,正在向火星迈进;人类的探测器早已征服太阳系行星,正在也必将最终走向更远的太空深处。

### 1.3.1　运载工具

为了将航天器送入太空,人类已经使用的主要运载工具是各种类型的运载火箭,以及已经停止使用的航天飞机等。

#### 1.3.1.1　运载火箭

运载火箭是实现航天飞行的运载工具,也是进入航天时代的入场券。随着发射需求的增多及商业航天的兴起,运载火箭发射与回收技术是当前航天发射领域的重点之一。目前,世界主要的现役运载火箭参数见表 1-2。

表 1-2 世界主要的现役运载火箭参数

| 国家和地区 | 名称 | 起飞推力/t | 起飞质量/t | 推进剂 | $M_{LEO}$/t | $M_{GTO}$/t | 发射次数 | 成功率 | 发射成本/亿美元 |
|---|---|---|---|---|---|---|---|---|---|
| 美国 | 宇宙神 5 | 1 200 | 573 | 一级:液氧煤油<br>二级:液氧液氢 | 18.8 | 8.9 | 95 | 100% | 1.1 |
| | 德尔塔 4 重型 | 940 | 733 | 一级:液氧液氢<br>二级:液氧液氢 | 28.8 | 14.2 | 15 | 93.3% | 3.5 |
| | 火神半人马座 | 1 400 | 546 | 一级:液氧甲烷<br>二级:液氧液氢 | 27.2 | 15.3 | 1 | 100% | 1.1 |
| | 太空发射系统(SLS) | 3 900 | 2 600 | 一级:液氧液氢<br>二级:液氧液氢 | 95 | 27 | 1 | 100% | 20 |
| | 星舰 | 7 600 | 5 000 | 一级:液氧甲烷<br>二级:液氧甲烷 | 250 | / | 3 | 33.3% | 1.2 |
| | 猎鹰重型 | 2 200 | 1 420 | 一级:液氧煤油<br>二级:液氧煤油 | 63.8 | 26.7 | 9 | 100% | 0.9 |
| | 猎鹰 9 号 | 760 | 549 | 一级:液氧煤油<br>二级:液氧煤油 | 22.8 | 8.3 | 253 | 99.2% | 0.62 |
| 俄罗斯 | 质子 M | 1 000 | 705 | 一至四级:偏二甲肼四氧化二氮 | 23 | 6.1 | 115 | 90.4% | 0.65 |
| | 安加拉 A5 | 960 | 790 | 一级:液氧煤油<br>二级:液氧煤油 | 24.5 | 7.5 | 3 | 66.7% | 1 |
| 中国 | 长征五号 | 1 000 | 837 | 一级:液氧煤油<br>二级:液氧液氢 | 25 | 14 | 12 | 91.7% | 1 |
| 欧洲 | 阿丽亚娜 6 号 | 1 571 | 870 | 一级:液氧液氢<br>二级:液氧液氢 | 21.65 | 11.5 | 1 | 100% | 0.8~1.2 |

注:$M_{LEO}$ 为地球低轨道载荷发射能力;$M_{GTO}$ 为地球同步转移轨道载荷发射能力。

美国 SpaceX 公司研制的“猎鹰 9 号(Falcon 9)”火箭是可回收式中型运载火箭,也是商业运载火箭的典型代表。“猎鹰 9 号”于 2010 年 6 月 4 日完成首次发射,2015 年 12 月 21 日完成首次回收。“猎鹰 9 号”火箭箭体长为 70 m,质量为 733.4 t,最大可将 22.8 t 载荷发射至近地轨道,或将最大载荷为 8.3 t 载荷发射至地球同步转移轨道。2021 年 9 月 15 日,SpaceX 利用“龙”飞船和“猎鹰 9 号”火箭执行了首次纯商业载人太空飞行任务,第一次将 4 名普通人送入太空。

长征系列运载火箭是我国航天事业的基石,它们承担了我国绝大多数的太空发射任务,具备发射低、中、高不同地球轨道不同类型卫星及载人飞船的能力,代表了我国在航天领域的技术进步和国家实力,是我国航天技术迈向国际前列的重要推动力。其中,“长征五号”是我国目前运载能力最强的重型火箭，也是我国未来深空探测任务和空间站建设的关键力量。“长征五号”采用液氧液氢和液氧煤油推进剂，最大起飞推力达到 1 000 t 级，能够将 25 t 的载荷送入近地轨道，或将 14 t 的载荷送入地球同步转移轨道。这一强大的运载能力使得“长征五号”成为我国太空探索的“王牌”。“长征五号”的首次发射于 2016 年成功进行，其后更是承担了“天问一号”火星探测器和中国空间站核心舱的发射任务。它的成功标志着我国进入重型运载火箭的时代，具备了向更远太空探索的能力。

#### 1.3.1.2 航天飞机

运载火箭将人造地球卫星、空间探测器、载人飞船、空间站等航天器送入轨道后，自身就被遗弃在太空直至坠入大气层焚毁，这是航天活动耗费巨大的一个重要原因。20 世纪 60 年代，各种航天器发射频繁，降低单位有效载荷的发射费用就显得日益重要。为了降低费用，提高效益，一些科学家提出了研制能多次使用的航天飞机的设想。美国、苏联、法国、日本、英国等国都曾对航天飞机的方案做过探索性研究工作。

1972 年 1 月，美国政府批准航天飞机为正式工程项目。1982 年 11 月 11 日，美国航天飞机“哥伦比亚号”首次进行试验性飞行，从近地轨道将 2 颗通信卫星送入地球静止轨道。

美国至今一共建造了 6 艘航天飞机（表 1-3），其中第一艘“企业号”为工程样机，正式投入飞行的第一艘为“哥伦比亚号”，它在完成多次太空来回穿梭后，2003 年 2 月在返途降落时解体坠毁，机上 7 名航天员遇难，“哥伦比亚号”悲壮收场。第二艘为“挑战者号”（图 1-9），它只完成了 9 次发射升空，1986 年 1 月第 10 次发射升空时爆炸坠毁，机上 7 名航天员全部遇难。2011 年 7 月 21 日，美国“亚特兰蒂斯号”航天飞机在佛罗里达州肯尼迪航天中心安全着陆，这标志着美国 30 年航天飞机时代终结。

图 1-9 “挑战者号”航天飞机

表 1-3 美国航天飞机概况

| 航天飞机 | 首飞时间 | 飞行次数 | 搭载人次 |
|---|---|---|---|
| 哥伦比亚号 | 1981-04-12 | 28 | 160 |
| 挑战者号 | 1983-04-04 | 10 | 60 |
| 发现号 | 1984-08-30 | 39 | 252 |
| 亚特兰蒂斯号 | 1985-10-03 | 33 | 207 |
| 奋进号 | 1992-05-07 | 25 | 173 |

苏联的航天飞机计划始于 1976 年。1988 年 11 月 15 日,苏联的“暴风雪号”航天飞机研制成功,并进行了首次无人飞行试验。“暴风雪号”航天飞机在轨运行完全依靠无人自动驾驶,其技术难度更大。由于苏联解体,“暴风雪号”航天飞机没有开展后续飞行。2002 年 5 月,“暴风雪号”航天飞机在“能源号”机库倒塌时被破坏。

### 1.3.2 载人航天

载人航天是航天技术发展的一个新阶段。早在 20 世纪 40 年代末,人们就把一些生物装入探空火箭进行试验。20 世纪 50 年代后期,人类又发射了多颗携带动物的人造卫星,对生命保障系统、回收技术、遥测、遥控、通信技术等进行了全面试验。科学家们对获得的太空环境数据加以处理后发现,过去对微流星的危害估计偏高,存在辐射带的太空也是有限的,从而肯定了人类进入太空的可行性。

#### 1.3.2.1 航天员进入太空

第一颗人造地球卫星发射后,苏联和美国开始在太空中展开一场激烈的角逐。1961 年 4 月 12 日,苏联发射了世界第一艘载人飞船“东方 1 号”(图 1-10(a)),尤里·加加林少校(图 1-10(b))乘“东方 1 号”用了 108 min 绕地球运行一圈后,于上午 10 时 55 分在萨拉托夫附近安全返回。他回到莫斯科时,受到成千上万群众的夹道欢迎。苏联总书记赫鲁晓夫亲自授予加加林列宁勋章。加加林成为世界上第一位上天的航天员,他的这次太空之旅,具有划时代的意义。1967 年 4 月,苏联的“联盟 1 号”首飞失败,飞船返回时由于伞绳缠绕降落伞未打开,航天员科马洛夫牺牲,这是人类载人航天历史牺牲的第一位航天员,“联盟 1 号”也因此停飞了一年半的时间。

美国直到 1962 年 2 月 20 日才成功地进行了第一次载人航天飞行,航天员约翰·格林在轨道上停留了近 5 h。可贵的是,36 年之后,1998 年已经 77 岁高龄的格林,第二次飞向太空。他在美国“发现号”航天飞机上完成了 9 d 的太空飞行。

#### 1.3.2.2 航天员太空行走

狭义的太空行走是指航天员离开载人航天器乘员舱,只身进入太空的出舱活动;广义的太空行走包含航天员在月球以及行星等其他天体上完成各种任务的过程。太空行走是载人航天的一项关键技术,是人类在轨道上进行大型设备安装和科学实验、释放卫星、检查和维修航天器的重要手段。

(a)“东方1号”宇宙飞船

(b)航天员加加林

**图 1-10　第一位进入太空的航天员与他乘坐的宇宙飞船**

1965 年 3 月 18 日,苏联航天员阿列克谢·列昂诺夫在“上升 2 号”飞船飞行期间,首次实现了离舱 12 min 的太空行走。1965 年 6 月 3 日,美国航天员爱德华·怀特离开“格米尼 4 号”宇宙飞船,成为太空行走的第一个美国人。怀特在太空中行走了 21 min,并使用喷气装置使自己在太空中机动飞行。1984 年 2 月 7 日,美国“挑战者号”航天飞机航天员麦坎德列斯和斯图尔特在不系安全索的情况下离开航天飞机实现在太空行走,成为人类探索太空奥秘的第一批“人体地球卫星”。

2024 年 9 月 12 日,搭乘美国太空探索技术公司(SpaceX)载人“龙”飞船升空的“北极星黎明”任务团队,在距离地面约 700 km 的高度进行了人类历史上首次商业太空行走,亿万富翁贾里德·艾萨克曼(Jared Isaacman)和 SpaceX 的工程师萨拉·吉利斯(Sarah Gillis)分别出舱在太空进行飘浮。

#### 1.3.2.3　国际空间站

在太空建立适合人们长期生活和工作的基地既是航天先驱者的理想,也是进一步开发和利用太空的需要。随着航天技术的进步,人类开始建立可长期工作的空间站。20 世纪 90 年代,美国、俄罗斯等国推出国际空间站(International Space Station,ISS)项目,作为人类历史上规模最大、参与国家最多、合作范围最广的航天项目,包括欧洲航天局、日本、巴西和加拿大等共 16 个国家和地区(美国、俄罗斯、日本、加拿大、巴西、比利时、丹麦、法国、德国、意大利、挪威、荷兰、西班牙、瑞典、瑞士、英国)。1998 年 11 月 20 日,国际空间站第一个部件“曙光号”功能货舱发射升空开始部署,自从 2000 年 11 月 2 日至今,国际空间站(图 1-11)上就保持至少有两名乘员工作。

#### 1.3.2.4　我国载人航天工程

随着我国国民经济和科学技术的不断发展,1992 年 9 月 21 日,国家正式批准实施载人航天工程,代号“921 工程”。我国载人航天实施“三步走”的发展战略:第一步是以载人飞船起步,把航天员安全送入近地轨道,进行适量的对地观测和科学实验,并使航天员安全返回地面,

图 1-11　国际空间站效果图

实现载人航天的历史性突破;第二步是除继续用载人飞船进行对地观测和空间实验外,重点突破航天员出舱活动、空间交会对接试验 2 项关键技术,并发射长期自主飞行、短期有人照料的空间实验室,尽早建成我国完整配套的航天工程大系统,解决我国一定规模的空间应用问题;第三步是建造长期有人照料、短期自主飞行的大型空间站,从而大规模、长时间地开发宝贵的太空资源,为全人类造福。

2003 年 10 月 15 日 9 时整,“神舟五号”飞船搭载航天员杨利伟从酒泉卫星发射中心发射升空,在轨飞行 14 圈,历时 21 h 23 min,顺利完成各项预定操作任务后,其返回舱于北京时间 2003 年 10 月 16 日 6 时 23 分返回内蒙古主着陆场,其轨道舱留轨运行半年。“神舟五号”任务的成功,标志着我国成为世界上第三个独立掌握载人航天技术的国家,实现了中华民族千年飞天的梦想,是中华民族智慧和精神的高度凝聚,是我国航天事业在 21 世纪的一座新的里程碑。

2021 年 4 月 29 日 11 时 23 分许,“长征五号”B 遥二运载火箭在我国文昌航天发射场点火发射,执行我国空间站天和核心舱任务。我国首个长期运行的空间站正式开始部署。2021—2022 年,我国接续实施了 11 次飞行任务,包括 3 次舱段发射、4 次货运飞船发射以及 4 次载人飞船发射,于 2022 年完成中国空间站(China Space Station,CSS,图 1-12)在轨建造,实现我国载人航天工程“三步走”发展战略“第三步”的任务目标。中国空间站命名为天宫,如图 1-12 所示,其基本构型包括天和核心舱、问天实验舱和梦天实验舱,每个舱段规模 20 t 级。空间站在轨运行期间,由神舟载人飞船提供乘员运输,由“天舟”货运飞船提供补给支持。空间站设计寿命 10 年,可根据需要,通过维护维修进一步延长寿命。

### 1.3.3　利用太空

应用卫星是当前发射最多的人造地球卫星,根据其用途不同,大体上可分为卫星通信、卫星导航、卫星遥感等类型。

图 1-12　中国空间站模拟构型图

### 1.3.3.1　卫星通信

卫星通信是航天技术和现代通信技术相结合的重要成果,在广播电视、移动通信、宽带互联网和军事通信领域得到了广泛的应用,是当今必不可少的通信方式之一。传统卫星通信以地球同步轨道通信为主流,但随着技术发展,低轨互联网星座正成为新的发展潮流。

"星链"低轨卫星互联网星座是美国太空探索公司(SpaceX)正在研发的"卫星星座"工程,致力于形成一个低成本、高覆盖的天基全球通信系统。2015 年"星链"计划启动,预计需要 10 多年才能完全构建完成。"星链"低轨卫星互联网星座的新模式体现在:一是规模巨大,计划数量为 41 927 颗卫星;二是集群发射,每次发射 60 颗卫星甚至更多;三是依靠数量优势,对每颗卫星可靠性要求相对较低,部分卫星损坏不影响整体运行;四是功能强大,提供世界任何地方网络服务,网络速度比现有光缆快 50%,每颗卫星名义带宽可达 17 Gbit/s;五是主动离轨,卫星将在寿命末期主动离轨再入,95%的材料可在再入时烧毁;六是自主测控,海量卫星的测控颠覆了现有的测控模式。

### 1.3.3.2　卫星导航

用户通过接收机接收导航卫星发送的导航定位信号,并以导航卫星作为动态已知点,实时测定接收机的位置和速度,进而完成导航。其基本作用是向各类用户和运动平台实时提供准确、连续的位置、速度和时间信息。卫星导航系统是以人造地球卫星为导航台站的天基无线电导航系统,可提供高精度、全天时、全天候的导航、定位和授时信息。

目前全世界有四大独立运行的卫星导航系统:美国的全球定位系统(Global Positioning System,GPS)、俄罗斯的格洛纳斯全球卫星导航系统(Global Navigation Satellite System,GLONASS)、欧洲的伽利略卫星导航系统(Galileo Navigation Satellite System)以及我国的北斗卫星导航系统

(BeiDou Navigation Satellite System)。

美国 GPS 是四大系统中构建最早、技术成熟度最高，也是最具有代表性的卫星导航系统。该系统的首颗卫星于 1989 年 2 月 4 日成功发射入轨，到 1993 年底初步建成了实用的 GPS 网，并开始投入商业运营。当前的 GPS 星座由 21 颗工作卫星和 3 颗备用卫星组成，这些卫星分布在 6 个倾角为 55°的轨道平面上，轨道高度约 20 200 km，每颗卫星绕地球运行一周大约需要 12 h。GPS 也是四大卫星导航系统中定位精度最高的，在理想情况下，其民用定位精度可达 0.1 m。

除了上述四大全球系统外，还有区域系统和增强系统。其中区域系统有日本的准天顶卫星系统(Quasi-Zenith Satellite System, QZSS)和印度的区域导航卫星系统(Indian Regional Navigation Satellite System, IRNSS)；增强系统有美国的广域增强系统(Wide Area Augmentation System, WASS)、日本的多功能卫星增强系统(Multi-Functional Satellite Aug-mentation System, MSAS)、欧盟的欧洲地球静止导航重叠服务系统(European Geostationary Navigation Overlay Service, EGNOS)等。

#### 1.3.3.3 卫星遥感

卫星遥感是全球发展最为迅猛的高科技技术之一，它可利用卫星上搭载的可见光、红外和微波等传感器，收集地球表面和近地空间的电磁辐射数据，进而探测和识别地球资源和环境信息，在军事和民用领域发挥着重要作用，其优点众多，包括观测范围大，可实现全球观测、不受领土领空限制、观测速度快、获取信息丰富等。目前，遥感卫星已发展成为拥有气象、资源、雷达、海洋卫星等系列卫星的观测系统，且正朝着高分辨率、小型化、商业化方向发展。

美国高度重视航天遥感力量的建设与发展，不断发布和调整相关政策、规划，指导军、民、商遥感系统协同发展。同时，加速推进构建装备体系能力建设、应用转型，以此支撑和促进国家战略能力的发展。典型的遥感卫星如“锁眼”系列卫星、“哨兵”系列卫星、天基广域监视系统、“鸽群”系列卫星、“快眼”系列卫星、“世界观测”系列卫星等。

锁眼(Keyhole, KH)系列是美国军方于 20 世纪 60 年代开始发射的照相侦察卫星，于 1962 年被划归于新成立的美国国家侦察局(NRO)管理。当前部署的 KH-12 系列采用太阳同步椭圆轨道，具备极强的机动变轨能力。其搭载大口径光学镜头电荷耦合元件(CCD)相机，利用自适应光学成像技术，分辨率最高可达 0.1 m。红外相机具备夜间侦察能力，分辨率为 0.6~1 m。此外，该卫星还采取了防核效应加固手段和防激光武器保护手段，搭载防碰撞探测器，以提高太空作战生存能力。

我国遥感技术起源于 20 世纪 80 年代，经过多年发展，我国的遥感技术已取得较大突破，广泛应用于陆地自然资源调查、海洋生态环境保护、气象灾害预测和国家重大工程等诸多领域。近年来，我国遥感卫星商业化趋势明显，如“吉林一号”遥感星座是目前全球最大的亚米级商业遥感卫星星座。“吉林一号”高分 02A 星可获取全色分辨率优于 0.75 m、多光谱分辨率优于 3 m、幅宽大于 40 km 的推扫图像，具备高分辨、大幅宽、高定位精度、高速数传等特点，为国土安全、地理测绘、土地规划、农林生产、生态环保、智慧城市等领域提供了高质量的遥感信息和产品服务，对数字中国建设具有重要意义。

#### 1.3.3.4 科学试验

科学与技术试验卫星主要用于开展空间科学研究，以及进行空间应用技术的原理性或工程性试验验证。随着各国经济的发展和技术的进步,空间科学探测的深度和广度不断扩大,空间科学探测已进入全面发展的新时代,趋向多元化,国际合作已成为空间科学探测领域的重要特点和趋势。

空间科学研究的问题大多是全人类共同面临和关注的共性问题,空间科学自身的学科特点及在科学发现、经费投入和科学产出等方面的需求,决定了国际合作是空间科学发展的客观需要,也是我国走近世界空间科学舞台中央的必由之路。中国科学院空间科学战略性先导科技专项(以下简称"空间科学先导专项")是我国空间科学任务的第一个系统性的支持计划,其中的每项任务都包含了重要的国际合作元素。该专项瞄准宇宙和生命起源与演化、太阳系与人类关系两大重要科学前沿,部署实施了暗物质粒子探测卫星("悟空")、"实践十号"返回式科学实验卫星("实践十号")、量子科学实验卫星("墨子")、硬 X 射线调制望远镜卫星("慧眼")和微重力技术实验卫星("太极一号")等任务,产出了一大批重大的科学成果。

### 1.3.4　深空探测

深空探测是指航天器(探测器)脱离地球引力进入太阳系以外的宇宙空间,以及对太阳系内较远距离目标的探测活动,主要有两方面的内容:一是对太阳系内各大行星及其卫星、小行星的探测,二是太阳系外的探测。深空探测是在人造地球卫星和卫星应用取得重大成就的基础上,向更广阔的太空进行的探索,可以进一步解答地球的起源与演变、行星和太阳系究竟是如何形成和演化、人类是不是宇宙中唯一的生命、地球的未来将如何等一系列问题,同时有利于人类积极开发和利用太空资源。

#### 1.3.4.1　月球探测

1959 年,苏联以拍摄月球背面图像为目标,先后发射了 3 个月球探测器,最终整理出约 30 张关于月球背面的图像,这是人类首次"看到"月球背面的面貌。1963—1976 年是苏联实施月球考察计划的第二个阶段。在此期间苏联共发射 21 个"月球"号探测器,取得的最重要成果包括:"月球"16 号、20 号和 24 号分别于 1970 年 9 月、1972 年 2 月和 1976 年 8 月在月面软着陆并钻孔取样,将月球的土壤和岩石样品带回地球;"月球"17 号和 21 号在 1970 年 11 月和 1973 年 1 月分别携带一辆重约 1.8 t 的月球车在月面软着陆,由地面遥控月球车在月面自动行驶考察。两辆月球车分别行驶了 10.5 km 和 37 km。

美国早期的月球探测器是"先驱者"号探测器,从 1958 年开始发射,前 3 个探测器都因未达到预定速度而失败,第 4 个虽然发射成功,但时间上已晚于苏联,且在离月球很远处飞过,未发回重要信息。此后,美国把月球探测的第二个阶段计划与"阿波罗"载人登月计划结合起来,执行了"徘徊者"号探测器、"勘测者"号探测器和"月球轨道环行器"计划。1969 年 7 月 20 日,"阿波罗 11 号"飞船的登月舱降落在月球赤道附近的静海区,航天员阿姆斯特朗走出登月舱,成功踏上月球,寂静的月亮上,出现了人类的第一个脚印(图 1-13)。这是一次震动全球的壮举,也是世界航天史上具有重大历史意义的成就。此后,"阿波罗"12、14、15、16、17 号相继登月成功,对月球进行了广泛的考察①。

① "阿波罗 13 号"在飞往月球的过程中由于服务舱液氧箱爆炸而终止了登月任务。

(a)航天员阿姆斯特朗成功踏上月球　(b)“阿波罗11号”的3名航天员

图 1-13　人类首次踏上月球的航天员

2017 年,时任美国总统唐纳德·特朗普签署了《1 号太空政策指令》,正式批准了“阿尔忒弥斯计划(Artemis Program)”,该计划旨在重返月球,最终在月球上建立中转站,为以后的火星登陆任务奠定基础。该计划分为两大阶段:第一阶段于 2019—2024 年开展,计划实施 5 次任务,其中的“阿尔忒弥斯 1 号”为无人试验飞船,“阿尔忒弥斯 2 号”将进行载人环月飞行,“阿尔忒弥斯 3 号”将在月球南极载人着陆;第二阶段于 2025—2030 年开展,主要目标包括建造一个绕月球轨道运行的空间站和月球地面的中转站。

2004 年,我国正式开展月球探测工程,即“嫦娥工程”。该工程分为“无人月球探测”“载人登月”和“建立月球基地”3 个阶段。从 2007 年 10 月 24 日“嫦娥一号”成功发射开始,“嫦娥二号”“嫦娥三号”“嫦娥四号”(图 1-14)先后成功发射运行,直至 2020 年 12 月 17 日,“嫦娥五号”返回器携带月球样品以接近第二宇宙速度返回地球,我国成功实现了探月工程初期的“绕、落、回”三大目标。2024 年 6 月 25 日“嫦娥六号”从月球背面采样返回,标志着我国探月工程进入新阶段。我国计划在 2030 年前实现中国人首次登陆月球,后续将构建月球科研站基本型,开展月球环境探测等任务。

### 1.3.4.2　内行星探测

太阳系的内行星是指水星、金星、地球和火星。

#### 1. 金星探测

在 20 世纪 60 年代,苏联多次发射金星探测器,但均无重要收获。1971 年,苏联“金星 7 号”探测器的着陆舱在金星表面软着陆成功,此后相继发射“金星 8 号”至“金星 16 号”探测器,发回了一批金星全景遥测照片和测量数据。

美国在 1962 年 8 月 26 日发射了“水手 2 号”金星探测器,探测器在距金星 35 000 km 的地方掠过,取得了关于金星的一些资料。当探测器经过金星时,科学家通过测量它因金星引力而产生的轨道偏差,首次准确地计算出了金星的质量。1978 年美国又发射了“先驱者-金星”1 号和 2 号探测器,在金星表面软着陆成功,对金星进行了综合考察。

图 1-14　“嫦娥四号”成功着陆

### 2. 火星探测

人类对火星上可能存在生命的假设一直怀有希望。苏联在 1962—1973 年发射了 7 个“火星号”探测器，其中 1 个飞越火星，2 个出了故障，2 个软着陆失败，2 个软着陆后不久通信中断。美国在 1964—1975 年共发射 6 个“水手号”探测器和 2 个“海盗号”探测器。前者拍摄了火星的照片，后者抛出着陆舱在火星表面软着陆。

美国国家航空航天局的“好奇号”火星探测器于 2011 年 11 月 26 日 23 时 2 分发射成功，顺利进入飞往火星的轨道。2012 年 8 月 6 日成功降落在火星表面，展开为期两年的火星探测任务。它是美国第 7 个火星着陆探测器，也是第 1 辆采用核动力驱动的火星车，其使命是探寻火星上的生命元素。

2016 年 1 月 11 日，我国正式批复首次火星探测任务。2020 年 4 月 24 日，我国行星探测任务被命名为“天问”系列，首次火星探测任务被命名为“天问一号”（图 1-15）。2020 年 7 月 23 日，“天问一号”探测器由“长征五号”遥四运载火箭发射升空。经过 7 个月的长途飞行，“天问一号”于 2021 年 2 月抵达火星附近，开始实施火星捕获，5 月 15 日 7 时 18 分，“天问一号”着陆巡视器成功着陆于火星乌托邦平原南部预选着陆区，我国首次火星探测任务着陆火星取得圆满成功。

### 3. 水星探测

水星是太阳系内距太阳最近的行星，从地球上观察，只能在它接近地平线处才有可能。美国 1973 年发射的“水手 10 号”探测器在距水星 690 km 处发回水星表面状态的信息，测得的数据表明水星表面很像月球，布满大大小小的环形山，有很稀薄的大气，大气压力小于 $2\times10^{-11}$ Pa，昼夜温差极大。2008 年 5 月最新测量结果，水星最高地表温度为 634.5 ℃，最低地表温度为 −86 ℃。

## 1.3.4.3　外行星探测

太阳系外行星是指木星、土星、天王星和海王星。

外行星探测是从 20 世纪 70 年代初开始的。由于外行星探测比内行星探测的距离远，探

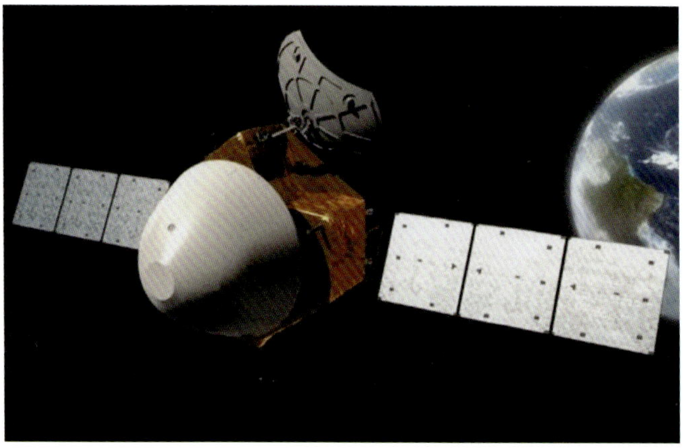

(a)“天问一号”探测器

(b)“天问一号”传回的首幅火星照片

图 1-15 “天问一号”探测器及其传回的首幅火星照片

测器飞行时间往往长达数年，这就要求配备大功率无线电发射机和大的发射天线，才能使发回的信号在到达地球表面时仍有一定的强度。此外，在离太阳遥远的空间已不可能利用太阳能电池，只能用核电源。至今已经有 6 颗探测器探访过木星，有 4 颗探测器探访过土星。

1972 年 3 月，美国发射了第一颗探测外行星的探测器“先驱者 10 号”。1973 年 12 月，这颗探测器飞近木星，向地球发回 300 张中等分辨率的木星照片，然后利用木星的引力场加速飞向土星，再利用土星的引力场加速飞行，折向海王星，1983 年飞过海王星的轨道。1973 年 4 月发射的“先驱者 11 号”探测器在 1974 年 12 月经过木星，1979 年 9 月在距土星 34 000 km 处掠过，拍摄了土星的照片，发回有关土星光环成分的资料。

1989 年 10 月发射升空的以伽利略命名的探测器是专程前往木星的探测器，对木星及其卫星进行探测，研究木星大气和磁场以及木星卫星的组成和物理状态。“伽利略号”探测器到达木星后，在近 8 年的时间里对木星及其几颗主要卫星进行探测，获得了宝贵信息，积累了人类对这颗星球的认识。

1997 年 10 月发射升空的以卡西尼(Cassini)和惠更斯(Huygens)命名的“卡西尼-惠更斯号”探测器，专程前往土星及其最大的卫星土卫六，对土星系统进行探测，包括土星大气的组成、深层大气运动、云层性质、全球风场、闪电以及电离层与磁场的变化，对土星和土卫六的表面物理状态、大气结构与组成进行探测，测量土卫六的风和全球温度。2017 年 9 月，“卡西尼-惠更斯号”土星探测器燃料将尽，科学家控制其向土星坠毁，进入土星大气层燃烧而成为土星的一部分。

1977 年 8 月和 9 月，美国先后发射“旅行者”2 号和 1 号探测器(图 1-16)，对多颗外行星进行探测。1979 年以后，它们陆续从木星和土星旁绕飞，并发回这两颗行星的照片，清楚地显示出木星的光环、极光和 3 颗新卫星以及木星的大红斑结构和磁尾形状、土星的光环构造、新的土星卫星、奇异的电磁环境等信息。在它们掠过土星时，受到土星引力加速助飞，实现了轨道引力机动，“旅行者 1 号”直接朝向太阳系边缘飞去，“旅行者 2 号”利用这几颗外行星位置分布的有利时机，调整了飞行程序，在飞向太阳系边缘以前，继续掠过天王星和海王星，成为迄今唯一的一颗探测这两颗行星的探测器。

图 1-16　“旅行者号”探测器

### 1.3.5　遥远以远

深邃无穷的浩瀚宇宙始终是人类探索的永恒方向。人类亲身到达或者通过航天器所抵达的范围仍在太阳系内，尚看不到能够走出太阳系进入星际空间的那一天。美国在 20 世纪 70 年代发射的“先驱者号”以及前面提到的“旅行者号”探测器是人类开展宇宙探测以来走的最远、表现最为优异的两组航天器。这两组探测器都携带了人类文明的信息，希望在茫茫宇宙中的某一角落为地外文明所发现。两个“先驱者号”探测器在 21 世纪初就已与人类失去联系，美国国家航空航天局于 2004 年先后终止了相关努力。两个“旅行者号”探测器目前依旧在宇宙中航行。“旅行者 1 号”走得最远，截至 2019 年底，距离太阳已达 210 亿 km 之遥。两个“旅行者”号探测器最终将因能源耗尽而失去与人类的联系，径直孤独地继续它们不知所终的宇宙旅行。

美国“哈勃”太空望远镜(Hubble Space Telescope，HST)的观测距离超过 120 亿光年。“哈勃”太空望远镜于 1990 年由“发现号”航天飞机送入太空，经过多次在轨维修，至今已经在太空遨游超过 30 年，完成了近万次观测，拍摄了 3 万多个宇宙天体的照片，进一步确定了宇宙年龄，证实了宇宙在加速膨胀，观测结果验证了暗物质的存在。“詹姆斯 · 韦伯”太空望远镜(James Webb Space Telescope，JWST，图 1-17)是美国国家航空航天局(NASA)、欧洲航天局和加拿大航空航天局联合研发的红外线观测用太空望远镜，为“哈勃”太空望远镜的继任者，于 2021 年 12 月 25 日发射升空，2022 年 1 月 24 日顺利进入围绕日地系统拉格朗日 $L_2$ 点的运行轨道，并于 7 月中旬正式开始工作。“詹姆斯 · 韦伯”太空望远镜将开启人类认识宇宙的新篇章。

图 1-17 “詹姆斯·韦伯”太空望远镜

# 本章回顾

## 关键词

太空概念
航天、航空和航宇
航天系统
航天发展简史
人类航天成就
太空探索

## 重要概念

◇ 航天相关概念
  -卡门线
  -航空、航天及航宇区别
  -航天系统概念
◇ 航天发展简史
  -基础理论的建立
  -火箭理论与实践
  -航天时代的开启
◇ 人类航天成就
  -运载工具
  -载人航天
  -利用太空
  -深空探测

# 思考与讨论

1. 1957 年，随着第一颗人造卫星的成功发射，人类进入了航天时代，所谓航天，指的是什么？

2. 航天与航宇、航空的主要区别是什么？

3. 近代的哪些自然科学理论是人类进入太空的理论基础？

4. 近代航天理论的先驱都有哪些，分别有何贡献？
5. 请举例说明我国航天事业取得的辉煌成就，并思考如何传承航天精神。
6. 进出太空的运载工具有哪些？它们之间有何异同？
7. 太空有哪些资源？人类可以如何利用这些资源？
8. 月球探测有哪些新技术？谈谈你对深空探测技术未来发展的看法。
9. 请举例说明你所了解的我国运载火箭的型号及其主要用途。
10. 全球四大导航系统是什么？它们各自有什么特点？

# 第2章
# 太空环境

**本章中，你将学到**

◇ 太阳的物理性质与行星际太空环境
◇ 近地太空环境结构与特点
◇ 太阳风暴及其影响
◇ 太空环境对航天活动的影响

**你应该已经掌握**

◇ 太空的范畴与特点
◇ 航天与航天系统的基本概念

**内容安排**

本章主要内容包括三大部分：

◇ 太阳系行星际环境。从太阳的物理结构与特征开始引入，介绍太阳活动及太阳风与行星际磁场的相关特征。
◇ 近地太空环境。按照从低到高的顺序，依次介绍地球大气层、电离层、磁场与磁层和辐射带，以及太阳风暴发生时产生的影响。
◇ 太空环境效应。主要介绍真空环境、中性大气环境、辐射环境、等离子体环境、碎片与微流星体环境的效应及其影响。

人类的航天活动总是在特定的太空环境中开展的，也就必然会受到复杂的太空环境的影响。广义的太空环境可以理解为地球大气层以外广阔宇宙空间中的一切物理环境的总和。人类当前的航天活动还没有突破太阳引力的限制，基本处于太阳风的影响范围内，其中除了少数行星探测和星际探测的航天器，99%以上的航天任务仍然处在由地球和月球构成的地月系统范围内。

## 2.1 太阳系行星际环境

太阳大气向外延伸所及的范围称为行星际空间，从日冕一直延伸到太阳系的边缘，即日球层顶。太阳风携带着太阳磁场充斥着整个行星际空间，对整个行星际空间的太空环境有着主导性的影响。

### 2.1.1 太阳的物理结构与特征

太阳本质上是个炽热的气体球。根据物理性质的不同，太阳的分层结构如图 2-1 所示。

肉眼能够看到的发光圆球是太阳的光球，它有一个非常清晰的边界，太阳直径就是以这个边界来定义的。光球厚度大约只有 500 km，温度从 5 700 ℃左右下降到 3 900 ℃。可见光波段的太阳电磁辐射几乎全部是由光球层发射出来的，这也是称之为“光球”的原因。光球压力和密度都很小，气体压力大约只有 0.1 个标准大气压，粒子密度也只有地球海平面大气密度的 1%，然而它却像一堵墙一样挡住了太阳内部辐射的外流，使人们看不到太阳内部的容貌。

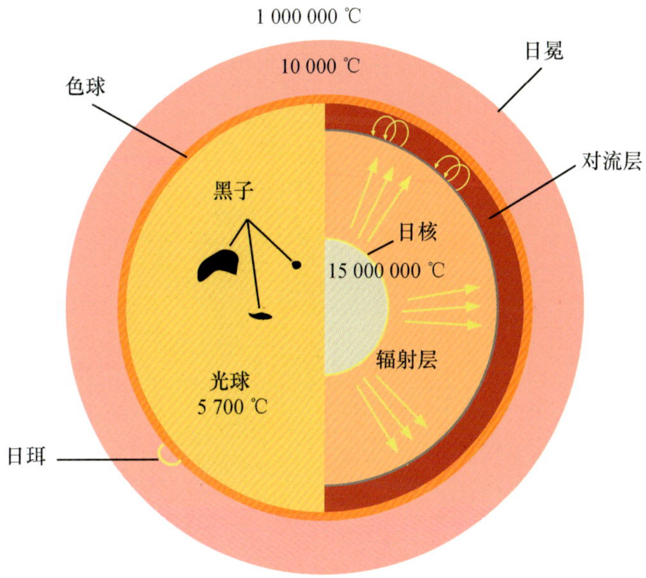


图 2-1　太阳的分层结构

光球以内是太阳的内部，由里到外依次为日核、辐射层和对流层。太阳内部几乎集中了太阳的全部物质，核心的温度高达 15 000 000 ℃，中心压力大约是 250 亿倍标准大气压。

在如此高的温度和压力之下，太阳内部不停发生着由 4 个氢原子核（H）聚变为 1 个氦原子核（He）的核聚变反应，这一过程中部分质量被转换为能量。太阳中心区每秒钟都有数百万吨质量转化为能量，这超过了地球有史以来消耗的总能量。核聚变反应释放的能量不断通过辐射和对流的方式从太阳内部中心缓慢传递至表面。以目前太阳对氢的消耗速度，太阳还能如此燃烧大约 50 亿年，现在的太阳正处于“中年”。

光球以外是色球和日冕，它们与光球统称为太阳大气。平时，色球与日冕被地球大气分子和尘埃散射的太阳光完全淹没了，所以人们看不见它们。当日全食时，月亮遮掩了光球明亮的光辉的一瞬间，可以在黑暗的天空背景下看到在月轮边缘上呈现粉红色的锯齿形状（图 2-2），那就是色球。色球边缘不像光球那样清晰整齐，其结构很不均匀，平均厚度大约为 2 500 km。色球再往外还能够看到一片银白色的光辉，这就是太阳的外层大气——日冕。日冕是非常不均匀、不稳定的，日全食时肉眼看到的日冕最大范围只有几个太阳半径，但实际上广义的日冕可超过地球以远。太阳大气的温度从色球开始逐渐升高，到日冕底部温度上升到 1 000 000 ℃，这与人们想象的外层温度低于内部温度恰恰相反，日冕加热的机制也是目前空间物理学悬而未解的几大重要谜题之一。

太阳大气中存在磁场（图 2-3）。根据势场源表面（potential field source surface，PFSS）模

型，在2.5个太阳半径高度以下太阳磁场的分布十分错综复杂，磁力线会发生扭结和缠绕，新浮现出的磁力线也会与之前的磁力线相互挤压，从而会产生磁力线的断裂和重新连接，这个过程叫作“磁重联”，磁重联会释放出磁能并加热加速太阳大气。太阳磁场的这种变化，是太阳大气运动和演变的重要原因。可以说，太阳大气中的所有活动现象都是磁活动的表现形式。

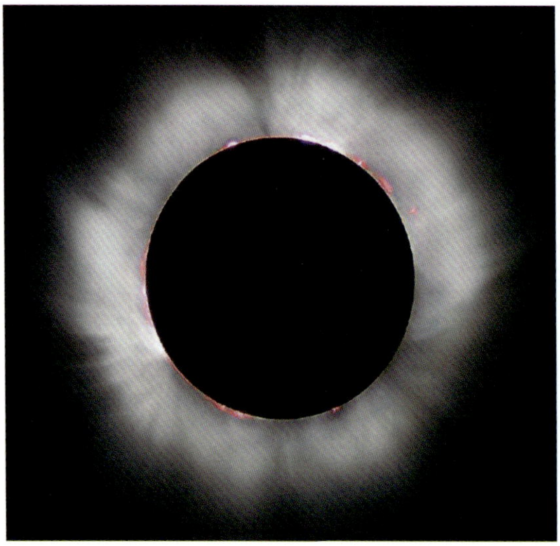

图 2-2　日全食时看到的太阳色球与日冕

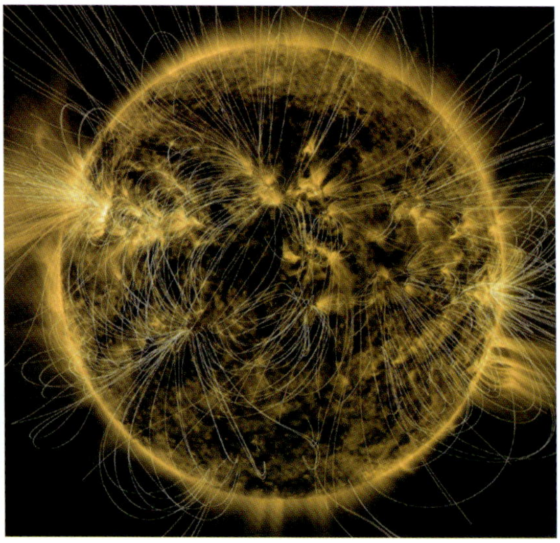

图 2-3　太阳磁场

太阳也在每时每刻发出电磁辐射。整个电磁波辐射波段包括从γ射线、X射线、紫外波段、可见光波段、红外波段，直到射电波段的米波区，但主要集中在可见光和短波红外波段。地球大气上界的太阳辐射光谱中，99%以上在波长0.15~4.0 μm范围内。除了电磁辐射，太阳还向外辐射太阳风和高能粒子流，它们的辐射能量很小，与电磁辐射能量相比可以忽略，但是它们对日地太空环境的状态会产生明显的影响。

### 2.1.2　太阳活动

太阳活动是太阳大气层内一切活动现象的总称，按照尺度变化、运动速度或者能量释放的快慢，可以分成两种类型：一种是缓变型太阳活动，另一种是爆发型太阳活动。

#### 2.1.2.1　太阳黑子

太阳的光球并非像肉眼通常看到的那样“光洁无瑕”，其表面时常会出现一些深暗色的斑点，称为太阳黑子①，如图2-4(a)所示。一个中等大小的黑子大约和地球的大小相当。太阳黑子的观测不仅让我们认识到太阳黑子自身的变化规律，也揭示了太阳上的其他现象和规律，如太阳磁场、太阳自转、白光耀斑都是在黑子观测中被发现的。太阳黑子是最重要的太阳活动，常常被当作衡量太阳活跃程度的标志。

① 太阳黑子是人们最早观测到的太阳活动现象，在我国史书上有着丰富的黑子目视记录，仅正史上就有100多次，现在公认的世界上第一次明确的黑子记录是公元前28年由我国汉朝人所观测到的。

一个发展成熟的黑子由中心颜色暗黑的部分和其周围淡黑的部分组成,如图 2-4(b)所示。前者为黑子的本影,后者为黑子的半影。黑子是太阳光球上的低温区,本影区的绝对温度在 4 000 ℃左右,半影则为 5 400 ℃。所以,黑子其实并不黑,只是因为它的温度比光球低,才在明亮的光球背景衬托下显得黑。导致黑子温度低的直接原因是它自身具有强磁场,强度比地球上的磁场强度高上一万倍。强磁场能够抑制太阳内部能量通过对流的方式向外传递。所以,当强磁场浮现到太阳表面时,该区域的背景温度缓慢地从 5 700 ℃降低至 4 000 ℃左右,使该区域以暗点形式出现,即黑子产生。

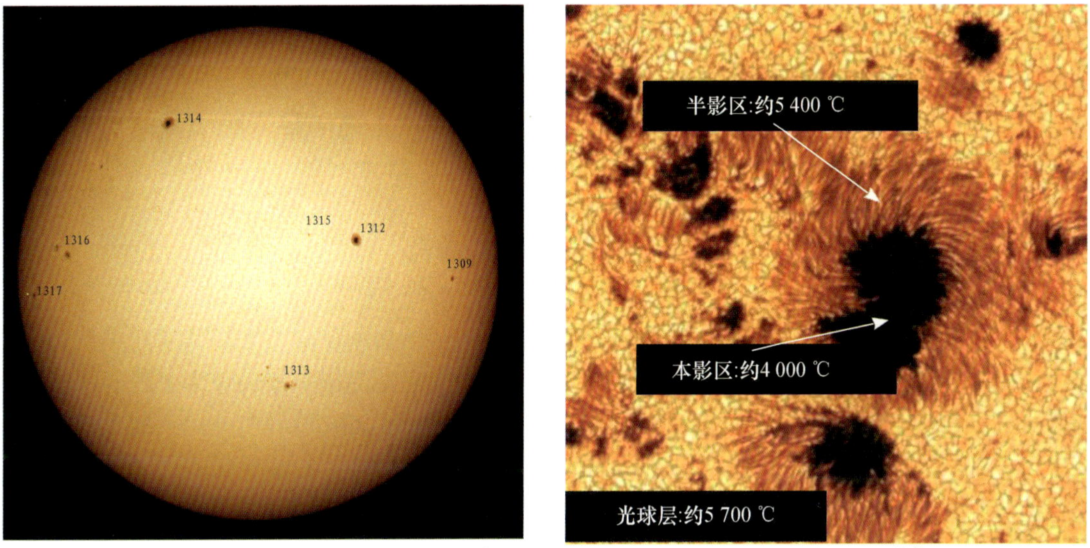

(a)太阳黑子观测图像　　(b)太阳黑子结构

图 2-4　太阳黑子

黑子倾向于成群出现。黑子群的演化过程通常由简单变复杂,再变为简单。起初,它是个小黑点,逐渐发展成由两个极性相反的大黑子构成的双极黑子群。两个大黑子间又有很多小黑子,大黑子在逐渐增大的同时,距离越来越大,然后逐渐分裂,最后消失。黑子群寿命短的只有 1~2 d,长的可达几个月,大部分黑子群的寿命可以持续 10~20 d。

### 2.1.2.2　太阳活动周

长期的观测发现,黑子多的时候,其他太阳活动现象也会比较频繁。黑子附近的光球中总会出现光斑,黑子上空的色球中总会出现谱斑,其附近经常有日珥。同时,绝大多数的太阳爆发活动现象也发生在黑子上空的大气中。因此,从太阳大气低层至高层,以黑子为核心形成一个活动中心,即太阳活动区。黑子既是活动区的核心,也是活动区最明显的标志。图 2-5 显示了自 1950 年以来太阳黑子数逐月变化情况①,可以看到明显的周期性。

黑子相对数的年均值明显地表现出 11 年左右的周期性,最短为 9 年,最长为 13.6 年。黑子相对数年均值的极大和极小年份,分别称为太阳活动的极大年(或称为峰年)和极小年(也称为谷年)。通常,也将黑子相对数年均值相对较高的太阳活动极大年和与其相邻的几年,称

① 该曲线图由 SILSO 网站(http://sidc.be/silso)根据太阳黑子数历史数据生成。

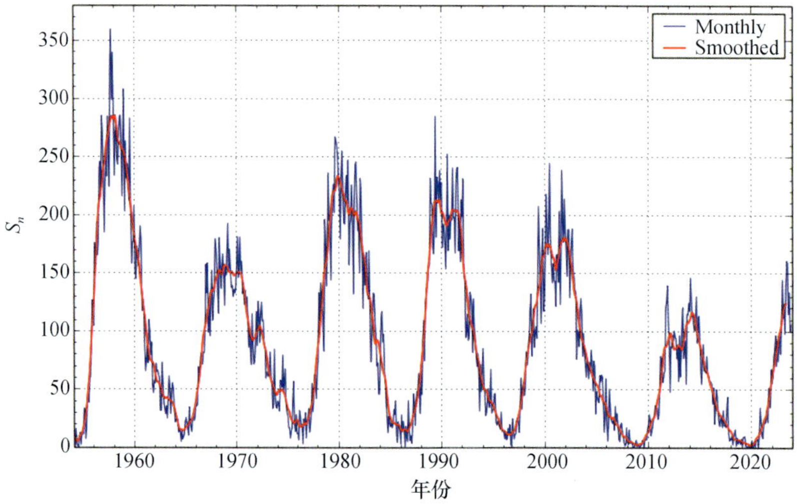


图 2-5　黑子变化曲线

为太阳活动高年;将黑子相对数年均值相对较低的太阳活动极小年和与其相邻的几年,称为太阳活动低年;两次相邻极小年之间为一个太阳活动周。太阳活动周一般表现为上升期、峰值期和下降期:开始的 4 年左右为上升期,黑子不断产生,越来越多,活动加剧,并达到极大;在随后的 7 年左右时间里,黑子活动逐渐减弱,黑子也越来越少。人们规定以 1755 年极小年起算的活动周为第 1 周,1999 年开始为第 23 周,2009 年 9 月开始为第 24 周,2019 年底进入第 25 周。

### 2.1.2.3　缓变型太阳活动

顾名思义,缓变型太阳活动在尺度变化、运动速度或者能量释放上都相对缓慢,除了太阳黑子外,主要还包括光球中的光斑、色球中的谱斑、日珥以及日面中的冕洞、凝聚区和冕环等。

#### 1. 光斑

如图 2-6 所示,光斑是用白光观测太阳光球时看到的比周围背景更明亮的区域,一般宽度为 5 000~10 000 km,长度约为 50 000 km。由于光斑的温度并不比它附近的背景温度高出许多(通常为 100~300 ℃),因此只能在太阳日面的边缘被观测到,当光斑随着太阳自转转到日面中心时就会在视野中消失。光斑与太阳黑子有着密切的联系,一般来说,黑子产生前几小时或几天就出现光斑,在黑子消失后光斑仍可能存在一段时间。

#### 2. 谱斑

谱斑是太阳色球层上经常能够观测到的明亮区域,实际上与光球上的光斑是同一个整体,只是它们的高度不同。在太阳白光像上有光斑的地方,在色球单色像上就一定可以看到谱斑。与光斑只能在日面边缘被观测到不同,谱斑在日面的大部分区域都可见。谱斑的尺度从几千千米到几十万千米,形状、结构和亮度常在变化,如图 2-7 所示。大多数谱斑与太阳黑子有着密切联系,在谱斑附近经常有黑子群。谱斑寿命可以持续几个太阳自转周,一般比黑子先出现而晚消失。

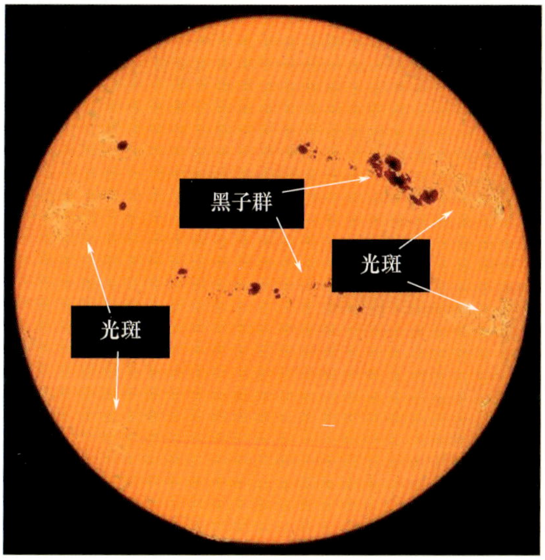


图 2-6　太阳黑子与光斑

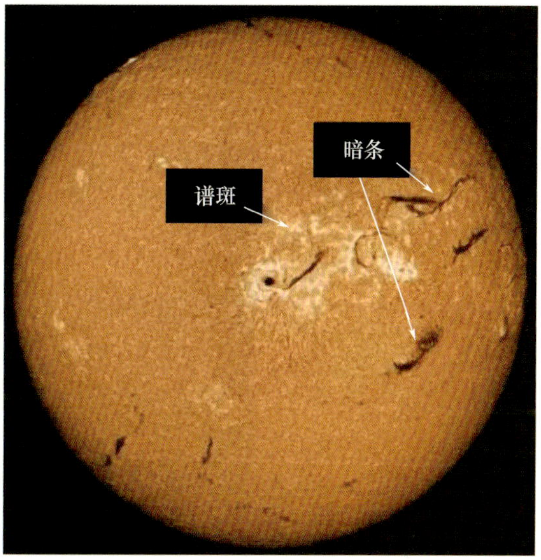


图 2-7　太阳谱斑与暗条

### 3. 日珥

如图 2-8 所示，日珥是太阳色球上一种经常性的而且十分美丽壮观的活动现象，一般位于色球边缘，形态各异，而整体看来它们的形状如同贴附在太阳边缘的耳环，由此得名“日珥”。日珥高度一般为几万千米，长度可达到 10 万～20 万 km。日珥比太阳表面暗弱得多，因此当这种结构投影到日面上时则会呈现暗弱的条状，此时称其为暗条。日珥会突然猛烈地爆发性膨胀或向外抛射，径向抛射的速度可达到每秒几百千米，高度可达 0.3～0.5 个太阳半径，偶尔会超过一个太阳半径。抛射的物质一部分落回日面，另一部分则挣脱太阳的束缚而进入行星际空间。

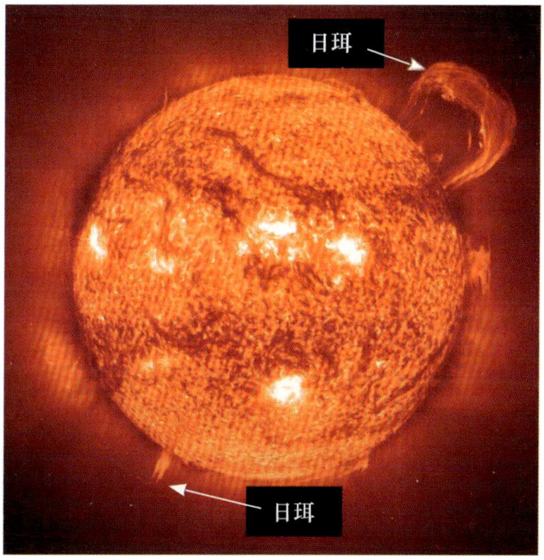


图 2-8　日珥

4. 冕洞

在远紫外或软 X 射线波段获得的全日面日冕成像观测中，可以看到有一些几乎暗黑的区域，称之为冕洞，如图 2-9 所示。冕洞的电子密度远比周围低，大尺度磁场是向外开放的。在太阳的极区附近总是存在冕洞，并且可以从某一极区延伸到中低纬度区域。冕洞的演化很缓慢，寿命往往可以持续几个太阳自转周（太阳自转周期约 27 d）。长期的观测已经表明，冕洞是发出高速太阳风的区域。

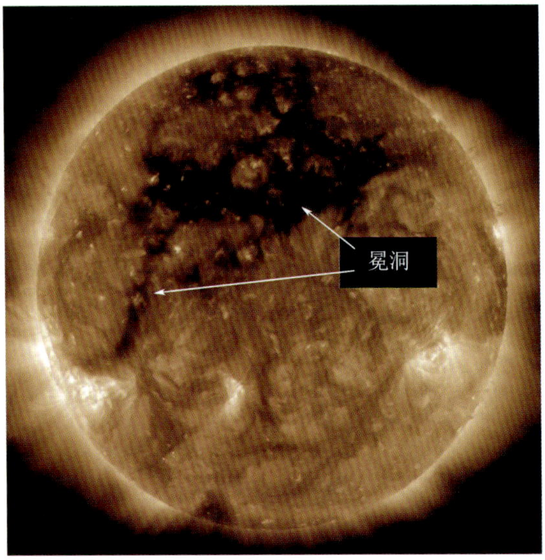


图 2-9　冕洞

### 2.1.2.4　爆发型太阳活动

爆发型太阳活动是相对更加剧烈和大规模的能量释放过程，通常也称为太阳爆发活动，太阳耀斑和日冕物质抛射是规模最大、对近地太空环境影响最为严重的两种太阳爆发活动。

1. 太阳耀斑

图 2-10 所示的太阳耀斑是发生在太阳大气层局部区域的一种最剧烈的爆发现象，表现为在短时间内释放大量能量，引起局部区域瞬时加热，向外发射各种电磁辐射，并伴随粒子辐射突然增强。由于太阳光球的背景辐射太强，大多数耀斑不能在白光中观测到，辐射增强主要是在某些谱线上。根据观测手段的不同，主要分为光学耀斑、X 射线耀斑等。通常，可见光范围内的单色光观测的耀斑习惯地称为光学耀斑，X 射线波段观测的耀斑称为 X 射线耀斑，伴随着太阳质子事件的耀斑则称为质子耀斑。

耀斑的持续时间在几分钟到几十分钟内，在这短暂的时间里却能释放出 $10^{20} \sim 10^{25}$ J 的巨大能量，这相当于上百亿颗巨型氢弹同时爆炸释放的能量，或者相当于十万至百万次强大火山爆发释放的能量总和，可见其威力之大。不过对于太阳这个巨大的能源来说，它也只占太阳辐射总能量的万分之一左右。

耀斑发生的规模不同，释放的能量就会不同，对近地太空环境造成的影响也会有所不同。耀斑的面积是耀斑辐射规模的重要指数，国际上采用耀斑亮度达到极大时的面积作为耀斑级

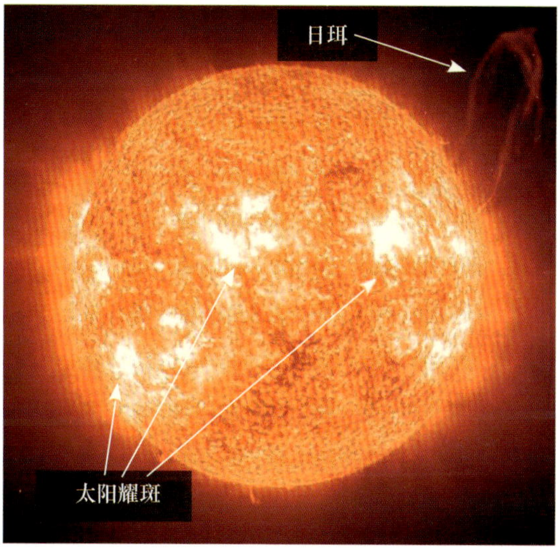


图 2-10　太阳耀斑

别的主要依据，同时定性地描述耀斑的极大亮度。根据耀斑的 Hα 单色光面积大小，光学耀斑分为 S、1、2、3、4 共 5 个级别，见表 2-1。耀斑的极大亮度以 F、N、B 表示，分别代表了弱、普通、强 3 个等级。最大最亮的耀斑是 4B，最小最暗的耀斑是 SF。

表 2-1　太阳耀斑的等级划分标准

| 光学耀斑级别 | 耀斑面积($10^{-6}$太阳半球面积) | X 射线耀斑级别 | X 射线的峰值流量/($W \cdot m^{-2}$) |
|---|---|---|---|
| S | < 100 | A | $< 10^{-7}$ |
| 1 | 100 ~ <250 | B | $10^{-7}$ ~ $<10^{-6}$ |
| 2 | 250 ~ <600 | C | $10^{-6}$ ~ $<10^{-5}$ |
| 3 | 600 ~ <1 200 | M | $10^{-5}$ ~ $<10^{-4}$ |
| 4 | ≥ 1 200 | X | $\geqslant 10^{-4}$ |

地球电离层对太阳软 X 射线辐射强度变化反应敏感，所以国际上也广泛采用 1 ~ 8 Å（1 Å = 0.1 nm）的软 X 射线辐射强度对 X 射线耀斑进行定级。目前按照美国 GOES 卫星观测的软 X 射线峰值流量的量级将耀斑分成 A、B、C、M 和 X 共 5 级，见表 2-1，这 5 级耀斑所释放的能量依次增大。一般来讲，C 级以下的耀斑均为小耀斑，M 级耀斑为中等耀斑，X 级耀斑则为大耀斑。各等级后面的数值表示 X 射线峰值流量的具体数值。如，M4 级表示耀斑软 X 射线峰值流量为 $4\times10^{-5}$ W/m$^2$。

通过长期的观测发现，大多数耀斑都发生在黑子群的上空，且黑子群的结构和磁场极性越复杂，发生大耀斑的概率越高。平均而言，一个正常发展的黑子群几乎几小时就会产生一个耀斑，不过真正对近地太空环境有强烈影响的耀斑则很少。太阳耀斑的发生频次随太阳活动周的变化表现出 11 年左右的周期性，爆发位置也随时间呈现蝴蝶图样的分布。在太阳活动极大年，平均每天都有 M 级以上级别的耀斑发生；而在太阳活动极小年，几乎全年都不发生一个 M

级以上级别的耀斑。

2. 日冕物质抛射

日冕物质抛射(coronal mass ejection,CME)是太阳爆发活动的重要现象,表现为在几分钟至几小时内从太阳大气中向行星际空间抛射出一团日冕物质,使很大范围的日冕受到扰动,从而剧烈地改变日冕的宏观形态和磁场位形,如图 2-11 所示。日冕物质抛射的形态多种多样,有环状、泡状、云状、束流状、射线状等,其中以环状最多。日冕物质抛射向外抛出的物质本质上是等离子体云,总质量约为几十亿吨到几百亿吨,速度一般从每秒几十千米到每秒一千多千米,并携带着强烈的磁场。喷发出的等离子体云若对着地球方向传播,经过 1~4 d 会到达地球空间,与地球磁场相互作用,引发地磁暴等近地太空环境的剧烈扰动。同时,当高速的日冕抛射物质压缩前方的太阳风时,会形成激波,激波可以加速其中的粒子,产生通量高且持续时间长的高能粒子流。大多数在地球附近观测到的强太阳质子事件就来源于此。

图 2-11　日冕物质抛射

日冕物质抛射的发生频率取决于太阳活动周的不同阶段。粗略地说,在太阳活动周极小年,发生率为 0.5 个/d,极大年为 2~5 个/d。日冕物质抛射的位置随太阳活动周也存在着变化。在太阳活动周极小年通常出现在赤道附近,而在极大年会分布在较大纬度范围内,有时会出现在南北纬 60°附近。日冕物质抛射经常与其他的太阳活动联系在一起,如太阳黑子、日珥、耀斑等。在一次强太阳风暴中,这些太阳活动现象均能观测到。尽管它们之间具体的联系还没被充分了解,但现在普遍认为日冕物质抛射和耀斑具有共同的成因,这些现象都是太阳磁场结构大规模变动的结果。

### 2.1.3　太阳风与行星际磁场

太阳系行星际空间并不是真空的,而是充满了由太阳大气向外膨胀所形成的超声速等离子体,这种等离子体被形象地称为太阳风,它主要由质子、电子、α 粒子和磁场组成。太阳和太阳风影响的区域称为日球层。行星际空间的边缘是太阳风受到星际介质减速的地方,此时太阳风的强度不足以推挤开来自星际间的恒星风,这个位置称为日球层顶。

通常来说，太阳风的速度分布范围为 300～800 km/s。快太阳风的速度通常高于 500 km/s，也被称为太阳风高速流，它的质子温度高，质子数密度较低，整体比较稳定。慢太阳风的速度通常低于 500 km/s，它的质子温度较低而质子数密度较高，具有较大的时空变化性。当太阳风速度降低时，会伴随着质子温度的降低、质子数密度的升高。从整体来看，太阳风在太阳活动低年时呈现明显的太阳纬度依赖性，在高纬度具有较高的风速，而在中低纬度的风速较低，太阳全球磁场也基本呈现为偶极子场；在太阳活动高年时，太阳磁场比较复杂，导致太阳比较活跃，太阳爆发活动也比较频繁，整体的太阳风速度也不再呈现出明显的纬度依赖性。

受到太阳自转影响的太阳风在沿着径向向外膨胀的过程中，由于磁冻结效应，“拖拽”着磁场进入行星际空间，形成了日球层磁场，也被称为行星际磁场（interplanetary magnetic field，IMF）。理想的行星际磁场呈现为阿基米德螺线结构，如图 2-12 所示。图中的红色线和蓝色线表示极性相反的磁场，小的黑色实线圆圈表示源表面，约为 2.5 个太阳半径的高度。在这个圆圈处太阳风的磁场和速度一般都是沿着径向的；在这个圆圈内部磁场结构比较复杂，满足磁流体动力学方程和势场源表面模型，太阳风的磁场和速度在太阳纬度方向也可能存在分量；在这个圆圈开始往外的部分就是之前所说的日球层磁场，对于太阳赤道面，行星际磁场的方向在赤道面上。在地球附近，行星际磁场与径向方向呈 45°或 135°的夹角。

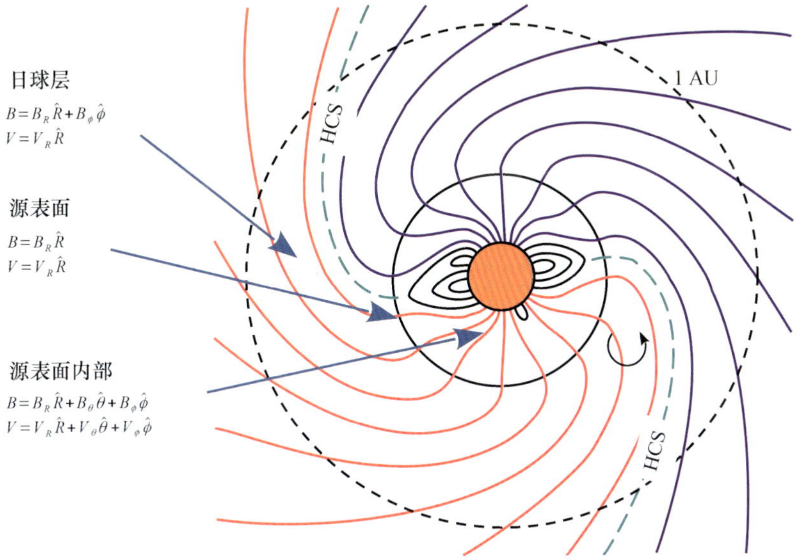


图 2-12　行星际磁场示意图

## 2.2　近地太空环境

地球存在着引力场和磁场，地球周围包围着大气层，来自太阳的电磁辐射和携带太阳磁场的太阳风经过行星际空间传输后，与地球磁场和地球高层大气相互作用，形成了由地球磁层、电离层和高层大气组成的相对稳定又紧密耦合的复杂系统，这个系统通常称为近地太空环境。不同高度的太空环境在物质特性和电离度方面都有显著的差异。为了便于研究，人们将近地太空环境分为磁层、电离层和中高层大气。这 3 部分并非相互独立，而是不断进行着耦合和相互作用，是紧密结合的复杂系统。

### 2.2.1 地球大气层

在地球引力作用下，大量气体聚集在地球周围，形成数千千米高的大气层，气体密度随离地面高度的增加而指数衰减。地球大气的气体主要集中在 0~50 km 的高度范围之内，占地球大气总量的 99.9%左右，而在高度大于 100 km 的空间仅占 0.000 1%左右。如图 2-13 所示，整个大气层随高度不同表现出不同的特点，可划分为对流层、平流层、中间层、热层和外逸层。

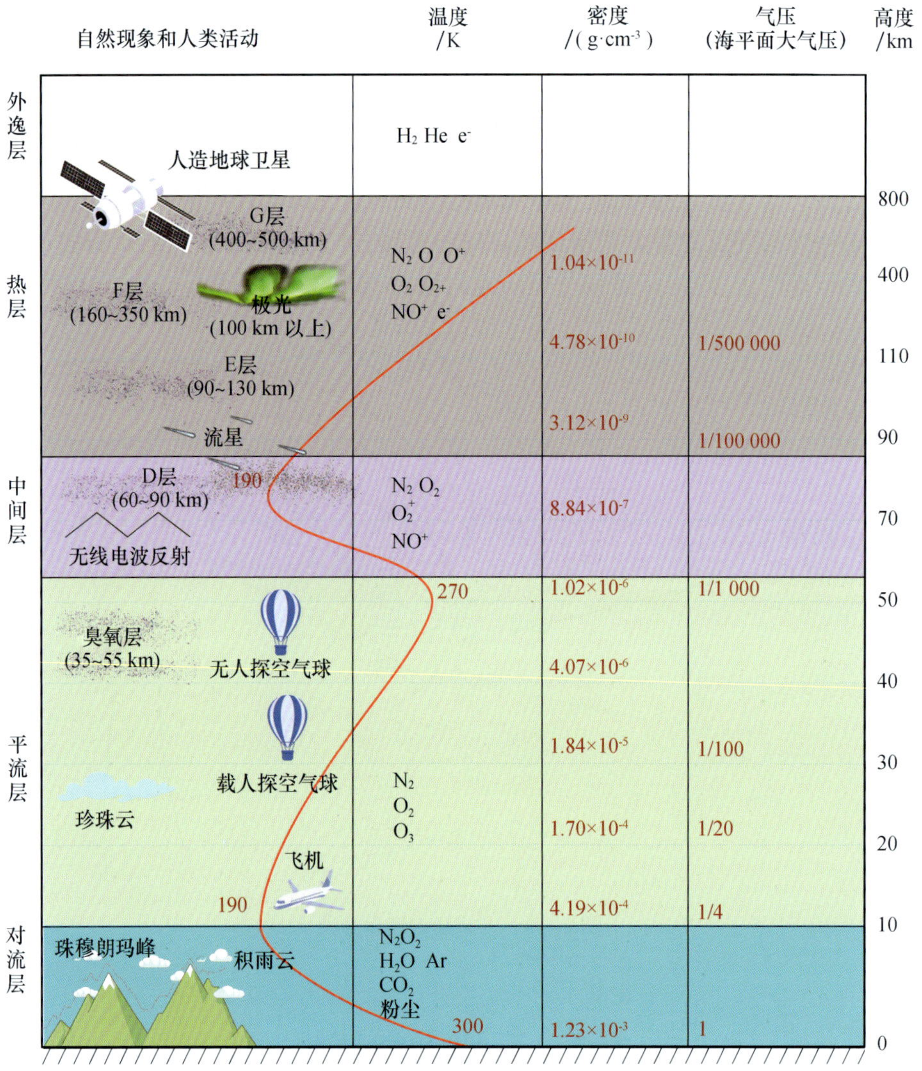


图 2-13 地球大气层结构

最接近地面、对流运动最为显著的区域是对流层，它拥有地球大气 80%的质量，是人类居住和各种天气形成的主要区域，厚度大约为 10 km。对流层的热量主要来自于地面辐射，因此在这一范围内的气温随高度的升高而降低。

对流层顶部以上到 50 km 左右的高度范围内是平流层,大气对流运动很微弱,多做平流运动,也很少发生天气变化,航空飞机通常选择在这一层航行。由于臭氧层位于这一区域内,可直接吸收太阳的紫外辐射,再加上这一区域受地面辐射的影响较小,所以平流层的温度随高度的增加而升高。

平流层顶到 80 km 左右的高度范围属于中间层。中间层臭氧含量低,且能被氮、氧直接吸收的太阳短波辐射大部分已被上层大气所吸收,因此该区域的温度随高度的增加会迅速降低,其顶部的气温可低于 120 ℃。流星雨也出现在这一层。

中间层顶到 700 km 的大气范围是热层,也叫暖层。热层最突出的特征是太阳光照时会被原子氧吸收大量的紫外线,从而导致热层温度的急剧升高,在顶部的最高温度可达到 2 000 ℃,因此被称为热层。美丽的极光现象就发生在这一区域。

热层之外是外逸层,也被称为外层、逸散层,是大气层向外太空过渡的区域,该层没有明显的边界。在这一高度上的大气密度较低,大气温度较高,因此粒子具有较高的热运动速度,能够克服地球引力逃逸到太空中去,外逸层之名也由此而来。

高层大气是指 90 km 高度以上的地球大气,此高度以上大气湍流逐渐消失,过渡到分子扩散平衡状态。在重力场作用下,大气中的各种成分按照各自的分子量不同而分布,各成分的含量一般随高度呈指数减小。高层大气温度受太阳活动的影响很大,主要表现在以下方面。

(1)太阳活动周变化:太阳是决定地球高层大气性质的最主要的因素,当太阳紫外辐射和 X 射线的强度发生剧烈变化时,高层大气的温度和密度也随之发生剧烈的变化,且高度越高变化越大,在 200 km 高度上可变化 3~4 倍,在 500 km 以上可变化 20~30 倍,在 1 000 km 高度上这种差异可达到 100 倍。

(2)季节变化:地球每年两次经过太阳赤道面,使得高层大气存在明显的半年变化。

(3)昼夜变化:在 200 km 以下,大气的温度和密度昼夜变化不明显,随着高度增加昼夜变化明显加强,一般情况下,大气密度的极大值出现在地方时间 14 时,极小值出现在 4 时。

## 2.2.2　电离层

电离层是高层中性大气受太阳高能辐射而部分电离形成的一个区域,其高度通常位于 60~1 000 km 范围内。虽然电离层自由电子的密度不到中性成分的 1%,但它们却足以改变无线电波的传播速度,发生折射、反射和散射,产生极化面的旋转并受到不同程度的吸收,这也是它与中性大气性质不同的原因所在。

电离层是对无线电的传播有影响的区域,在低于 60 km 高度时电子密度很低,即便有游离的自由电子也会很快与离子复合而消失,因此通常认为 60 km 是电离层的底部。随着高度的增加和大气密度的减少,电子的产生与消失在不同高度上达到平衡时的结果不同,从而形成了电离层的分层结构。60~90 km 属于电离层的 D 层,D 层只存在于白天,在夜间由于缺少太阳辐射,D 层会很快消失;90~120 km 属于电离层的 E 层,E 层的自由电子峰值浓度能达到 D 层的 100 倍,但同样在夜间也会因为太阳辐射的消失而减少;120~1 000 km 的高度都属于电离层的 F 层,这里是自由电子最稠密的区域,对无线电波的反射能力也最强,它在白天分裂为 F1 层和 F2 层,夜间只有 F2 层。电离层 F 层的存在也是短波能够进行远距离通信的主要原因。电离层电子密度分布如图 2-14 所示。

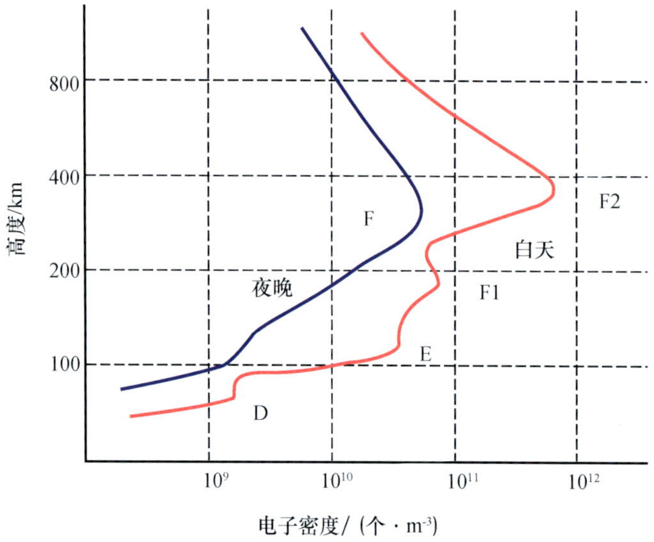


图 2-14 电离层电子密度分布

电离层是动态介质，其特性在空间和时间分布上均变化很大，大多数电离层扰动现象的发生是太阳活动或地磁活动加剧而引起的。例如，太阳耀斑会引起紫外辐射的突然增强，增强的紫外辐射到达电离层 D 层，可使电子密度增加，从而引起电离程度的突然增大，使原本能穿过 D 层的部分高频电波被吸收。日冕物质抛射到达地球附近时，在引发地磁暴的同时，可引起电离层暴，当电离层暴为 F2 层电子密度下降的负暴时，可导致短波通信的临界频率下降。

当不同频率的无线电波经过电离层时会受到不同程度的影响，人们巧妙地利用了电离层可以反射短波的这一特性，开发出短波通信、超视距雷达等系统。电离层的扰动可以影响这些系统的正常运行，甚至造成系统失效、通信中断。一般来说，频率在甚长波到 10 GHz 之间的信号，在电离层中行进时或多或少都要遭受电离层的影响，如图 2-15 所示，这种影响主要表现为电波的吸收、衰减、反射、折射、闪烁、色散、时延、极化旋转和频率漂移等，具体影响程度与无线电信号频率、电离层电子密度等有关。

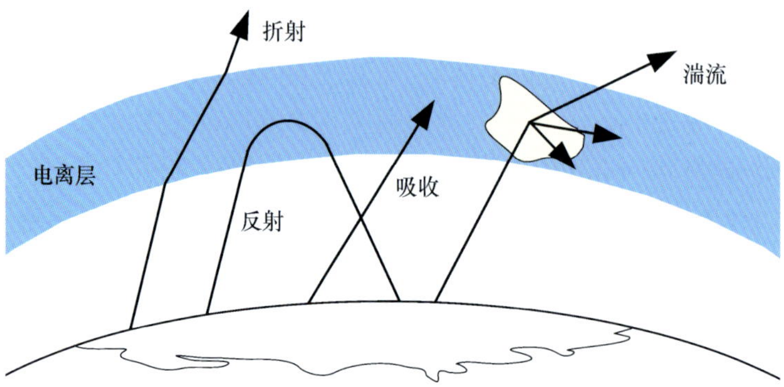


图 2-15 电离层对无线电信号的影响

### 2.2.3　地球磁场与磁层

地球附近空间充满着磁场，在几百千米到几个地球半径高度的空间。地球磁场呈现为偶极子磁场，磁南极大致指向地理北极附近，磁北极大致指向地理南极附近，磁极与地理极不完全重合，存在磁偏角。磁力线分布特点是赤道附近磁场的方向是水平的，两极附近则与地表垂直。赤道处磁场最弱，两极最强。

南半球有一大块区域的磁场强度比世界其他地区弱了 30%～50%，弱化的速度也比其他地区快了 10 倍，被称为南大西洋异常区，又称南大西洋辐射异常区。它的中心在南美洲与非洲之间的大西洋，范围涵盖了南美洲西南、非洲南端以及两者之间的大西洋南部。南大西洋异常区的磁场甚至出现磁场翻转，产生一个局部朝南的磁北极。南大西洋异常区不止磁场逐渐减弱，范围更逐渐扩大，而且其中心每年向西漂移 0.3°。美国 NASA 的科学家甚至预测，如果南大西洋异常区以当前速度继续扩大，到了 2240 年，将会涵盖半个南半球。南大西洋异常区的种种现象表明地球的磁极“即将”翻转。实际上地球磁场正在不断减弱，从历史数据来看，150 年间地球磁场减弱了 15%，同时磁极以每年 40 km 的速度在移动。这一切都似乎表明地球磁场正在翻转。在地球漫长的历史上实际上也的确多次出现磁场翻转的现象。

地球磁层是指电离层以上受地磁场控制的广大稀薄等离子体区域。太阳风经过地球附近时，把地球磁场屏蔽并且包围起来，形成一个类似子弹形状的很长的腔体，这个腔体就是磁层区域。如图 2-16 所示，腔体的外边界是太阳风与磁层相互作用的交界面，称为磁层顶。磁层受太阳风的影响发生着动态变化。受太阳风的挤压，磁层在向阳面呈现椭球状，磁层顶最远距离地面约 10 个地球半径；在背阳面被拉伸成长长的磁尾，可延伸到 1 000 个地球半径。

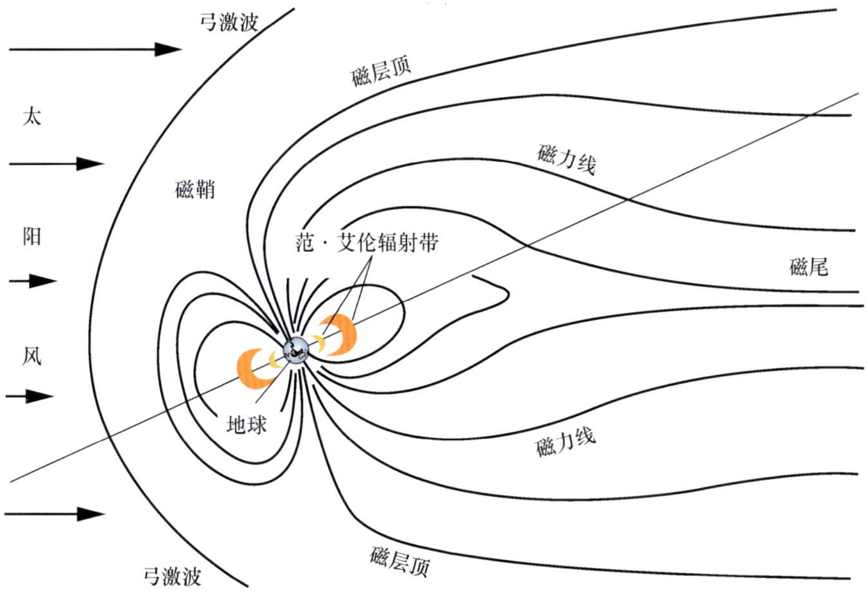


图 2-16　地球磁层分布示意图

地球磁层与大气层形成了一个有机的结构整体，像两把保护伞，每天为我们“遮风挡雨”，一起阻挡来自太阳的粒子流和有害射线,使它们无法到达地表空间。正是由于磁场和大气层的双重保护,地面上的人类和其他生物才免受辐射伤害。

### 2.2.4 地球辐射带

地球磁场俘获太阳高能粒子、宇宙线与地球高层大气相互作用产生的高能带电粒子,这些粒子的聚集区称为地球辐射带。1958 年,美国物理学家范·艾伦用“探险者 1 号”和“探险者 3 号”卫星上搭载的盖革计数器第一次直接探测到地球周围存在高能带电粒子,从而证实了该束缚区域的存在,因此这个辐射带也被称为“范·艾伦辐射带”。

如图 2-17 所示,地球辐射带位于地球磁层内,环绕地球呈带状分布,可以近似看作以地球磁轴为对称轴的“面包圈”,从距离地面几百千米处延伸到数个地球半径的高度。

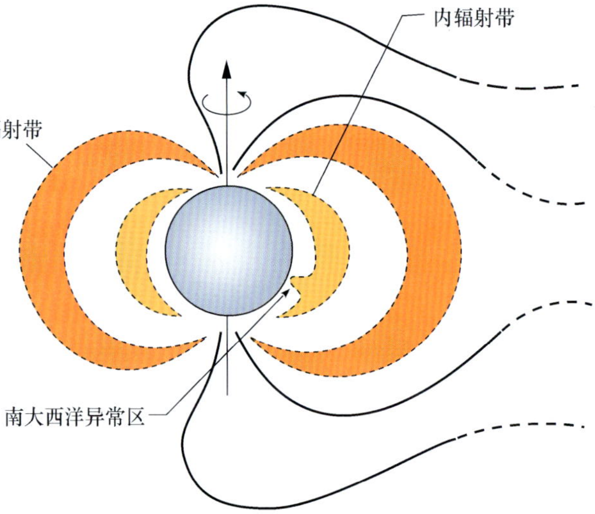


图 2-17 地球辐射带示意图

地球辐射带分为内辐射带和外辐射带。内辐射带的中心位置距离地心约 1.5 个地球半径,主要的高能粒子是质子和电子,也有少量的重离子。内辐射带相对稳定,大部分粒子密度的瞬态变化是由太阳活动诱发大气密度变化引起的。外辐射带位于地球上空 3~4 个地球半径的高度,厚度约为 6 000 km,主要成分为电子和质子,还有少量的 α 粒子。外辐射带捕获电子的通量与太阳活动密切相关,电子通量随时间变化较大,甚至在十几分钟内可达 1~2 个数量级。外辐射带内的带电粒子的能量比内辐射带小,但远远超过外大气层中粒子的热运动能。一般来讲,在内辐射带容易测到高能质子,外辐射带容易测到高能电子。此外,辐射带的范围和形状受地磁场的控制,也和太阳活动有关,在朝太阳的方向被太阳风压缩。辐射带中的高能带电粒子通量分布也同地磁场和太阳活动的变化有关。

### 2.2.5 太阳风暴的影响

太阳爆发活动喷射的物质和能量到达近地空间后,可引起地球磁层、电离层和中高层大气等的剧烈扰动,从而影响航天系统和人类活动,这一过程常常被称为太阳风暴(solar storm)。

### 2.2.5.1　太阳风暴攻击地球的过程

太阳爆发活动向空间抛射大量的物质和能量，通常以增强的电磁辐射、高能带电粒子流和高速等离子体云的形式表现出来。在强的太阳爆发活动中，3 种能量形式会同时出现，但它们到达地球的时间不同，如图 2-18 所示。第 1 波是增强的电磁辐射，以光速运行，约 8 min 到达地球；第 2 波是高能带电粒子流，以亚光速运行，几十分钟到达地球；第 3 波是高速等离子体云，会在爆发后几天到达地球空间。3 波能量依时间次序，先后对地球空间形成 3 轮攻击，造成磁层、电离层和高层大气环境的剧烈扰动，引发一系列空间天气灾害事件。

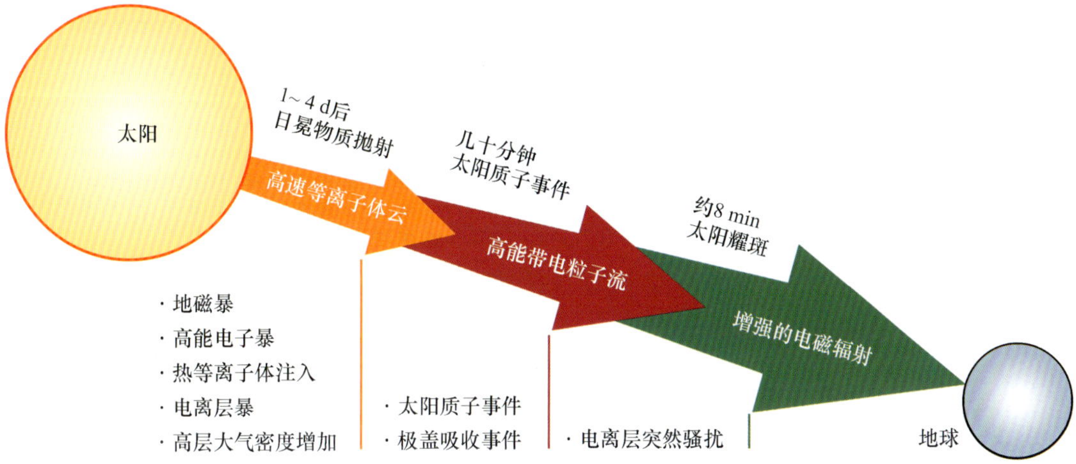


图 2-18　太阳爆发对近地太空环境的影响过程

#### 1. 增强的电磁辐射

太阳风暴对地球的第 1 轮攻击是增强的电磁辐射（即太阳耀斑），该辐射在太阳爆发活动后约 8 min 到达地球。当太阳耀斑爆发时，增强的电磁辐射以光速到达地球空间，由于磁层无法拦截这些电磁辐射，它们就直接进入电离层和高层大气，引起电离层突然骚扰。这将导致短波无线电信号衰减甚至中断，影响短波通信；导致甚低频信号反射高度降低，影响长波导航和对潜通信；引起电波传输的延时增加，导致导航定位误差增大。

#### 2. 高能带电粒子流

太阳风暴对地球的第 2 轮攻击是高能带电粒子流，约几十分钟到达地球。高能带电粒子流是指太阳喷发出来的高能带电粒子，主要成分是质子，因此这种现象也称为太阳质子事件。它们到达地球空间后轰击磁层，并能突破地球磁场的重重防线，进入卫星轨道，甚至深入电离层、大气层和地表空间。增强的粒子辐射影响在轨卫星的安全，威胁航天员身体健康；引发极盖吸收事件，影响极区无线电通信，威胁极区航线安全。

极盖吸收事件：太阳质子事件期间的高能质子会沿地球磁力线到达地球极区，由于能量很高，粒子能到达电离层底部（主要是 D 层），引起极区电离层的电离增强，电子密度增大，从而引起电波吸收增大，称之为极盖吸收事件。极盖吸收事件持续时间约 1 h 至几十小时，对电波的影响与电离层骚扰相似。

### 3. 高速等离子体云

太阳风暴对地球的第 3 轮作用是高速等离子体云，大概需几天到达地球。高速等离子体云是太阳日冕抛射出来的、相对背景太阳风速度更高的等离子体团，它携带日冕磁场到达地球后，与地球磁场相互作用可引起地磁暴、电离层暴，以及高层大气密度增加、热等离子体注入、高能电子暴等太空环境事件。高速等离子体云引发的一系列太空环境事件，会给技术系统带来严重影响：地磁暴可能损害电力设施，甚至破坏输油管道；高层大气密度增加，增大了卫星运行阻力，从而加快卫星轨道的衰变；电离层暴可能会影响短波通信和卫星导航；热等离子体注入可引起卫星表面充电；高能电子暴可引起卫星深层充电危害等。

地磁暴：太阳喷射出的等离子体云冲击地球磁层，使磁层压缩变形，同时其携带的磁场会造成磁层的扰动，产生地磁暴（简称磁暴）。地磁暴是整个磁层发生的持续十几小时到几十小时的一种剧烈扰动，这种扰动是全球性的。

电离层暴：太阳喷发出的高速等离子体云与地球的磁层相互作用，粒子沉降和焦耳加热会使大气层大气膨胀，中性大气成分和风场发生变化，从而引起全球电离层密度异常变化，称为电离层暴。电离层暴常常伴随着磁暴发生，持续时间约几小时至几天。电离层暴时，电子密度可能增大，称之为电离层正暴；电子密度也可能减小，称之为电离层负暴。

## 2.2.5.2 太阳风暴的特点

通过对太阳活动和近地空间太空环境的监测和研究，逐渐了解到太阳风暴的一些特点和规律，最为突出的是太阳风暴的周期性、突发性和地域性。

### 1. 周期性

太阳风暴的周期性主要体现在太阳活动水平的周期变化上。太阳活动水平具有 11 年左右的周期变化特征，有太阳活动高年和低年之分。从黑子数的多寡以及太阳 10.7 cm 射电流量的变化，人们很容易看出太阳活动的这种周期变化。通常在太阳活动高年，太阳爆发活动较多，太阳风暴发生频次较高，强度大。相反，在太阳活动低年，太阳爆发活动少，太阳风暴发生频次低，强度相对较弱。

### 2. 突发性

太阳风暴的周期性是一种长期统计规律。虽然人类对太阳活动区黑子和磁场的演化过程有一定的观测和了解，但仍然缺乏全面的太阳磁场监测，对太阳爆发的规律也尚未完全掌握。对于某次太阳爆发活动事件而言，其具体发生时间和爆发强度很难准确预报。相对于人类目前的认识水平，太阳风暴的发生具有很强的随机性和突发性，类似于目前人类虽然知道地球上有一些地震活跃带，但却无法准确预测某次地震发生的时间和强度。

虽然太阳爆发活动具有很强的突发性，但人类对它的影响并不是束手无策。由于近地空间太空环境扰动大部分发生在太阳爆发几十分钟至几十小时之后，可以通过监测太阳活动和近地空间太空环境，分析预测太阳爆发引起的环境扰动。例如，可以利用卫星观测到的太阳爆发发生的时间和位置，依据从行星际到近地空间的各种观测资料，结合对太空环境变化统计分析和理论研究总结出的规律，提前 1~3 d 预测近地空间太空环境扰动事件的发生时间和强度，从而为卫星和地面技术系统提供预警信息。2003 年的万圣节太阳风暴事件就是一个很好的例证。这次太阳风暴造成了当时瑞典约 5 万居民用电供应中断，而美国由于得到了及时的太空环境预报信息服务，只有个别城市的电网受到轻微影响。

3. 地域性

太阳爆发引起的某种太空环境扰动，在近地空间中的不同位置响应程度有所不同。这一方面是由近地空间太空环境自身的复杂变化规律决定的，另一方面也与太阳直接照射的区域不同有关。例如，在太阳质子事件期间，由于地磁场的偏转和屏蔽，不同地磁纬度和不同轨道高度上的高能粒子环境存在很大差异。对在同一轨道平面上运行的卫星，低高度上的高能带电粒子数目小于高高度。对于在同一高度上运行的卫星，极区的高能带电粒子数目更高。因此，相对来说，运行在高轨道、高纬度的卫星辐射环境更为恶劣。由于极区磁场是开放的，太阳质子事件期间的大部分高能粒子会到达极区，引起极区电离层环境改变。因此太阳质子事件主要影响跨极区的高频短波通信，对中低纬地区的通信影响极小。耀斑爆发时，电离层电子密度增加引起的无线电短波吸收主要发生在地球的向日面。如 2010 年 11 月 6 日 M2.4 级 X 射线耀斑引起南美洲中部地区的电离层骚扰，由于我国当时处于夜间，电波传播没有受到影响。

### 2.2.5.3 太阳风暴的影响

随着科技的进步和信息化水平的不断提高，太阳爆发活动的影响和危害日益凸显，同时由于人类各种技术系统之间的关系日益错综复杂，太阳爆发活动不仅影响的范围更加广泛，其影响程度也不断加剧。太阳爆发活动对地球的 3 轮攻击会给人类的技术系统带来多种影响和危害。按照技术系统分类，太阳爆发活动的影响主要有以下 3 个方面。

1. 太阳爆发活动影响卫星安全运行

太阳爆发所喷射的高能带电粒子到达地球附近后，使在轨卫星遭遇的高能带电粒子急剧增加。这些高能带电粒子具有极高的能量，能穿透卫星外壳，给卫星平台和携带的有效载荷带来多种辐射效应。可能致使微电子器件逻辑错误，进而造成程序混乱，严重时可能造成器件内部短路、击穿；也可能引起材料性能衰退，成像系统噪声增加，太阳能电池效率降低。同时高能带电粒子还可能对航天员造成辐射伤害。地磁暴期间，可能引起卫星的充/放电现象，放电脉冲可能干扰、破坏电子元器件的正常运行；高层大气密度增加会改变低轨道卫星的运行姿态和轨道高度等。如果不对卫星进行合理的防护设计和科学的在轨管理，太阳风暴可能对卫星造成巨大影响，严重时甚至能导致整星失效。

2. 太阳爆发活动影响无线电通信、导航系统

在太阳爆发活动对地球的 3 轮攻击中，都会引发电离层的分层结构混乱，从而干扰原本正常的无线电通信。因此，只要发生太阳风暴，就会影响到人类的无线电通信。电离层扰动使短波无线电信号被部分或全部吸收，从而导致信号衰减或中断；使卫星导航定位系统的精度下降，严重时甚至造成导航接收机失效，无法提供导航信息；使卫星通信的信噪比下降，误码率上升，通信质量下降，严重时可能造成卫星通信链路中断。

3. 太阳爆发活动影响地面技术系统

太阳爆发活动对地球的第 3 轮攻击会引起地磁暴，地球磁场的剧烈变化在地球表面诱生地磁感应电流，这种附加电流会使电网中的变压器受损或者烧毁，造成停电事故。此外，地磁感应电流还可能对长距离管线系统产生腐蚀，造成泄漏，影响石油、电缆等管线系统的正常运行。

在现代社会,电力已经成为人类生产生活不可或缺的部分。当太阳风暴来袭时,不仅电力系统本身将可能遭受重创,所有依赖电力的应用系统都可能不堪一击,进而造成更加严重的经济损失。1989 年 3 月的强太阳风暴曾使加拿大魁北克地区电网主要线路上的一个变压器烧毁,造成整个电网在 90 s 内瘫痪,600 万居民在寒冷的冬夜停电长达 9 h,引起了国际社会的震惊和对太阳风暴的广泛关注。这次事件被称为"90 秒灾难",是有关太阳风暴危害中被引用最多的一次事件。正是由于太阳风暴存在诸多危害,而且威力远远超过人类创造的任何武器,有科学家形象地将它称为来自自然界的"太空武器"。

## 2.3 太空环境效应

近地空间复杂的太空物理环境中,主要包括真空环境、中性大气环境、辐射环境、等离子体环境以及碎片与微流星体环境等。近地太空环境的各种要素都会对航天器造成各种不利的影响,如果不能有效地预见这种作用的潜在危害,可能会严重影响航天器执行任务的效果,甚至造成致命故障。太空环境对航天器的影响表现为一种综合效应,一种环境因素对航天器可能会产生多方面的影响,航天器的状态也会受到多种环境因素的作用。其中,单粒子效应、总剂量效应以及充放电效应是影响航天器安全的三大太空环境效应。

### 2.3.1 真空环境效应

在距地面 100 km 的高空,大气压力比海平面压力低 6 个数量级,可以认为此时的太空环境几乎没有空气和压强。要使航天器能在类真空状态下运行,对材料的使用和热控有诸多限制。当暴露在真空环境时,许多物质会由于真空出气导致质量减少,出气物质会污染表面材料从而改变设备的热学或光学性质。在真空环境中,也无法通过气体的对流来进行传热,航天器只能利用传导或辐射方式进行降温。

#### 2.3.1.1 出气现象

材料在太空真空环境中,由于液体的蒸发、固体的升华以及有机聚合物材料在制造过程中添加的催化剂、抗氧化剂、增塑剂、增黏剂等的挥发,材料质量损失,材料成分变化,可能引起材料硬化、脆化和龟裂,造成防护层的分层、破裂等现象。另外,由于材料的质量损失和放气,其挥发物将会污染航天器上的敏感表面如光学镜头、热控涂层、继电器触点等,使其功能降低甚至失效。

#### 2.3.1.2 分子污染

由于存在出气过程,航天器自身也会成为一种污染源。实验结果表明,如果出气分子撞击物体表面,大多数情况下不会发生弹射或散射,而是附着于物体表面,并形成热平衡状态。除非污染物分子获得了足以摆脱物体表面电子吸引力的能量,否则会一直附着在物体表面,这一过程遵循量子力学的随机概率理论。如果单位时间内到达物体表面的污染物数量大于脱离物体表面的污染物数量,污染物就会累积起来,在物体表面就会形成污染层。

物体表面附着的污染物薄层会改变其对太阳能的吸收率,从而影响热控材料的性能。还要注意可能在光学设备或太阳能电池阵上形成的污染物。光学部件如镜头、平面镜或焦平面阵列上沉积的污染物薄层，会使探测器的信噪比降低，并因吸收来自探测目标的光线，使探测器的动态范围受到限制，甚至导致传感器彻底丧失功能。

#### 2.3.1.3　热传递

在距地面 150 km 的高度，气压将降低到只有约 $0.7\times10^{-3}$ Pa。研究表明，当气压降至 $10^{-3}$ Pa 以下时，气体的传导和对流传热便可忽略不计。这是因为太空中气体极为稀薄，在单位时间内碰撞到物体的气体分子数目寥寥无几，远远不足以对航天器进行加热。因此，航天器与太空环境之间的热传递几乎完全以辐射形式进行。航天器的温度在白天黑夜有着明显的差异，而且根据航天器表面受晒与否，其温度差异也很大。

#### 2.3.1.4　紫外线影响

在轨航天器的表面会完全暴露在太阳紫外线之中，紫外线中的单个光子具有的能量，足以使许多物质的有机化学键断裂，从而导致物理性质发生改变。一般来讲，可以把物质分为两类：一类是“太空稳定性”物质，在太空环境中，其性能基本不会发生变化；另一类是“太空非稳定性”物质，可能会对一系列影响因素比较敏感。实验室的实验表明，在航天器使用寿命内，由于紫外线的影响，很多材料的太阳能吸收率会变化 1%或更大。

#### 2.3.1.5　黏着与冷焊

当航天器处于超高真空环境时，航天器运动部件的表面处于原子清洁状态，无污染。而清洁、无污染的金属接触面间原子键结合造成的黏结现象会使活动部件驱动力矩增大，甚至可能发生接触面黏着或焊死，这就是真空黏着与冷焊现象。

航天器设计人员在研制航天器时，可采用多种方法来避免或降低真空环境的影响。首先，可以选择合适的材料，如选择真空出气概率较小的物质作为航天器材料，这对飞行任务的成功具有举足轻重的作用；另外，在设计时必须考虑自身产生污染的可能性，并采取有效措施把这种可能性降到最低。如，航天器的通风口或推进器不要直接指向敏感物体的表面，以降低直接污染的可能性。热控分系统应该有足够的余量来应付飞行任务寿命期内可能出现的性能降低，还要考虑对低温表面进行周期性加热的可能性，来清除沉积的污染物。如果以上措施还不能达到理想的效果，就必须在地面上对许多材料进行预先热处理，以加快它的出气速度，从而减少这种材料在太空轨道上发生出气的概率。与此相似，也可以让航天器在轨道飞行最初几天，使敏感的光学设备处于高温和热隔离状态，就可以在出气过程进行时尽量减少污染。

### 2.3.2　中性大气环境效应

高层大气环境通常指近地轨道空间 100~1 000 km 高度范围的大气环境，其成分主要是中性的分子和原子，因此也称为中性大气环境。空气中的氧气在太阳紫外辐射的作用下形成的原子氧，是低地球轨道影响航天器的主要环境因素之一。近地轨道上的气体十分稀薄，无法维持人类的生命活动，却足以对轨道上以 7 km/s 速度飞行的航天器造成重大影响：高速运动的原子对航天器的撞击会增加气动阻力、产生表面溅射效应；原子氧可以通过化学反应腐蚀物体表面，或增强物体的可见光强度，干扰遥感、遥测。

#### 2.3.2.1 大气阻尼效应

航天器在大气阻力作用下,飞行高度会不断下降,要维持它在规定高度上正常飞行,就需要不断给予推力,使它抬升高度;轨道高度越低,大气密度越大,阻力也就越大,所需的助推燃料也越多。对于低轨道飞行器而言,由于其飞行高度较低,轨道受大气影响更为严重。当航天器在低于 100 km 的高度飞行时,其飞行高度会迅速下降,飞行时间将小于几天;对于轨道高度100~600 km 的航天器而言,由于所受大气阻力减小,在轨运行时间增长,从几天到几年不等,这主要由其携带的推进剂总量来决定;对于轨道高度在 600 km 以上的航天器而言,阻力影响基本可忽略不计,航天器可实现长期在轨运行。因此,航天器飞行前,需计算大气阻力、进行轨道预报,并根据任务时间确定最佳携带燃料量。尤其是载人飞行器,在一次飞行任务中,往往需要多次变轨,以完成交会、对接、返回等任务,因而对载人飞船轨道预报的要求比对一般飞行器轨道预报的要求更高。

#### 2.3.2.2 原子氧剥蚀效应

原子氧是中高层大气的主要成分,主要是由太阳紫外线分解氧分子而产生,其密度并不高,且随着高度、轨道倾角、太阳活动周期以及季节等的不同而变化。但当航天器以 7~8 km/s 的速度飞行时,航天器表面材料与其发生一系列的化学作用,使这些材料氧化、腐蚀,进而导致材料的性能退化。原子氧对航天器的影响包括如下几个方面:一是造成航天器结构材料的剥蚀和老化;二是对航天器温控材料的损耗;三是对太阳电池连接件的损耗;四是对遥感探测器或其他光学材料的污染和侵蚀。太阳紫外辐射、微流星撞击损伤、溅射或污染会加速原子氧损伤效应,导致某些材料的机械、光学、热学性能严重退化。

#### 2.3.2.3 物理溅射效应

中性分子碰撞在轨道上运行的航天器所产生的能量是不可忽略的,当表面原子之间的化学键能小于碰撞能量时,每一次碰撞都有可能使物体表面原子的化学键断裂,从而造成对航天器表面的腐蚀,这一过程称为溅射。物理溅射发生的必要条件是碰撞能量高于某一个阈值,而大多数物质发生溅射过程的能量阈值高于平均碰撞能量。因此,只有长期飞行的航天器,比如寿命长达 30 年的空间站,材料的溅射才可能成为决定航天器运行寿命的重要因素。

#### 2.3.2.4 辉光效应

许多航天器接近最外部的表面处会出现光辐射导致的辉光现象,且这些航天器大多携带有光学设备,航天器自身的辉光现象可能会降低这些光学设备的观测能力。人们目前还无法很好地解释辉光过程的物理机理,但可以肯定的是,辉光现象与中性大气层有直接的关系,是航天器部分表面与原子氧发生相互反应,进而在大气中产生的可见光辐射。

为了避免或减少中性大气环境效应的影响,设计者可以采取多种不同的方法。气动阻力的大小取决于轨道所处大气层的密度、航天器的形状和尺寸。然而除极少数的情况外,禁止用提高航天器运行高度的办法来减少阻力,其原因是提高轨道的高度,会影响有效载荷的工作性能,增加发射费用。此外,一般也不建议设计气动表面光滑的航天器,因为航天器的整流罩对航天器的体积有所限制。因此,减少空气阻力最常用的方法,是调整航天器的飞行方向,让它在气流中的迎风面积最小。在较低轨道上,通常让太阳能电池阵与迎风面形成某个角度以减少阻力,这时的太阳能电池阵只要能够向航天器提供足够的电能即可。

选择合适的航天器材料可以控制溅射现象的出现。如果可能,可以调整航天器敏感表面的指向,让其远离迎风面,或者使用防护外罩,来减少原子氧对航天器的撞击。为了减少辉光现象的出现,需要尽量把遥感设备对准航天器的尾迹,或者远离可能出现辉光现象的物体表面。当然,如果有选择余地,且辉光现象成为必然问题,那么可以选择适当的材料来降低辉光强度。

### 2.3.3　辐射环境效应

辐射环境主要是指航天器在轨道上遭遇的各种高能带电粒子环境。航天器在轨运行期间,不可避免地受到辐射环境的影响,进而引起航天器材料及器件的功能及性能改变。近地空间的辐射环境包括天然粒子辐射环境和人工粒子辐射环境。天然粒子辐射环境主要成分为电子和质子,还包含了少量的重离子,具有能谱宽、强度大的特点,主要有三方面来源:地球辐射带、银河宇宙线以及太阳质子事件。人工辐射环境主要是高空核爆炸后所生成的核辐射环境。

#### 2.3.3.1　单粒子效应

当太空中单个的高能质子或重离子轰击到大规模、超大规模微电子器件时,会使微电子器件的逻辑状态发生变化或受到损伤,从而导致航天器发生异常和故障,这种现象称为单粒子效应。单粒子效应的种类包括单粒子翻转、单粒子锁定、单粒子瞬态以及单粒子烧毁等。单粒子效应是星载计算机中最常见的错误类型,在与太空环境相关的卫星异常中,由单粒子效应造成的异常占比达 39%。单粒子效应能够引起航天器数据错误、电路功能混乱、指令错误、计算机系统瘫痪,引发卫星故障异常,严重时会导致卫星失效。

1. 单粒子翻转

高能粒子在通过路径上电离产生的电荷,在内部电场的作用下被收集。当聚集的电荷达到一定阈值时,器件的电状态会发生非预期的翻转,比如使原来记忆单元的 0 或 1 状态翻转。这种错误不是永久性的,也被称为软错误。虽然不产生硬件损伤,但它会导致控制系统逻辑状态紊乱,产生错误数据或者错误指令,从而可能对航天器造成灾难性后果。单粒子翻转是星载计算机中最常见的错误,发生概率远大于总剂量效应和单粒子锁定。

2. 单粒子锁定

单粒子锁定主要针对 CMOS① 器件。高能带电粒子轰击 CMOS 器件,在其内部电离出足够的电荷时,会使 CMOS 电路中的可控硅结构被触发导通,由此在电源与地之间形成低电阻大电流通路的现象。长时间的锁定电流会烧毁器件,造成器件永久失效。

3. 单粒子瞬态

单粒子瞬态主要发生于模拟或数字器件中,当单个高能粒子轰击模拟或数字器件灵敏区时,会产生电子空穴对,进而使器件输出电压受到瞬时脉冲干扰。

---

① CMOS 是 complementary metal oxide semiconductor(互补金属氧化物半导体)的缩写,是一种可读写的 RAM 芯片,常用来存放数据。

#### 4. 单粒子烧毁

单粒子烧毁主要发生于功率器件,单个高能粒子入射时产生电子空穴对,电场作用下空穴对迅速分离,并分别沿着电力线向相反方向运动,极易引发电子空穴的雪崩效应。雪崩效应一旦形成,器件会从正常工作状态触发转变到高电流状态,导致发热,最终使器件烧毁。

#### 2.3.3.2 总剂量效应

当高能带电粒子入射到航天器元器件和材料中时,会发生电离作用。元器件和材料吸收电离作用传递的能量后,会出现性能衰退、参数漂移等现象,这被称为总剂量效应。几乎航天器的所有电子器件和材料都会遭受总剂量效应的影响。总剂量效应是一种累积效应,当累积剂量超过器件或材料所能承受的最大剂量时,其性能就会严重退化甚至失效,从而对航天器造成威胁。

#### 2.3.3.3 位移损伤效应

高能粒子与材料相互作用时,除通过电离方式交换能量外,还可通过非电离方式交换能量,即产生非电离能量损失。高能粒子入射到材料中时,通过与原子发生弹性及非弹性碰撞,使原子脱离晶格的束缚,发生原子位移,材料因此出现缺陷、性能改变,这种现象称为位移损伤效应。

#### 2.3.3.4 深层充电效应

辐射的总剂量效应还可能引起航天器深层充电。高能带电粒子在航天器内部介质中沉积时,会产生电荷累积,形成内部电场。当所累积的内部电场超过介质的击穿阈值时,将发生静电放电。深层充电效应可能引起电磁脉冲干扰,从而造成逻辑电路翻转形成伪信号,使卫星错误动作;甚至造成电路击穿、局部材料损坏。

设计人员可以有许多不同的选择,让航天器具有抵抗辐射的能力。对于航天器部件而言,关键是选择的材料对辐射作用有足够的冗余度。安全系数达到 5 的部件,可以放心使用;安全系数介于 2 和 5 之间的,需要额外进行辐射考核试验,或对其进行跟踪观测;要尽可能地避免使用安全系数小于 2 的部件。为减少单粒子翻转故障,应优先选择线性能量传递阈值大的器件。对于整个航天器来说,要完全避免故障或翻转的出现几乎是不可能的,所以航天器整体设计应具有发生这些故障后仍能工作的能力。冗余设计和恢复程序是保障任务完成的关键因素。

### 2.3.4 等离子体环境效应

等离子体是宇宙中物质较为常见的形态,常被描述为除了固态、液态和气态之外物质的第 4 种状态,由部分电离或全部电离的气体组成。这些气体的原子和分子中的一些电子因具有足够的能量而离开,且不易重新结合。太阳风的主要成分即为等离子体带电粒子流,地球电离层本质上也是一种等离子体环境。

航天器沉浸在等离子体环境中时,能量在数十千电子伏以下的空间等离子体不能穿透航天器表面,它们会与航天器表面相互作用,从而导致航天器表面电荷积累的充电现象,称为表面充电效应。当表面电位差超过材料的击穿阈值时,可能引发静电放电。航天器表面的静电放电可能会发生具有瞬时高压和强电流特征的电磁脉冲，导致星上敏感电子元器件以及组件损坏或误动作，干扰卫星与地面的通信，甚至造成航天器任务的失败。静电放电还可能引起航天器表面材料的物理损伤，并诱发材料表面污染，引起表面溅射。

可采取以下两套方案尽可能地减少航天器的充放电现象。首先，可以通过有效地平衡航天器表面电流，防止表面电荷累积；其次，确保航天器整个表面都具有相同的导电性，以防止航天器表面不同部位出现电位差。为了避免航天器产生电势积累，应该携带被称作"等离子体接触器"的等离子体发生装置，让航天器与等离子体有效接地。

NASA 提出了 5 项控制航天器充电的建议：一是接地，把所有的导电元件连接到共同的接地点能使电位差最小；二是表面材料，航天器表面全部或至少部分导电也能减少电位差；三是屏蔽层，为电子设备和电缆加装屏蔽层；四是过滤，过滤电路的输入，能防止航天器产生放电感应电流；五是工艺规程，通过采取正确的处理、组装、检测和试验方法，能最大限度地减少航天器在运行轨道上发生有害作用的可能性。

### 2.3.5　碎片与微流星体环境效应

碎片与微流星体环境的主要构成包括卫星碰撞产生的碎片、发射过程中入轨的火箭末级、用于远地点入轨的远地点发动机、火箭喷射出来的喷射物、航天活动甚至航天员遗留下来的各种各样的物质以及进入近地空间的微流星体等。目前可跟踪的碎片主要是尺寸 10 cm 以上的碎片，总数超过 26 000 个。除了人类发射的各种卫星，主要成分占比：航天器在发射或工作时丢弃的物体占 12%；废弃的火箭箭体占 14%；不再工作的有效载荷占 20%；其他碎片占 54%。这些其他碎片的主要来源包括航天器解体、在轨碰撞、运载火箭出现故障导致爆炸等。

微流星体与太空碎片的相对运动速度非常大，它们引起的超高速碰撞能够损坏甚至毁灭航天器，对太空飞行构成严重威胁。一般地说，直径小于 0.01 cm 的碎片（在近地轨道上数量很多）会使航天器表面产生凹陷和剥蚀，长期与卫星碰撞可能造成明显的累积影响；直径在 0.01~1 cm 的碎片会对航天器产生明显影响，其中，直径大于 0.1 cm 的碎片会对卫星结构造成损害；直径大于 1 cm 的碎片会对航天器造成灾难性的破坏。

太空碎片增加的主要原因是在轨大质量目标，如近地轨道上 100 kg 以上的目标，可能发生灾难性的解体。这种解体会产生更多的碰撞事件，造成太空目标的反馈碰撞。大多数太空碎片环境长期规划工具都给出了类似的有效减缓太空碎片的推荐措施，这些措施考虑了技术、操作和经济上的可行性以及其对环境稳定性的作用。主要的方法包括：

· 减少任务相关太空目标
· 防止在轨爆炸
· 避免非爆炸碎片释放事件
· 对可跟踪目标进行碰撞预警与规避
· 做好太空系统的任务后处理
· 开展在轨目标的清除工作

# 本章回顾

## 关键词

太阳
太阳活动
太阳风暴
近地太空环境
太空环境效应
真空环境
中性大气环境
辐射环境
等离子体环境
碎片与微流星体环境

## 重要概念

◇ 太阳
-太阳分层结构
-太阳黑子
-太阳活动周
-太阳风暴攻击地球的过程

◇ 近地太空环境
-近地太空环境分层结构
-地球辐射带特点

◇ 影响航天器安全的三大环境效应
-真空环境效应
-中性大气环境效应
-辐射环境效应
-等离子体环境效应

# 思考与讨论

1. 太阳活动的分类与特点是什么?

2. 近地太空环境的分层结构,各有什么特点?

3. 什么是太阳风暴,太阳风暴攻击地球的过程是怎样的,会对近地太空环境产生哪些影响?

4. 影响航天器安全的太空环境效应包含哪些,会对航天器造成怎样的影响,如何防护?

5. 美国 SpaceX 公司于 2022 年 2 月 4 日凌晨发射升空的 49 颗星链卫星,由于遭受地磁暴影响,先后多达 40 颗卫星短时间重入大气层陨落烧毁。结合本章的内容,你认为可能的原因有哪些? 面对难以准确预测的太阳风暴,应该采用哪些手段来增强卫星的生存能力?

# 第3章 轨道运动

## 本章中，你将学到

◇ 轨道运动的基本原理
◇ 轨道运动的特点
◇ 航天器与地球的关系
◇ 轨道的类型、特点与应用

## 你应该已经掌握

◇ 地球的物理性质
◇ 经典力学基础

## 内容安排

本章主要内容包括 4 个部分：
◇ 轨道运动原理。主要介绍二体运动方程、开普勒轨道根数、开普勒方程等。
◇ 轨道运动的特点。包括轨道运动周期、轨道运动的速度、轨道机动、轨道摄动等问题。
◇ 卫星与地球的关系。主要介绍星下点轨迹、卫星仰角计算、卫星覆盖区域计算等问题。
◇ 轨道的类型与应用。介绍地球低轨道、地球中间轨道、地球同步轨道、大椭圆轨道、太阳同步轨道、回归轨道、晕轨道等典型轨道的定义、特点及应用。

## 3.1 轨道运动原理

如果将航天器视作为刚体，那么在研究航天器的运动时，一般可分解为航天器质心的运动和绕质心的转动两种形式，质心运动对应的就是轨道运动，而绕质心的转动对应的则是姿态运动。航天器控制的核心问题就是控制航天器的轨道和姿态。因此，掌握航天器轨道运动的规律，对于理解航天活动至关重要。

航天器一旦被送入轨道后，便在地球或其他天体引力作用下长期做无动力的飞行，从航天器入轨直到在轨工作结束而离开或返回前的飞行阶段为运行阶段，运行阶段航天器质心运动的轨迹称为运行轨道，简称轨道。

### 3.1.1 开普勒行星运动定律

丹麦天文学家第谷·布拉赫（Tycho Brahe，1546—1601）于 1576 年建立了天文台，并用 20 年的时间在那里完成了当时最完整、最精确的天文观测。1600 年，年轻的德国数学家开普勒加入了布拉赫团队,开始探索行星运动的完整理论。通过研究布拉赫对行星运动的精密观测数据,开普勒发现行星绕太阳运动的轨道是椭圆而不是圆。以这些观测为基础,开普勒于1609年、1619年先后发表了行星运动的三大定律。

(1)开普勒第一定律(椭圆定律/轨道定律):行星沿椭圆轨道围绕太阳运动,太阳位于椭圆的一个焦点上。

(2)开普勒第二定律(面积定律):太阳至行星的向径在相等的时间内所扫过的面积相等,如图3-1所示,若行星在相等的时间内分别扫过 $AB$、$CD$、$EK$ 区域,则 $S_{AB}=S_{CD}=S_{EK}$。

(3)开普勒第三定律(调和定律):各行星轨道半长轴的立方与公转周期的二次方比值为常数。

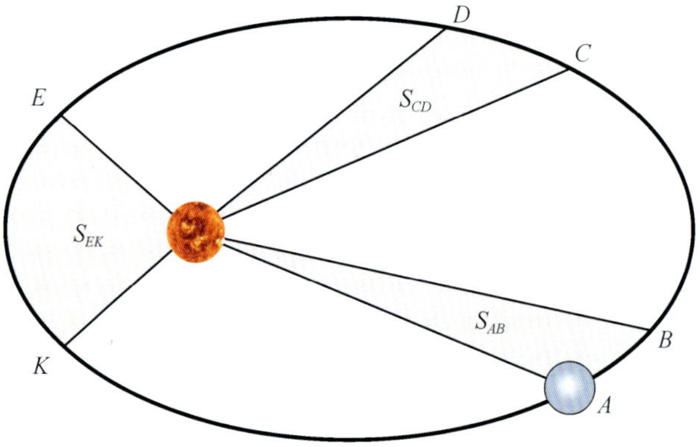


图3-1 开普勒面积定律示意图

开普勒三定律揭示的虽然是行星绕太阳运动的规律,但它对于很广的一类天然或人造小天体绕中心引力体的运动也是适用的,这时只要将定律中的太阳用广义的中心引力体来代替,行星用广义的绕中心引力体运动的天然或人造小天体来代替即可。应该指出的是,小天体的“小”是相对中心引力体而言的,因为通常中心引力体的质量远远大于绕其运动的小天体的质量。当中心引力体是地球时,航天器就可以成为小天体;而如果中心引力体是太阳,则地球也就成了小天体。

### 3.1.2 二体运动方程

航天器在飞行过程中受到的作用力非常复杂,但其中居于首要地位的是地心引力的作用。假设地球为质量分布均匀的圆球,而航天器只受到地心引力的作用,由于航天器的质量远小于地球的质量,两者构成一个限制性二体系统。此时根据牛顿万有引力定律和加速度定律,可以建立关于轨道运动的动力学方程为

$$\ddot{\boldsymbol{r}} = -\frac{\mu}{r^3}\boldsymbol{r} \tag{3.1}$$

式中,$\boldsymbol{r}$ 为地心矢径,由地心指向航天器为正;$r$ 为 $\boldsymbol{r}$ 的模,即地心距;$\mu=GM_e$ 为万有引力常数与地球质量的乘积,称为地心万有引力常数。这是一个典型的二阶常微分方程,进行适当的积分变换可以得到极坐标系下表示的轨道方程为

$$r = -\frac{p}{1+e\cos f} \tag{3.2}$$

该方程代表了一条圆锥曲线，其中 $e$ 为偏心率，$p$ 为半通径，$f$ 为真近地点角，这些参数的具体含义将在后面介绍。圆锥曲线是用一个平面去截一个正圆锥时产生的截面的边界曲线，轨道运动示意图如图 3-2 所示，根据偏心率 $e$ 的不同可以为圆（$e=0$）、椭圆（$0<e<1$）、抛物线（$e=1$）和双曲线（$e>1$）等不同的形状。由此可知，位于某一点的航天器，根据其初始速度不同，其运动轨道形状不同。

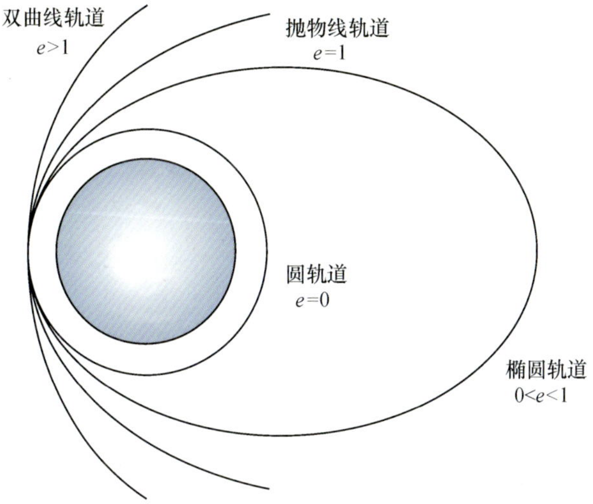


图 3-2　轨道运动示意图

### 3.1.3　椭圆轨道

当前绝大部分航天器都运行在绕地球的椭圆轨道上。如图 3-3 所示，航天器沿椭圆轨道围绕地球运行，根据椭圆的性质不难得到一些基本结论。椭圆有两个焦点，椭圆上的任意一点到这两个焦点的距离之和为常数；而圆是椭圆的特例，其两个焦点合并成一个点。经过两个焦点的直线是长轴，长度通常记为 $2a$；通过椭圆中心并与长轴垂直的直线叫短轴，长度通常记为 $2b$；两个焦点之间的长度叫焦距，通常记为 $2c$，它们之间的数量关系为

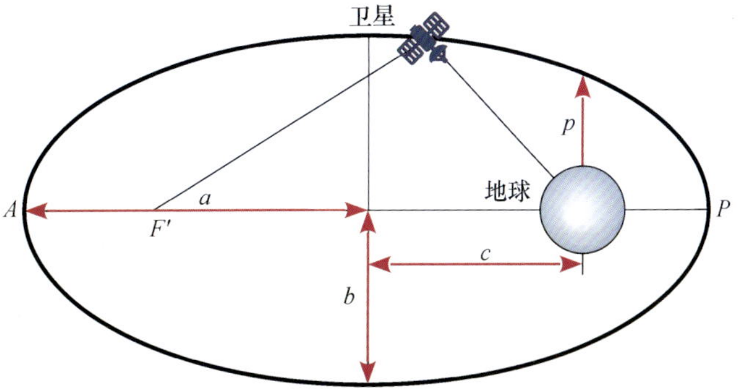


图 3-3　椭圆轨道

$$a^2 = b^2 + c^2 \tag{3.3}$$

在椭圆轨道上,航天器距离地球最近的点叫近地点 $P$,近地点到地心之间的距离记为 $r_p$;距离地球最远的点叫远地点 $A$,远地点到地心之间的距离记为 $r_a$。近地点和远地点分别位于长轴两个端点。从几何学上可以很清楚地看出

$$\begin{cases} r_a + r_p = 2a \\ r_a - r_p = 2c \end{cases} \tag{3.4}$$

椭圆偏离圆的程度用偏心率 $e$ 来度量,其值从 0(相当于圆)到 1(相当于无限细的椭圆或抛物线)变化。偏心率与焦距成正比:

$$e = \frac{c}{a} = \sqrt{1 - \frac{b^2}{a^2}} \tag{3.5}$$

或者

$$e = \frac{r_a - r_p}{r_a + r_p} \tag{3.6}$$

因此,$r_p$ 和 $r_a$ 还可以表示为

$$\begin{cases} r_a = a(1 + e) \\ r_p = a(1 - e) \end{cases} \tag{3.7}$$

过椭圆任一焦点作垂直于两焦点连线的直线,将与椭圆交于一点,该点与最近焦点的距离称为半通径 $p$,其计算公式为

$$p = a(1 - e^2) \tag{3.8}$$

### 3.1.4 开普勒轨道根数

轨道运动的动力学方程式(3.1)包含位置矢量$[x,y,z]^T$ 和速度矢量$[v_x,v_y,v_z]^T$ 共 6 个未知数。根据常微分方程和线性空间理论,要解算该方程,需要 6 个相互独立的初值来唯一确定一组状态。根据应用的不同,可以采用不同的轨道参数作为初值,比如可以选择初始时刻的位置与速度。但这样的参数不利于对轨道的认识,从这组参数中不能知道轨道的形状是什么样的、轨道面的指向在哪里,无法迅速估计轨道的高度和轨道的周期等基本特性。而开普勒轨道根数则是最常用的一种参数形式,它很好地回答了以上问题。

开普勒轨道根数采用的 6 个参数分别是轨道半长轴 $a$、轨道偏心率 $e$、轨道倾角 $i$、升交点赤经 $\Omega$、近地点幅角 $\omega$ 以及过近地点时刻 $\tau$ 或 $t_0$ 时刻的真近地点角 $f$,这 6 个参数很好地描述了轨道的大小、形状与指向等关键问题,因此是被应用最广泛的根数。

#### 1. 轨道半长轴

轨道半长轴(semi-major axis)定义为近地点和远地点距离的一半,一般用字符 $a$ 来标识,如图 3-3 所示。它描述的是轨道的大小,决定了航天器绕地球运动的轨道的周期,以及航天器在轨道上所能获得的速度的大小。

$$a = \frac{1}{2}(r_a + r_p) \tag{3.9}$$

#### 2. 轨道偏心率

轨道偏心率(eccentricity)为椭圆焦距与长轴的比值,一般用字符 $e$ 标识,表示的是椭圆的不圆度,描述了轨道的形状。如图 3-2 所示,偏心率 $e=0$ 时,轨道为圆;偏心率 $0<e<1$ 时,轨道

为椭圆，偏心率越大椭圆越扁；偏心率 $e=1$ 时，轨道为抛物线；偏心率 $e>1$ 时，轨道为双曲线。

半长轴 $a$ 和偏心率 $e$ 是与轨道几何学相关的根数，描述了轨道的形状。接下来 4 个根数则是关于轨道相对于空间中某个固定点的方向。

### 3. 轨道倾角

轨道倾角(inclination)指轨道平面与地球赤道平面之间的夹角，也可以用地轴北极方向与轨道平面的正法线方向之间的夹角来度量，如图 3-4 所示(图中 $\boldsymbol{h}$ 代表动量矩矢量，也就是轨道平面法向量)，一般用字符 i 标识，其取值范围为 0°～180°。轨道倾角描述了轨道平面和基准平面之间的倾斜度，给出了轨道相对于赤道平面的方位。

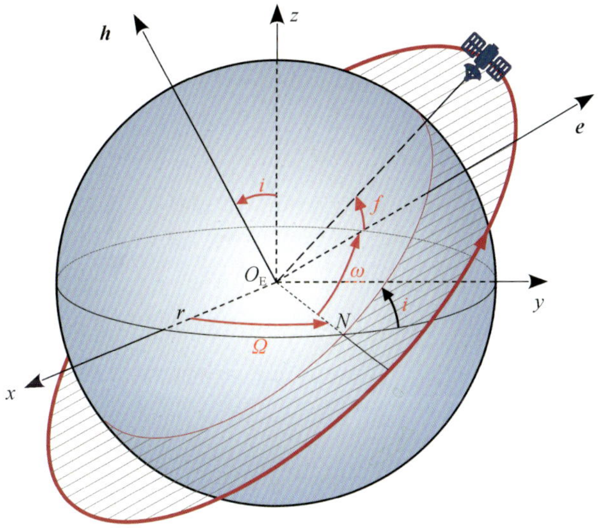


图 3-4　开普勒轨道根数

根据轨道倾角 $i$ 的不同，可将轨道分为顺行轨道、逆行轨道以及赤道轨道和极轨道，如图 3-5 所示。当 $0°<i<90°$时，由于卫星运行的方向与地球自转方向大体一致，因此称这种轨道为顺行轨道；当 $90°<i<180°$时，卫星运行方向与地球自转方向相反，称之为逆行轨道；当 $i=0°$时，轨道面与赤道面重合，称之为赤道轨道；当 $i=90°$时则称为极轨道。

### 4. 升交点赤经

航天器由南向北运行时的轨道弧段称为升弧段，在升弧段航天器的星下点轨迹与地球赤道面的交点称为升交点；航天器由北向南运行时的轨道弧段称为降弧段，在降弧段航天器的星下点轨迹与地球赤道面的交点称为降交点。轨道的升交点赤经(right ascension of ascending node，RAAN)定义为升交点与平春分点方向 $\hat{I}$ 之间的夹角，通常用字符 $\Omega$ 标识，描述了轨道面绕地球自转轴的旋转角度。如图 3-4 所示，$N$ 为轨道升交点，从平春分点方向自西向东(从北极看逆时针方向)度量为正，取值范围为 $0°\leqslant\Omega<360°$。升交点赤经与轨道倾角共同决定了航天器的轨道平面在惯性空间中的位置指向。

### 5. 近地点幅角

近地点幅角(argument of perigee)是指沿航天器运动方向测量从升交点到近地点的角度，

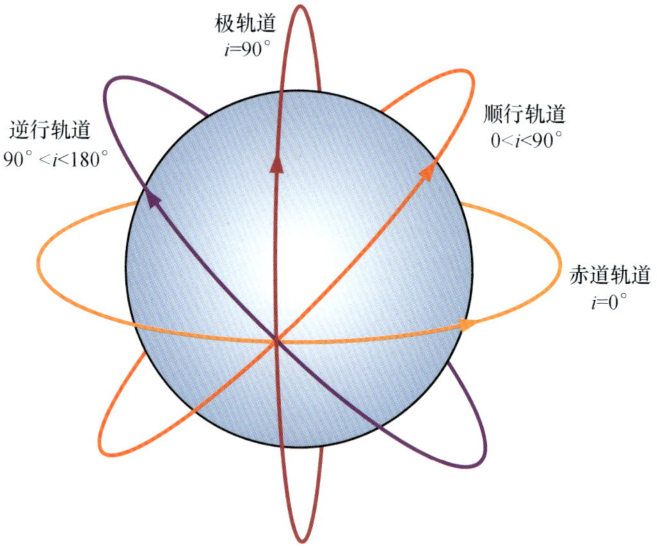


图 3-5　轨道倾角与轨道类型

即近地点至地心的连线与升交点至地心的连线之间的夹角，通常用字符 $\omega$ 标识，它给出了椭圆轨道在轨道平面中的方位。如图 3-4 所示，近地点幅角在轨道面内从升交点沿卫星轨道运行方向度量，取值范围为 $0°\leqslant\omega<360°$。图中矢量 $\boldsymbol{e}$ 为偏心率矢量，它指向轨道的近地点。

### 6. 过近地点时刻

开普勒轨道根数的最后一个根数为过近地点时刻，一般用字符 $\tau$ 来标识，是指航天器经过近地点的时刻，是运动时间的起算点。而在实际的应用当中，为了更好地表示卫星的位置，一般用初始时刻真近地点角或平近地点角作为最后一个根数。

真近地点角(true anomaly)是近地点到航天器位置矢量 $\boldsymbol{r}$ 的角度，一般用字符 $f$ 或 $v$ 标识，它描述了航天器在轨道中的位置。如图 3-4 所示，与近地点幅角类似，沿着航天器的运动方向度量，取值范围为 $0°\leqslant f<360°$。

## 3.1.5　开普勒方程

根据开普勒第二运动定律，对于椭圆轨道，由于航天器矢径的长度是随时间变化的，相等时间内扫过的面积相等也就意味着航天器运动的线速度是随时间变化的，也就是说真近地点角 $f$ 随时间不是均匀变化的。这样很难建立时间与真近地点之间的直接关系式，也就难以根据轨道根数计算航天器在任意时刻的轨道位置。为此，在轨道计算过程中需要引入一些辅助的根数以建立这种关系。

如图 3-6 所示，为椭圆轨道建立一个辅助圆，圆的半径为椭圆半长轴，则这个辅助圆与椭圆轨道相切于近地点和远地点。引入如图所示偏近地点角 $E$，则它与真近地点角之间存在下面的关系式：

$$\tan\frac{f}{2}=\sqrt{\frac{1+e}{1-e}}\tan\frac{E}{2} \tag{3.10}$$

同时引入平近地点角的概念，即 $M=n(t-\tau)$，其中 $n$ 为航天器的平均角速度，显然这个角

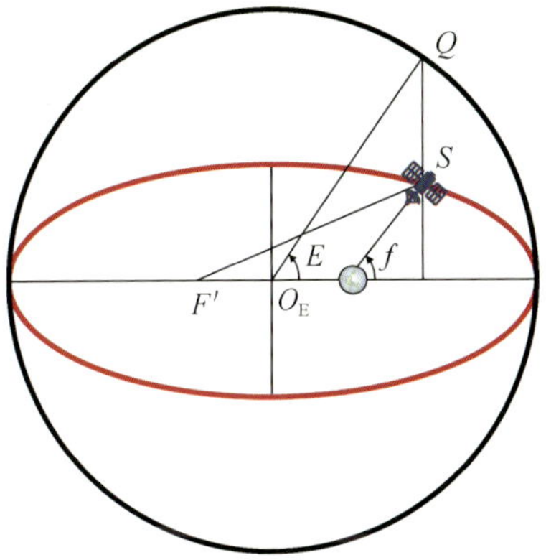


图 3-6　椭圆轨道的辅助圆

度是个虚设的角,无法在轨道上标出,但这个角度是随时间均匀变化的,因此很容易计算出来。

有了这两个角度,就可以建立一个中间方程式(3.11),这个方程称为开普勒方程。这样如果已知平近地点角 $M$,就可以根据开普勒方程计算偏近地点角 $E$,然后再计算真近地点角 $f$,最终就可以知道任意时刻航天器在轨道上的位置。

$$E - e\sin E = (t - \tau) = M \tag{3.11}$$

需要注意的是,实际上开普勒方程是一个超越方程,是不存在解析解的,只能通过数值的方法迭代或者泰勒展开($e \ll 1$)的方式求解。

# 3.2　轨道运动的特点

## 3.2.1　轨道运动周期

卫星的轨道周期是指卫星绕地球一周所需的时间,即完成一次轨道运行的时间。根据开普勒关于行星运动的第二定律(面积定律)以及第三定律(调和定律),航天器轨道运动的周期由以下公式给出:

$$T = 2\pi\sqrt{\frac{a^3}{\mu}} \tag{3.12}$$

式中,$a$ 为椭圆轨道半长轴;$\mu = GM$ 为地心万有引力常数。

可见,轨道周期只与轨道的长半轴有关,而与轨道的形状、轨道的朝向没有关系。对于圆轨道,随着高度的增加,卫星运行的速度变慢,而轨道也会变得越长,因此轨道周期会随着轨道高度的增加而增加。地球低轨道(几百千米高度)的轨道周期大约是 90 min,且轨道越高,周期越长。

表 3-1 中列出了一些典型的轨道高度和轨道周期。对于地球低轨道,轨道周期大约为 90 min,那么一天中可以绕地球运行 14~16 圈。对于轨道高度为 20 200 km 的半同步轨道卫星,其轨道周期约为 12 h,一天可以绕地球运行两圈。轨道高度为 35 800 km 的地球同步轨道卫星,其轨道周期大约为 24 h,与地球自转周期相同(地球自转一周约 23 h 56 min 4 s),一天

绕地球运行一圈，如果该轨道的倾角为 0°，则卫星始终位于固定的地面点上空，称之为地球静止轨道。

表 3-1　圆轨道卫星高度和周期对应值

| 轨道高度/km | 轨道周期/min |
|---|---|
| 200 | 88.3 |
| 500 | 94.4 |
| 1 000 | 104.9 |
| 5 000 | 201.1 |
| 10 000 | 347.4 |
| 半同步：20 200 | 718.3（约 12 h） |
| 地球同步：35 800 | 1 436.2（约 24 h） |

## 3.2.2　轨道运动的速度

由于地心引力是保守力，这也就意味着在二体问题前提下，轨道运动的过程中机械能是守恒的，即动能和势能之和是常数。已经知道，航天器的动能与其运行速度有关，而势能则与其轨道高度（或地心矢径长度）有关，则对于给定的轨道，存在如下的能量转换公式：

$$v^2 = \mu\left(\frac{2}{r} - \frac{1}{a}\right) \tag{3.13}$$

式中，$v$ 为航天器在轨道上某一点的运动速度；$r$ 代表这一点的地心矢径长度；$a$ 为椭圆轨道的半长轴，该公式被称为活力公式。式中左侧代表了航天器所具有的动能，右侧带矢径长度倒数的项，代表了航天器在轨道上所具有的引力势能，与半长轴 $a$ 倒数有关的项则代表了航天器具有的机械能，那么活力公式的实质表明轨道运动的动能和势能之和为常数，也就是说运动过程中的机械能是守恒的。故随着高度的增加，势能将会增加，那么动能相应地减少，则轨道运动速度减小。

如果令 $r=a=R_e=6\ 378.137$ km，代入式（3.13）可得，$v=7.9$ km/s。这是航天器在地球表面绕地球圆周运动所需的最小速度，即第一宇宙速度；第二宇宙速度为航天器脱离地球引力绕太阳飞行所需要的速度，也称为脱离速度，其大小为 11.2 km/s；第三宇宙速度为从地球发射的航天器能够飞出太阳系所需要的速度，其大小为 16.7 km/s。

对于圆轨道上的卫星，其速度与轨道高度之间有严格的关系，表 3-2 给出了典型轨道高度对应的轨道速度大小。可见，卫星的运行速度非常高，例如：地球低轨道卫星（高度为 200~2 000 km）的速度在 6.9~7.9 km/s 之间，这个速度大约是大型喷气式客机的 30 倍。

表 3-2 圆轨道卫星高度与速度的对应值

| 轨道高度/km | 轨道速度/(km · $s^{-1}$) |
|---|---|
| 200 | 7.8 |
| 500 | 7.6 |
| 1 000 | 7.4 |
| 5 000 | 5.9 |
| 10 000 | 4.9 |
| 半同步:20 200 | 3.9 |
| 地球同步:35 800 | 3.1 |

开普勒第二定律同时也说明了太空中物体的轨道与其质量无关。这意味着一旦火箭将卫星加速到轨道速度,就不再需要持续的动力来维持卫星的轨道运行;具有相同速度的重量级卫星和轻量级卫星(微小卫星)也可以在同一轨道运行。

### 3.2.3 轨道机动

由于卫星在轨道上是无动力飞行的,要改变其运行的轨道则必须改变其运行速度的大小或方向,这就是轨道机动的根本方法。在太空由于没有气动力,速度的改变只能通过施加冲量的方式,这也只能通过消耗燃料来实现。由于轨道平面是由速度方向决定的,那么如果只改变速度的大小而不改变速度的方向,显然不能够改变轨道面的方向,但可以改变轨道的形状,也就是改变轨道的高度。比如增加速度,则可以抬高轨道,但新的轨道还是会经过施加冲量的这一点,因为轨道是闭合的,那么要整体改变轨道的高度就要至少两次在不同的地点施加冲量。而为了节省燃料和便于控制,这两个点一般会选择近地点 $P$ 或远地点 $A$,这种机动称为霍曼转移(图 3-7),在多数情况下是一种最节省能量的轨道机动方式。

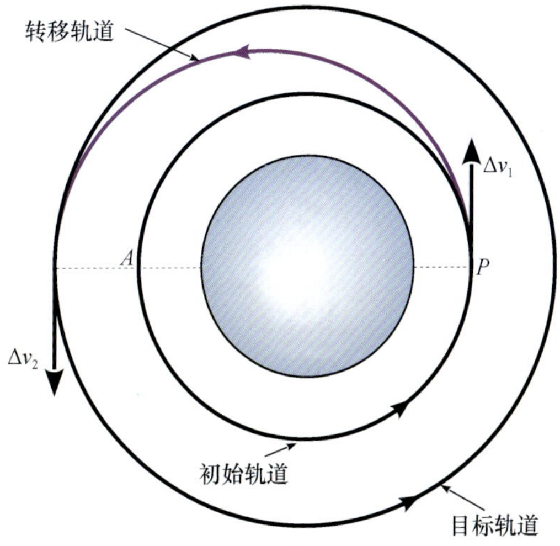


图 3-7 霍曼转移示意图

如果要改变轨道面的朝向，那么必须要改变速度的方向，根据速度叠加法则（也就是平行四边形法则），这将需要更大的速度增量，也就需要消耗更多的燃料。表 3-3 给出了不同的轨道机动所需要的速度增量，可见改变轨道面所需的速度增量要远大于改变轨道高度所需要的增量。另外，速度越大，改变速度方向所需要的速度增量也就越大，因此为了节省燃料，改变轨道面的机动一般会放在轨道上速度最小的远地点实施。

表 3-3 不同轨道机动所需的速度增量

| 卫星机动类型 | 所需速度增量/($km \cdot s^{-1}$) |
|---|---|
| 在 LEO 范围(400~1 000 km)内改变轨道高度 | 0.3 |
| 在 GEO 上保持 10 年的位置 | 0.5~1 |
| 从 LEO 离轨回到地球 | 0.5~2 |
| 改变 GEO 轨道面倾角 30° | 2 |
| 改变 GEO 轨道面倾角 90° | 4 |
| 轨道高度从 LEO 改变到 GEO | 4 |
| 改变 LEO 轨道面倾角 30° | 4 |
| 改变 LEO 轨道面倾角 90° | 11 |

双椭圆轨道转移是霍曼转移的推广，需要通过 3 次脉冲实现，如图 3-8 所示。航天器首先位于内轨道 1，目标轨道为轨道 2。在轨道 1 的 $A$ 点施加速度增量 $\Delta v_1$（第 1 次脉冲）后进入一个椭圆转移轨道 3，转移轨道 3 的远地点高度超过目标轨道 2 的高度。接着在转移轨道 3 的远地点 $B$ 再施加一次速度增量 $\Delta v_2$（第 2 次脉冲），形成新的转移轨道 4，转移轨道 4 的近地点与目标轨道 2 相交于 $C$ 点。最后在新的转移轨道 4 近地点 $C$ 处施加速度增量 $\Delta v_3$（第 3 次脉冲）减速，使航天器进入目标轨道 2。当目标轨道 2 号轨道的半径是原始轨道 1 号轨道半径的 15.58 倍或者更大时，双椭圆轨道转移会比霍曼转移更省燃料。

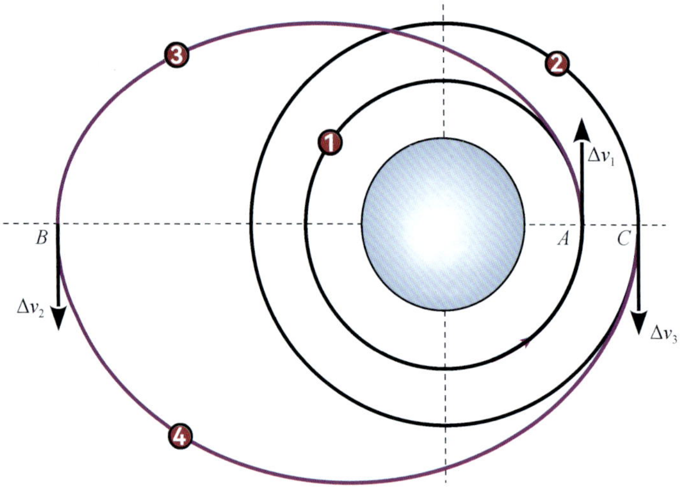


图 3-8 双椭圆转移示意图

### 3.2.4　轨道摄动

航天器在轨道上除了地心引力作用，其轨道还会受到很多其他作用力的影响，这些作用力相对于地球中心引力来说都是小量，但是它们长期作用的结果会导致航天器的运动逐渐偏离理论轨道，表现为轨道根数随时间的变化。这些作用力通常称为摄动力，卫星的实际运动相对于理想轨道的偏差，称为轨道摄动。在地球轨道空间的摄动力主要包括地球非球形摄动、大气阻力摄动、三体引力摄动以及太阳光压摄动。大气阻力摄动在前面已经介绍过，它是一种耗散力，会使卫星轨道逐渐圆化，轨道高度不断降低，最终将导致航天器陨落；三体引力摄动是太阳、月球以及其他天体的引力对航天器轨道产生的长周期的影响，不会导致卫星陨落；太阳光压摄动是太阳光照射在太阳能帆板上产生电能的同时产生的冲击力对轨道的长期影响。表 3-4 列出了主要摄动力及其对轨道的影响。

表 3-4　主要摄动力及其对轨道的影响

| 摄动力 | 说明 | 对轨道的影响 |
| --- | --- | --- |
| 地球非球形摄动 | 由于地球形状不规则和密度分布不均匀而产生的附加摄动，是一种保守力 | 导致航天器轨道面绕地球极轴缓慢旋转，同时近地点在轨道面内旋转 |
| 大气阻力摄动 | 由于高层大气对航天器轨道运动的阻尼作用而产生的摄动，是一种耗散力 | 会导致航天器轨道能量的耗散，从而使轨道高度不断降低，轨道圆化，最终将导致航天器陨落 |
| 三体引力摄动 | 由于太阳和月球以及其他星体对航天器的引力而对航天器轨道产生的影响 | 对轨道的影响呈长周期变化，且与卫星轨道对太阳和月球的定向有关 |
| 太阳光压摄动 | 太阳光辐射以及反射过程中对航天器产生的摄动力 | 影响非常复杂，与航天器反射特性、轨道与太阳的定向关系以及太阳活动等因素都有关 |

重点介绍地球非球形摄动的影响。地球形状不规则、地球质量分布不均匀、地球自转速度也不均匀，这些因素都导致地球引力场分布复杂，使得航天器在轨道上受到的引力可能不指向地心，大小也不再只与高度有关。为了描述地心引力，一般将其分解为中心引力部分以及摄动部分，其中的摄动部分称为地球非球形摄动，可以认为它们是附加在中心引力场上的小的摄动力。在轨道运动的所有摄动中，地球扁率摄动（即地球赤道突出产生的摄动，也称 J2 摄动）对轨道的影响最为明显，同时合理地利用地球扁率摄动也会产生一些特殊的轨道。地球扁率摄动对卫星轨道的影响主要表现为航天器轨道面的旋转以及轨道的拱线在轨道面内的旋转。轨道面的旋转表现为升交点赤经的变化。

$$\dot{\Omega} = -\frac{3}{2}\frac{nJ_2\cos i}{(1-e^2)^2}\left(\frac{R_e}{a}\right)^2 \tag{3.14}$$

式中，$J_2$ 为摄动系数，是一个常数；$n$ 为卫星轨道运动的平均角速度。可见，轨道面绕地球极轴缓慢旋转。因为现实中的轨道一般为近圆轨道，所以对于特定轨道高度的卫星，在轨道设计时可以通过轨道倾角和轨道高度来控制轨道面旋转的速度和方向。对于顺行轨道，升交点赤经的变化率为负，也就意味着从北极看轨道面顺时针旋转，升交点在赤道上向西退；对于逆行轨道，升交点赤经的变化率为正，此时升交点在赤道上向东进。如果逆行轨道升交点的东进角速度恰好等于地球绕太阳公转的角速度,则这种轨道就称为太阳同步轨道,是一种用途非常广泛的轨道。轨道拱线的旋转也就是远地点和近地点在轨道面内移动,表现为近地点幅角的时间变化。

$$\dot{\omega} = -\frac{3nJ_2\left|1 - 5\cos^2 i\right|}{4(1 - e^2)^2}\left(\frac{R_z}{a}\right)^2 \tag{3.15}$$

该式显然存在零点,也就是当 $\cos^2 i$ 等于 1/5 时,近地点幅角的变化率为零,此时轨道倾角 $i$ 约等于 63.4°,这种轨道称为冻结轨道,也就是说近地点和远地点冻结在轨道面内。对于大椭圆轨道,远地点的位置是重点考虑的因素,因此这时必须使用冻结轨道以保证远地点位置不发生移动。

## 3.3 卫星与地球的关系

很多航天任务的完成都需要了解航天器相对地球表面的运动特性,即需要了解航天器能够从地面哪些点的上空飞过,这是建立星地链路、卫星对地面提供服务、卫星实现对地面的侦察探测等任务的关键约束,对于卫星管理、卫星应用、卫星监视等任务都具有重要的意义。

### 3.3.1 星下点轨迹

某时刻航天器至地心的连线与地球表面的交点称为该时刻航天器的星下点,不同时刻星下点的连线就称为星下点轨迹。为研究方便,首先研究航天器在无旋地球上的星下点轨迹。此时,地球被假设为是惯性空间的一个不转动的球体。然后在无旋地球上星下点轨迹的基础上,进一步研究地球旋转情况下的实际星下点轨迹。

#### 3.3.1.1 轨道周期与星下点轨迹

在惯性空间,当假设地球为一个不动的球体时,无旋地球上的星下点轨迹只与轨道面在惯性空间中的摆放位置有关,即在同一轨道面内的轨道,无论其形状为圆或椭圆,也无论椭圆轨道的近地点在何位置,它们的星下点轨迹相同。很明显,无旋地球上的星下点轨迹是球面上的一条封闭曲线,每圈都重复相同的星下点轨迹,因此无旋地球上的星下点轨迹是轨道平面与地球相截而形成的大圆,该大圆在二维地球上的投影如图 3-9 中虚线所示。

旋转地球上的星下点轨迹考虑了地球旋转,因而它与无旋地球上的星下点轨迹有所不同。显然,地球的旋转对星下点的纬度没有影响,仅对星下点的经度产生影响。从地面观测者视点看上去,和无旋地球上星下点的经度相比,由于地球自西向东旋转,所以旋转地球上的星下点的经度向西移动了一定的角度,如图 3-9 实线所示。移动的距离与航天器的轨道运动速度有关,这样在二维地球上就好像是将无旋地球上的星下点轨迹在经度方向上被压扁了,卫星两次经过升交点时的星下点不再重合,此时星下点轨迹也不再是一条封闭的曲线。由于地球自西向东旋转,反映在星下点轨迹上就是升交点的西移。定义两轨之间向西移动的距离为节点位移 $\Delta N$,它等于地球转速乘以轨道周期,可以用星下点轨迹来求解轨道周期。例如一个航天器运行于顺行轨道,两个轨道周期星下点轨迹节点位移为 30°,地球每小时旋转 15°,则可以用以下的公式求解轨道周期:

$$T = \frac{\Delta N}{15} = 2(\mathrm{h}) \tag{3.16}$$

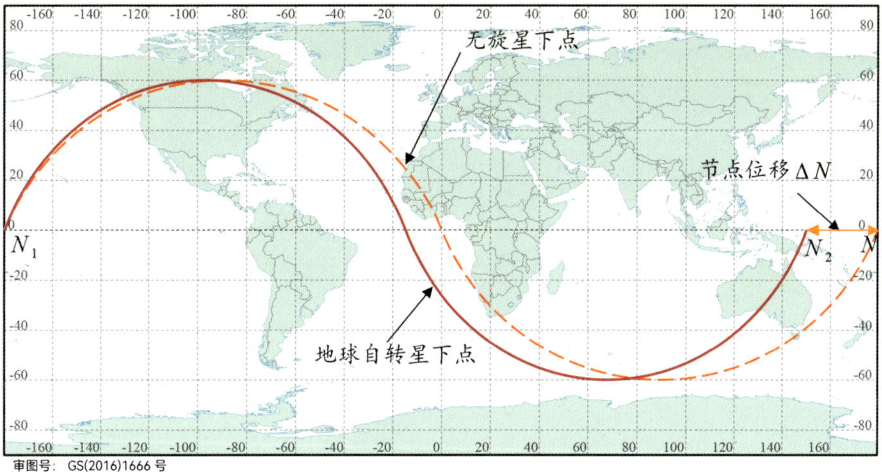


图 3-9　地球自转产生的节点位移

随着轨道尺度的增大，轨道半长轴变长，则节点位移也逐渐增大，这是因为地球在转动，而航天器飞行一周需要更长的时间（半长轴越长，周期越长）。随着节点位移的增加，航天器的星下点轨迹逐渐压缩弯曲在一起。如图 3-10 所示，轨道 A、B、C、D、E 的轨道周期分别为 2.67 h、8 h、18 h、24 h、24 h。对于周期约为 24 h 的地球同步轨道，$\Delta N$ 为 360°。由于航天器的周期与地球转动周期相同，这样轨道看起来自己往返折回形成“8”的形状，如图中的轨道 D。如果轨道在赤道平面上（倾角为 0°），地面轨迹就是赤道上的一个点，如图中的轨道 E。

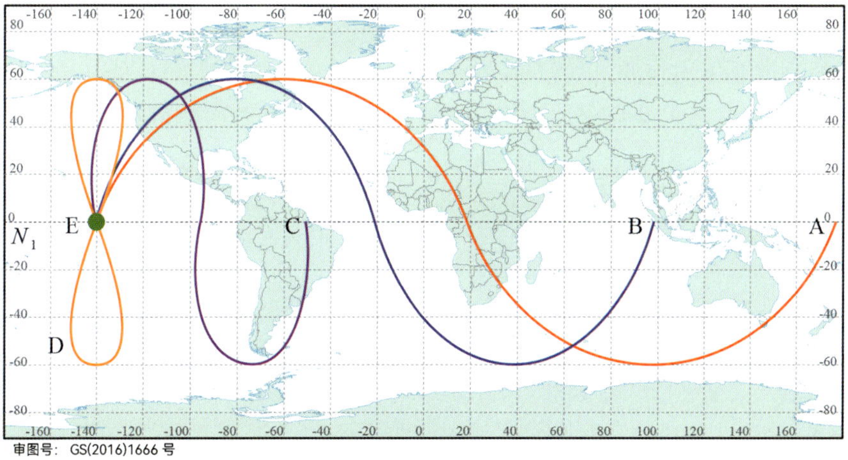


图 3-10　轨道周期与星下点轨迹

### 3.3.1.2　轨道倾角与星下点轨迹

由于纬度是指赤道向北或向南到目标点之间的地心角，而轨道平面与赤道平面形成的夹角，就是它的轨道倾角。这样，对于顺行轨道，当航天器到达它的最北点，星下点所在的纬度就等于轨道倾角。因此,可以利用星下点轨迹得到轨道倾角:对于顺行轨道,显然星下点轨迹最北点的纬度就是轨道倾角;而对于逆行轨道,由于轨道倾角大于 90°,则轨道倾角为星下点轨迹最北点的补角。

如图 3-11 所示,轨道 A、B、C、D 的轨道周期均为 4 h,通过判断纬度的最高点,可以求得其轨道倾角分别为 10°、30°、50°和 85°。其中,由于地面距离在墨卡托投影图的极点处变长,因此轨道 D 有些失真。

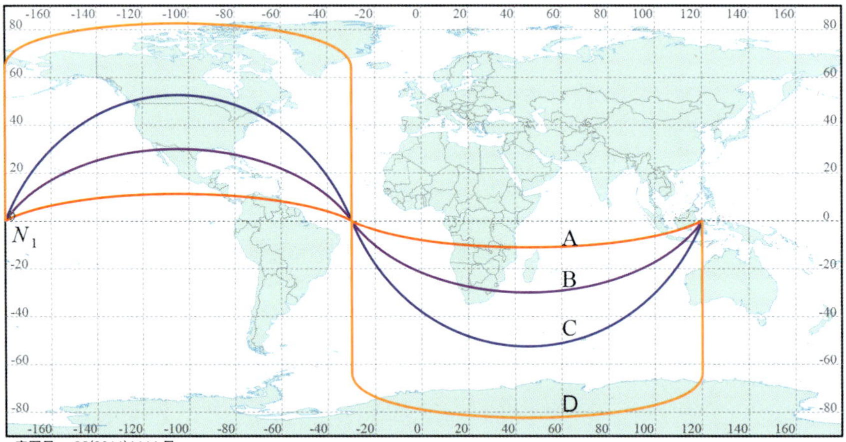


审图号: GS(2016)1666 号

图 3-11　轨道倾角与星下点轨迹

### 3.3.1.3　近地点位置与星下点轨迹

在此之前研究的都是圆轨道,因此它的星下点轨迹是均匀对称的。如果轨道是椭圆,那么它的星下点轨迹就是不均匀的,也就是说在赤道的上方和下方是不对称的。由于航天器在近地点移动最快,所以它在近地点附近的路径上走得最远,使得地面轨迹看起来舒展。相反,在远地点它走得慢,所以地面轨迹看起来更加弯曲。

如图 3-12 所示,轨道 A、B 的地面轨迹都是来自周期 9.3 h,轨道倾角为 50°的轨道,两个轨道的偏心率都很大,轨道 A 的近地点在北半球,轨道 B 的近地点在南半球。

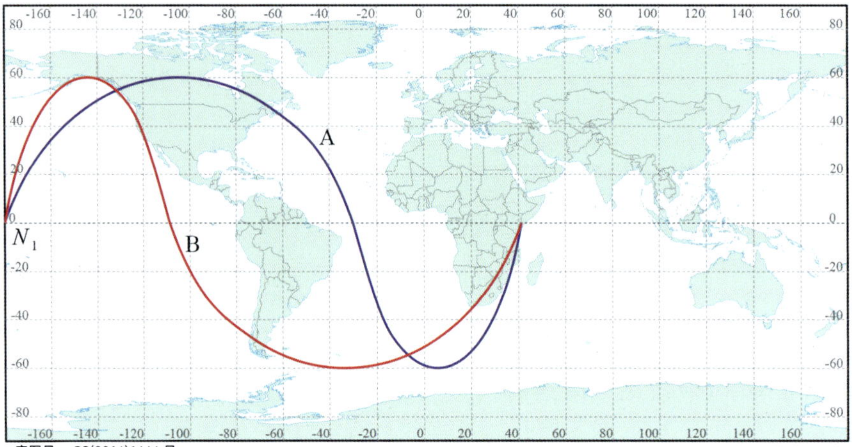


审图号: GS(2016)1666 号

图 3-12　近地点位置与星下点轨迹

## 3.3.2　卫星的仰角

卫星的仰角(也可称高度角)是观察者和卫星连线与观察者当地地平线之间的夹角,用于测量在给定时间卫星的过顶程度。因为仰角的测量与地面位置有关,所以对于地面上不同位置的观察者来说,卫星的仰角不相同。当卫星在轨运行时,仰角会随时间而变化。给定时间的仰角与描述卫星和地面观察者相对位置的几个参数有关,包括观察者所在的经纬度、卫星高度、轨道倾角、卫星在轨道何处。

因为地球是旋转的,所以卫星有规律地穿越地球上的那些纬度等于或小于卫星轨道倾角的地区。对于地球上高纬度的区域,也能观测到卫星,但卫星不会出现在头顶正上方,这些区域的卫星最大可见仰角小于 90°。因此,对于轨道倾角 45°的卫星,地球上南纬 45°和北纬 45°之间的所有点,最大可见仰角都是 90°;极地轨道卫星能过顶穿越地球上所有点,即最大可见仰角都是 90°。

给定位置的卫星可见仰角对卫星的使用影响巨大。例如,地面站接收低可见仰角卫星信号的难度很大,如图 3-13 所示,原因有两个方面:第一,卫星上的信号在稠密大气层中传输的距离要比高可见仰角时传输的距离远,导致信号强度衰减得更厉害;第二,地平线上的物体,如高的建筑物或者高山,可能在地面站和卫星的连线上,这样就会阻碍信号的传输。在建筑物密集的城市里,高大的建筑会阻碍地面站对低可见仰角卫星信号的发送和接收,最糟糕的情况下,最低可见仰角可能低至 70°。所以,在城市里许多卫星接收器和发射器都安装在建筑物的顶部。然而,对一些应用设备来说,接收器是移动的,例如地面上使用全球导航定位系统(GPS)的车辆,55°轨道倾角的 GPS 卫星可能无法满足所有城市用户的要求。位于北纬 30°~45°的日本,城市中的高楼大厦和乡下的高山会阻碍 GPS 信号。因此,日本开发了一套系统,它利用远地点在亚洲上空的 3 颗大椭圆轨道卫星(Quazi-Zenith 卫星系统)和美国的 GPS 系统一起工作。

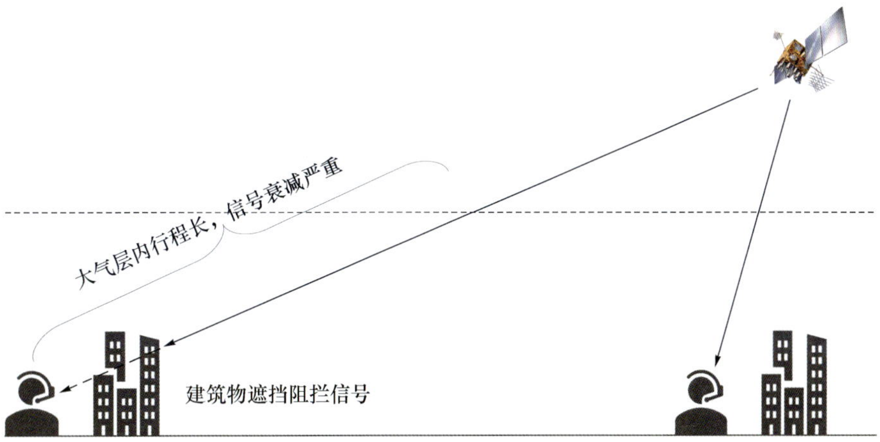


图 3-13　仰角对信号传输的影响

## 3.3.3　卫星的覆盖区域

卫星能观测到多少地球表面跟卫星的高度有关,高度低的卫星,地面可见区域小;高度高的卫星,地面可见区域广。可见地面区域同样也是地球上能看见卫星的区域,可见区域的外沿是圆形,半径只与卫星高度有关。

通常,只有当地面站的可见卫星仰角大于某个最小值(典型的最小值是5°~10°)时,地面站才能和卫星进行通信。因此,卫星能通信的有效地面区域小于卫星所能观测到的整个区域。表3-5列出了卫星在不同高度下的最大可见地面区域的半径,以及当最小可见仰角为10°时,有效可见地面区域的半径。可见,轨道越高,卫星可见地面区域及能通信的有效地面区域越广;地球同步轨道卫星的可见地面区域要比低轨卫星的可见地面区域大得多。注意:低轨卫星的有效地面区域大约是最大可见地面区域的一半,而高轨卫星的有效地面区域相对于最大可见地面区域并没有缩减多少。

表3-5 卫星在不同高度下的最大可见地面区域

| 卫星高度/km | 最大可见区域 | | 有效可见区域($\varepsilon_{min}=10°$) | |
|---|---|---|---|---|
| | 半径/km | 占地球表面积比例/% | 半径/km | 占地球表面积比例/% |
| 500 | 2 440 | 3.6 | 1 560 | 1.5 |
| 1 000 | 3 360 | 6.8 | 2 440 | 3.6 |
| 20 200(半同步) | 8 450 | 38 | 7 360 | 30 |
| 36 000(同步) | 9 040 | 42 | 7 950 | 34 |

卫星的可见地面区域和它相对地球的运动对卫星的用途影响重大。例如,能获取地面高分辨率图像的卫星最好放在低地球轨道。如果要求对某个特殊地区进行连续低轨道监视,那么需要在同一轨道放置多颗卫星,以便一个卫星离开监视位置后,另一颗卫星会紧跟着进入位置。为了使任意时间总有一颗卫星在正确的位置,卫星星座(由多颗卫星组成的系统)需要的卫星总数与每颗卫星覆盖的地面区域有关。如果其他条件相同,卫星轨道越高,单颗卫星覆盖的地面区域越大,需要的卫星数量越少。但有些任务不可能将卫星放入高轨道,例如高分辨率监视或弹道导弹防御,因为弹道导弹防御任务要求天基拦截器与要拦截的导弹靠得越近越好。

## 3.4 轨道的类型与应用

按照不同的分类标准,航天器的轨道类型有不同的分类方式。如果按照轨道形状划分,可以将轨道分为圆轨道、椭圆轨道、抛物线轨道和双曲线轨道(图3-2);如果按照轨道高度划分,可以将轨道分为低轨道、中轨道、大椭圆轨道和地球同步轨道;如果按照轨道倾角划分,可以将轨道分为顺行轨道、逆行轨道以及赤道轨道和极轨道(图3-5)等。航天器选择的特定轨道主要与航天器的任务有关,尤其是一些特殊的轨道对于某些特定任务具有独一无二的优势。

### 3.4.1 地球低轨道

地球低轨道(low earth orbit,LEO)也称低轨道,一般是指远地点高度小于2 000 km的轨道。典型的地球低轨道卫星星下点轨迹如图3-14所示,轨道周期是90~120 min,每天可绕地球旋转12~16圈。由于地球辐射带的最内层也高于这个高度,因此航天器远离高能辐射和带电粒子。但由于大气阻力的存在，轨道衰减不能够被忽略，必须定期抬升轨道高度，以维持任务的正常运行。因此，近地轨道卫星往往需要携带足够的燃料以进行生命周期内的轨道保持，此时航天器的使用寿命主要基于航天器携带的可用燃料的多少。假如不进行轨道维持，则高度为 320 km 的轨道，卫星的可用寿命大概只有一年；高度为 800 km 的轨道，卫星的可用寿命大概为 10 年。

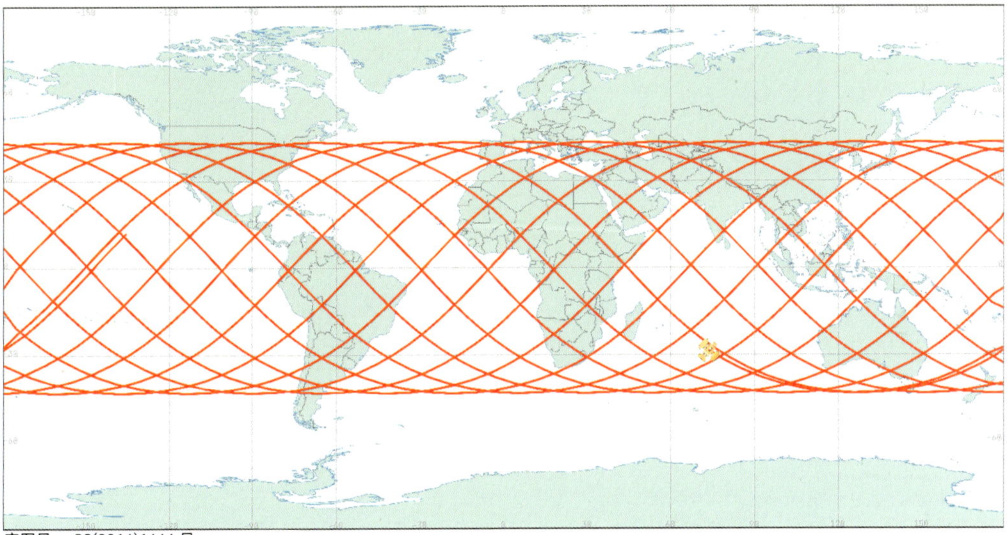


图 3-14　典型地球低轨道卫星星下点轨迹

处于 LEO 的航天器，由于距离地球较近，为航天器获取高分辨率图像提供了有利条件。例如：美国的锁眼卫星是用于情报侦察的光学成像卫星，通常部署在近地椭圆轨道上，其远地点和近地点分别为 1 000 km 和 300 km。在对地通信和数据传输时，运行于 LEO 的航天器需要消耗的功率较小，并且信号传输路径更短，因此可以提供更小的信号延时。

地球低轨道的不足之处在于，一个周期内单个航天器与地面站单次通信的时间很短，且在任一时刻都只能覆盖地球表面较小的范围。为克服这个不足，需要将大量同类卫星组成星座，以提供连续的对地服务。例如：美国 SpaceX 的“星链”卫星网络首批就需要在近地轨道部署约 1.2 万颗卫星，以实现对全球的不间断互联网服务。

## 3.4.2　地球中间轨道

地球中间轨道(medium earth orbit，MEO)也称中轨道，一般是指轨道高度位于地球低轨道和地球同步轨道之间的轨道。与 LEO 相比，MEO 航天器在任何时刻都能看见地球表面的大部分区域，因此需要较少的卫星就能够实现全球覆盖。且在 LEO，大气阻力可以忽略不计，轨道保持的代价会小得多。但是由于轨道高度较高，需要较大的能量才能将航天器送入该类轨道。另外，由于存在范·艾伦辐射带，MEO 对卫星来说环境较为严酷，为了保证卫星的运行必须增强辐射防护。

典型的 MEO 轨道是半同步轨道，轨道周期约为 12 h，高度约为 20 200 km，其星下点轨迹如图 3-15 所示。美国的全球导航定位系统(GPS)和俄罗斯的 GLONASS 导航卫星以及我国的“北斗”卫星导航系统都采用这种轨道。导航系统要求任一时刻用户视线范围内必须至少有 4 颗卫星,而连续通信系统只需要 1 颗。因此,导航系统在相同高度需要比通信系统部署更多的卫星。例如,GPS 和 GLONASS 在部署完毕时都使用了 24 颗卫星,GPS 卫星位于轨道倾角为 55°的 6 个轨道平面内;GLONASS 卫星位于轨道倾角为 65°的 3 个轨道平面内。

审图号: GS(2016)1666 号

图 3-15 典型半同步轨道卫星星下点轨迹

## 3.4.3 地球同步轨道

地球同步轨道(geosynchronous orbit,GSO)是指轨道周期与地球自转周期相同的轨道,地球的自转周期大约是 23 h 56 min 4 s,根据轨道周期公式可以得到圆轨道轨道高度大约是 35 800 km。根据轨道倾角的不同,可分为地球静止轨道和倾斜地球同步轨道两种。

### 3.4.3.1 地球静止轨道

地球静止轨道(geostationary orbit,GEO)是轨道倾角为 0°,同时偏心率为 0 的地球同步轨道,由于卫星在赤道上空与地球同步转动,在地球静止轨道上的卫星与地面的相对位置保持不变,星下点轨迹为地面赤道上的一个点,卫星所在的经度称为定点位置。

从 GEO 卫星上看,地球是固定的,且视野较大,这种特性对于侦察监视十分有利,缺点是卫星高度过高,观测细节受到了距离的影响。相比于 LEO 和 MEO,GEO 卫星的覆盖区域要大很多,每颗 GEO 卫星能覆盖地球表面的 42%,利用经度间隔 120°的 3 颗地球静止轨道卫星就可以覆盖全球中低纬度地区。GEO 卫星的主要用途包括卫星通信、卫星广播、导弹预警以及侦察监视、气象监测等。

理论上 GEO 轨道只有一条,如果按照每 2°部署一颗卫星,则只能容纳 180 颗卫星,因此 GEO 轨道的点位是重要的轨道资源。GEO 的定点精度要求很高,稍有偏差,航天器就会漂移。由于航天器严格对地静止几乎是不可能的,因此,人们只能将漂移控制在一定的允许范围内,例如经、纬度方向漂移不超过 0.1°。这样就要求卫星具备修正轨道误差和位置保持的能力。

#### 3.4.3.2　倾斜地球同步轨道

倾斜地球同步轨道(inclined geosynchronous orbit,IGSO)轨道倾角不为 0°。如图 3-16 所示,由于轨道周期与地球自转周期相同,因此其星下点轨迹近似为一条封闭曲线,其图案像一个"8",且每天在纬度方向摆动一次。对地面观测者来说,每天相同时刻卫星大致出现在相同方位。我国北斗导航星座部分采用了倾斜同步轨道。

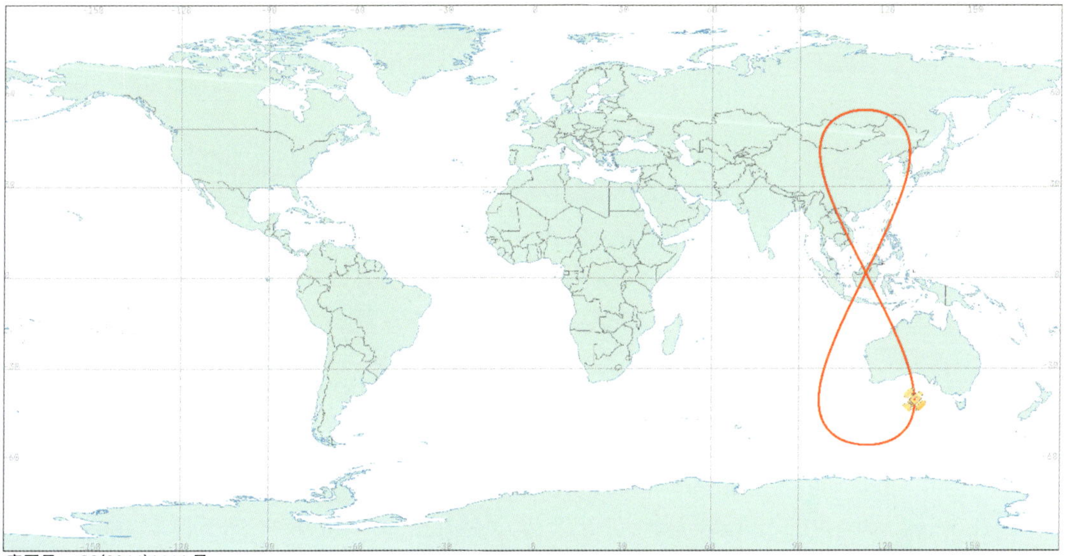

审图号: GS(2016)1666 号

**图 3-16　典型倾斜同步轨道卫星星下点轨迹**

### 3.4.4　大椭圆轨道

大椭圆轨道(high elliptical orbit,HEO)是大偏心率的轨道,轨道形状是椭圆。HEO 航天器的有利特征是航天器靠近远地点时运行相对较慢,能够有一个较长的停留时间,同时还能看到地球表面的大部分区域。这种特殊的 HEO 对覆盖北半球高纬度地区很有用。为了保证远地点能够长期保持在特定高纬度地区,HEO 卫星一般采用轨道倾角为 63.4°的冻结轨道,此时其远地点总保持在同一半球(南半球或北半球)的相同纬度,而不会发生进动,同时由于在远地点附近运动地慢,卫星轨道周期的大部分过境时间位于这一纬度上空。典型的大椭圆轨道主要是闪电(Molniya)轨道和苔原(Tundra)轨道,主要应用于通信和导弹预警任务。

闪电轨道的轨道倾角为 63.4°,远地点高度约为 40 000 km,近地点高度约为 1 000 km,即偏心率为 0.737,周期为 12 h,其星下点轨迹如图 3-17 所示。苏联首先在 Molniya 卫星系统中使用这个类型的轨道,所以这种大椭圆轨道又称为 Molniya 轨道、闪电轨道。Molniya 卫星的轨道在 12 h 的轨道周期中有 8 h 在远地点覆盖区域内可见,且地面仰角超过 70°。因此,只需要 3 颗主轴彼此相交为 120°的卫星组成卫星星座就能确保该地区的连续覆盖。

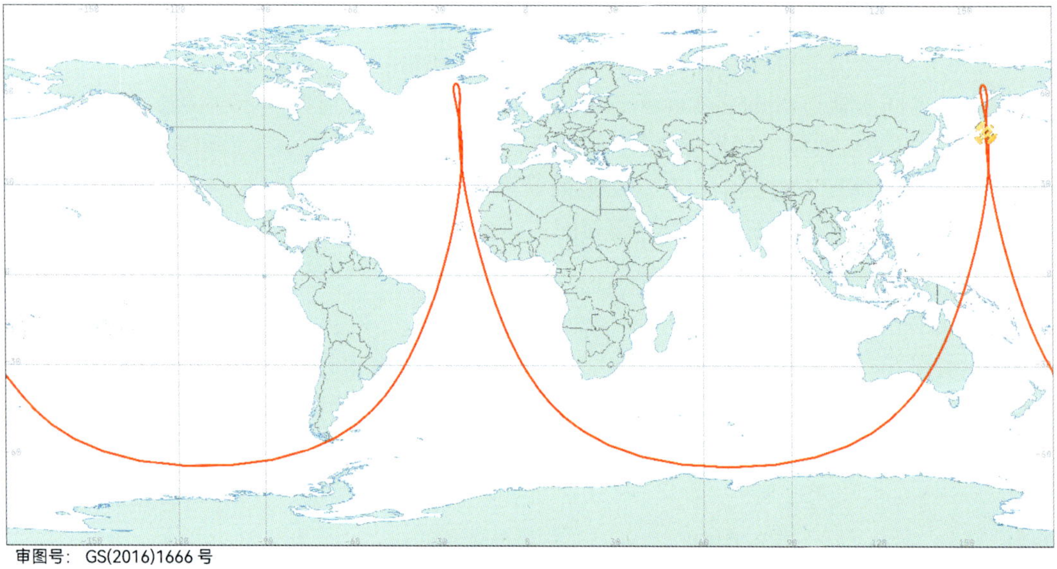

审图号：GS(2016)1666 号

图 3-17　典型闪电轨道卫星星下点轨迹

## 3.4.5　太阳同步轨道

太阳同步轨道(sun-synchronous orbit,SSO)是指轨道平面绕地球自转轴(极轴)旋转的方向与地球公转方向相同,且旋转角速度等于地球公转的平均角速度的卫星轨道。根据式(3.14),要保证轨道面自西向东旋转,SSO 的轨道倾角都必须大于 90°,即 SSO 为逆行轨道。因此,在卫星发射时需要逆着地球自转方向发射,这就要求运载火箭的推力较大。典型 SSO 卫星的星下点轨迹如图 3-18 所示,注意图中标出了卫星从南向北穿越赤道时卫星的运行方向,表明该轨道为逆行轨道。通常 SSO 的轨道倾角为 90°~100°之间,轨道高度为 500~1 000 km 之间,且 SSO 的最大轨道高度不会超过 6 000 km。对于圆轨道而言,轨道倾角越大,卫星轨道高度越高。

如图 3-19 所示,由于轨道面旋转速度与地球公转速度一致,在 SSO 上运行的卫星,每次从具有相同纬度的地面目标上空经过时,都基本保持相同的地方时、相同的运行方向,且具有相同的光照条件。

SSO 对于那些对光照条件有要求的星载有效载荷非常有用,如可见光成像侦察卫星。另外,由于 SSO 卫星与太阳保持固定的相对取向,因此有利于以太阳能为能源的卫星长期稳定的工作。由于运行于近地的 SSO 都接近极地轨道,因此卫星轨道运行和地球自转运动结果使卫星能够飞越除很小极区以外的全球各处。SSO 的这两个特性使得它十分适合于对地观测,在气象观测、资源观测、海洋观测以及军事侦察等领域有广泛的应用。例如:卫星由南向北(升段)穿过北纬 40°上空是当地地方时早晨 4 时整,以后凡是升段经过北纬 40°上空都是当地地方时早晨 4 时。根据这一特点,选择适当的发射时刻,可以使卫星经过特定地区时,其光照条件始终很好,有利于获取高质量地面目标的图像。

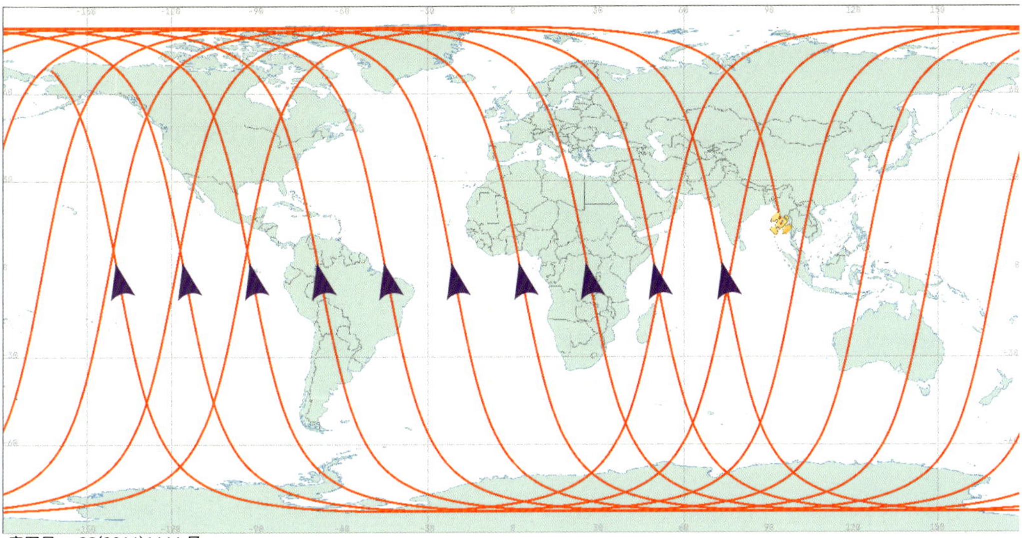

审图号：GS(2016)1666 号

图 3-18　典型 SSO 卫星星下点轨迹

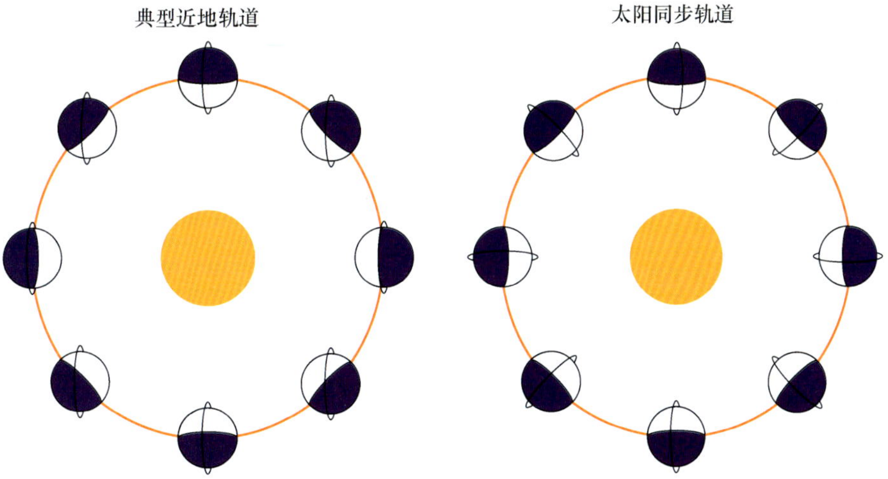


图 3-19　SSO 原理示意图

### 3.4.6　回归轨道

回归轨道定义为星下点轨迹周期性重复的航天器轨道。相同回归周期的轨道有很多条，例如，回归周期为一天的回归轨道，它的运行周期可以为 24 h、12 h、8 h 等。在回归轨道上运行的卫星，每经过一个回归周期，卫星重新依次经过各地上空，重复的时间间隔称为回归周期。这样可以对覆盖区域进行动态监视，借以发现这段时间内目标的变化。回归轨道对轨道周期的精度要求甚高，且轨道周期需在长时间内保持不变，必须具备轨道修正能力。

如果航天器的轨道周期为 $T$ h/圈，地球的自转速度为 24 h/日，在不考虑摄动因素的影响时，回归轨道或准回归轨道需要满足如下条件：

$$\frac{24(\text{h/日})}{T(\text{h/圈})}=\frac{N(\text{圈})}{D(\text{日})} \tag{3.17}$$

式中，$D$ 和 $N$ 均为正整数。满足上式的轨道周期与地球自转周期均可表示为某一时间的整倍数，因而旋转地球上的星下点轨迹将以一定规律进行重复。按航天器运行的顺序给各圈以标号，各圈标号依次为 0,1,2,…，将 $t=0$ 的升交点记为第 1 日第 0 圈的升交点。由于地球旋转使升交点在旋转地球上逐圈西移一固定值 $T\cdot 15°$/圈，若 $T$ 满足上式，则有

$$360°D = 15°TN \tag{3.18}$$

由上式可知，第($D$+1)日的第 $N$ 圈升交点与第 1 日第 0 圈的升交点重合，故第 $N$ 圈星下点轨迹与第 0 圈星下点轨迹重合，以后顺序第($N+K$)圈星下点轨迹与第 $K$ 圈星下点轨迹重合，其中 $K$ 取 1,2,3,…。由于 $N$ 和 $D$ 互为质数，故 $N$ 和 $D$ 分别为实现星下点轨迹重复所需的最小圈数和日数。

若 $D$=1 日，则第 2 日重复第 1 日的轨迹，星下点轨迹逐日重复的就是回归轨道。例如 $T$=6 h/圈，则有 24/6=4/1。即 $N$=4 圈，$D$=1 日，这时是重复周期为 4 圈、重复日期为 1 日的回归轨道，如图 3-20(a)所示。

若 $D$>1 日，则星下点轨迹不逐日重复而是间隔 $D$ 日后进行重复，这种轨道称为准回归轨道。例如 $T$=9 h/圈，则有 24/9=8/3。即 $N$=8 圈，$D$=3 日，这时是重复周期为 8 圈、重复日期为 3 日的准回归轨道，第 4 日重复第 1 日的星下点轨迹，如图 3-20(b)所示。

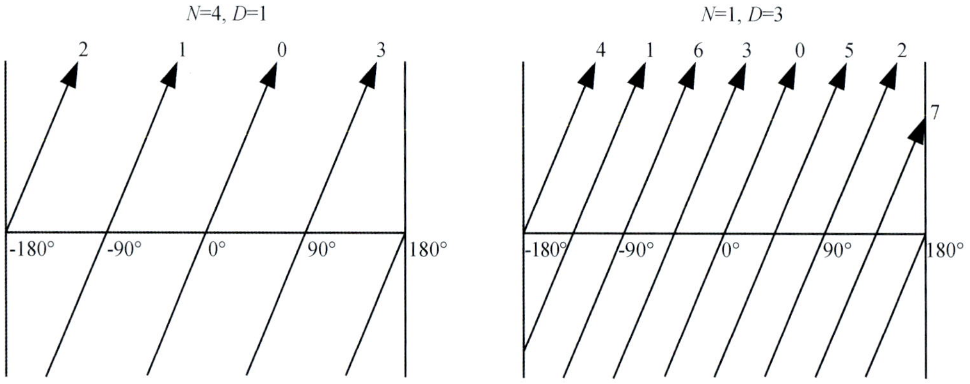


(a)回归轨道　　(b)准回归轨道

**图 3-20　回归轨道与准回归轨道示意图**

回归轨道上运行的卫星按一定的时间间隔重复飞过地面某一地区上空，能对同一地区做周期性的重复观测，实现对目标区域的动态监视。因此，以获取地面图像为目的的卫星，如侦察卫星、气象卫星、地球资源卫星等，多选择太阳同步型的回归轨道。这样可以对地面同一地区以同样的地方时和观测条件进行有规律的动态观测。

## 3.4.7　拉格朗日点与晕轨道

在深空探测任务中，二体问题模型已经无法满足精细轨道设计的需求，应至少考虑两个天

体和航天器三者之间的相互作用。将天体或航天器简化为质点,研究三者在万有引力作用下的运动问题,即为三体问题。在三体系统中,若其中一个引力体的质量远小于两个天体的质量,则可以假设两个大质量天体不受第三体引力的影响,这样的问题称为限制性三体问题。进一步,若两个主天体绕其质心做匀速圆周运动,则成为圆限制性三体问题。圆限制性三体问题是实际三体问题经过简化后的结果,是深空探测轨道动力学中的基本模型。在太阳-地球形成的日地系统、地球-月球形成的地月系统中研究航天器的运动,都是典型的限制性三体问题。

### 3.4.7.1　拉格朗日点

拉格朗日点又称平动点,是平面圆形限制性三体问题的 5 个特解。在这 5 个点上的小天体在 2 个大天体的引力作用下能够基本保持相对静止。瑞士数学家欧拉于 1767 年推算出前 3 个,法国数学家拉格朗日于 1772 年推导证明出剩余的 2 个。如图 3-21 所示,$L_1$、$L_2$ 和 $L_3$ 位于两个大天体的连线上,其中 $L_1$ 位于两天体之间,$L_2$ 位于较小天体一侧,$L_3$ 位于较大天体一侧,这三个点是不稳定的。$L_4$ 和 $L_5$ 在以两天体连线为底的等边三角形的第三个顶点上,分别位于较小天体围绕两天体系统运行轨道的前方和后方,又称“特洛伊点”,这两个点是有条件稳定的。

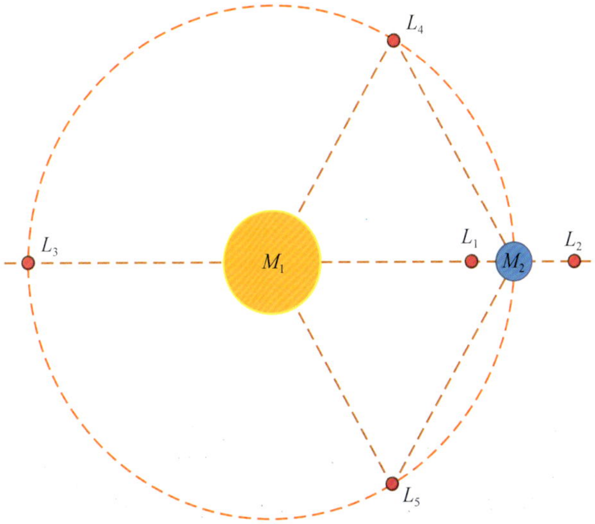


图 3-21　拉格朗日点位置示意图

所谓限制性三体问题是指 3 个天体中有 1 个小天体的质量远小于另外 2 个天体,从而使得这个小天体的存在不会影响 2 个大天体的运动。如图 3-22 所示,拉格朗日点的基本原理是,2 个大天体的引力之和刚好能够维持该点处小天体轨道运动的向心力,从而使得小天体伴随大天体一起运动,形成相对静止的状态。以日地系统的 $L_1$ 点为例,原本在 $L_1$ 点位置的小天体围绕太阳转动的周期会更短,角速度会更快,由于地球引力的存在,小天体运动所受的向心力是太阳和地球引力的合力,由于两个力方向相反,小天体的向心力比单纯受到的太阳引力更小。$L_2$ 点则是由于地球引力使得小天体受到向心力增大导致转速加快。同理可以解释其他点的运动。

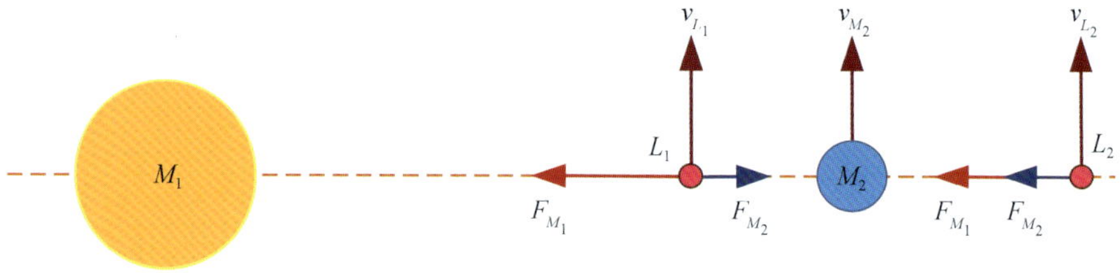


图 3-22　拉格朗日点的基本原理

拉格朗日点的应用主要是天文观测和地球外太空探测等任务。其中日地系统的 $L_1$ 点是放置太阳观测站的最佳位置，在这里的航天器永远不会被地球或者月球遮挡，可以不间断地观测太阳或者地球的日照面；地月系统的 $L_1$ 点可以作为月球中转站。日地系统的 $L_2$ 点是放置太空望远镜的最佳位置，在这里可以消耗最少的推进剂，以最小的干扰（永远背对着太阳、地球和月球）观察整个宇宙；我国"嫦娥四号"任务利用地月 $L_2$ 点作为中继星"鹊桥"的位置，实现了地面与月球背面之间的通信。由于 $L_4$、$L_5$ 是有条件稳定的点，因此一些小行星会长期运行于这两个点，如在日地系统 $L_4$、$L_5$ 点以及地月系统 $L_4$、$L_5$ 点都存在一些小行星，称为"特洛伊"小行星；当前人类还没有航天器到达 $L_4$、$L_5$ 点，未来将发射立方体卫星进入这些点开展对"特洛伊"小行星的探测。

### 3.4.7.2　旋转坐标系

前面介绍的地球低轨道、地球中轨道、地球同步轨道等，都是典型的二体轨道，在地心惯性坐标系（如 J2000 坐标系）下满足圆锥曲线形式。而在圆限制性三体问题中，由于受到两个主天体引力的共同影响，第三天体（航天器）的轨道将不再是椭圆、抛物线或双曲线。在传统的惯性坐标系下，对轨道的描述也会变得十分复杂。图 3-23 展示了一条地月转移轨道在地心惯性坐标系下的轨迹。到达月球附近后，航天器受到月球引力作用绕其转动，同时跟随月球绕地球运动的轨迹移动，最终形成了"波浪形"轨迹。为了消除第二天体旋转带来的轨道描述问题，通常引入一个旋转坐标系。

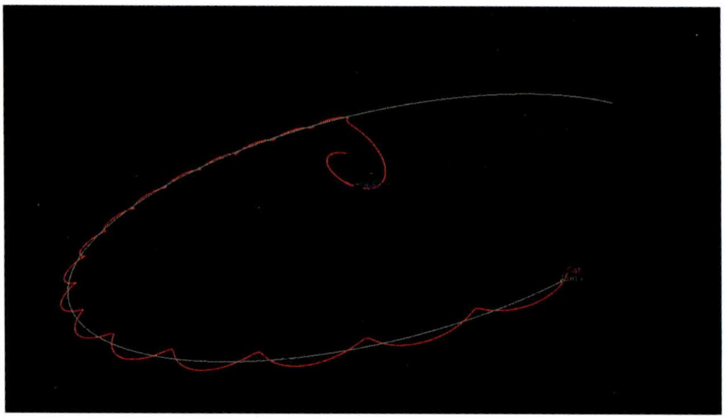

图 3-23　一条地月转移轨道（地心惯性坐标系）

设两天体绕质心做角速度为 $\omega$ 的匀速圆周运动，质量大的天体为第一天体，记为 $M_1$，质量小的为第二天体，记为 $M_2$。图 3-24 中，$O-xyz$ 为旋转坐标系，以两个主天体的质心 $O$ 为原点，

以 $M_1$、$M_2$ 连线为 $x$ 轴，指向第二天体 $M_2$。并且规定天体旋转角速度方向为 $x$ 轴方向，三轴构成右手系。另一个为惯性坐标系，原点为 $O$ 点，$z$ 轴与旋转坐标系的 $z$ 轴重合，$O-XY$ 平面与 $O-xy$ 平面重合。在惯性坐标系中，5 个拉格朗日点绕原点 $O$ 旋转；而在旋转坐标系中，5 个拉格朗日点是定点。

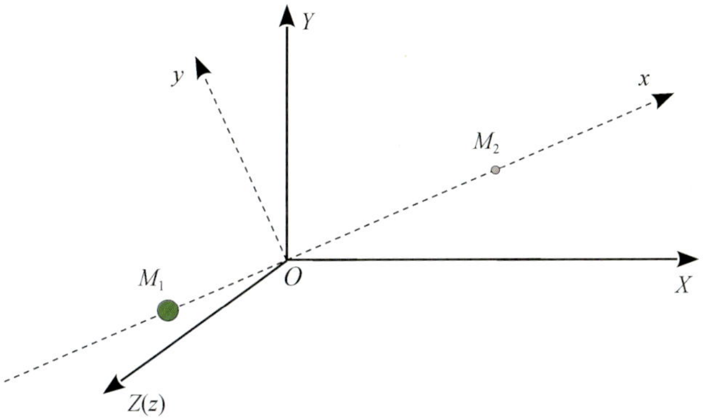


图 3-24　圆限制性三体问题坐标系统

### 3.4.7.3　晕轨道

三体问题中的航天器物体受到两个主要天体的引力，其轨迹不再是圆锥曲线，也很难形成闭合的、具有周期性的轨道。幸运的是，在旋转坐标系中，拉格朗日点附近存在一些闭合的周期性轨道，通常称为“平动点轨道”。平动点轨道的周期可以短至几天，也可以超过一个月。

晕轨道（halo 轨道）是一种典型的平动点轨道，是位于拉格朗日点附近的三维轨道族，由于其在旋转坐标系中的形状类似于“日晕”或“月晕”而得名。晕轨道可分为南、北两个轨道族，两轨道族关于 $xy$ 平面（即白道面）对称。图 3-25 展示了一组 $L_1$ 点附近的北晕轨道族。

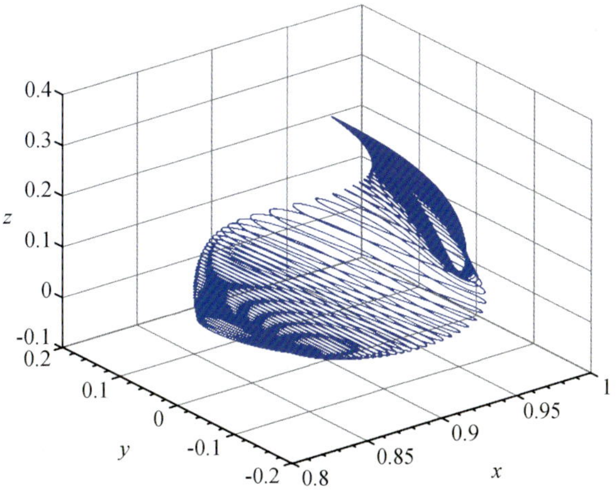


图 3-25　$L_1$ 点附近北晕轨道族

由于可以自然地重复其轨迹，以晕轨道为代表的周期轨道在深空探测中发挥了巨大作用。世界首个应用晕轨道的航天器是 1994 年发射的国际日地探险者 3 号（ISEE-3），其使命轨道

为日地 $L_1$ 点晕轨道。美国阿尔忒弥斯任务计划采用的近直线晕轨道(NRHO)就是一种特殊的晕轨道。

我国的嫦娥四号中继星“鹊桥号”也采用了晕轨道。如图 3-26 所示,“鹊桥号”运行于地月 $L_2$ 点晕轨道上,且轨道随月球一起绕地球转动,因此可以长期停留在月球背面一侧,实现月球背面的中继通信。

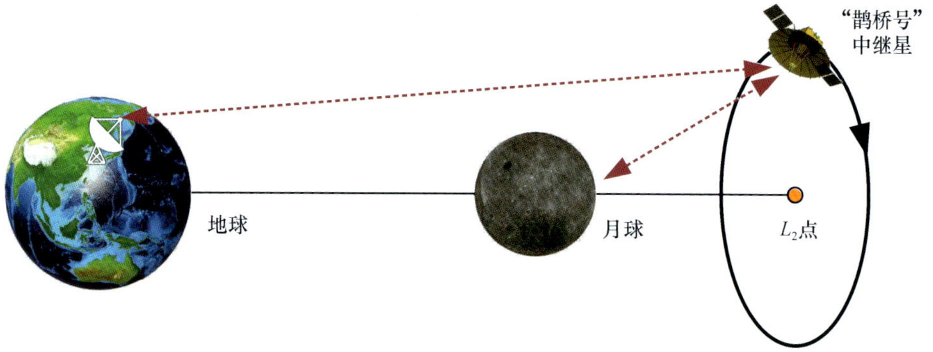


图 3-26 “鹊桥号”中继卫星工作轨道示意图

# 本 章 回 顾

## 关键词

| | |
|---|---|
| 椭圆轨道 | 闪电轨道 |
| 开普勒轨道根数 | 苔原轨道 |
| 星下点轨迹 | 地球同步轨道 |
| 卫星仰角 | 地球静止轨道 |
| 卫星覆盖 | 倾斜地球同步轨道 |
| 地球低轨道 | 太阳同步轨道 |
| 地球中间轨道 | 回归轨道 |
| 大椭圆轨道 | 拉格朗日点 |

## 重要概念

◇ 开普勒轨道根数
- 轨道半长轴 $a$
- 轨道偏心率 $e$
- 轨道倾角 $i$
- 升交点赤经 $\Omega$
- 近地点幅角 $\omega$
- 过近地点时刻 $\tau$/真近地点角 $v$

◇ 典型轨道类型
- 地球低轨道
- 地球中间轨道
- 大椭圆轨道
- 地球同步/静止轨道
- 回归轨道
- 太阳同步轨道
- 拉格朗日点
- 地月轨道

# 思考与讨论

1. 轨道高度和轨道速度有何关系，为什么？

2. 常用的描述轨道的开普勒轨道根数有哪些，各代表什么含义？

3. 为什么引入开普勒方程，在二体意义下如何进行轨道递推？

4. 霍曼转移的过程是如何的，怎样计算霍曼转移所需要的速度增量？

5. 什么是星下点和星下点轨迹，星下点轨迹与轨道周期、轨道倾角以及轨道形状之间有何关系？

6. 卫星的覆盖区域和哪些因素有关？

7. 航天器在轨运行受到的主要摄动力有哪些？

8. 轨道可以如何分类，常用的轨道类型有哪些，各有什么特点？

9. 什么是太阳同步轨道，有何特点？

10. 回归轨道有什么样的特点，在不考虑摄动因素的影响时，需要满足什么条件？

11. 什么是拉格朗日点，它的物理原理是怎样的？

# 第4章
# 航 天 器

**本章中，你将学到**

◇ 航天器的基本概念与分类
◇ 航天器的系统构成
◇ 新概念航天器

**你应该已经掌握**

◇ 太空环境对航天器的影响
◇ 航天器轨道运动基本原理

**内容安排**

本章主要内容包括3个部分：

◇ 航天器的基本概念与分类。主要介绍航天器的基本概念、航天器分类。
◇ 航天器系统构成。主要介绍有效载荷分系统、结构与机构分系统、热控分系统、姿态与轨道控制分系统、推进分系统、电源分系统、测控分系统、数据管理分系统等航天器的八大分系统的概念、功能和原理。
◇ 新概念航天器。主要从整星新机理、性能新要求、功能新特性、工作新模式等方面介绍新概念航天器的发展和应用。

航天器的出现使人类的活动范围从地球大气层扩展到广阔无垠的宇宙空间，促进了人类认识自然和改造自然能力的飞跃，对社会经济和社会生活产生了重大影响。截至2023年5月，人类在轨正常运行的卫星已有7 560颗，其中美国5 184颗、中国628颗、俄罗斯181颗，其他国家或组织共1 572颗。

## 4.1 航天器的概念与分类

航天器是为执行一定任务，在地球大气层以外的宇宙空间（太空）基本按照天体力学规律运行的各类飞行器，又称空间飞行器或航天飞行器。这里“执行一定任务”是指航天器必须能够完成某些特定航天任务，单纯绕地球飞行的人造物体没有有意义任务的不能称为航天器。此外，航天器还必须是在宇宙空间、按照天体力学规律飞行的，这意味着航天器应当在“卡门线”以上至少能够无动力飞行一圈。如果不能无动力飞行一圈，即便飞得再远，也只是传统意义上的弹道导弹。当然，航天器也可以不绕地球飞行，而直接进入行星际空间。

航天器有多种分类方式，如按照是否绕地球运行，可分为人造地球卫星、深空探测器等；按照轨道高度,可分为低轨道航天器、中轨道航天器、高轨道航天器等;按照功能,可分为侦察(遥感)卫星、通信卫星、导航卫星、气象卫星等。一般来讲,按是否载人,可将航天器分为无人航天器和载人航天器两大类(图 4-1)。无人航天器主要有人造地球卫星、货运飞船及空间探测器,载人航天器目前包括载人飞船、航天飞机和空间站。

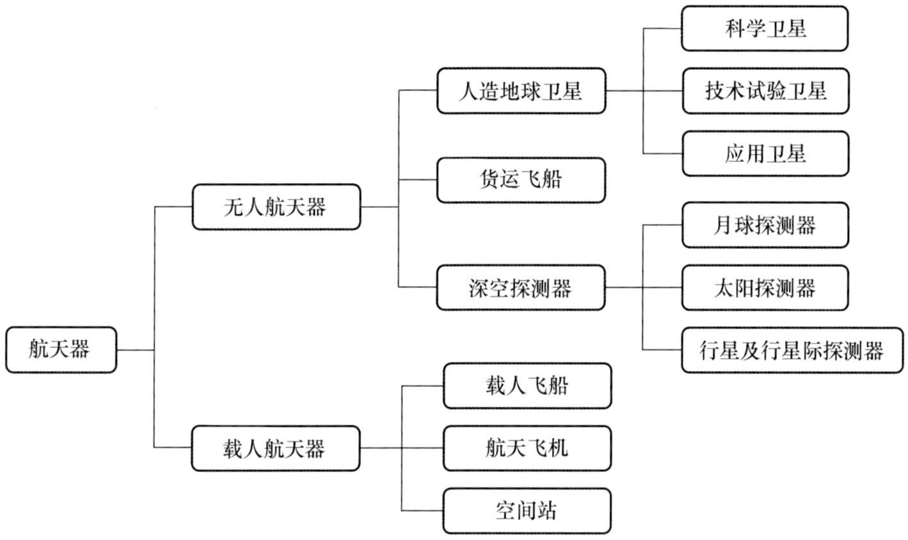


图 4-1　航天器分类

人造地球卫星是发射和使用数量最多的一类航天器,世界各国发射的人造地球卫星占航天器发射总数的 90%以上。主要包括科学卫星、技术试验卫星和应用卫星三类。

### 1. 科学卫星

科学卫星是用于科学探测和研究的人造卫星,主要包括空间物理探测卫星、天文卫星、微重力科学实验卫星等。空间物理探测卫星是对空间物理现象和过程进行探测研究的人造卫星,天文卫星是对宇宙天体和其他空间物质进行观测研究的人造卫星,微重力科学实验卫星是对各种物质(有生命的或无生命的)在空间微重力条件下的行为和特征等进行实验研究的人造卫星。

### 2. 技术试验卫星

技术试验卫星是用于空间技术和空间应用技术的原理性或工程性试验的人造卫星。空间技术中的新原理、新技术、新方案、新仪器设备和新材料往往需要在轨道上进行试验,试验成功后才能投入使用。特别是对一些关键新技术和新仪器设备进行必要的飞行演示和试验,是卫星和其他航天器研制工作降低采用新技术、新产品风险的一个重要手段。技术试验卫星就是专门用于这些试验的人造卫星,其他各类卫星也可以搭载进行一些有关试验。

### 3. 应用卫星

应用卫星是直接为国民经济、军事活动和文化教育服务的人造卫星。在各类人造卫星中,应用卫星发射数量最多,种类也最多。各种应用卫星按其工作基本特性,大致可以分为三大类,即对地观测类、无线电中继类和导航定位基准类。应用卫星按其是否专门用于军事,可分为民用卫星和军用卫星；也有许多应用卫星是军民两用的。应用卫星按用途可分为通信卫星、导航卫星、遥感卫星等。

## 4.2 航天器系统构成

航天器通常包含有效载荷和航天器平台两大部分。航天器平台主要又由结构与机构分系统、热控分系统、姿态与轨道控制分系统、推进分系统、电源分系统、数据管理分系统和测控分系统等通用部分以及载人航天中的生命保障等专用分系统构成，主要为有效载荷正常提供各种服务支持。

### 4.2.1 有效载荷分系统

航天器上装载的执行特定航天任务的仪器、设备称为有效载荷分系统，有效载荷分系统有时还包括执行任务的航天员和各种实验生物。有效载荷分系统是航天器的“任务”系统，其作用是直接实现航天器承担的特定任务，不同用途航天器的主要区别就在于安装有不同的有效载荷。

有效载荷是航天器的核心部分，种类繁多，表 4-1 给出了不同类型航天器的典型有效载荷。另外，对于载人航天器而言，航天员也可以看作为一种特殊的有效载荷。

表 4-1 航天器典型有效载荷

| 航天器类型 | 典型有效载荷 |
|---|---|
| 通信卫星 | 通信天线、转发器 |
| 导航卫星 | 原子钟、发射天线 |
| 地球资源卫星 | 多光谱/超光谱相机 |
| 气象卫星 | 多通道扫描辐射计（获取可见光和红外云图）、红外分光计/微波辐射计（获取大气垂直温度和水汽分布） |
| 海洋卫星 | 多光谱扫描辐射计（获取海洋水色要素，如叶绿素和泥沙）、雷达高度计/微波辐射计（探测海平面高度分布） |
| 成像侦察卫星 | 光学望远镜及相机、SAR 雷达 |
| 电子侦察卫星 | 信号接收天线、侦察接收机、快速通信设备 |
| 海洋监视卫星 | 信号接收天线、滤波器、检波器 |
| 导弹预警卫星 | 多波段红外探测器 |

### 4.2.2 结构与机构分系统

结构与机构分系统是航天器的主要分系统之一。航天器结构是支撑航天器上有效载荷以及其他各分系统的骨架，用来支撑和固定航天器上的各种仪器设备，使它们构成一个整体，好比人体的骨骼；航天器机构是航天器上产生动作的部件，它是随着航天器技术的不断进步而逐步形成的，特别是由于航天器上展开组件（如可展开的太阳电池阵和天线等）的出现，为了使这些组件在航天器入轨后达到预定的位置或形状，需要采取不同的机构来实现上述动作。

根据航天器结构本身在承载中的作用，可把整个航天器的结构分为主结构和次结构：主结构与运载火箭对接，把力学载荷从运载火箭传递到航天器，构成主要的传力路径；次结构是与主结构连接的各种结构，用于支撑航天器上设备和保持航天器的外形。根据航天器结构部件的外形，可分为杆系结构、板式结构和壳体结构。

1. 杆系结构

杆系结构可分为桁架和刚架，桁架是由杆和接头组成的杆系结构，载荷作用在结构的节点上，各构件只承受轴向的载荷；刚架又称为框架，是可通过其节点和构件承受剪切和弯曲的结构。这种结构的主要优势是结构质量相对较轻，传力直接，易于实现较大跨度的结构主体，具有较好的太空环境稳定性，结构开敞性好，利于集中载荷的传递；其缺点是接头受力和安装较复杂，动力学特性较差。

2. 板式结构

板式结构以结构板搭建成某一空间形状的箱体，作为航天器的主承力结构，最主要的作用是提高抗弯刚度和稳定性。这种结构的优点在于能为星上设备提供较好的安装面，易于实现模块化；其缺点是承载集中力的能力差。为了同时保证具有最小的质量，目前在航天器结构中广泛采用铝蜂窝芯子的夹层板结构。

3. 壳体结构

壳体结构大多采用与板式结构类似的组成和制造工艺，圆柱壳体结构是最常采用的壳体结构，典型的壳体结构是作为航天器主承载结构部件的中心承力筒。另外，卫星或其他航天器的密封舱体也可做成不同形状的旋转壳体结构。

航天器机构至少由一个运动部件和一个动力源组成。运动部件用于实现特定的动作，其形式根据机构的具体功能来确定；动力源用于使上述运动部件产生运动，如电机、火工装置、压力气源、弹簧或自旋转卫星的离心力等。多数机构还包括某种形式的反馈装置，用于提供位置、速度、力或力矩等反馈信息。

### 4.2.3 热控分系统

航天器热控分系统通过合理组织、控制航天器内部和外部环境的热交换过程，使各部位的温度处于要求的范围内，保证各仪器设备能够正常工作。热控分系统是航天器各分系统中十分重要的保障系统之一，该分系统性能的优劣、可靠性的高低直接影响到其他系统的工作状态和工作寿命。它好比给航天器量身定做的“体温”调节器，使航天器上各种仪器设备在没有大气的太空环境中，保持在规定的温度范围内“健康”地工作。

热控分系统主要目的是维持航天器的热平衡，使得航天器不会“太热”或“太冷”。如图 4-2 所示，航天器受到的热流辐射主要包括太阳直接加热量 $Q_1$、地球及其大气对太阳的反照加热量 $Q_2$、地球的红外加热量 $Q_3$、空间背景加热量 $Q_4$、卫星的内热源热量 $Q_5$。单位时间内这 5 部分加热量之和应等于卫星向宇宙辐射的热量 $Q_6$ 和卫星内能的变化 $Q_7$，即

$$Q_1 + Q_2 + Q_3 + Q_4 + Q_5 = Q_6 + Q_7 \tag{4.1}$$

航天器热控技术一般可分为被动热控技术和主动热控技术两大类。

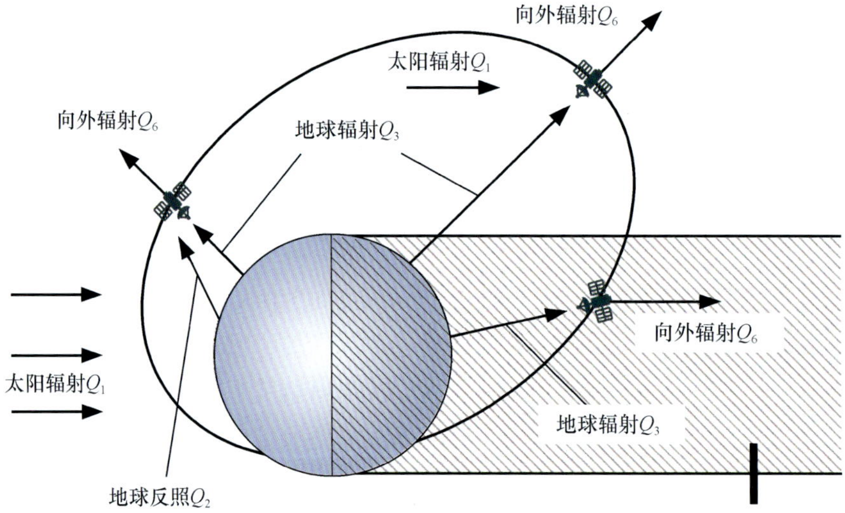


图 4-2 航天器热平衡

### 1. 被动热控技术

被动热控技术是根据太空和航天器内部的热状况合理组织航天器内外的热交换过程，合理选择辐射、导热参数，并对航天器内设备进行合理布局，通过自然热平衡将航天器各部分的温度控制在规定的范围。其中包括利用不同热物理性能的材料和各种传热器件，如热控涂层、多层隔热材料、热管、导热填料、相变材料和热辐射器等。被动热控技术的优点是技术较简单、运行可靠(没有运动部件)、使用寿命长，但本身没有自动调节温度的能力，不能克服航天器内、外热流变化对仪器设备温度的影响。

### 2. 主动热控技术

主动热控技术是在变化的内、外热环境下，利用某种自动控制方法，自动调节相关传热参数，使航天器的仪器设备工作温度保持在规定的范围内。当设备要求的温度范围狭窄且精确，或者任务期间设备能量消耗和太阳辐射流的变化很大，被动热控制无法满足要求时，需要使用主动热控制。主动热控制系统包括传感器、控制器和执行器 3 部分，传感器通常紧挨关键设备放置，当系统达到临界温度时，启动机械装置，以改变表面的光热特性，或者打开、关闭电加热器来补偿设备热量消耗的变化。常用的主动热控方法包括电加热主动热控方法、辐射式主动热控方法、导热式主动热控方法和对流式主动热控方法等。主动热控技术的优点是具有较强的温度调节能力，可大大减少由于热源变化引起的仪器设备温度的波动；缺点是带机械运动器件、需要消耗能量、技术复杂、可靠性和使用寿命受限。

## 4.2.4 姿态与轨道控制分系统

航天器在轨运行期间，由于受到各种摄动力和环境干扰力矩的作用，航天器将偏离标称轨道与期望的姿态，需要进行轨道和姿态修正。轨道控制和姿态控制密不可分，例如轨道控制需要开启变轨发动机，此前必须建立正确的点火姿态，否则推力方向有误将导致变轨失败，为此航天器系统中将姿态和轨道控制系统合称为一个分系统，称为姿态与轨道控制分系统(简称姿轨控分系统),国外也称为导航、制导与控制分系统(guidance,navigation and control,GNC)。

姿轨控分系统通常由敏感器(测量部件)、控制器(控制电路或计算机)、执行机构三大部分组成,连同控制对象,共同组成一个闭环控制系统。测量部件获取关于对象运动状态的信息;控制电路或计算机对测量数据进行处理,确定对象全部或部分运动状态并利用事先设计的控制规律计算出控制量;执行机构依据控制量产生对控制对象的控制作用,以消除偏差,如图 4-3 所示。

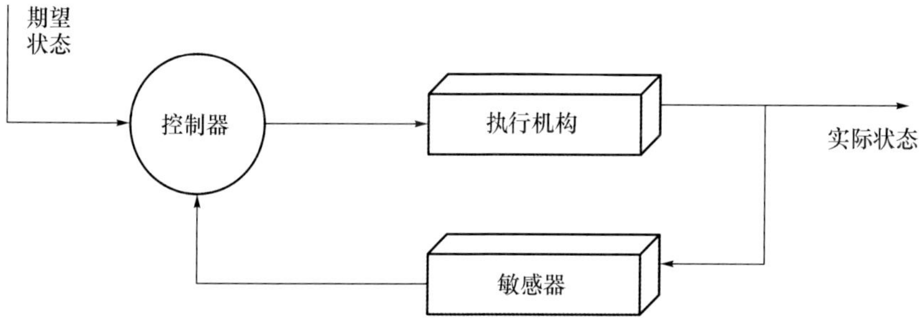


图 4-3 姿态和轨道控制分系统逻辑图

为了进行姿态和轨道控制,首先需要对航天器运动进行测量,并对测量数据进行处理,以确定当前轨道和姿态的状态参数。其次要按照事先设计好的导引律和控制律计算出控制量。最后要根据这些控制量形成指令,驱动轨道和姿态控制的执行机构工作,使航天器姿态和轨道变为期望状态。姿轨控有自主控制和星地大回路控制两种方式。

1. 轨道控制

通常采用星地大回路控制,就是由地面测控系统和星上敏感器共同来测量和确定卫星的轨道(测轨、定轨),并由地面按导引律要求的控制方式通过遥控指令控制航天器轨道控制执行机构的工作。轨道控制采用星地大回路控制主要是因为目前航天器普遍不具备自主定轨能力,且轨道控制时效性要求不高,而改变轨道一般消耗宝贵的航天器燃料、轨道改变不当可能引起空间碰撞风险,因此通常由地面控制进行。

2. 姿态控制

姿态控制通常采用自主控制,航天器姿态测量、姿态确定、姿态控制计算和控制指令生成和执行完全由航天器仪器来完成而不依赖地面设备,在航天器上形成闭路系统,这种控制方式称为自主姿态控制。自主姿态控制要求卫星不但具备足够的姿态敏感器和执行机构,而且具备星载控制线路或计算机,在计算机事前注入各模式下姿控任务所需要的程序,包括姿态确定和控制算法,计算机与敏感器、执行机构通过相应的接口装置连接起来协同工作。姿态控制采用自主控制主要因为其要求近实时,在地面无法测控时也要进行姿态保持,因此必须具备自主控制能力。

航天器要完成指定的任务需要多个分系统有机地配合,姿轨控分系统是完成飞行任务和保障其他分系统正常工作的前提。由于姿轨控分系统责任重大,组成又相对复杂,且相对来说又易出现故障,因此,在很大程度上它的好坏直接决定了航天器任务的成败。

### 4.2.5 推进分系统

为了改变航天器运行的轨道,需要对航天器施加一定的推力。航天器周围没有空气和其他介质,改变或调整轨道所需要的力主要靠卫星自己喷气产生的反作用力。推进分系统就是用来产生喷气作用力从而改变航天器轨道的,是航天器的“腿”。推进分系统也可用来辅助改变航天器姿态。

推进分系统在航天器中扮演重要角色,其性能的好坏直接影响航天器轨道控制的精度、航天器的寿命与可靠性。另外,推进分系统加上所装载的推进剂,占据了航天器相当一部分的质量,例如,地球静止轨道卫星的推进剂质量可占整个卫星质量的一半左右。减少航天器携带的推进剂质量,可以提高航天器有效载荷比,增加航天器的经济效益。目前在航天器上应用的推进分系统分为冷气推进、化学推进和电推进等。

#### 1. 冷气推进

早期的航天器,由于液体推进技术尚未成熟,较多采用冷气推进。如世界上第一艘载人飞船“东方”一号、美国空间实验室、德国“交响乐”通信卫星等航天器均采用冷气推进系统。冷气推进系统由高压气瓶、冷气喷管和各种阀门组成,其主要特点是无污染、控制冲量小、成本低、性能差,目前仅在小卫星及航天员太空行走装置上使用。此外,在需要避免热气作用和担心液体和固体推进系统安全性的地方也采用这种推进器。

#### 2. 化学推进

化学推进系统又称为热气推进系统,分为单组元推进(采用一种推进剂,通过催化分解起化学反应)、双组元推进(采用燃烧剂和氧化剂两种推进剂)以及双模式推进(结合了单组元推进和双组元推进的优点)。

(1)单组元推进。

迄今为止,航天器轨道控制应用最广泛的是单组元肼推进系统。其工作原理是当控制系统发出推力器工作信号后,电磁阀打开,使肼流入喷注器,并以雾化形式推入推力室。液态肼与催化剂接触后发生分解反应,产生的热量把大量液态肼加热到汽化温度;当肼蒸气温度上升到热分解温度时,肼迅速分解为氮气、氢气和氨气高温燃气,最后高温、高压燃气通过大膨胀比的喷管加速推出产生推力。

(2)双组元推进。

双组元推进技术也是一项比较成熟的技术,具有比冲(比冲指的是消耗单位质量的推进剂所能产生的冲量)高的特点,因而在大型卫星、飞船和航天飞机上得到广泛的应用。双组元发动机的工作原理是,在打开燃烧剂和氧化剂电磁阀后,两组推进剂流过喷注器,通过撞击使燃烧剂和氧化剂达到雾化和混合;由于采用自燃推进剂,两种推进剂一经接触,即可发生化学反应产生高温燃气,从喷管高速排出产生推力。

(3)双模式推进。

双模式推进系统的轨道控制采用双组元推进,而姿态控制采用单组元推进,这样就可把单组元高可靠的推力的优点和双组元高比冲的优点有机结合起来,是一种先进的推进系统。

#### 3. 电推进

电推进是利用电能加热、离解和加速工质,使其形成高速射流而产生推力的技术。传统的化学推进系统,由于推进剂的化学反应能量有限,因此性能受到限制。电推进可以利用独立的能源(如太阳能)克服化学推进剂的能量限制,这些能源可以提供整个飞行任务期间所需要的能量。电推进比冲比化学推进高出几倍甚至几十倍,可以减少推进剂携带量,从而提高推进系统的有效载荷比,或者延长航天器的飞行寿命。自1980年以后,很多地球静止轨道卫星采用电推进系统来完成南北位置保持功能,有些卫星如“星链”小卫星也采用电推进系统来抬升轨道。

### 4.2.6 电源分系统

航天器上的仪器设备需要有电才能工作,电源分系统就好比航天器的心脏,它源源不断地向航天器上的各种仪器设备供应“营养”——电力,使它们能“精力充沛”地工作。如果航天器电源分系统出现故障,就像人类心脏停止跳动一样,往往会直接威胁航天器的安全,因此电源分系统也是决定航天器任务成败的关键分系统。电源分系统通常由发电装置(能量产生装置)、电能存储装置、电源控制装置等硬件和软件组成,它负责在航天器各个飞行阶段为航天器上的仪器设备提供电能,直至航天器寿命结束。电源分系统可分为化学电源、太阳电池阵—蓄电池电源、核电源三类。

1. 化学电源

化学电源将储存的化学能通过化学反应转变为电能,如锌银电池、锂电池及载人航天器使用的氢氧燃料电池等。早期低轨道、短寿命卫星或载人飞船选用化学电池或蓄电池组。氢氧燃料电池是一种将氢燃料和氧化剂的化学能直接转化为电能的电化学装置。其负极为氢电极,正极为氧电极,电解液为氢氧化钾溶液。这种电池的工作方式类似于汽油发电机,燃料在电池外的贮罐/槽里,只要将两个容器中的燃料和氧化剂源源不断地输送到电池中,并将反应生成的水不断地排出,就可持续地发电。发电过程中产生的水可以供航天员使用,氧气可作为生命保障系统备份,因此适合作为载人飞船的电池使用。

2. 太阳电池阵—蓄电池电源

目前最常见的电源系统是太阳电池阵—蓄电池电源。在轨运行的航天器大部分时间处于光照期,尤其是地球静止轨道,每年99%的时间都处于光照区,因此太阳能是最直接可利用的能源。太阳电池阵(也称为光伏系统)就是用太阳电池作为光电转换器件,它利用物理变化将光能直接转化为电能的发电系统,如图4-4所示。航天器运行在轨道的阴影区时,太阳电池阵因为没有光照而不能产生电能,必须用电能存储装置给航天器的仪器设备供电。储能装置的任务就是在光照期间将太阳电池阵产生的部分电能存储起来,在没有光照时将能量释放出来给航天器供电。航天器电源分系统常用的储能装置是可重复充电的蓄电池(二次电池)。二次电池充电时将电能转换为化学能,放电时将化学能转换为电能,是航天器的首选储能装置。

电源控制装置将太阳电池阵和蓄电池组连接成电源系统,为航天器仪器设备供电,并对太阳电池阵输出功率进行分流调节,对蓄电池组进行充放电控制或功率调节。

采用太阳电池阵—蓄电池电源有以下优点。太空中太阳光强度是地面的1.3~1.7倍,没有因气象条件带来的无日照问题;真空的高洁净环境不会造成电池单体表面污染;轨道运行时的失重状态有助于使用大面积轻型电池阵;以空间太阳能作为电源系统能源的来源,系统自身

图 4-4　卫星的太阳能电池阵—帆板

不携带能源而只起到转换作用，适宜于长寿命卫星使用。

太阳电池阵按照结构可以分为体装式和展开式两种。安装在星体结构表面上的太阳电池阵叫作体装式太阳电池阵（含套筒式体装太阳电池阵）。安装在星体外面、独立于星体主结构、可以由机构展开并锁紧的平板式太阳电池阵称为展开式太阳电池阵。展开式太阳电池阵通常采用对日跟踪模式，利用驱动机构始终保持对日定向。显然，展开式太阳电池能够提供更大的电功率和效率。

### 3. 核电源

核能发电装置是利用放射性同位素和核反应堆的裂变反应所释放的热能，通过热电转换器件转换为电能。它具有工作寿命长、全天候（无须光照）供电、可靠性高等特点，但也具有高风险的特点，近地轨道较少使用。世界上采用核电源的航天器数量较少，从美国发射的航天器统计看仅占 2%，部分用于月球探测器、行星和星际探测器，即工作环境远不同于地球轨道环境的特种场合；部分用于军用卫星、应用卫星和技术试验卫星。这些采用核电源的卫星亦称核动力卫星。应用核反应堆电源最多的卫星是苏联发射的雷达海洋监视卫星，有两种类型的核电源，均采用铀 - 235 作为燃料，携带量分别为 31 kg、12 kg，输出功率分别为 2 ~ 3 kW、5~7 kW，工作时间分别为几个月、1 年。美国的“旅行者号”探测器为了实现安全、可靠、长寿命的电力系统要求，使用的是采用钚 - 238 作为燃料的放射性同位素热电发电机，如图 4-5 所示。

## 4.2.7　测控分系统

测控分系统就像航天器的“信使”一样，通过发送和接收测控信息，来保持地面和在轨航天器之间的联系，使地面控制站能测量出航天器的飞行轨道，知道航天器飞到了什么地方，还将飞过哪些地方，了解航天器及各种仪器设备的健康状况，以及向航天器发送指令执行各种任务。航天器测控分系统是遥测、遥控和跟踪测量 3 个系统的总称，简称为 TT&C（telemetry, track and command）分系统。

### 1. 跟踪测量

跟踪测量是指地面站跟踪航天器并测出其飞行轨道。地面测控中心需要随时掌握与控制

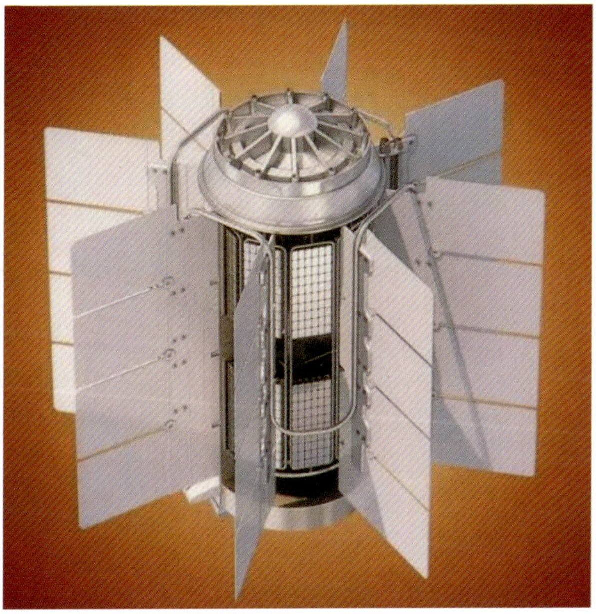

图 4-5　“旅行者号”的核电池

航天器的运行轨道,该任务是由星上跟踪测轨系统与地面测控网共同完成的。跟踪方法有合作式跟踪、非合作式跟踪,亦可借助卫星导航系统进行轨道测量。

### 2. 遥测

遥测是将航天器上的各种信息(被测物理量)变成电信号,并以无线电波的形式传到地面站或数据中继卫星,经地面站接收、解调处理后还原成各种信息,提供航天器的各种运行状况信息和数据。狭义地讲,遥测是测量和传输航天器各分系统本身的工程参数,如温度、压力、振动、电压、电流、工作状态等;但随着航天器技术的进步,目前遥测已成为数据采集和处理的主要技术手段,测量和传输的参数类型包括:航天器各分系统的工作状态参数,太空环境测量参数,与航天器控制、导航和回收等任务操作有关的数据,如姿态测量数据等。

### 3. 遥控

遥控为远距离控制,是将地面上的各种信息(其中相当部分为对航天器的各种控制命令)以电信号的形式调制为无线电载波,向航天器发射。航天器接收解调后,按地面要求对航天器有关分系统进行控制,或者将信息提供给有关分系统进行处理和比对。从信息传输原理来看,遥控与遥测区别不大,但它们在信息传输方向上正好相反。地面要求完成的遥控动作主要有航天器某些分系统或设备的启动与停止,备份设备的切换使用,调整航天器姿态、轨道与返回的控制指令,以及安全控制等。为了航天器的自身安全,遥控系统对可靠性、抗干扰性及保密性的要求特别严格。

随着航天电子技术的发展,遥测、遥控、跟踪测轨系统,甚至包括通信、数据传输等系统越来越向综合系统发展,它们共用发射机、接收机和天线等设备,可降低星上电子系统的体积、质量和功耗,并降低航天器成本。目前,采用 S 频段测控通信设备即可达到此指标,世界各航天大国普遍采用此类测控通信系统。

### 4.2.8 数据管理分系统

目前先进航天器遥测路数达数千路，遥控指令达数百条，数据管理系统多采用公共数据总线连接各处理器单元的分布式体系结构，一个典型的总线结构数据管理系统由遥控单元、中央处理单元、远置单元和串行数据总线组成。航天器数据管理分系统的主要功能如下。

1. 遥控数据接收分发

接收、解调和处理来自射频信道中遥控副载波的上行遥控指令和数据，完成解调、解码以及指令验证等功能，并将指令和数据分配到星上各分系统。

2. 遥测数据采集下传

采集卫星平台和有效载荷各分系统的遥测数据，进行处理、存储并汇集所有需经遥测下行信道传送的信息，实施格式化包装处理。在完成信道编码和副载波调制后送至遥测下行射频信道传送。

3. 星上自主管理控制

提供星载有关分系统信息处理和测控功能，如发送整星预置(或注入)程序的程控指令、延时指令、主动温度控制、设备参数(被测)报警、主备份切换等星内系统的自主控制和管理；使航天器可在外部干预以及自主方式下运行(例如，美国载人龙飞船宣传要全自主飞行，无须航天员控制)。

4. 时间基准同步

产生星上时间基准信号和时钟，向各分系统分配时间信息和定时信号，为分系统提供事件计时，并可按地面标准时间进行星上时间的校时。

5. 星内联网交互

实施星内各计算机之间信息联网；为星上有关分系统提供专用的数据处理和数据格式，支持各分系统间的信息交换和信息共享，例如将与遥感信息有关的数据(轨道、姿态等)插入遥感信息数据中。

6. 星上信息处理

完成星上有关的信息处理任务，例如进行轨道计算；按任务要求计算有效载荷开关机时间等。

航天器类似于由肌肉、骨骼、神经系统等组成的人体，它也是由许多不同功能的分系统组成的，包括有效载荷分系统、结构与机构分系统、热控分系统、姿态与轨道控制分系统、推进分系统、电源分系统、数据管理分系统和测控分系统等通用部分以及载人航天中的生命保障专用分系统。它们好比航天器的各种器官，有了它们，航天器就可以在太空中自由飞翔，完成人们赋予它的各项工作。

## 4.3 新概念航天器

随着需求和技术的快速发展，一些具有特别应用背景的新型航天器也雨后春笋般涌现。按照航天器的未来发展方向，本章把新概念航天器划分为整星新机理、性能新要求、功能新特性、工作新模式 4 类分别介绍。

### 4.3.1 整星新机理航天器

整星新机理航天器,是指打破传统航天器八大分系统架构,采取新的卫星构成方式的一类航天器。该类航天器属于新概念航天器的一种,创新难度最大,迄今为止没有成功的先例,唯一有代表性的方案是 2007 年美国 DAPRA 推出的模块化分离航天器(F6),其系统设想如图 4-6 所示。

图 4-6 F6 系统设想图

美国 DAPRA 的 F6 计划,是将其作为“作战响应计划的一个核心组成部分”。F6 是验证模块化分离航天器概念的重大项目,其英文单词首字母分别代表“Future、Fast、Flexible、Fractionated、Free-Flying Spacecraft United by Information Exchange”,直译为“利用信息交换链接手段的未来、快速、机动灵活、分离模块、自由飞行卫星”。模块化分离航天器(F6)的构想是围绕任务使命,把一个卫星的任务载荷、能源、通信、导航、计算处理等功能单元优化分解为多个模块,而不是机械地拆分卫星的分系统。每个分离模块从本质上说仍然是一颗卫星,携带与航天任务相关的不同功能和资源,采用物理分离、星群自由飞行、无线信息交换和无线能量交换方式,功能协同,资源共享,构成一颗虚拟大卫星来完成特定的任务,甚至发展成为支持多样化空间任务的天基基础保障设施。

模块化分离卫星存在以下优点:一是每个模块可以单独升级或替换,卫星功能容易升级或者改变;二是发生故障的模块可以进行替换,整个卫星可靠性高;三是星群各模块可在太空散开或聚合,躲避碎片撞击,在轨生存能力强;四是模块定制化,便于快速生产迭代,成本可能较低;五是可逐步分阶段搭建,逐次形成能力。然而,它还存在很多难点:一是每个模块都是单独的小卫星,而小卫星的基本功能都少不了,比如每个模块都必须有姿控、数传、能量传输功能;二是卫星之间协作要求高,比如指向都要跟踪才能确保彼此的电能和信号传输;三是每个模块都独立按各自轨道飞行,相对位置始终在变化,轨道导航控制难度大;四是模块之间的相互搜索识别、添加删除、功能刷新、无线能量传输、指令控制等都是挑战。

轨道科学公司曾提出了一个典型的 F6 基本方案,即“昴宿星”计划。该计划包括 5 个 255 kg 级模块卫星和 2 个 75 kg 级模块卫星。“昴宿星”任务重在演示对有效载荷功能和相关资源的分离模块化,而不是将卫星平台各功能分系统"分离模块化"。每个模块星还是一颗典型卫星,包括热控、姿轨控、推进、电源、测控和数据管理等平台分系统;演示验证系统方案采用三次发射、分步部署。

### 4.3.2 性能新要求航天器

性能新要求型新概念航天器是指航天器性能跨度较大,超越了现有技术水平,必须采用新技术才能满足要求。该类航天器往往有特殊的应用场景和需求,它们代表着未来大型或特种航天器发展的新方向,例如行星探测器、高轨成像侦察等。

#### 4.3.2.1 行星探测器

行星探测对航天器提出了新的要求,以金星探测为例。金星与地球最远距离约为 2.6 亿 km,直径比地球小 653 km,质量约为地球的 81%,引力是地球的 90%。绕太阳公转的周期为 224.7 d,与地球到达某一特定相位的间隔是 584 d,逆向自转,周期为 243 d,自转轴相对它绕日公转的轨道平面的倾角仅为 3°。

由于金星离太阳更近,太阳辐射强度为 2 586 W/m$^2$,约是地球附近的 1.9 倍。金星表面 100%被云层覆盖,平均反照率为 0.65～0.7,远高于地球(平均 0.3),表面平均温度高达 464 ℃,顶层大气温度为-55 ℃。因此,使用单航天器实现对金星的探测存在以下难点:一是远距离测控方面,距离金星最远距离为 2.6 亿 km;二是自主导航方面,金星探测不能完全依赖地面,需要航天器的自主导航功能;三是航天器的自主管理方面,航天器的通信延迟达 30 min,日凌时间长达 20 d;四是航天器数传速率低;五是航天器热控难度大。

由于以上困难,因此实现金星探测是非常困难的,未来金星探测的可选方案有:一是搭载式探测,即利用星际之间飞行的小行星,当其近距离飞越地球时发射探测器着陆,由小行星搭载进行星际探测,当该小行星再次近距离飞越地球时返回;二是气球探测,金星探测器用气球悬浮在大气中进行探测;三是太阳翼挡住阳光,使用太阳翼对航天器进行遮挡,对探测器进行有效降温;四是阴影区探测,利用金星自转速度慢的特点,选择阴影区进入金星进行探测;五是热能转换,创新思维,采用新技术把热能转化为其他能量,能让航天器设备做抗热加固。

#### 4.3.2.2 高轨成像侦察

地球静止轨道(geostationary orbit, GEO)高分辨率成像航天器监视范围广、时间分辨率高,具备极高的响应能力。在白天无云的理想情况下,可对拍摄区域内目标进行持续观测,甚至视频观测,具备动态目标探测能力和动态目标指示的潜力,卫星响应能力在某种程度上甚至超过低轨快响卫星。目前,多个国家在静止轨道对地观测领域均开展了相关研究。

自 21 世纪初期,美国开始积极谋划升级成像侦察卫星装备,美国国家侦察局(NRO)通过开展分块反射镜空间望远镜(SMT)技术研究,为未来成像体系光学卫星(FIA-O)替代 KH-12 光学成像卫星开展关键技术研究。目前,美国已完成该技术空间应用实验室演示验证,具备立项条件和初始在轨应用能力,预计 2030 年具备成熟应用能力。与此同时,美国还通过空间科学计划发展相应的高轨成像侦察能力。詹姆斯・韦伯太空望远镜就得到军方的大力支持,被用于开展高轨高分辨率成像技术研究。

美国国防部先进研究项目局(Defense Advanced Research Projects Agency,DARPA)于 2010

年启动了旨在突破大口径薄膜衍射光学成像技术的“莫尔纹”(MOIRE)项目。其目标是突破衍射薄膜、大型可展开支撑结构、星上处理和压缩等关键技术,为未来开发地球静止轨道高分辨率衍射成像卫星提供技术准备。第一阶段目标是开发满足空间飞行要求的薄膜材料,研制一个米级口径的衍射薄膜主镜,并开展光学薄膜成像系统的方案设计。第二阶段计划研制 5 m 口径光学薄膜成像系统的地面原理样机。DARPA 计划在“莫尔纹”项目取得成功后,研制一颗 10 m 口径的静止轨道衍射成像技术演示验证卫星(图 4-7),对大系统进行全面的演示验证。业务型实用系统的光学系统口径将达到 20 m,在发射时处于折叠状态,入轨后展开。系统能够在 GEO 实现 1 m 的高分辨率,视场为 10 km×10 km,成像帧频可高达 1 帧/s,实现对地面目标的连续监视。

图 4-7　薄膜光学实时应用成像仪(MOIRE)

## 4.3.3　功能新特性航天器

功能新特性型新概念航天器,是指具备新的功能特点,与传统航天器有明显的区别,不是简单的性能提升,也不是颠覆现有航天器架构原理,而是代表着未来新型航天器(尤其是小型航天器)发展的新方向。在轨服务和快速响应航天器是其典型代表。

### 4.3.3.1　在轨服务航天器

在轨服务是指在太空以有人或无人的方式对在轨的航天器开展维护、更换、推进剂补给、故障维修、在轨组装、辅助轨道维护等操作技术的统称。其应用如下。

(1)在轨航天器延寿。在轨航天器如果出现故障,通过在轨服务技术,如模块更换、轨道位置调整、推进剂补加等,使在轨航天器寿命延续。

(2)在轨航天器功能升级。有些在轨航天器在轨时间久了,模块需要进行更新和升级。

(3)在轨组建大型和超大型航天器。

(4)其他航天应用等。

目前成功完成在轨实验的在轨服务项目主要包括美国轨道快车项目和在轨延寿项目、欧盟空间碎片清理项目等。

### 1. 轨道快车

轨道快车是在轨服务技术方面具有代表性的验证项目，主要验证了在轨服务技术的主要途径和相应的技术上的可行性，包括在轨自主交会、接近和捕获，推进剂补加，在轨模块更换。2007 年 3 月，轨道快车完成在轨演示，实现了多项“首次”演示，例如对非合作目标自主捕获、对接，利用具有闭环视觉伺服系统的柔性机械臂完成在轨模块更换，实现在轨推进剂补加等。

### 2. 碎片清理卫星

欧盟空间碎片清理项目是通过飞网捕获和鱼叉捕获等方式清理空间碎片，如图 4-8 所示。2018 年 9 月，欧盟“碎片清理卫星”释放一颗小型立方星，再利用一张特殊的网捕获该小型立方星，然后该小型立方星与网一起脱离轨道，再入大气层；2019 年 2 月，该卫星平台在距离飞船约 5 ft（英尺，1 ft = 0.304 8 m）的一个悬臂上部署其假想空间垃圾目标，然后用鱼叉以超过 44 mi/h（mi 为英里，1 mi = 1 609.34 m）的速度命中目标。

(a) 飞网捕获　　(b) 鱼叉捕获

图 4-8　欧盟的空间碎片清理项目

### 3. MEV-1

2020 年 2 月 25 日，诺思罗普·格鲁曼公司的 MEV-1（Mission Extension Vehicle-1）航天器成功实现了与 Intelsat-901 的对接，使这颗本来应宣告寿命到期的卫星可以继续工作 5 年，如图 4-9 所示。对接前一周，MEV-1 接近 Intelsat-901 到 5 mi 范围内，缓慢接近 Intelsat-901，使用视觉成像仪、红外摄像机和侧扫描激光雷达来感知 Intelsat-901 所处位置。对接过程中，两星接近到 80 m 的距离时，MEV-1 自主停止，地面控制系统确认所有系统就绪后，继续前进到 20 m 距离处再次停下，再次等待地面指令后，前进到两星相距 1 m 的对接位置。此后，MEV-1 启动位置保持操作，将对接探针插入 Intelsat-901 的远地点发动机，反复拉拽 3 次，MEV-1 能够通过机械臂在 Intelsat-901 上获得刚性支撑。对接后的两个航天器进行系统检查后，MEV-1 将接管 Intelsat-901 姿态和轨道维护工作，从目前所处的偏离位置（1.5°倾斜轨道）回到 0°赤道轨道，此后 MEV-1 将一直负责姿轨控。5 年后，MEV-1 还要负责将 Intelsat-901 送入坟墓轨道，然后再奔向下一个任务目标。MEV-1 携带的燃料足够执行 3 次 5 年延寿任务。

图 4-9　MEV-1 对接 Intelsat-901 示意图(左)和实景图(右)

#### 4.3.3.2　快速响应航天器

快速响应航天器(快响)是指能够在太空或者通过太空迅速部署,以及在太空快速响应用户服务的航天器。快速响应航天器的主要特点有:一是快速设计研制和生产;二是快速发射及应用,地面快速测试后发射入轨,快速投入使用,能够响应地震等高时效性应用,理想情况下是像常规导弹一样几分钟测试就发射;三是快速响应地面需求,如快速成像侦察。然而,快速响应航天器存在以下难点:一是对于以天计量的快速设计研制和生产,按目前的技术水平很难实现,也无成功先例;二是对于快速测试发射,可行方式是航天器预先存储在地面上,甚至就存储在轨道上(轨道存储),需要时简单测试一下就可发射入轨或者启动工作,需要突破地面长时间存储保持,或者在轨存储技术;三是航天器上所有部件产品和接口都要标准化、模块化,这是进行快速响应的重要基础。

快速响应航天器的主要类别是低成本快速响应卫星、任务快速响应卫星和功能快速响应卫星等。

**1. 低成本快速响应卫星(立方星)**

立方星是 1999 年美国斯坦福大学教授肯尼提出的概念,国际上广泛用于大学开展航天科学研究与教育的一种小卫星(图 4-10),具有成本低、功能密度大、研制周期短、入轨快的特点,通过组网形成星座,可实现对海洋、大气环境、船舶、航空飞行器等的监测。可应用于空间成像、通信、大气研究、生物学研究、新技术试验平台等方面。自 2003 年第一批立方星升空以来,全世界至今已经发射了超过 1 000 颗立方星。作为低成本进入空间的一种优质选择,立方星已成为微小卫星发展的主流,开启了一个新的卫星时代。

立方星以 U(Unit)为基本单位,1 U 的体积是 10 cm×10 cm×10 cm,质量小于 1.33 kg。它的主要特点有:一是可靠性要求不高,此类卫星不追求传统的航天高可靠性,而是为节省成本广泛应用工业级器件(成本可降低 1~2 个数量级);二是产品数量多、销售范围广,生产商实现了标准化、批量化部件生产,成本进一步下降;三是大幅简化系统和流程,追求“最简单的就是最可靠的”,从系统设计层面放弃备份,且摒弃传统的模装星、初样星、正样星 3 个阶段,研制流程只做一套产品,在牺牲部分可靠性情况下大幅降低成本,提高了研制生产响应速度。

2. 任务快速响应卫星(在轨快速侦察卫星)

"红隼眼 2M"侦察卫星是美国陆军于 2017 年部署的低成本战术侦察小卫星,如图 4-11 所示。该卫星质量为 50 kg,搭载光学遥感载荷,分辨率为 1.5 m,地面幅宽为 3 km×5 km,成本仅为 200 万美元。

图 4-10 立方体卫星效果图

图 4-11 "红隼眼 2M"侦察卫星

"红隼眼 2M"侦察卫星的主要特点,一是支持旅及旅以下级别全流程战术应用,单兵可以通过手持终端进行卫星任务规划、数据接收和图像分发;二是当圈全流程执行,单兵可在过顶当圈发送任务指令并在数分钟内接收图像数据,实现近实时前沿侦察。

3. 功能快速响应卫星(软件定义卫星)

功能快速响应卫星典型的是软件定义卫星,是指以天基计算平台为核心,采用开放系统架构,支持有效载荷即插即用、应用软件按需加载,能够方便地通过开发、更新软件重新定义软件的功能,从而灵活适应多种任务、多种用户。软件定义卫星主要通过对功能模块、载荷、数据处理、网络通信等软件进行更新或重设,使卫星上各类传感器和计算单元之间兼容互通。目前欧美发展了很多软件定义卫星,典型的包括欧洲的 Quantum、OneSat 卫星,美国的 SmartSat、GSky 卫星等。2018 年 11 月 20 日,我国首枚专门用于验证软件定义卫星关键技术的试验卫星"天智一号"发射升空。这枚主要载荷为小型云计算平台、超分相机和大视场相机的开放型卫星,可提供集成各类卫星应用的方案解决平台。与其他卫星不同的是,"天智一号"有一个"航天应用商店",人们可以通过手机应用程序直接访问查询卫星,甚至还能指挥卫星在轨"自拍"。

### 4.3.4 工作新模式航天器

工作新模式型新概念航天器是指单颗卫星的功能和性能没有本质变化,但具备新的工作模式,通常指采用非传统手段的卫星,或多星组成的星群或星座。此类航天器代表了卫星应用方式的创新,有可能颠覆现有航天形态,主要包括单星新模式、星群/星座新模式等。

#### 4.3.4.1 单星新模式

单星新模式是指单星采用了不同于传统的新工作模式,一类是通过单颗卫星实现多个功能,从而有效解决矛盾问题,即在同一卫星平台上,通过结构共用、组件共用等方式,实现遥感、通信、导航等若干功能的集成,实现一星多用,典型代表为高分辨率天基复合雷达;另一类是采用新型的功能设计实现以往传统任务,典型代表如美国 SpaceX 公司的"星链",其采用离子发动机进行过渡轨道到目标轨道转移和避撞。

1. 高分辨率天基复合雷达

高分辨率天基复合雷达是将搜索跟踪和逆合成孔径雷达(ISAR)相结合的产物,一方面搜索跟踪雷达为 ISAR 雷达提供合适的成像时段和成像视角,ISAR 可以根据地面搜索跟踪雷达测量目标信息进行补偿、处理,得到高分辨率的结果。这样协同起来以后,完成功能上的衔接,实现对太空目标主动地去搜索发现,然后跟踪,进而进行成像和识别。根据现有的功能和目前可以实现的技术,基本上可以达到 0.2 m 分辨率,因此天基复合雷达系统是一个高分辨率系统。

高分辨率天基复合雷达是我国提出的一种新型卫星方案,采用脉冲多普勒雷达(PD)和 ISAR 两种体制相结合的方式工作,PD 雷达工作在 S 波段,完成对特定交汇空域的快速搜索、目标捕获和跟踪测量任务,为宽带雷达提供合适的成像时段和成像视角。ISAR 雷达工作在 X 波段,根据窄带雷达测量目标信息进行高分辨率成像处理。

该高分辨率天基复合雷达的工作分为搜索阶段、跟踪阶段和成像阶段。一是搜索阶段,它将充分利用目标星的星历信息,仅在可能的交汇区域进行方位俯仰两维搜索,有效增大搜索阶段对被探测目标的搜索距离;二是跟踪阶段,利用和/差波束实现目标的方位和俯仰跟踪;利用重频参差技术并结合目标的星历数据获得无模糊的目标径向速度和距离测量;结合轨道外推技术估计目标运动轨迹,为宽带雷达高分辨成像提供合适的成像时机和成像视角选择;三是成像阶段,宽带雷达依据窄带雷达提供的被探测目标运行轨迹先验信息,在最佳成像时段,以最佳的成像视角发射大带宽时宽积信号,通过距离和方向两维压缩处理对目标精细成像。

2. 离子推进升轨和避撞

美国 SpaceX 公司的"星链"卫星采用高度集成的平板设计,卫星质量为 227 kg,搭载了 1 副太阳能电池阵列、4 副高通量天线、霍尔推力器、星敏感器和自主避撞系统,但卫星没有搭载星间链路载荷,需要通过地面站连接。该卫星的推力器、自主避撞和部署方式均采取了独特设计。一是"星链"卫星采用的霍尔推力器利用氪为工质,成本更低,如图 4-12 所示。"星链"试验卫星是人类历史上首次使用氪作为霍尔推力器工质的卫星。相比传统使用的氙工质,氪的价格更便宜,可以降低卫星的生产成本,但比冲较小,在执行轨道提升、姿态保持和任务末期的大气再入等任务时需要的时间更长。二是搭载自主避撞系统,降低撞击风险。"星链"试验卫星可以获取美国国防部的太空目标跟踪数据,在需要时可利用动量轮和霍尔推力器进行姿态和轨道调整,实现自主避撞,降低卫星在轨运行的风险。

### 4.3.4.2　星群/星座新模式

新概念航天器的星群/星座新模式是指采用多星协同的方式解决单星难以处理的问题。通过卫星集群、编队、星座等方式,将同构或异构(不同功能、不同载荷)的多个航天器组织在一起,构建自组织、自适应、多用途的航天器应用系统。典型代表是美国提出的 TechSat-21 计划以及美国 SpaceX 的"星链"低轨卫星互联网星座。

图 4-12　美国 SpaceX 公司“星链”卫星利用离子发动机升轨

1. TechSat-21 计划

1998 年美国空军研究实验室开展了名为 TechSat-21 的低成本小卫星编队飞行计划，概念图如图 4-13 所示。该计划探索利用多颗 X 波段雷达卫星组成编队飞行在空间形成稀疏孔径雷达阵列，可以实现全天候、全天时的 GMTI 地面动目标指示和对地高分辨率成像。其途径是把传统大卫星的功能用一组编队飞行的微小卫星协同分散工作来实现，从而降低成本、提高系统可靠性。TechSat-21 不同于 F6 计划，后者是把航天器各分系统的功能分散到各模块中，而 TechSat-21 则是通过编队小卫星实现大卫星有效载荷的任务能力。TechSat-21 计划中的微小卫星为细长的六边棱柱体，高为 7 m、直径约为 1.3 m，质量约为 99 kg。按照原定计划，2004 年将发射 3 颗微小卫星进入 600 km 高度近圆轨道，进行各种编队构型飞行试验，卫星间的相对距离从 100 km 变化到 5 km。卫星编队系统采用了许多新技术，比如开放卫星架构、先进 T/R 模块、脉冲等离子推进系统等，尤其是基于 MEMS 的卫星姿态敏感器以及基于差分式 GPS 的编队星间状态测量。由于难度太大、预算超支等原因，美国空军研究实验室已经将该计划并入天基多孔径技术研究计划（SMART）下继续发展。

图 4-13　TechSat-21 计划

### 2. “星链”低轨卫星互联网星座

“星链”低轨卫星互联网星座是 SpaceX 公司正在研发的“卫星星座”工程，致力于形成一个低成本、高覆盖的天基全球通信系统。SpaceX 也计划向军方和科研机构售卖卫星服务。星链网络需要 10 多年才能构建完成，预估耗资 100 亿美元。2015 年“星链”计划启动，2018 年 2 月，两颗原型测试卫星进入太空，2019 年 5 月 24 日发射第二批测试卫星，此次发射也是首次大规模投放试验，总共 60 颗卫星，作为试验卫星，它们之间并没有激光链路相连，但有与地面通信的能力，随着后续持续新卫星的发射，早期的这些卫星会被逐渐取代。

“星链”低轨卫星互联网星座的新模式体现在：一是规模巨大，计划数量为 41 927 颗卫星（2019 年末全球在役卫星仅 2 405 颗）；二是集群发射，每次发射 60 颗星；三是数量制胜，不追求每颗星绝对可靠，少数星坏了也没有关系，目前首批卫星已有 3 颗失联、2 颗进入离轨过程；四是功能强大，提供世界任何地方网络服务，网络速度比现有光缆快 50%，每颗卫星名义带宽可达 17 Gbit/s，目前实测对美空军 C-12 运输机下行速度达 610 Mbit/s（设计速度 1 440 Mbit/s）；五是主动离轨，卫星将在寿命末期主动离轨再入，95%材料可在再入时烧毁；六是自主测控，海量卫星的测控颠覆了现有的测控模式。

# 本 章 回 顾

## 关键词

人造地球卫星
结构与机构
姿轨控
重力梯度稳定
太阳电池阵—蓄电池电源
有效载荷
热控
自旋稳定
三轴稳定
新概念航天器

## 重要概念

◇ 人造地球卫星分类
- -科学卫星
- -技术试验卫星
- -应用卫星

◇ 航天器系统构成
- -有效载荷分系统
- -结构与机构分系统
- -热控分系统
- -姿态与轨道控制分系统
- -推进分系统
- -电源分系统
- -测控分系统
- -数据管理分系统

◇ 航天器姿态控制方式
- -自旋稳定
- -重力梯度稳定
- -三轴稳定

# 思考与讨论

1. 试描述航天器的基本概念，并列举至少 3 类典型的航天器。

2. 请从民用和军用的角度，简述遥感卫星的分类情况。
3. 航天器的组成主要包括哪些分系统？
4. 什么是航天器有效载荷分系统？试以 GPS 卫星为例，描述有效载荷包括哪些部分？
5. 请比较航天器杆系结构、板式结构和壳体结构的优缺点。
6. 在航天器结构与机构分系统中，试描述结构与机构的主要区别，并举例说明。
7. 国际空间站(ISS)的结构属于哪种类型，试分析为什么要采用这种结构？
8. 请简要描述航天器在太空中的热平衡关系。
9. 通常情况下，航天器姿态控制和轨道控制分别采用哪种控制方式？并简要阐述原因。
10. 什么叫自旋稳定姿态控制，这种控制方式有什么优缺点？
11. 航天器主动姿态控制的典型姿态敏感器有哪些，其执行机构的分类情况如何？
12. 航天器的推进方式主要包括哪几种，并举例其分别适用于哪些场合？
13. 请简要描述航天器数据管理分系统的主要功能。

# 第5章 运载火箭

**本章中，你将学到**

◇ 火箭飞行基本原理
◇ 运载火箭的系统构成和工作过程
◇ 运载火箭性能参数
◇ 运载系统新技术

**你应该已经掌握**

◇ 大学物理基础知识
◇ 高等数学基础知识

**内容安排**

本章主要内容包括 5 个部分：

◇ 火箭飞行基本原理。主要介绍齐奥尔科夫斯基公式以及多级火箭的原理。

◇ 运载火箭系统构成。主要介绍运载火箭的结构系统、推进系统和控制系统。

◇ 运载火箭工作过程。主要介绍液体火箭和固体火箭的发动机工作过程及原理。

◇ 运载火箭性能。主要介绍衡量运载火箭的主要性能指标，包括推力、总冲、比冲、整流罩空间大小等。

◇ 运载火箭新技术。主要介绍运载火箭未来技术发展方向，包括可重复使用、新型组合动力、智慧飞行控制、亚轨道运载等技术。

运载火箭一般是由多级火箭组成的航天运输工具，用于将人造地球卫星、载人飞船、空间站、空间探测器等有效载荷送入预定轨道，是当前人类将航天器送入太空的主要工具。

## 5.1 火箭飞行基本原理

公元 1896 年，俄国科学家齐奥尔科夫斯基发表了一篇重要论文《用火箭征服宇宙》，他在这篇论文中详细阐述了火箭飞行的基本原理，提出了著名的“火箭方程”，为火箭发射奠定了理论基础。进入 20 世纪，火箭技术由理论探索阶段向工程化迈进，并由德国、苏联、美国等国为先驱，发展形成了庞大的弹道导弹家族和运载火箭家族，但其基本物理原理仍然是建立在齐奥尔科夫斯基公式基础上的。

### 5.1.1 火箭方程

火箭方程也称为齐奥尔科夫斯基公式，是在不考虑空气动力和地球引力的理想情况下，运载火箭在发动机工作期间获得速度增量的公式。该公式是火箭飞行的理论基础。

火箭发动机中能量转化过程如图 5-1 所示，送入发动机的推进剂包括氧化剂和燃烧剂，它们在燃烧室内燃烧，将化学能转变为燃气的热能，然后从喷管喷出。根据反作用力原理，工质施加给发动机一个反作用力，这个反作用力就是推动火箭向前运动的推力。火箭的飞行不需要外部介质，不依赖外界空气，而是利用火箭自身携带的推进剂燃烧，因此可以在真空中工作。设火箭喷射物质排出速度（也称排气速度）为 $u_e$，喷射物质质量流速（单位时间内喷出的工质质量）为 $\dot{m}$，则喷射物质产生的动量变化率就是 $\dot{m}u_e$。根据动量守恒定律，喷射物质的动量变化等于火箭自身的动量变化，去掉矢量标号，仅考虑大小，有如下方程式：

$$\dot{P}_{火箭} = \dot{P}_{燃烧物} = \dot{m}u_e \tag{5.1}$$

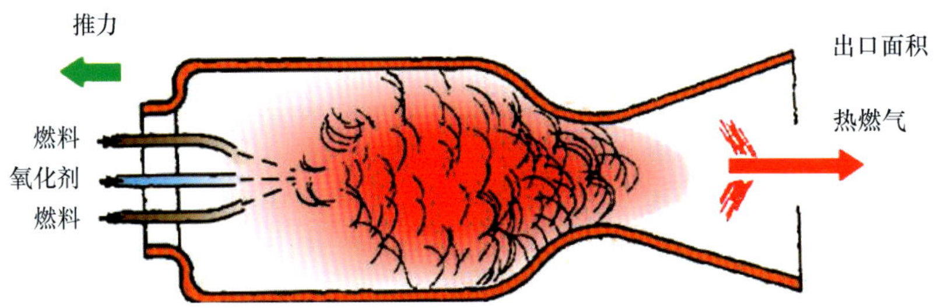


图 5-1　火箭发动机能量转化过程

式中，$\dot{P}_{火箭}$为单位时间内火箭动量变化；$\dot{P}_{燃烧物}$为单位时间内燃烧物质动量变化。根据动量定理，火箭的动量变化等于火箭推力产生的冲量，由此可得火箭获得的推力 $F_g$ 为单位时间内火箭的动量变化，即

$$F_g = \dot{m}u_e \tag{5.2}$$

设喷管出口端面处的燃气压强为 $p_e$，外部大气压强为 $p_a$，显然燃气压强产生的是推进火箭前向的力，而外部大气压强则产生阻碍火箭前向的力，可得喷管出口端面处压力差形成的推力公式为

$$F_r = (p_e - p_a)A_e \tag{5.3}$$

可得火箭发动机推力公式为

$$F = \dot{m}u_e + (p_e - p_a)A_e \tag{5.4}$$

推力公式第一项是由排气动量产生的推力，称之为动推力，它与燃气排出速度和单位时间内排气的质量成正比，是总推力的主要部分，在总推力中占 90%左右。公式第二项是由压力产生的推力，称之为静推力，它与发动机喷口面积有关，并随发动机周围大气压力的降低而增大，在真空环境中静推力达到其最大值。静推力占总推力的 10%左右。

为了方便，在工程上将静推力折算到动推力，引入等效排气速度 $u_{ef}$ 替代实际的排气速度 $u_e$。令

$$F = \dot{m}u_e + (p_e - p_a)A_e = \dot{m}u_{ef} \tag{5.5}$$

可得出等效排气速度 $u_{ef}$ 为

$$u_{ef} = u_e + \frac{(p_e - p_a)A_e}{\dot{m}} \tag{5.6}$$

用等效排气速度 $u_{ef}$ 来表示火箭发动机的推力,则

$$F = \dot{m}u_{ef} \tag{5.7}$$

在上述理论的支撑下,容易得到理想火箭方程——齐奥尔科夫斯基公式。齐奥尔科夫斯基公式是在不考虑空气动力和地球引力的理想情况下,计算火箭在发动机工作期间获得速度增量的公式。令 $v$ 为火箭运动速度,在推力作用下火箭的加速度由牛顿定律得到

$$\frac{dv}{dt} = \frac{F}{m} \tag{5.8}$$

$m$ 为某一时刻火箭的总质量。代入推力公式,有

$$\frac{dv}{dt} = u_{ef}\left(\frac{-dm}{dt}\right)\frac{1}{m}$$

$$dv = -u_{ef}\frac{dm}{m} \tag{5.9}$$

对应火箭质量从初始化 $m_0$ 变化到 $m_f$,对速度从初始值 $v_0$ 到 $v_f$ 进行积分,可得

$$\int_{v_0}^{v_f} dv = \int_{m_0}^{m_f} -u_{ef}\frac{dm}{m} \tag{5.10}$$

等效排气速度可近似为常值

$$\int_{v_0}^{v_f} dv = u_{ef}\int_{m_0}^{m_f} -\frac{dm}{m} \tag{5.11}$$

对上式进行积分就可以得到

$$\Delta v = v_f - v_0 = u_{ef}\ln\frac{m_0}{m_f} \tag{5.12}$$

式(5.12)即为齐奥尔科夫斯基公式。式中 $\Delta v$ 为从初始时刻到工作结束时的速度增量,$v_0$ 是火箭的初始速度,$m_0$ 是火箭初始质量,它包括火箭本身、有效载荷以及推进剂的质量。$m_f$ 和 $v_f$ 分别为火箭工作结束时的质量和速度,$m_0-m_f$ 为工作期间推进剂消耗的质量。在航天领域,称火箭初始质量 $m_0$ 为湿重,意为含推进剂的火箭总重;称 $m_f$ 为干重,意为火箭不含推进剂的自身重量。定义$\frac{m_0}{m_f}$为质量比,$\frac{m_0-m_f}{m_0}$为推进剂质量分数。显然,质量比越大,等价于推进剂质量分数越大,意味着火箭推进剂占比越多、性能越好。

借助这一方程,几乎可以确定各种情况下推进剂的需要量。已知第一宇宙速度大约为 7.91 km/s,只有超过这一速度,运载火箭才能克服地球引力进入环绕地球飞行的轨道。而决定排气速度的重要因素是火箭推进剂燃烧的性质。目前已知的推进剂燃烧排气速度最大的燃料是液氢和液氧,真空喷气速度可达 4.4 km/s,但在海平面只能达到 3.66 km/s。设想一个采用液氧和液氢作为推进剂的火箭,按照目前火箭技术达到的水平,其质量比可达到 13,取海平面排气速度为 3.66 km/s,按照齐奥尔科夫斯基公式计算,则火箭速度可达 9.2 km/s,如果再算上静推力提供的约 10%速度增量,即便去掉阻力和引力等损失(1.7~3.1 km/s),单级仍有可能直接入轨。实际上,SpaceX 公司总裁马斯克就说过,该公司的猎鹰火箭可以单级入轨。但这种入轨能够携带的载荷太轻,意义不大。一般需要采用多级火箭才能有效进行航天发射。

### 5.1.2 多级火箭

定义火箭各级质量比$\frac{m_0}{m}$分别为$u_i$,$i$是级数,对于三级火箭,根据齐奥尔科夫斯基公式,可求得

$$v_i = u_{*f}(\ln u_i), \quad i = 1,2,3 \tag{5.13}$$

总的火箭理想速度为

$$v_{all} = v_1 + v_2 + v_3 \tag{5.14}$$

假设三级均采用氢氧发动机,排气速度均为3.6 km/s,质量比仍为13,则三级火箭的速度就是单级火箭的3倍,即惊人的27.6 km/s。实际上,由于一级要承担二级、三级的质量,因此一级的质量比不可能达到13。单级火箭质量比的计算方式为

$$u_1 = \frac{M_{1结构} + M_{1推进剂}}{M_{1结构}} = 13 \tag{5.15}$$

若其质量比为13,则可以假设此类单级火箭的结构质量为12,推进剂质量为1。那么对于三级火箭来说,计算一级火箭的质量比时,湿重为3个单级火箭的全重,第一级火箭的推进剂消耗完后可计算干重,干重即为第一级的结构质量与后两级火箭的全重之和,可表达为

$$u_1 = \frac{M_{1结构} + M_{2全重} + M_{3全重} + M_{1推进剂}}{M_{1结构} + M_{2全重} + M_{3全重}} \tag{5.16}$$

采用多级火箭在工程上还有其他需求。随着火箭升高,外部大气压强逐渐从1个大气压减小到0,导致火箭静推力会发生变化。为获得最佳推力,高空和低空所需火箭发动机特性不同(主要是喷管膨胀比不同,高空要求膨胀比大),很难以单一的发动机满足两类不同要求。多级火箭可设计不同的喷管膨胀比,形成最佳推力。

采用多级火箭对载人航天十分重要。运载火箭起飞推力很大,随着推进剂消耗、质量减轻且推力增大,其加速度会不断增加,通常一级熄火时加速度达5~6$g$①。载人航天时航天员通常只能接受5~6$g$的加速度。采用多级火箭,每级可以调整加速度,通常二级开始时加速度可降到1$g$,而后逐渐增大,整个过程随着各级抛落,加速度呈现锯齿状变化。

火箭的级数也不是越多越好。多级火箭的每一级都会包括贮箱、发动机以及两级之间的连接分离结构等,级数越多这些多余的质量就会越大;级数越多,火箭的控制系统就越复杂,工程设计、工艺制造也越困难,所以常用的运载火箭多为2~4级;对于发射载人航天器的运载火箭,可靠性要求极高,一般不超过两级。

## 5.2 运载火箭系统构成

航天技术是探索、开发和利用宇宙空间的综合性工程技术,运载火箭则是航天探索的入场券。没有运载火箭,航天也就无从谈起。当前运载火箭主要是化学火箭,包括液体运载火箭、固体运载火箭等,但新型的火箭推进技术,如核火箭、激光推进火箭等也在概念论证之中,其投入使用还有漫长的路要走。

---

① 重力加速度,1$g$≈9.8 m/s$^2$。

无论是固体运载火箭还是液体运载火箭,其主要的组成部分均包括结构系统(又称箭体结构)、动力装置系统(又称推进系统)和控制系统,这三大系统称为运载火箭的主系统。主系统的可靠与否,将直接影响运载火箭飞行的成败。此外,运载火箭上还有一些不直接影响飞行成败的系统,例如遥测系统、外测安全系统、故障检测与逃逸救生系统等。

### 5.2.1　箭体结构

运载火箭的箭体结构是运载火箭的基体,用来安装、防护、支撑各分系统和箭载设备。该系统将有效载荷、火箭动力装置、控制系统等集成为完整的整体,也是在运输、发射和飞行过程中作为承受各种静力和动力载荷的总构件。典型的长征二号 F 运载火箭结构分系统如图 5-2 所示。

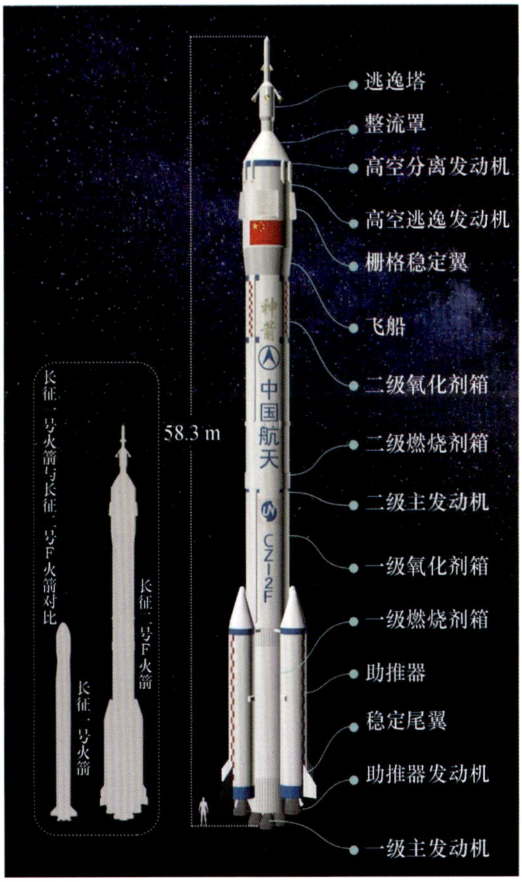


图 5-2　长征二号 F 火箭示意图

火箭箭体外表为流线型的光滑表面,具有良好的气动外形,以减小火箭飞行的大气阻力。一般运载火箭体积庞大,长度数十米,质量数百吨,火箭结构需承受地面操作和地面运输过程中的各种静载荷。同时,还要承受飞行时的各种动载荷,包括:主动段加速度飞行时的加速度过载;超声速飞行时气动升力和阻力对结构造成的动载荷;气动影响造成的噪声;发动机工作时产生的振动以及助推器和级间分离的冲击载荷等。

火箭的结构要求有很高的强度,又要求很轻。为了获得高的质量比,在保持有效载荷质量前提下,只有减轻火箭的结构质量。为此火箭结构设计、工艺和材料都需满足质量轻、强度高的要求。为了降低质量,在设计上常将推进剂贮箱兼用作箭体结构,工艺上除一般机械加工件外,广泛采用焊接和铆接工艺,选用的材料多为铝合金,也用铝合金蜂窝夹层结构。碳纤维复合材料有更优的性能,已经用作火箭结构材料,进一步减轻了火箭的结构质量。

设置在有效载荷舱外部的整流罩保护航天器免受气动力和气动热的影响。整流罩具有良好的气动外形以减小气动阻力。整流罩需具有必要的电磁波通透性,以便在发射阶段保持航天器与地面测控站之间的测控通信。整流罩具有较好的隔热性能和结构刚度,一般用铝合金或复合材料制作,用蜂窝夹层结构减轻质量和提高刚度。整流罩通常使用沿纵向有分离面的两瓣或多瓣式结构,当火箭飞出稠密大气层后,在 40~90 km 高度气动力和气动加热不再影响航天器时,由分离机构解锁后将其抛弃。

每一级火箭都有各自的推进剂贮箱,它们占火箭体积的大部分。贮箱形状大多是椭球形的箱底,顶部和底部之间有一段柱形的箱体。为了减轻运载火箭质量,大型运载火箭的贮箱兼用作火箭的主要承力构件,用铝合金或不锈钢材料制作成薄壁结构件。有的贮箱内需有一定的压力以提高贮箱结构的稳定性和便于推进剂的输运。燃烧剂与氧化剂分别储存在各自的贮箱内,两个贮箱间用箱间段连接,其间可设置推进剂加注用的舱口。共底贮箱是将一个整体贮箱中间用共用的箱底隔开,两边分别储存燃烧剂和氧化剂。低温推进剂贮箱外表需有隔热层,低温共底贮箱中的共用箱底需有良好的隔热措施,防止低温液氢将液氧冻结。

级间段是多级火箭各级之间的连接结构,它既是承力结构又是分离结构,在下面一级火箭工作结束后顺利地与上面一级火箭分离。分离方式有热分离和冷分离两种,前者是在分离之前上面一级火箭先点火,达到一定推力时,两级火箭解锁,用上面一级火箭喷出的燃气使两级火箭分离,级间段多用杆系结构,以提供燃气排出通道,这种分离方式的可靠性高,但分离干扰较大。冷分离方式是两级火箭先解锁分离,而后上面一级火箭才点火启动,分离干扰小,但需要用辅助火箭实现两级火箭的分离。

关于运载火箭结构,有一个著名的现象“POGO 效应”。1962 年 3 月 16 日,大力神Ⅱ导弹首飞中,出现了 10~13 Hz、30 s 左右的振动,振幅达到 2.5$g$,因为振动形态很像玩具弹簧高跷(POGO,玩具发明人 Max Pohlig 和 Ernst Gottschall 两个字母的缩写),因此被命名为 POGO。POGO 表现为全箭的纵向低频振动,它是液路系统和结构系统的“耦合”。结构本身沿纵向振动,可将推进剂挤入发动机,推力更大,这种效果在一定条件下会使得结构振动更大,一旦形成正反馈,系统就会强烈激振。由于飞行中随着贮箱内推进剂的消耗,结构特性时刻在变化,因此这种振动可能在飞行中一段时间出现。

POGO 效应的特征包括:振动发生在箭体纵向;振动发生在一个或多个不稳定时段;在 5~60 Hz 范围内发生振动时,这些频率与火箭结构一些振型的频率接近;峰值振动幅值从零点几 $g$ 到几十 $g$(曾测量出 34$g$),不稳定持续时间可达 30 s;在大型液体火箭上几乎都存在。“土星5”火箭曾因为 POGO 振动被迫关闭了中央发动机。部分运载火箭通过加固来抵抗这种振动,如德尔塔火箭很多有效载荷增加了结构载荷的要求。对于载人航天,POGO 效应有可能造成内脏的共振,航天员手和胳膊运动困难、语言受阻,甚至造成生命危险。我国神舟飞船首次载人发射时,航天员杨利伟就曾经出现过这种 POGO 效应引起的内脏振动。后来火箭经过优化设计消除了这种低频振动。

### 5.2.2　推进系统

推进系统即火箭发动机，是产生推力和控制力的装置，也是火箭最重要的分系统。火箭发动机推进剂在燃烧室里燃烧，产生大量高压气体从发动机喷管高速喷出，对火箭产生反作用力，使火箭沿气体喷射的反方向前进。主要包括液体火箭发动机、固体火箭发动机两种类型。与航天器上的推进子系统相比，运载火箭上的推进子系统有以下特殊要求。

(1)推力与火箭质量比(推重比)必须大于 1 才能从地面起飞。

为了火箭能够离开地面，火箭产生的总推力必须大于其自身重量。例如“阿特拉斯”运载火箭的推重比大约为 1.2，而航天飞机大约为 1.6。

(2)火箭程序转弯、速度控制等需要改变推力的大小和方向。

航天器上应用的推力器或是打开或是关闭，很少需要改变推力进行速度控制。然而，运载火箭经常需要通过改变推力来进行速度控制，这大大增加了推进系统的复杂性和成本。

进行速度控制的一个原因是：在发射的第 1 min 左右，运载火箭仍处于较低高度，大气稠密，此时火箭速度增加得非常快，穿越浓密大气层时会产生强大的气动压力，如果不予考虑，运载火箭可能在气动压力作用下四分五裂。因此，人们设定了火箭能够承受气动压力的最大极限值。在很多情况下，必须对运载火箭进行特别设计，使得在气动压力达到极限峰值前，通过降低推力或减小压力给予保护。另一个原因是：对于载人航天而言，需要降低推力来保持航天员承受的过载加速度不至于太大(通常不超过 $5g \sim 6g$)。例如，航天飞机最大加速度不超过 $3g$，为此其主发动机需要减小推力大约 6 min。最后，运载火箭还有一个特殊的需求，就是通过推力-矢量控制方法来改变推力方向，以便控制运载火箭调整飞行状态，实现程序转弯。例如航天飞机的每个发动机可以就将推力方向改变 10°。

(3)喷管从地面到太空膨胀比要求不同。

火箭喷管的一个关键指标是膨胀比，也就是喷管出口与喉部的截面积之比。喷管过膨胀和欠膨胀都不好，最佳膨胀比取决于外部大气压强，压强越小，最佳膨胀比越大。相对而言，航天器上的推力器总是工作在真空状态，因此只需选择最大膨胀比即可，但对于运载火箭发动机喷管，膨胀比选择需要考虑不同外部大气压力。其中，第一级火箭发动机的外部大气压力在几分钟之内从当地海拔的标准大气压达到接近于零(真空)。理想情况下希望喷管的膨胀比能够随外部大气压力改变而改变，但目前技术很难制造出这种喷管。实际情况是在发动机从点火到关机这个高度的 2/3 处，喷管才达到理想膨胀状态。为了解决这个问题，目前人们也在探索新的喷管方案，例如直塞形喷管等。

### 5.2.3　控制系统

与航天器的姿轨控系统类似，运载火箭的控制系统主要包括导航、制导、姿态控制和电源配电 4 个分系统。

导航分系统的功能，是由测量元件测出火箭运动参数，计算火箭在规定坐标系中角速度、速度和位置等参数，给出火箭初始状态和飞行状态。运载火箭的导航分系统通常采用惯性系统和无线电导航等手段。其中，把加速度计、陀螺等安装在三轴稳定惯性平台上、以惯性坐标系为参考系的，称为“平台方案”；把加速度计、陀螺等直接固定在箭体上、以箭体坐标系为参考系的，称为“捷联方案”，此时通常需要把箭体坐标转换到惯性坐标进行导航。

制导分系统也就是轨控,其功能是利用导航参数,按给定的制导规律,操纵火箭推力来控制其质心运动,以达到期望的终止条件,准确关机,保证入轨精度。制导的目标是实现航天器高精度入轨,通常对入轨时的轨道周期、近地点高度、轨道倾角、近地点幅角、升交点赤经等都提出要求。制导分系统主要设备是箭载计算机,通过控制关机点时间,修正俯仰和偏航角偏差来实现制导。

姿态控制分系统也就是姿控,其功能是控制和稳定运载火箭绕质心运动,实现飞行程序、制导导引要求,克服各种干扰影响,使姿态稳定在允许范围内。主要控制活动包括两类,一是姿态稳定,也就是运载火箭受干扰偏离预定状态时,控制伺服机构(如舵机、游动发动机等)产生控制力,修正姿态误差;二是实现制导导引,即按照飞行程序角信号和导引信号调整姿态角,从而达到控制质心运动轨迹的目的。

电源配电分系统的功能,是提供控制系统工作所需电源,同时在测试发射过程中完成地面和箭上电源转换,主要包括电池、二次电源、配电器、电缆网等。有时还包括时序控制系统,按顺序和时间接通或断开响应电路,用于控制各级发动机开关机、火箭级间分离、星箭分离等。

## 5.3 运载火箭工作过程

根据推进剂的不同,运载火箭可分为液体火箭、固体火箭和固液混合型火箭 3 种类型。

### 5.3.1 液体火箭工作过程

液体火箭发动机,是指燃料和氧化剂均为液体的火箭发动机,具有排气速度高、能多次启动、便于推力调节等优点,目前大型运载火箭均采用液体火箭发动机,如图 5-3 所示。

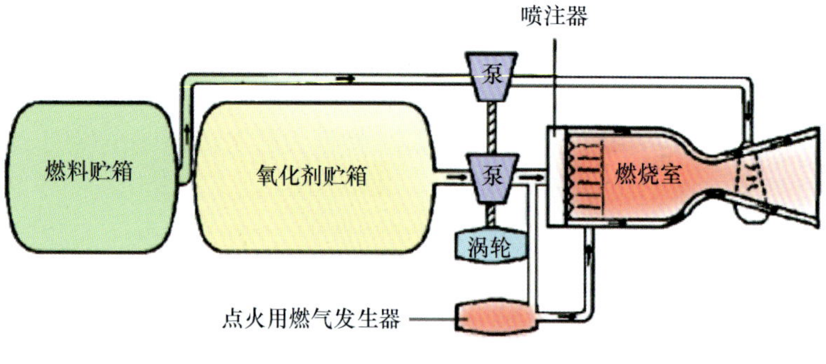


图 5-3 液体火箭发动机结构示意图

液体火箭发动机推力室由喷注器、燃烧室、超声速喷管和安装结构组成。发动机工作时,推进剂从贮箱中被输送到燃烧室,通过推力室头部喷注器混合雾化,形成细小液滴,混合并燃烧形成高温气体反应产物,随后加速并高速喷出,产生作用在发动机上的推力,推动火箭前进。推进剂的大流量稳定雾化燃烧一直是液体火箭发动机的难题,如“土星 5 号”火箭所使用的 F-1 发动机每秒消耗 1 789 kg 液氧和 788 kg 煤油,需保证其有效均匀喷射和雾化,为此美国发动机制造商曾尝试实验过多种喷注器方案。

按照推进剂输送进入燃烧室的方式不同,液体火箭发动机可分为 2 种类型,即挤压式液体火箭发动机和泵压式液体火箭发动机。

挤压式液体火箭发动机用高压气瓶中的高压气体，通过减压器降到所需的压强进入贮箱。只要阀门一打开，推进剂即进入发动机推力室。该输送法一般用于小型液体火箭，只有推进剂贮箱内压强高于推力室内燃气压强时，才起挤压作用。如果发动机推力大，推力室压强大，反过来也要求贮箱压力更大，贮箱结构、材料及壁厚都要增强增大，而贮箱壁与贮箱直径成正比，直径越大，壁也越厚，贮箱质量剧增，降低了运载能力，所以大推力火箭不宜用挤压式输送系统。

泵压式液体火箭发动机在开始工作时，首先要启动涡轮泵，通过泵把管路的推进剂增压送入推力室。启动泵的能源可以用高压气体，也可以用固体火药产生的高压燃气，通常启动能源工作时间都很短。涡轮转动后，通过齿轮带动泵工作，将推进剂送入燃烧室燃烧产生推力。涡轮泵要持续工作需要动力，从动力产生的方式又可以把泵压式液体火箭发动机分为 3 种类型：燃气发生器方式、膨胀循环方式和分级循环方式，如图 5-4 所示。

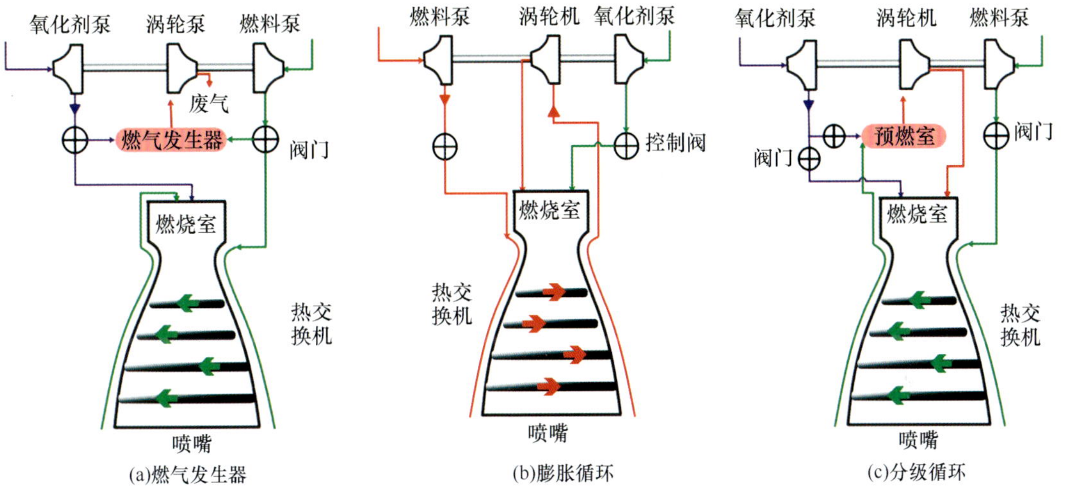


图 5-4　三种泵压式液体火箭发动机

燃气发生器属于开式循环，也就是涡轮燃气做功后直接排出到外部环境。涡轮转动后，通过齿轮带动泵工作，将推进剂送入主系统阀门和副系统阀门。当主系统阀门开启时，推进剂进入推力室，产生推力。当副系统阀门开启时，推进剂进入燃气发生器，燃烧后形成燃气接替已耗尽的启动能源，吹动涡轮，保持推进剂源源不断地进入推力室和燃气发生器。图 5-4 中的热交换器是利用高温的涡轮废气加热，从泵后送来的氧化剂和（或）燃料，并使之各自汽化。该气体被送入相应的推进剂贮箱，进行增压，这种增压方式称为“自生增压”。要指出的是，该种输送系统的推进剂贮箱也是需要气体增压的。因为推进剂不断流出，箱内空间（称为“气枕”）随之增大，如不补充气压，贮箱内气压会降低，可能会使推进剂停止流出。因此，泵压式输送系统中贮箱也需要增压。当需要关闭发动机时，箭上计算机送来指令信号关闭主系统和副系统的阀门，即可使发动机停止工作。

膨胀循环方式和分级循环方式都属于闭式循环，涡轮燃气经涡轮做功后引入燃烧室补燃，然后通过喷管排出的动力循环。其中，膨胀循环是从推力室冷却套中把加热汽化的气态推进剂组元引出来驱动涡轮，从涡轮排出后再导入燃烧室与主推进剂组元燃烧，然后通过喷管排出，适用于氢氧发动机。分级循环是将一种推进剂组元的全流量和另一组元的部分流量送到预燃室中燃烧,产生低温燃气来驱动涡轮;从涡轮排出的燃气再喷入燃烧室中进行补燃,先进火箭发动机多使用此种方式。目前 SpaceX 公司研制的"猛禽"发动机采用了双组元全流量分级循环,也就是两种推进剂组元分两个预燃室进行全流量预燃,驱动涡轮工作。

液体火箭发动机通常采用"冷却套"方式对高温的喷管进行冷却。所谓"冷却套"就是指围绕喷管布置推进剂流动管道,当发动机工作时推进剂不断流经喷管,给喷管降温后再进入燃烧室燃烧。这种方式充分利用推进剂进行制冷,保证了发动机能够长时间工作。图 5-4 中 3 种泵压式液体火箭发动机的推进剂循环都充分反映了这种冷却方法。

## 5.3.2 固体火箭工作过程

现代固体火箭发动机的所有推进剂全都装填在燃烧室中,没有挤压或泵式输送系统。与液体火箭发动机相比,固体火箭发动机的突出特点是结构形状简单、所需的零部件少,且一般没有运动件,因而具有可靠性高、维护和操作使用简便的特点。其不足是:不能多次启动,推力不能随意调节,排气速度相对较低,发动机工作时间较短,通常无法回收利用,环境温度对工作性能影响较大等。

典型的固体火箭发动机构成如图 5-5 所示,主要由燃烧室壳体、固体推进剂装药、喷管和点火装置等几部分组成。燃烧用的推进剂通常浇铸制成所需形状的装药,直接装于燃烧室中。发动机工作时,由点火装置点燃点火药。点火药的燃烧产物流经装药表面,将装药迅速加热点燃,将推进剂的化学能转变成燃烧产物的热能,继而膨胀加速后高速排出,产生推力。

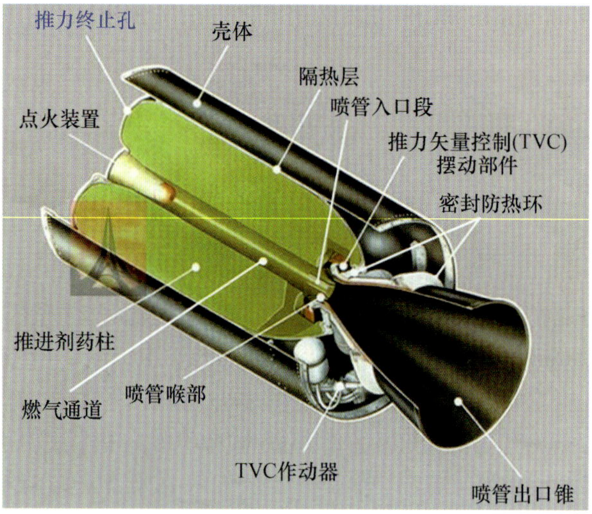


图 5-5 固体火箭发动机结构示意图

就像液体双组元推进剂火箭利用燃料和氧化剂产生燃烧一样,固体火箭含有燃料、氧化剂以及黏合剂的混合物,按照一定的比例混合,被固化在发动机的单独密封装置里。固体火箭发动机推进剂类别包括两大类型,一种是均质推进剂,其特点是微观结构均匀,在同一分子内既包含燃烧剂又包含氧化剂,典型的为双基火药固体硝化纤维素吸收液体硝化甘油,再加少量添加剂组成,适合批量生产,常用于小型固体发动机。另外一种是异质推进剂,其特征是微观结构不均匀,典型的如由晶体氧化剂(高氯酸铵/高氯酸钾/硝酸铵/硝酸钾等,质量分数 60%~

80%）、黏合剂（如聚丁二烯）和金属燃烧剂（铝粉、镁粉，质量分数 14%～18%）黏合成型的复合推进剂，广泛用于各型发动机。黏合剂一般是硬的、像橡胶一样的化合物。燃烧期间，黏合剂也起着附加燃料的作用。

对于固体火箭发动机，质量流速取决于推进剂燃烧速率和燃烧表面积。推进剂燃烧越快，燃烧表面积越大，则质量流速越高，产生的推力越大。推进剂燃烧速率依赖于燃料与氧化剂种类、它们的混合比率，以及黏合剂的材料。总的燃烧面积主要与固体推进剂形状有关。浇铸期间，设计人员可以制定固体推进剂的内核空腔（腔体设计），调整可燃烧的表面积，控制燃烧速率和推力。航天飞机的固体火箭发动机就有一个成星形状的腔体，它经过精心的设计，在飞行过程中，比冲减少 55 s 以降低加速度和空气动力的影响。因为固体火箭发动机的燃烧取决于推进剂暴露的表面积，必须十分小心地浇铸推进剂混合物防止爆炸。航天飞机“挑战者号”事故调查人员声称，事故起因于固体发动机两部分连接处因橡胶密封圈受冷失效导致密封不严，引起燃烧发生了事故。

“挑战者号”灾难也突出了固体发动机的另外一个缺点：它一旦启动，就很难停下来。对于液体火箭，可以关闭阀门，停止推进剂流动，从而关闭发动机。而固体火箭一直会燃烧到所有的推进剂都烧光为止。要想提前停止燃烧，必须采用特殊的推力终止装置。常见的推力终止方式包括 3 种。一是抛弃法，即炸掉喷管、燃烧室顶盖等，使发动机失去产生推力的功能。二是降压法，在燃烧室上开口，使燃烧室压力猛降、燃烧中止。三是反推力法，当需要推力终止时，设法使发动机获得一个与正推力方向相反的力——反推力，来抵消正推力，典型的是反向喷管推力终止，具体来说就是在发动机壳体上，对称地开若干个孔，在孔的位置上安装与发动机轴线成某一角度的、并向前倾斜的反向喷管；当推力终止时，由打开机构打开反向喷管，燃气从反向喷管中排出，产生反推力，与主推力相抵消，达到推力终止的目的。

固体火箭发动机通常采用烧蚀绝热结构进行喷管热防护。通常用高强度金属或纤维增强材料作为喷管的壳体，用高熔点金属（如钨）或优质碳素材料作为耐热组件，用烧蚀型增强材料作为绝热隔热材料，组成具有复合结构的喷管。

## 5.4　运载火箭性能

要将物体发射到轨道上，运载火箭必须能做两件事：将载荷携带到适当高度，且使载荷在这个高度上有恰当的速度。即使一枚短程导弹也能将载荷发射到几百千米高，但是却达不到需要的速度，所以载荷会从这个高度落回地球。因此，将载荷发射到地球轨道需要更强力的火箭。开发具备发射卫星进入轨道的大推力火箭是个艰巨的技术挑战，目前，世界上只有少数几个国家或地区具备这种能力。

### 5.4.1　火箭发动机性能指标

衡量运载火箭的主要性能指标来自发动机，包括推力、总冲、比冲、推重比等，类似于衡量汽车的主要指标很大一部分是其发动机一样。

总冲 $I_t$ 定义为火箭在工作时间产生的总冲量，等于发动机推力 $F$ 对发动机工作时间 $t$ 的积分

$$I_t = \int F \mathrm{d}t \tag{5.17}$$

总冲的大小与发动机的推力和推进剂的容量有关,它综合反映了火箭发动机的推进能力。在一定的排气速度下,总冲与推进剂的消耗量成正比,因此提高总冲需要更多的推进剂。对于液体火箭发动机,需要增大推进剂贮箱的容量;对于固体推进剂则需要加大发动机的体积。虽然通过总冲可以了解火箭推力总的影响,但是无法知道火箭的效率。为了对不同类型火箭的性能进行比较,定义一个新的参数,比冲 $I_{sp}$。它是总冲量和产生这个冲量所需要的推进剂质量的比率。比冲 $I_{sp}$ 是单位质量推进剂产生的冲量,即

$$I_{sp}=\frac{dI_t}{dm} \tag{5.18}$$

式中,$I_{sp}$ 为比冲;$m$ 为推进剂消耗的质量,此时比冲的单位为 m/s。比冲也可以表示为单位重量推进剂产生的冲量,此时有

$$I_{sp}=\frac{dI_t}{dG}=\frac{dI_t}{dmg_0} \tag{5.19}$$

式中,$G$ 为推进剂消耗的重量;$g_0$ 为水平面重力加速度,此时比冲的单位为 s。

比冲是火箭发动机重要性能参数之一,它在很大程度上取决于使用推进剂的种类。对于选定的推进剂,比冲则取决于发动机的设计,因此实际比冲综合反映了推进剂的内能及其在发动机内转换成推力的效率。比冲越大,产生同样推力所消耗推进剂的量越少,可以使火箭推进系统结构尺寸减小,进而减轻火箭的体积和质量。

比冲与燃烧室内温度的平方根成正比,而与燃气平均分子量的平方根成反比,因此燃烧室温度越高或燃气分子量越低,比冲越高。液体发动机具有较高的比冲,液氢液氧发动机的真空比冲可达到 420 s。

固体火箭的比冲与选用的燃料和氧化剂有关。一旦推进剂配好,发动机浇铸结束,就无法改变它的比冲或者推力。通常固体火箭发动机比冲在 200~300 s 之间,要比典型的液体双组元推进剂火箭发动机低,但其优势在容积比冲上(单位容积推进剂产生的总冲),因此固体火箭发动机非常适合于体积受限并且只需要一次大的速度增量 $\Delta V$ 的航天任务。

### 5.4.2 运载火箭总体性能指标

运载火箭总体的性能指标包括不同轨道运载能力、整流罩空间大小、发射准备时间等,类似汽车的载重、空间和起步时间。

#### 1. 运载能力

表 5-1 给出了几种典型运载火箭把航天器送入 3 种不同轨道的运载能力。这 3 种轨道分别是:轨道高度几百千米的近地圆轨道 LEO;近地点高度几百千米、远地点高度约 36 000 km 的地球同步转移轨道(GTO);高度低于 1 000 km、轨道倾角接近 90°的太阳同步轨道 SSO。

表 5-1 几种典型运载火箭不同轨道运载能力

| 运载火箭 | $M_{LEO}$/t | $M_{GTO}$/t | $M_{SSO}$/t | $M_{LO}$/t | $M_{LEO}/M_{LO}$ | $M_{GTO}/M_{LO}$ | $M_{SSO}/M_{LO}$ |
|---|---|---|---|---|---|---|---|
| Ariane 4（欧洲） | 10.2(200 km/5.2°)<br>8.2(200 km/90°) | 4.8(185 km/7°) | 6.5 | 470 | 2.6%<br>1.7% | 1.0% | 1.4% |

续表 5-1

| 运载火箭 | $M_{LEO}$/t | $M_{GTO}$/t | $M_{SSO}$/t | $M_{LO}$/t | $M_{LEO}$/$M_{LO}$ | $M_{GTO}$/$M_{LO}$ | $M_{SSO}$/$M_{LO}$ |
|---|---|---|---|---|---|---|---|
| Ariane 5（欧洲） | 18(550 km/28.5°) | 6.8(580 km/7°) | 12 | 737 | 2.4% | 0.92% | 1.6% |
| AtlasIIA（美国） | 7.3(185 km/28.5°)<br>6.2(185 km/90°) | 3.1(167 km/27°) | | 188 | 3.9%<br>3.3% | 1.6% | |
| AtlasV550（美国） | 20(185 km/28.5°)<br>17(185 km/90°) | 8.2(167 km/27°) | | 540 | 3.7%<br>3.1% | 1.5% | |
| DeltaIII（美国） | 8.3(185 km/28.7°)<br>6.8(200 km/90°) | 8.3(200 km/28.7°) | 6.1 | 302 | 2.8%<br>2.2% | 1.3% | 2.0% |
| GSLV（印度） | 5(200 km/45°) | 2.5(185 km/18°) | 2.2 | 402 | 1.2% | 0.62% | 0.55% |
| H-2（日本） | 10.6(200 km/30.4°) | 3.9(250 km/28.5°) | 4.2 | 260 | 3.9% | 1.5% | 1.6% |
| H-2A2024（日本） | 11.7(300 km/30.4°) | 5.0(250 km/28.5°) | 5.3 | 289 | 4.1% | 1.7% | 1.8% |
| LM-3B（中国） | 11.2(200 km/28.5°) | 5.1(180 km/28.5°) | 6.0 | 426 | 2.6% | 1.2% | 1.4% |
| ProtonK（俄罗斯） | 19.8(186 km/51.6°) | 4.9(4 200 km/23.4°) | 3.6 | 692 | 2.9% | 0.71% | 0.52% |
| PSLV（印度） | 3.7(200 km/49.5°) | 0.8(185 km/18°) | 1.3 | 294 | 1.3% | 0.3% | 0.4% |

表中 $M_{LEO}$、$M_{GTO}$、$M_{SSO}$ 分别代表三类轨道的载荷发射能力。第二列圆括号内的数字是轨道高度 $h$ 和轨道倾角 $i$。第三列圆括号内的数字是椭圆轨道的近地点高度 $h$ 和轨道倾角 $i$，所有轨道的远地点高度为 36 000 km。第五列是运载火箭的发射质量 $M_{LO}$。最后 3 列是 3 种轨道的载荷质量与发射质量比。从表中可知，发射质量 200～700 t 的现代运载火箭只能将发射质量的 2.5%～4%发射到地球低轨道。表中还显示，给定的运载火箭只能将地球低轨道质量的 50%发射到同步转移轨道；这个质量与能发射到太阳同步轨道的质量相当。影响运载火箭发射能力的因素有很多，下面列出了一些主要的因素。

（1）发射位置。

由于地球自转，火箭发射前就已具有一个向东的速度，而地球表面上赤道的速度最大（0.456 km/s），所以在低纬度（靠近赤道）位置发射能增加火箭的速度，从而提高发射能力。另外，如果是要发射到地球静止轨道，从靠近赤道处发射可以将卫星直接发射到赤道平面；而从高纬度发射，就需要运载火箭消耗推进剂将轨道平面改变到赤道平面。例如，选用相同的运载火箭，假设从纬度46°的拜科努尔发射场发射能将质量为 $m$ 的物体送入到 GTO 轨道；那么从北纬5.23°的库鲁发射场发射，就能将质量 $1.2m$ 的物体送入 GTO 轨道；若发射场纬度为70°，则只能将质量 $0.6m$ 的物体送入 GTO 轨道。

(2)发射方向。

如果火箭不能向东发射，就不能充分利用地球自转速度的优势，降低了发射能力。例如，发射卫星到极地轨道，火箭应向北或向南发射。另一种发射方向受限制的情况是希望火箭尽早飞过指定区域。这个约束增加了轨道机动，因此也会降低发射能力。表5-1中最后三列印度 GSLV 和 PSLV 火箭相对较低的质量比，再加上发射方向的地理限制，使印度不能充分利用地球自转。

(3)轨道参数。

入轨的轨道高度、形状和倾角都能影响轨道发射能力。例如，将航天器送入高度为 $h$ 的圆轨道，需要的轨道速度为 $V_h$，投送到近地点高度为 $h$、偏心率为 $e$ 的椭圆轨道，需要的轨道速度就要大于或等于 $\sqrt{1+e}\,V_h$。

从上面的讨论可知，如果航天器轨道倾角很大，那么发射方向没必要充分利用地球的自转速度。此外，航天器轨道倾角应大于或等于发射场的纬度，这时就可以把发射场作为航天器的一个星下点，从而避免发射时进行轨道面改变。如果从中纬度地点发射轨道倾角0°的航天器，那么必须机动改变轨道平面，需要携带额外的推进剂。

### 2. 入轨精度

不同用途的有效载荷有不同的入轨精度要求。运载火箭与有效载荷分离时刻的入轨精度一般按下列6个轨道要素给出：长半轴 $\Delta a$、椭圆偏心率 $\Delta e$、轨道倾角 $\Delta i$、升交点赤径 $\Delta\Omega$、近地点幅角 $\Delta\omega$、轨道周期 $\Delta T$。这些要素的精度是由入轨点的位置偏差、速度偏差和发射时间偏差所决定的，它取决于运载火箭的制导精度及发射时刻的偏差。

### 3. 入轨姿态精度

入轨姿态精度指有效载荷分离后有效载荷的姿态角偏差及角速度。入轨点的初始姿态及角速度精度由火箭姿态控制系统所确定。

### 4. 可靠性

可靠性是指火箭在规定的条件下和规定的时间内，完成规定任务的概率。可靠性包括飞行可靠性及发射可靠性。火箭飞行可靠性定义为：运载火箭完成发射点火后，在规定的环境条件下，按规定的飞行程序及要求，将有效载荷送入预定轨道的能力。火箭发射可靠性定义为：运载火箭系统在规定的储存期内，在规定的地面环境条件下，按规定的要求完成发射准备及点火任务的能力。

目前国际上成熟的运载火箭的可靠性水平：飞行可靠性0.95以上，发射可靠性0.9以上，载人运载器的飞行可靠性已达到0.98~0.99以上。我国载人运载火箭长征2F的飞行可靠性指标为0.97，发射可靠性指标为0.98。

### 5. 整流罩净空间

有效载荷整流罩内可供安装有效载荷的空间称为净空间。净空间的规定明确了有效载荷的外包络不能超过所规定的净空间。在运载火箭提供发射服务时，有效载荷结构的局部可以允许超出净空间的规定，但必须通过双方协调，经运载火箭研制方分析、协调，并在接口控制文件中加以确认。

## 5.5　运输火箭新技术

最近几年来,进入太空领域航天技术取得了很多突破性进展,人们称为“发射革命”。从世界范围看,伴随着火箭革命,进入太空已经进入到一个新的时代,这个新时代才刚刚开始,表现出以前没有过的新特点,值得深度关注。

运载器是实施进入太空任务的主体装备,其未来技术发展主要集中在可重复使用、新型组合动力、智慧飞行控制、亚轨道运载等方面。

### 5.5.1　可重复使用运载技术

可重复使用必将是进出太空运载器的最终形式,世界航天大国始终将其作为运载器技术的终极目标。目前,比较成熟的部分可重复使用航天运载器可分为“垂直起飞、水平着陆”(如航天飞机、X-37B 飞行器)与“垂直起降”两类(如美国 SpaceX 公司的“猎鹰 9 号”火箭)。而采用“垂直起降”方式已成为当前阶段重复使用运载器研发的共识。为使运载器可靠返回,主要需解决火箭发动机深度推力调节、返回段高精度制导与控制、气动外形优化设计等难题;为使运载器可靠重复使用,则要重点关注热防护、返场快速检测与维护、发动机健康监控和减损控制等技术研究。

美国 SpaceX 公司投入数十亿经费研制“星舰”运载器,并研究利用其提供 1 h 全球极速运输服务,计划 2028 年实现商业运营;美国空军投入近 2 亿美元研究物资全球极速战略投送,德国和意大利等主要航天国家也在开展相关技术研究,计划在 2030 年后投入运营。

未来的完全可重复使用航天运载器主要分为组合动力重复使用运载器、升力式火箭动力重复使用运载器两类。我国重复使用航天运载器发展路线按照基于运载火箭构型的重复使用、升力式火箭动力重复使用运载器、组合动力重复使用运载器 3 条技术途径同步开展研究,梯次形成能力。

### 5.5.2　新型组合动力技术

组合动力在运载器上的应用,是实现未来完全可重复灵活往返太空的必由之路。组合动力是一种新型动力,其基本原理是集成火箭发动机、冲压发动机、航空发动机等不同动力模式,取长补短。未来的组合动力飞行器可以实现可重复的天地往返航天运输。除此之外,它无须再苛求发射场条件,而能像飞机一样利用普通机场实现水平起降,既能降低航天活动成本,也为实现航班化进出太空奠定了基础。

英国“佩刀”协同吸气式发动机是新型组合动力技术的典型代表,如图 5-6 所示,它结合了吸气式发动机和液体火箭发动机的特点。在大气层内以吸气式模式工作,当飞行速度达 5*Ma*(马赫)、高度升至 26 km 时转为火箭发动机模式,利用所带的液氢液氧,继续加速至 25*Ma* 以上,将飞行器推送到 300 km 高度的近地轨道。

目前,“佩刀”发动机采用密集管路式热交换器的方式解决了超高功率发动机最核心的难题——冷却问题,如图 5-7 所示,可在 0.01 s 内将进气道 1 000 ℃以上的来流空气温度降低到零下 150 ℃而不结冰。该项目前景广阔,得到欧美大力资助。

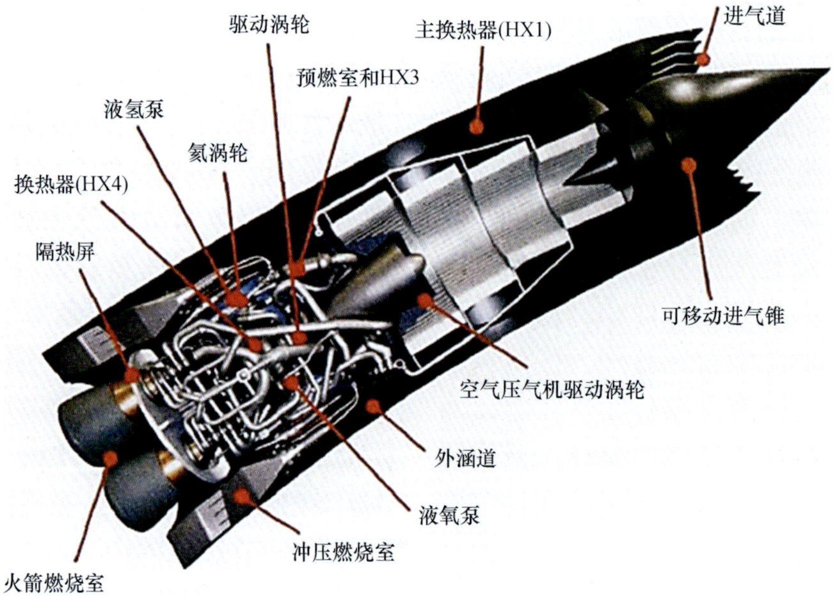


图 5-6　协同吸气式火箭发动机

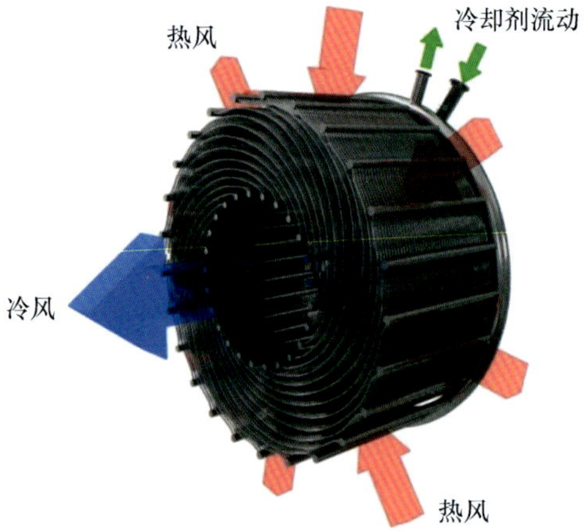


图 5-7　SABRE 发动机冷却技术

## 5.5.3　智慧飞行控制技术

传统火箭都是按照设计好的预定策略和轨道飞行,一旦飞行过程中出现故障将有可能导致任务失败。而采用智慧飞行控制技术的火箭,在出现故障时能够自动辨识出来,并且根据辨识的结果主动更改策略,依据实际情况自身进行重新规划飞行弹道,在非致命故障降级入轨和规避碰撞(拦截)等方面具有重大应用价值。智慧飞行控制主要体现在运载火箭的在线自主轨迹规划能力上,美国的“猎鹰”火箭、“德尔塔 4”火箭等运载器也都具备相对成熟的在线监测系统和非致命动力系统故障的适应能力。未来此类技术的运用可以大幅提升运载火箭的可靠性、灵活性和自主性,显著降低航天发射的风险和成本,提高进出太空的速度和安全性,促进太空装备的快速部署和利用。

### 5.5.4　亚轨道运载技术

近年来,远程极速运输成为航天领域研究新热点,亚轨道运载技术成为人们实现这一目标的重要研究方向。亚轨道运输综合利用太空高度的超微阻力和大气层内升力起飞和滑翔降落的便利,来实现远程极速运输,其在全寿命周期内具有跨空天多域、宽速域、航程远、运载能力大、重复使用次数多、可靠性要求高、升力起飞、滑翔着陆等任务特点。技术难点在于再入段的气动热及其防护材料和结构设计。

我国在运载火箭技术研究院主导下,也正在开展亚轨道远程空天运输系统总体设计与控制技术研究,部分关键技术已经通过飞行试验验证。未来亚轨道运输系统投入应用后,将具有小时级洲际到达能力,能够催生 1 h 全球极速运输、大众化太空旅游等新产业,也将极大促进我国战略投送力量的发展。

## 本章回顾

### 关键词

运载火箭
火箭方程(齐奥尔科夫斯基公式)
固体火箭发动机
液体火箭发动机
比冲
多级火箭

### 重要概念

◇ 运载火箭概念及其飞行基本原理
- 运载火箭
- 火箭方程
- 多级火箭

◇ 运载火箭系统构成
- 箭体结构
- 推进系统
- 控制系统
- 液体火箭工作过程
- 固体火箭工作过程

◇ 运载火箭性能
- 总冲
- 比冲
- 运载能力
- 入轨精度
- 入轨姿态精度
- 可靠性
- 整流罩净空间

## 思考与讨论

1. 试描述运载火箭的概念,并列举几类典型运载火箭的例子。
2. 火箭的动推力和静推力分别指的是什么?
3. 航天发射可否采用单级入轨火箭?如果不能,是否火箭级数越多越好?
4. 随着火箭级数的增加,每一级的膨胀比是怎么变化的,为什么?

5. 火箭发射过程中的POGO效应具有哪些特征,其对载人航天有什么影响?

6. 你还了解哪些新型运载技术?请简单介绍。

7. 液体火箭发动机按照推进剂送入燃烧室的方式不同,可划分为哪几种类型,其各有什么优缺点?

8. 固体火箭发动机喷管冷却采用哪种方式,能否采用液体火箭发动机的冷却套技术,为什么?

9. 请简述运载火箭的主要性能指标,并给出其物理含义。

# 第6章

# 航天发射与再入返回

## 本章中，你将学到

◇ 航天发射三要素
◇ 航天发射飞行轨道
◇ 航天发射场的基本功能和组成
◇ 航天发射场的测试发射模式及流程
◇ 航天再入返回过程、方式和轨道类型
◇ 航天再入返回热防护、着陆方式和回收着陆场

## 你应该已经掌握

◇ 航天器轨道运动和地球的关系
◇ 航天器轨道运动的特点
◇ 运载火箭的结构和工作过程

## 内容安排

本章主要内容包括 7 个部分：

◇ 航天发射的基本概念。主要介绍航天发射的特点，陆基发射、海上发射、空基发射、天基发射等发射方式和优缺点，航天发射要素等。
◇ 航天发射要素。主要介绍发射位置、发射时刻、发射方位角等发射三要素，发射窗口的概念，发射时刻和发射位置的关系。
◇ 发射场功能分区。主要介绍航天发射场技术区、转运区、发射区、指挥区等具体功能区域。
◇ 测试发射模式。主要介绍水平测试分级运输模式、固定准备模式、“三水平”模式、“三垂”模式等 4 类测试发射模式，以及选择测试发射模式的主要原则。
◇ 发射场选址。主要介绍除纬度因素外的如国家战略、自然条件、发射通道安全、交通运输等因素。
◇ 发射轨道。主要介绍连续推力发射轨道、具有中间轨道的发射轨道、最优轨道等火箭常用的发射轨道，火箭程序飞行。
◇ 航天器再入返回。主要介绍再入返回的基本概念、类型，返回轨道和着陆方式。

目前，航天发射技术仅由为数不多的国家或国际组织掌握着。随着运载技术的发展和航天器的多样化，用于发射航天器的运载火箭逐渐从发射导弹的型号中独立出来，形成了成熟、固定而且成系统的运载火箭系列，与之相配套的专业化发射场也随之产生，形成了世界各国各具特色的现代航天发射体系，并在人类航天史上创造了诸多奇迹。

# 6.1 航天发射的基本概念

将航天器及其运载器送入太空的活动统称为航天发射。具体来讲,航天发射是指利用航天运载工具,将包括卫星、飞船、探测器等各类人造航天器送入太空的活动。

## 6.1.1 航天发射的特点

航天发射能力是一个国家综合国力的集中展现和科技发展水平的重要标志,也是开发太空资源的前提。航天发射的目的、性质、发射对象、发射设施和发射过程决定了航天发射是一项大型综合工程, 具有高投入、高风险和高要求的特点。

1. 高投入

世界各国主力的运载火箭每次发射成本一般高达数亿甚至数十亿美元。近年来,随着运载火箭、发射技术的进步以及商业发射的兴起,航天发射成本大幅降低,但也需要数百万到数千万美元,各国主力运载火箭发射成本见表 6-1。

表 6-1 各国主力运载火箭发射成本

| 火箭型号 | 国家/企业 | 发射费用/(亿美元 · 次$^{-1}$) |
| --- | --- | --- |
| 德尔塔(Delta)-4 重型 | 美国 | 3.50 |
| 德尔塔(Delta)-4 中型 | 美国 | 1.64 |
| 阿里亚娜(Ariane)-5 | 欧盟 | 1.65 |
| 联盟(Soyuz) | 俄罗斯 | 0.80 |
| 长征三号乙(CZ-3B) | 中国 | 0.70 |
| 猎鹰(Falcon)-9 | 美国 SpaceX 公司 | 0.60 |
| 快舟(KZ)-1 | 中国 | 0.06 |

2. 高风险

航天发射也是探索太空及不断尝试和进步的过程,因此风险无处不在。纵观世界各国发射的 5 000 余颗航天器,发射失败或出现发射事故的有近 200 颗,航天发射的风险可见一斑。1960 年,苏联"R16"洲际导弹发射台爆炸事故导致导弹部队重大人员伤亡;1986 年美国"挑战者号"航天飞机发射失利造成机上航天员遇难(图 6-1),航天飞机飞行计划被冻结了长达 32 个月之久,间接导致航天飞机最终全部退役;2018 年 SpaceX 公司的"猎鹰 9 号"火箭在佛罗里达州肯尼迪航天中心 40 号工位上执行静态点火测试(static fire test,也称系留点火测试)任务时发生爆炸,导致以色列"AMOS 6"通信卫星与"猎鹰 9-029"火箭损坏,星箭俱毁,损失惨重。

3. 高要求

因为航天发射的高成本和高风险,就对航天发射活动提出了很高的要求,这种高要求主要具体体现在符合性、可靠性和安全性等 3 个方面。符合性即要求发射场能够满足航天器及运载器的技术准备、发射准备和发射功能要求。可靠性即要求发射场具备良好的试验条件和较

(a)“挑战者”号航天飞机起飞瞬间　　(b)“挑战者”号航天飞机乘组合影

图 6-1　美国“挑战者”号航天飞机与乘组

强的试验能力,具有确保发射成功的能力。安全性包括两个方面:一是正常情况下能够确保不出现灾难性事故;二是出现事故情况下能够确保人员、产品和设施设备安全。

### 6.1.2　航天发射方式

目前世界上主流的航天发射模式是依托固定发射场进行陆基发射,其原因是运载火箭发射保障要素多、要求高,其他发射方式不易满足条件。但随着技术进步,目前空基甚至天基发射正在快速发展,预计不久的将来航天发射方式也将迎来新的革命。

#### 6.1.2.1　陆基发射

目前,陆基发射主要包括塔架发射和车载机动发射两种方式,其中,塔架发射是陆基发射的主流方式。

**1. 塔架发射**

塔架发射是指运载火箭依托地面固定或活动的发射塔架进行发射,由发射塔架提供相应的地面组装、测试、加注和箭体支撑等功能支撑。运载火箭分段或者整体运输至发射塔架,通过组装或者起竖,以及进行必要的测试、瞄准、推进剂加注等准备工作,做好发射的准备后按照预定发射时间进行发射。

**2. 车载机动发射**

车载机动发射是依托定位、定向设备,由发射车发射运载火箭的一种发射方式。这种发射系统由惯性测量、数据处理与数据存储、控制、显示和电源设备以及相应的软件组成。车载机动发射目前多采用发射筒冷发射的形式进行,发射筒可以为运载火箭提供较好的运输环境。如俄罗斯的“起跑”火箭的发射平台保留了原洲际导弹的发射车和发射筒。我国的“快舟”系列小型固体运载火箭则采用垂直热发射的方式,如图 6-2 所示,具有发射成本低、准备周期短、保障条件少和快速集成、快速入轨等特点。

#### 6.1.2.2　海上发射

海上发射的发射基点在海洋中,通常利用水面舰艇、海上平台等作为机动发射平台。海上

图 6-2 “快舟”小型固体运载火箭采用车载热发射方式

发射的优点包括：一是不受发射场限制，可满足在低纬度地区发射的需求；二是更安全，海上发射能够远离人口稠密地区，有助于减少火箭发射对人的不利影响；三是空域要求更低，与民航飞机的航线和其他船舶航线的冲突较少；四是发射方位角更广，免去了躲避居民区而限制其发射方位角。其不足是保障能力有限，且航行耗时较长，同时海上定位、晃动等对火箭发射要求较高。早在 1962 年，美国海军就在海面浮动发射装置上进行过液体火箭发射。2019 年 6 月，我国“长征十一号”运载火箭在黄海海域成功实施首次海上发射（图 6-3），填补了我国运载火箭海上发射的空白。

图 6-3 “长征十一号”运载火箭采用海上发射

### 6.1.2.3 空基发射

空基发射适用于用小型运载火箭发射小载荷。空基发射有几个实用优势。因为发射不需要专门的发射设备如发射塔架，所以能够降低成本，并且可以快速发射。由于运载火箭可移动，用户可选择发射的位置和高度，减少了发射方向上的限制，从而增加了入轨效率。由于大气层也随地球旋转，所以从飞机上向东发射，运载火箭也能利用地球自转速度。

美国现有的空基发射运载火箭是飞马座(Pegasus,图 6-4),火箭质量为 23 t,能将 450 kg 的载荷送入 200 km 高度的顺行轨道,将 330 kg 载荷送入 200 km 高度的极地轨道,将 190 kg 的载荷送入 800 km 高度的太阳同步轨道。飞机可以在 12 km 的高空以 0.25 km/s 的速度释放火箭。1990 年"飞马座"火箭实施了首次空中发射,将美国海军质量为 68 kg 的试验通信卫星送入远地点为 668 km 的预定轨道。截至 2023 年 12 月,"飞马座"火箭已成功发射 67 次,失败 7 次。

图 6-4　"飞马座"火箭施放瞬间

#### 6.1.2.4　天基发射

天基发射的发射基点在航天飞机或空间站上,主要优点是载荷适配性好,航天器释放冲击小,且释放前可由航天员进行检查。美国航天飞行曾执行过大量卫星发射任务。美国航天飞机中段机身主要是大型货舱,舱内备有有效载荷固定装置、环境保护装置、遥控机械操作手、电子显示控制装置、数据处理设备、电源转换装置等。货舱本身不密封,可以把 29.55 t 有效载荷送入倾角 28.5°的低轨道,把 18.05 t 有效载荷送入极轨道,可以携带 14.55 t 有效载荷返回地球。货舱中的遥控机械操作手用于在轨道部署和回收有效载荷以及在轨服务操作。哈勃太空望远镜就是由航天飞机释放进入太空预定轨道的。后来该望远镜出现故障后,也是由航天飞机多次进行维修才得以正常工作。

2017 年 8 月 1 日,我国首次利用"天舟一号"飞船在轨释放一颗立方星,随即地面成功捕获立方星,这次试验验证了立方星释放机构标准套筒式分离释放装置、低冲击高可靠可重复压紧释放技术、分离发射过程非接触式测量技术等各项关键技术,为后续我国空间站开展微纳卫星部署发射及在轨服务奠定了技术基础。此外,国际空间站也曾在轨释放过立方星,如图 6-5 所示。

### 6.1.3　航天发射要素

通常将发射位置、发射时刻、发射方位角称为航天发射的三要素。

图 6-5 国际空间站在轨释放立方星

#### 6.1.3.1 发射位置

发射位置是火箭飞行的起点,选择发射位置时应尽量靠近低纬度地区,一是发射纬度会限制该发射位置能直接发射的最小轨道倾角,低纬度地区不会影响小轨道倾角卫星的发射;二是在发射时能够充分利用地球自转使火箭、卫星获得一定的初速度。目前,国际公认理想的航天发射场是南美洲圭亚那航天中心,其地理纬度为北纬 5°,欧洲“阿里亚娜”系列运载火箭均在此发射,这也是“阿里亚娜”系列运载火箭在国际商业发射市场上一个重要的竞争优势。

虽然发射位置的纬度对运载能力的充分利用有着重要影响,但实际航天发射场的选址是一项多目标、多因素的系统工程,除了纬度的考虑外,还需要综合考虑国家战略、首区安全、航落区安全、交通运输条件、测控支持条件、地质水文条件、气象条件、生态环境条件和社会依托等因素。如从发射通道安全考虑,为了保证人员安全,发射场的选址一般要远离人口稠密区、中心城市或重要工业基地,同时还需要考虑首区、射向和落区的安全,能够满足不同射向发射的要求;从社会依托考虑,发射场的建设又需要周边地区提供稳定、充沛的资源,也将为发射场工作人员的生活、发射场与当地的协调发展创造有利条件;从交通运输方面考虑,航天发射场又要尽可能建在交通便利的运输干线和机场附近,以利于发射场建设及运载火箭、航天器、推进剂、各种器材设备和物资以及生活用品等能够安全可靠地运输;从自然条件考虑,航天发射场的地质水文条件要能够符合大型地面或地下建筑物的建设要求,且没有潜在的地震活动,气候条件最好具有湿度低、晴天多、大风和雷暴天气少等特点。

#### 6.1.3.2 发射时刻

发射时刻是指在确定的发射地点将航天器直接送入预定轨道的时间,即运载火箭发动机点火的时间。发射时刻是一个时间点,需要考虑多方面客观因素计算设计而成。由于航天器预定的轨道平面在惯性参考系中是固定不动的,因此地球上的发射地点将在地球自转过程中与轨道平面周期性相交(如果不相交,则该发射点无法直接将航天器送入预定轨道)。要使得航天器抵达预定轨道,需等到发射地点位于预定轨道平面下方,如图 6-6 所示。

发射时刻主要与发射点位置以及预设轨道的倾角和升交点赤经有关。设发射场的纬度为

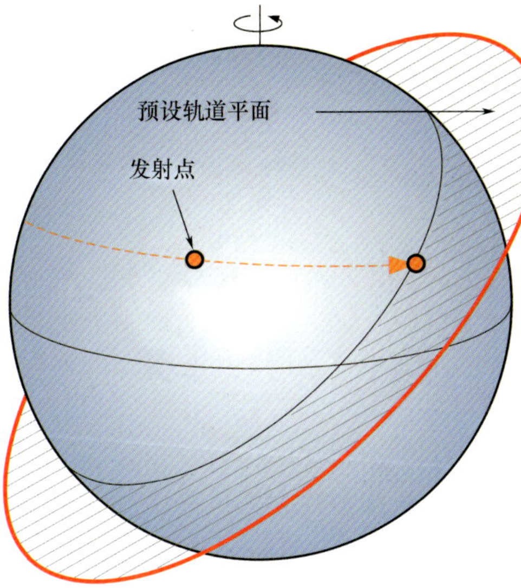


图 6-6 发射时刻的确定

$L_0$，预设轨道的倾角为 $i$，定义用时角表示的平春分点到发射地点穿过轨道面下方的角度为发射时刻恒星时 $t_L$，如图 6-7 所示，$\Omega$ 为预设轨道升交点赤经，则发射场纬度与预设轨道倾角对发射时刻存在以下约束关系：

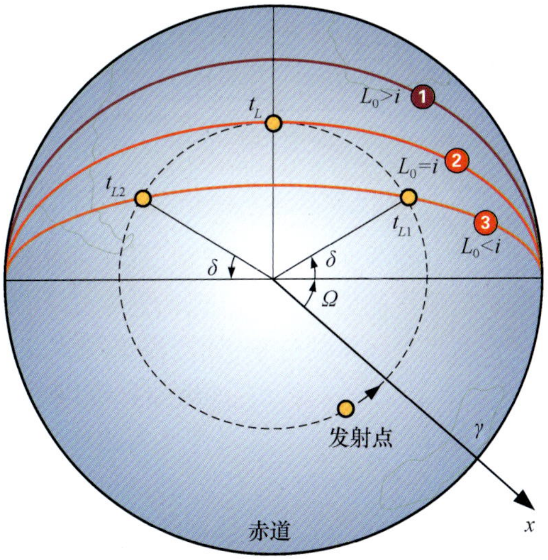


图 6-7 发射时刻与预设轨道倾角的关系（顺行轨道）

（1）若预设轨道为顺行轨道且 $L_0>i$（如图中轨道①所示），或预设轨道为逆行轨道且 $L_0>180°-i$ 时，不存在发射时刻。

（2）若预设轨道为顺行轨道且 $L_0=i$（如图中轨道②所示），或预设轨道为逆行轨道且 $L_0=180°-i$ 时，则每天只存在一个发射时刻，此时：

$$t_L = \Omega + 90°$$

(3)若预设轨道为顺行轨道且 $L_0<i$(如图中轨道③所示),或预设轨道为逆行轨道且 $L_0<180°-i$ 时,则每天存在两个发射时刻,其中一个靠近升交点,另一个靠近降交点,且

$$t_{L1} = \Omega + \delta$$

$$t_{L2} = \Omega + 180° - \delta$$

### 6.1.3.3 发射方位角

发射方位角定义为发射点天文正北方向与运载火箭发射方向的顺时针夹角。航天器轨道平面相对于惯性参考系是固定不动的,其在空间的位置取决于发射场的地理纬度 $L_0$ 和发射方位角 $\beta$,同时还取决于航天器脱离地球表面的时刻。如图 6-8 所示,对于给定的某发射点,轨道倾角与发射方位角的关系为

$$\cos i = \sin \beta \cos L_0 \tag{6.1}$$

式中,$i$ 是航天器轨道平面的轨道倾角;$\beta$ 是发射方位角;$L_0$ 是发射场的地理纬度。

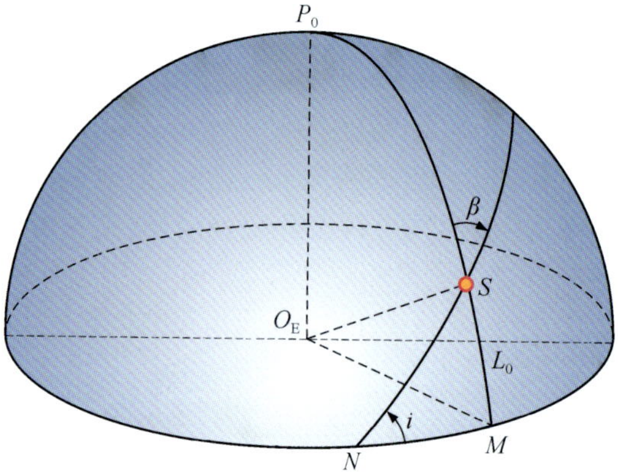


图 6-8 发射方位角与轨道倾角和发射点位置

由式(6.1)可知,运载火箭向正东发射,即 $\beta=90°$时,航天器轨道倾角等于当地地理纬度,这也是该发射场发射航天器轨道最小的轨道倾角。理论上运载火箭可以向任何方向发射,但实际发射场的发射方向往往受到多种因素的影响,如测控支持、一级残骸落区安全性、火箭运载能力等。另外,发射顺行轨道的卫星可以充分利用地球自转的速度;而发射逆行轨道的卫星则正相反,需要首先克服地球自转速度,需要火箭提供更大的推力,因此无特殊需要一般不会发射逆行轨道航天器。

式(6.1)还说明,轨道倾角必然大于发射点的地理纬度 $L_0$,因此在我国酒泉卫星发射中心采用直接方式发射的航天器轨道倾角一定大于 40°。若要求轨道倾角大于 90°,则 $\beta<0°$,发射方向为西北;或 $\beta>180°$,发射方向为西南。由于我国酒泉卫星发射中心和太原卫星发射中心在我国的西北部,发射太阳同步轨道卫星时(轨道倾角大于 90°),如果发射方向为西北,则运载火箭一级残骸将落入国外,而向西南方向发射时,则可以落入我国境内,并可充分利用国内的陆上地面测控站。因此,一般均选择西南方向发射太阳同步轨道卫星。

综上所述,在某一个发射场发射不同轨道的航天器,需要不同的发射方位角。在运载火箭起飞后无法进行横向机动调整发射平面的情况下,需要在发射场同一发射塔架后面建设很多不同射向的地面瞄准点。

### 6.1.4　发射窗口

在航天发射任务中,受天气、机械故障等因素影响,火箭有时不能在预定时刻发射,因此通常使用发射窗口。发射窗口是指适合运载火箭发射航天器的时间范围,包括发射时刻和允许推迟(或提前)发射的时间长度(发射窗口的宽度)。

发射窗口有宽有窄,宽的以小时计,甚至以天计,窄的只有几十秒钟,甚至为零秒钟。对于航天器而言,发射窗口的选择至关重要。如果未能在此“窗口”发射,则必须等待下一次的发射窗口。航天器的发射窗口一般有 3 种类型,分别是年计窗口、月计窗口、日计窗口。

1. 年计窗口

年计窗口以指定的某一年内连续的月数形式标识,即某年中允许发射的月份,适用于行星际探测任务。如“天问一号”火星探测器搭载的“祝融号”火星车,它的发射窗口就是年计发射窗口。地球和火星之间距离最近的时候是每 26 个月才有一次,在这时发射火星探测器能够更快速、更省燃料,同时能够借助火星引力来帮助抵达预定轨道。

2. 月计窗口

月计窗口以确定的某个月内连续的日数形式表示,即某个月内允许发射的天数,适用于行星和月球探测任务。比如我国此前发射的探月工程中的嫦娥系列月球探测器,基本上都是在一个月的月初或是下旬发射。

3. 日计窗口

日计窗口以某日内某时刻到另一时刻的形式表示,即某天内可以发射的时刻范围,适用于卫星、飞船和空间站等航天器的发射。如果是卫星的发射,在发射窗口的时间选择上,只要运行轨道倾角、航天发射的气象条件等符合发射需要即可,它的发射窗口时间一般较长,基本在几小时左右。在日计窗口中,还有一类特殊的“零发射窗口”,意味着火箭点火起飞时间和预定发射时刻的偏差不超过一秒。在发射神舟飞船时,其发射时间会直接影响到与空间站交会对接的速度和成功率,一般采用“零发射窗口”。

选择年计和月计发射窗口,主要是考虑星体与地球的运行规律,目的是节省发射能量;选择日计发射窗口需要考虑的因素就比较多,通常有:航天器与运载火箭对发射环境条件的要求,测量控制系统中各种测控设备对发射时段的要求,技术服务系统(如通信、时间统一等)对最佳和最不利发射时段的制约,运载火箭的飞行航区对气象的要求,航天器入轨后必须最大限度地吸收太阳的能量等。

## 6.2　航天发射场

航天发射场是为航天器和运载器的装配、测试、运输等发射前的准备,以及航天器发射、弹道测量、发送控制指令、接收和处理遥测信息而专门建造的一整套地面设施、设备。更广义的航天发射场可按照飞行区域划分为首区、航区和落区 3 个区域。其中首区即为狭义的航天发射场;航区包括火箭弹道飞行的空域和火箭各子级、整流罩分离后的坠落场区,根据需要在航区一般配有跟踪测量站;落区又称返回着陆场,如返回式卫星和载人飞船返回舱回收着陆的区域,配置观测与跟踪设备、可供回收过程使用的一些地面系统。

## 6.2.1 航天发射场的功能分区

航天发射场的主要任务是为运载火箭、航天器(如卫星、飞船等)及有效载荷提供在发射场工作阶段的转运、吊装、推进剂加注、装配测试等技术准备和实施发射,以及通信、气象、计量、水暖电、消防等各种地面勤务保障和后勤支持。根据功能划分,航天发射场一般由技术区、转运区、发射区、指挥区以及协作区、办公区、生活区、航天员区等区域组成。

### 1. 技术区

技术区是对航天器及其运载器进行验收、存放和技术准备的专门区域,从功能上主要分为火箭厂房、航天器厂房和辅助设施 3 部分,技术区厂房如图 6-9 所示。其中,火箭厂房包括火箭转载和测试准备厂房、固体火箭总装测试厂房、火箭总装测试厂房,用于火箭转载、测试、总装工作;航天器厂房包括航天器总装测试厂房、航天器加注厂房,用于航天器及有效载荷测试、总装和加注推进剂燃料使用;辅助设施包括气源站、氧化剂库房、燃烧剂库房、火工品检测间、火工品储存间、动力站及其他各种生活勤务保障等,用于星、箭技术测试过程中的气源、动力、环境等相关保障。

(a) 酒泉卫星发射中心总装测试厂房

(b) 肯尼迪航天中心总装测试厂房

图 6-9 航天发射场的技术区厂房

### 2. 转运区

转运区是将航天器及其运载器从技术区转运至发射区的专门区域,其组成与特点取决于航天器及其运载器的类型和工艺流程技术方案等,一般由转运道路和转运设备组成。转运道路分为公路和铁路两种,相应的转运设备为公路运输车和铁路轨道运输车。运输状态一般分为水平分段运输、产品水平整体运输和产品垂直整体运输 3 种方式,如俄罗斯的“联盟号”采用的是水平整体运输模式(图 6-10(a)),而我国“长征五号”采用的是垂直整体运输模式(图 6-10(b))。

### 3. 发射区

发射区是用来进行航天器及其运载器的发射直接准备和发射的专门区域,有专用的铁路、公路与技术区相连接。在载人航天发射场的发射区还有用于待发段航天员应急救生的专门区域。发射区的主要任务是将技术区测试合格的运载火箭和航天器进行检查测试、加注、瞄准和

(a)水平整体运输　　(b)垂直整体运输

图 6-10　航天发射场的火箭转运方式

实施发射,主要设备包括脐带塔、勤务塔、导流槽、避雷塔、推进剂加注储存设施、污水处理设施等。图 6-11 展示了我国文昌发射场的脐带塔、勤务塔和导流槽。勤务塔用于临发射前为火箭和航天器提供检查维护和测试的工作条件。脐带塔为地面设备通往待发火箭的电、气、液管线提供通道或支撑,发射时撤收脱落的电、气、液连接器及软管线,发射后进行消防、清洗。发射台用于支撑和固定运载火箭,进行垂直度调整、方位瞄准、消防管路安装、点火线路及点火发射等。

(a)"长征五号"的脐带塔　　(b)文昌发射工位的勤务塔与导流槽

图 6-11　文昌发射场的脐带塔、勤务塔和导流槽

导流槽用于排导火箭点火发射时火箭发动机产生的高温高速燃气流。导流槽的结构形式并不是固定的,通常有斜槽形单面导流槽、锥形双面导流槽和锥形三面导流槽。发射场选用何种结构的导流槽是由多种因素决定的。例如,我国酒泉卫星发射中心早期使用的是斜槽形的单面导流槽,后来随着火箭运载能力的提高以及对地质情况、施工周期和经费等因素的考虑,在建立载人发射场时采用了双面不对称的楔形导流槽。文昌卫星发射中心"长征五号"火箭发射导流槽采用锥形双向多通道结构,用于导排火箭点火时产生的巨大热能,是我国目前最大的导流槽。

4. 指挥区

指挥区是发射场执行发射任务时的信息中心和指挥中枢,是对航天器及其运载器的测试发射、首区测量控制及整个发射场的勤务保障实施统一指挥、协调的区域。

指挥区基本任务是接收发射场指挥员的指令,组织测试发射工作,并根据发射指挥协同程序向全区发布"15 分钟准备"至"起飞"阶段的指挥调度口令;完成测控通信系统的联试、校飞、全航区合练和实施任务的指挥调度工作;完成上级指挥控制中心的命令,指挥和监视中心所属参试单位的工作;视不同火箭的安全控制需要,负责规定时间段的安全控制任务;向上级航天指控中心和卫星测控中心提供显示信息和数据;向发射场各测量站和航区提供引导信息;向上级航天指控中心提供任务综合信息。指挥区主要由指挥控制中心、气象机房、技术工作用房、指控站用房、辅助用房等组成。

### 6.2.2 航天发射场的测试发射模式

航天产品进入发射场后,其工作内容一般分为技术准备、发射准备和实施发射 3 个阶段。技术准备一般在保障条件较好的技术区进行,工作内容包括卸车、转载、总装、测试等工作,之后进行航天器加注、航天器扣罩、航天器与火箭对接等工作,并可安排对接后的联合测试;发射准备一般在发射区进行,包括产品转运至发射区、转运后的总装、状态准备、功能检查、匹配检查、全系统总检查、推进剂加注、发射状态设置等工作;最后在系统满足最低发射条件要求时,火箭执行点火、起飞、分离等飞行程序,将航天器送入初始轨道。

测试发射模式就是航天产品在技术准备(总装、测试)、转运和发射等具体工作中,各种标准样式的组合。到目前为止,世界各国的航天发射场先后出现和采用过 4 种测试发射模式:水平测试分级运输模式、固定准备模式、"三水平"模式以及"三垂"模式。

1. 水平测试分级运输模式

水平测试分级运输模式,又称为"两平两垂"模式,即火箭在技术区水平测试、水平运输,在发射区垂直对接和垂直测试,是 20 世纪 50 年代美国和苏联在陆基导弹研制初期普遍采用的一种技术准备模式。采用这种模式时,运载火箭在技术区火箭准备厂房内完成水平测试后,分级运往发射区,用勤务塔上的吊车在发射台上进行垂直组装、测试,然后与航天器对接,再进行联合测试和加注发射。这种模式对航天器的结构设计没有特殊要求,测试操作和产品出厂前基本一致。

2. 固定准备模式

固定准备模式,又称为"一平两垂"模式,即火箭水平分级转运、发射区垂直组装、垂直测试发射。由于水平测试、分级转运的发射模式在技术区与发射区的许多测试项目重复,经过优化后,简化了技术区的工作,取消了火箭在技术区的包括分系统测试、总检查测试等的大部分测试项目。火箭进入发射场后在技术区只进行转场前的一般性检查、部分单元测试和设备安装。

3. "三水平"模式

20 世纪 60 年代初,苏联率先改变了陆基导弹发射的模式,采用了水平整体组装、水平整体测试、水平整体运输和起竖的新模式,使连续两发导弹的发射时间由原来的 10 d 左右缩短至 2~3 d。后来将这种模式应用到航天器和运载火箭的发射上,称为"三水平"模式。这种模式的特征是航天器、运载火箭在技术区进行技术准备时,先进行水平整体装配和水平整体综合测试,然后水平整体运往发射区,在发射区整体起竖,再次进行综合测试后加注发射。采用这种测试发射模式时,要求航天器、运载火箭连接后的整体具有足够的强度,其结构和部件、仪器允许水平整体运输。

4. "三垂"模式

美国于 1962 年在肯尼迪航天中心建造"阿波罗"飞船 39 号发射场时,首先提出并实施垂直整体组装测试发射工艺流程的模式,并在航天飞机发射中沿用。这种模式的特征是:在技术区,航天器、运载火箭在垂直状态下进行装配,各子级、舱段的组装对接及总装对接也在垂直状态下进行,然后进行垂直整体测试,最后垂直整体运输到发射区加注发射。

发射场在具体采用上述 4 种测试发射模式之一时,会根据具体情况做出相应的调整,但总的发展趋势是"强化技术区、简化发射区、简洁顺畅"。上述测试发射模式各有优缺点,选择时主要考虑以下几个因素。

(1)运载火箭的结构形式和运载能力。运载能力较大,或者捆绑大型固体或液体助推火箭的运载火箭,其总装和测试工作较为复杂,出于简化发射区操作的考虑,一般不选用固定准备模式。

(2)是否载人。载人飞行对发射窗口有特殊要求,可靠性、安全性要求较高,需要具备在技术区充分检查、测试和待命、择机发射的能力,发射区占位时间过长,会影响发射窗口的选择和航天员的安全。因此,载人航天工程一般不选用固定准备模式。

(3)测试发射周期。发射周期是指从航天器和运载火箭进场到完成发射的时间。发射周期与降低发射费用直接相关。一般情况下,"三垂"模式周期最长,"三水平"模式周期适中,固定准备模式周期最短,可根据工程要求进行选择。

(4)发射频率与发射工位占位时间。发射频率一般按年度计算,即通常所说的年可发射次数。发射频率决定了发射场的发射能力,在高密度、常态化发射或商业发射竞争激烈的情况下,较高的发射频率意味着具有竞争上的优势。发射工位占位时间短,两次发射之间的间隔时间就能够相应缩短,同样时间内的发射频率就会提高。一般情况下,单方面强调发射频率,宜采用固定准备模式;如果强调占位时间,宜采用其余两种模式,其中"三垂"模式由于技术准备与发射状态接近,占位时间最短。

(5)测试和发射的状态一致性。保持火箭和航天器在测试和发射时的状态一致,是提高发射可靠性的有效措施。固定准备模式的最大优势是运载火箭一直以接近发射状态的箭地连接关系进行测试,有效保持了测试状态与发射状态的一致性,从节省测试时间和确保发射可靠性两方面考虑都具有较大的优势。"三垂"模式如果要保持上述状态,则必须将火箭和航天器的前置测试设备放置在发射台上,加注供气管路也置于发射台上,通过脐带杆与火箭连接。火箭、航天器从技术区到发射区的转运过程中,产品与测试设备的接口状态不变,只需要转换发射台和地面的接口即可,基本保持了测试和发射状态的一致。当然,其代价是发射台极为庞大,火箭支撑面的转运也比较困难。

### 6.2.3　发射场选址

航天发射场的选址是一项多目标、多因素的系统工程,除了纬度的考虑外,还需要综合考虑国家战略、自然条件、发射通道安全、交通运输、测控条件和社会依托等因素。

1. 国家战略

在国家战略方面,航天发射场的选址要综合考虑国家政治环境、经济建设、技术发展、军事需求等因素,在考虑发射成本的同时,能够提升民族自豪感,促进周边经济发展;在建设规划上也要留有充分的发展余地,适应航天任务后续发展,满足军事任务需要,实现社会、经济、军事发展效益最大化。

2. 自然条件

航天发射是一项高风险的活动,火箭推进剂多为易燃、易爆物质,易发生泄漏、火灾、爆炸等事故。苏联、美国等国家都曾在发射台上或发射井内发生过重大事故,严重者伤亡百人以上。因此,发射场的选址要保证人员安全,远离人口稠密区、中心城市或重要工业基地。另外,航天发射场的地质水文条件要能够符合大型地面或地下建筑物的建设要求,且没有潜在的地震活动;气候条件最好具有湿度低、晴天多、大风和雷暴天气少等特点,首区地面风速和高空风速较低,风场较为稳定;地形地貌能够有利于工程建设和各种设施设备的布局,对跟踪测量的限制小等。

3. 发射通道安全

发射通道的安全需要考虑首区安全以及射向和航落区安全。火箭正常发射的噪声及意外事故的冲击波、热辐射、火球、碎片和有毒气体等都是重要的危险源。因此,从首区安全考虑,以发射点为中心,以射向为基准,一定夹角内的地面设施应避开场区外的重点保护区及人员密集区,有利于降低正常发射与意外事故对人员安全和社会经济的影响,发射场区也应与场外周边的重点保护区、人口密集区和重要的公共基础设施之间设置合理的安全距离。

发射场的射向是指允许运载火箭发射的方向范围,而航落区是指导弹、运载火箭飞行过程中的地面投影轨迹,以及分离体在地面的落点。发射场一般要求射向范围尽量大,以满足不同任务的航天器的发射需要。同时,确定射向时需考虑航落区应避开重点保护区和重要设施,避免穿越他国领空;火箭残骸避免陨落于他国领土和领海。

4. 交通运输

发射场选址时应考虑发射场的交通条件,包括公路、铁路、水路和航空运输等条件。发射场应尽可能建在交通便利的运输干线和机场附近,以利于发射场建设及运载火箭、航天器、推进剂、各种器材设备和物资以及生活用品等能够安全可靠地运输。采用公路或铁路运输时,需考虑坡度、宽度、转弯半径以及通过高度等参数,确保其满足产品最大构件运输要求,采用海运或空运时,发射场周边应有满足运输机起降的机场或运输船进出的港口。

5. 测控条件

火箭发射与飞行过程中始终需要测控网络的支持,以实时跟踪火箭飞行状态。在发射场选址时,首先考虑尽量利用现有的测控网络,否则就需要考虑要有利于新测控网点的建设。

6. 社会依托

社会依托是为发射场工作人员生活、工作等物质和精神文化需求提供保障的社会体系,包括生活供应、提供上学和就业机会等。社会依托对航天发射场来说也是一个必须考虑的基础性问题,影响着发射场的吸引力和人员稳定性。航天发射场建设是一项大型工程,必然会与周边社会经济、文化相互影响。同时,对一个拥有数千或上万名操作维护人员的航天发射场来说,良好的社会依托不仅可降低工程建设投入,提供稳定、充沛的资源,也将为发射场工作人员的生活、发射场与当地的协调发展创造有利条件。

在实际的发射场选址时,使其全部满足以上选址条件是不可能的。因此在发射场选址时,一般根据实际情况对各种因素进行综合分析,解决主要矛盾,采取一些补救措施,解决和缓和其他次要矛盾,建成技术性好、适用范围广的综合性发射场。

## 6.3 航天发射飞行

航天发射飞行,是指运载火箭从点火起飞,直到将航天器送入预定轨道、星箭分离时的飞行过程。一般航天发射飞行时间只有十几分钟,在如此短的时间内要把航天器加速到足够的高度和速度,对发射轨道选择和飞行程序设计提出了极高的要求。

### 6.3.1 发射轨道选择

在航天领域中,弹道和轨道的区别在于弹道轨迹是非闭合的,而轨道是闭合的。运载火箭发射入轨后轨迹是闭合的,因此多数场合称其为飞行轨道。理论上存在最优飞行轨道,但实际受各种因素影响,往往并非采用最优飞行轨道。

#### 6.3.1.1 连续推力发射轨道

连续推力发射轨道如图 6-12 所示,发动机连续工作,一次性把航天器送入轨道。这种发射方式从能量角度来说不是最佳的,对发动机推力大小有一定的限制,且由于要求连续推力,因此运载火箭连续动力飞行时间较长,但对于发射低轨道卫星(包括太阳同步轨道卫星),合理选择推力,能实现较好的运载性能,适用于低轨道(500 km 以下)航天器同轨道面发射,对于高轨道卫星效率比较低。

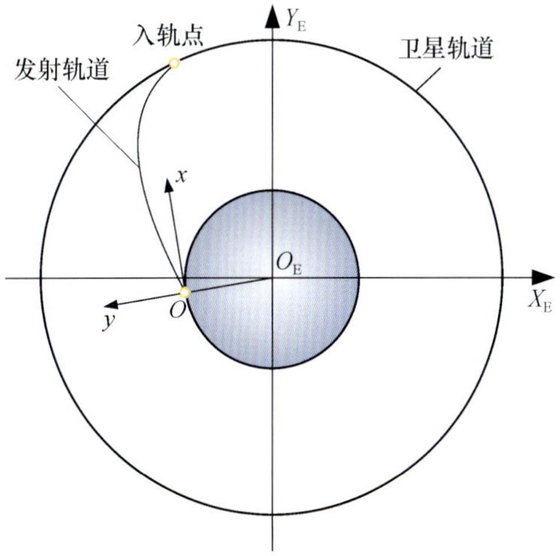


图 6-12　连续推力发射轨道

#### 6.3.1.2 具有中间轨道的发射轨道

具有中间轨道(即滑行段或称自由段)的发射轨道是发射卫星的常用形式,适用于发射中、高轨道卫星,如图 6-13(a)所示。这种方式是先用一段主动段,把大部分推进剂在较低的高度上消耗掉,让火箭获得足够大的速度,而后火箭进入一段自由飞行段,抬高高度。当火箭飞行到预定轨道高度时,再加一小段主动段(加速段),让火箭加速后进入预定轨道。

对于具有中间轨道的发射轨道,还存在一种特殊情况,即最优轨道,或称能量最省轨道,如图 6-13(b)所示。这种轨道要求自由飞行段(中间段)要绕地球半圈,即自由飞行段起点和终点正好在地心的连线上,此时加速段能量最省。这种方式适用于高轨道航天器同轨道面发射。当然,对于一般的航天发射,受到发射场区位置、测控台站布局、航区和落点的安全等因素的限制,很多情况下不可能采用自由飞行段很长的理想发射方案,而采用多消耗一些能量,甚至经常采用一次主动段就把卫星送入轨道的发射方案。

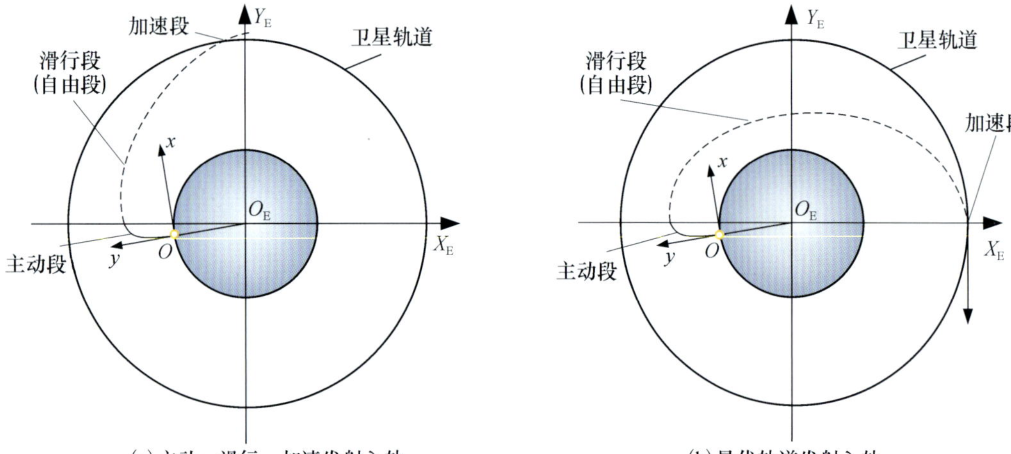


(a) 主动—滑行—加速发射入轨　　(b) 最优轨道发射入轨

图 6-13　具有中间轨道的发射轨道

地球同步轨道卫星发射飞行轨道常采用最优轨道。对这种发射任务可考虑两种情况,一种是理想的同轨道面发射,也就是发射点在赤道上;另外一种是实际情况,即不同轨道面发射,发射点不在赤道上。对于同轨道面发射,可采用如图 6-14 所示的一个或两个中间轨道进行发射,后者两个中间轨道分别称为停泊轨道、转移轨道,停泊轨道可用于精密测定轨。

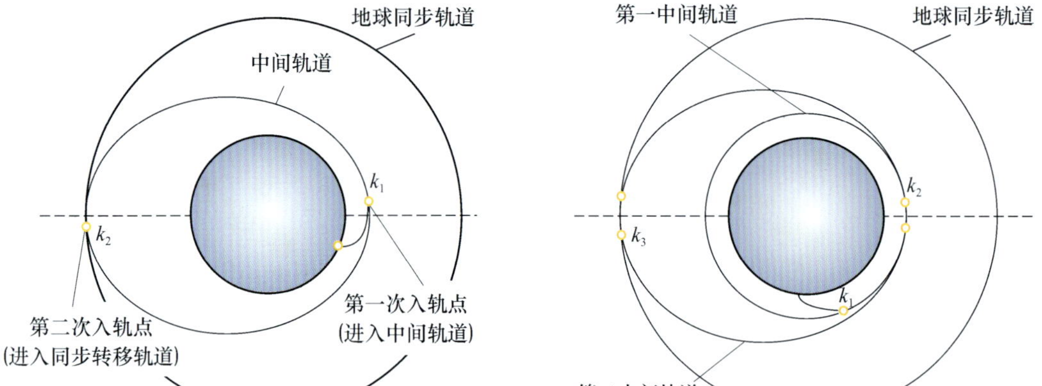


(a)一个中间轨道　　(b) 两个中间轨道

图 6-14　同轨道面地球同步轨道卫星发射

对于不同轨道面的地球同步轨道卫星发射，通常采用两个中间轨道，在转移轨道远地点综合进行轨道面改变和速度调整，进入地球同步轨道，如图 6-15 所示。

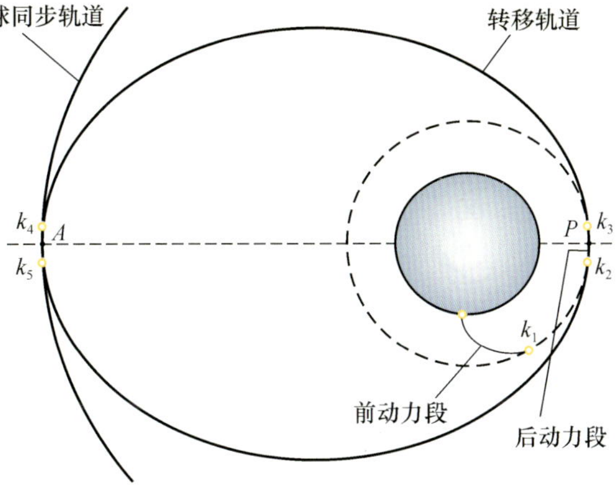


图 6-15　不同轨道面地球同步轨道卫星发射

火箭从发射点 $O$ 起飞，经主动段 $Ok_1$，在轨道的 $k_1$ 点进入停泊轨道 $k_1k_2$ 段，在停泊轨道上滑行到 $k_2$ 点时发动机第二次点火加速，达到满足大椭圆转移轨道近地点速度的 $k_3$ 点时关机，星箭分离，此后卫星进入大椭圆转移轨道独自飞行。$k_3$ 点通常选在赤道附近，以便远地点高度为地球同步轨道高度、椭圆轨道半长轴 $\alpha$ 在赤道面内。在 $k_4$ 点卫星远地点发动机点火，调整轨道倾角并加速，直到 $k_5$ 点满足轨道倾角和地球同步轨道速度要求时关机，此时卫星就进入了工作轨道。

### 6.3.2　飞行程序设计

运载火箭飞行要经历稠密大气到真空，亚音速、跨音速到超音速，空气动力特性变化大，且发动机工作消耗燃料使得火箭质量、惯量、推力等始终变化，还有地球引力场等变化，火箭上的弹载计算机难以承担如此复杂的计算任务，因此通常采取地面精密计算、箭上装订诸元参数的方式，使运载火箭按预定程序飞行。以某型运载火箭为例，其程序飞行过程为：

(1) 垂直飞行 20 s（缩短穿过大气层的时间，减少速度的损失）；

(2) 程序转弯，一级工作段程序角（火箭纵轴与发射坐标系 $X$ 轴夹角）从 90°变为 24°；

(3) 二级工作段，程序角从 24°变为 12°；

(4) 三级一次飞行段，程序角从+12°变为-36°，此时主动段结束，火箭进入停泊轨道；

(5) 三级滑行段，程序角从-36°变为-68°，保持推进剂沉底；

(6) 三级第二次飞行段，程序角从-68°变为-71°，星箭分离，卫星（含上面级）进入大椭圆轨道。

纵观上述飞行过程，运载火箭点火起飞，首先在稠密的大气层内飞行，跨过声速，经过最大动压区，然后飞出大气层，最终将航天器送入预定轨道。运载火箭的飞行轨道经历了垂直起飞段、程序转弯段和入轨段。

当运载火箭飞离地面一段时间后，火箭开始按预定程序角转弯，对准发射方向飞行。为了减小空气阻力，顺利跨过声速，火箭在大气层内采用零攻角飞行，以减少气动载荷和气动干扰。

当火箭飞出稠密的大气层时,一级火箭一般已经分离,改由二级火箭加速。飞离大气层后,整流罩被抛掉,火箭按照最小能量的飞行程序继续转弯,以等角速度飞行。

运载火箭在飞行轨道上任一点的速度都可以分解成垂直方向和水平方向的分速。火箭在轨道的每一段都尽量利用它运动所产生的惯性离心力去抵消重力,而火箭的水平分速越大,它所产生的惯性离心力也越大,对重力的抵消就越有效。如果火箭的水平分速小于环绕地球所需的速度时,惯性离心力不足以抵消重力,所以整个火箭的重量还必须借助火箭的推力来抵消。在火箭飞行的垂直段,火箭尚未获得任何水平分速,所以此时全靠发动机的推力来克服重力。当火箭的水平分速到达环绕速度时,克服重力就只需要惯性离心力了,此时火箭的推力主要用来提高轨道远地点高度。

## 6.4 航天器再入返回

人类在探索和了解外层空间的活动中,除了把得到的各种信息发送回地面供加工处理和分析研究外,还需获取空间样品和把试验物送入空间,并把它们带回地面供分析研究。在航天活动早期,由于无线电传输技术受发展水平所限,不能将所获取的海量信息传送回地面,多采用将信息存储于信息载体(胶片、磁带等)上,并把信息载体送回地面以重现信息,这就要依靠返回技术和返回式航天器。返回式航天器是指在太空执行完任务后,其整体或其中的一部分需再入地球稠密大气层并在地面安全着陆的航天器。返回式卫星、载人飞船、航天飞机的轨道器以及采集月球或其他行星样品送回地球的深空探测器,都属于返回式航天器。其中,航天飞机的轨道器为整体返回,返回式卫星、载人飞船等仅其返回舱具有返回功能。

### 6.4.1 再入返回基本概念

航天器沿其运行轨道直接到达,或者离开它原来的运行轨道,沿转变后的轨道到达它要着陆的天体的大气层,安全通过大气层并利用大气减速最终安全着陆在天体上的过程,称为航天器进入天体大气层的过程,简称"进入过程"。

再入过程是进入过程的特殊情况,指航天器沿其运行轨道直接进入,或者离开其原运行轨道沿转变后的轨道进入地球大气层,并通过大气用大气减速等措施,安全降落到地球上的过程。从理论上讲,进入技术与再入技术没有本质区别,所不同的只是前者航天器要进入大气层的天体是有大气层的天体,而后者则专指地球。

由于绝大多数的航天器都是从地球上发射到太空轨道的,这些航天器进入地球大气层并着陆到地球上,在地球上的人看来就是再次通过地球大气层。因此,把进入地球大气层的过程称为再入过程,把进入地球大气层称为再入大气层,把研究再入过程的学科和技术称为再入技术。

航天器返回技术是使航天器脱离原来的运行轨道进入地球大气层并在地面安全着陆的技术。它包括航天器离轨技术、再入技术和着陆与回收技术。在人类还没有在地球以外的其他天体上建立起适合于自己生存和发展的社会以前,进入太空的人(航天员)终归要回到地面。具有载人返回地面功能的航天器是返回式航天器。载人航天器除利用返回技术实现人和航天器安全进入大气层、安全减速、防热和安全着陆之外,还要考虑如何尽可能地利用它作为应急救生系统的基础设备。

航天器的进入与返回过程基本上是一样的，返回过程是进入过程的一种特例。本章着重介绍返回过程。只要把目标天体由地球改为有大气的行星或卫星，将“再入”改为“进入”，就可以作为一般进入式航天器进入过程的讨论了。航天器可以从地球之外的其他天体直接返回地面，也可以从绕地球的运行轨道返回地面。航天器从绕地球的运行轨道返回地面，大致要经历以下 4 个阶段：

(1) 离轨段。航天器在制动发动机的作用下，脱离原来的运行轨道，转入一条能进入大气层的过渡轨道。

(2) 过渡段。又称为大气层外自由下降段，航天器离开原来的运行轨道后，在地球引力作用下，按开普勒定律沿着过渡轨道自由下降，在 100 km 左右高度开始进入稠密大气层。

(3) 再入段。航天器进入大气层后急剧减速，同时经历严重的气动力加热和制动过载。

(4) 着陆段。在着陆段，航天器返回舱与航天飞机的轨道器着陆方式有所不同。返回舱采用垂直着陆方式，当返回舱下降到 15 km 以下的高度时，速度已降低到了亚音速。这时，降落伞着陆系统可以开始工作，将返回舱的下降速度进一步降低到安全着陆速度。着陆段是由降落伞着陆系统开伞工作起，到安全着陆为止。美国航天飞机的轨道器在再入过程中不使用主动力，采用滑翔机动着陆方式。着陆过程中，没有复飞的可能，因此需要较好地利用和分配剩余的能量，不断调整轨道器的高度、速度和飞行方向，使其能安全地水平降落在着陆场跑道上。

### 6.4.2　再入返回航天器分类

返回式航天器在返回地球的过程中要再入稠密大气层，在大气里运动受到空气动力的作用。空气动力可分解为气动阻力 $D$ 和升力 $L$ 两部分。升力和阻力的比值称为升阻比，以 $K=L/D$ 表示，是航天器在大气里运动的一个重要特征参数。根据作用在航天器上气动力的升阻比大小以及对升力是否控制，返回式航天器分为弹道式、半弹道式和升力式再入航天器 3 种。

#### 1. 弹道式再入航天器

弹道式再入航天器（$L/D$ 取 0~0.5）在大气层里运动，在其上只产生阻力而不产生升力，或者产生不大的升力，而且对此升力的方向不加导航控制，只靠返回舱预先设定的自旋转速来减小着陆点的散布。由于升力很小，甚至没有升力，返回舱的气动力外形很简单，一般采用钝头的轴对称旋转体外形；再入过程在大气层里经历的时间很短，不超过 400 s，这样气动力加热的总量要相对小一些，防热结构简单；航天器体积与表面积之比最大，在给定有效载荷下的结构质量最小。

弹道式再入航天器是返回式航天器中最简单的一种，再入防热结构简单，技术上易于实现，因此中国、美国、俄罗斯的返回式卫星都是采用这种类型。它的主要缺点是，再入过程中返回舱质心运动是无控制的。一旦制动火箭工作完毕，返回舱就沿着一定的弹道返回到地面，落点位置也就相应地决定了。这也就是“弹道式”一词的由来。航天器在返回过程中，影响返回轨道的各种干扰因素，如制动火箭点火时的返回姿态角和航天器的位置偏差、制动火箭的总冲量偏差、大气密度值相对于计算值的偏差等，一旦制动火箭工作后就没有任何调整的余地；返回轨道是无法控制的，因而落点的偏差比较大。此外，由于没有升力或升力很小，因此返回舱只能垂直着陆，在着陆前还需要有一套降落伞着陆装置，以保证返回舱安全着陆。典型的弹道式返回航天器是美国水星号载人飞船，如图 6-16 所示。

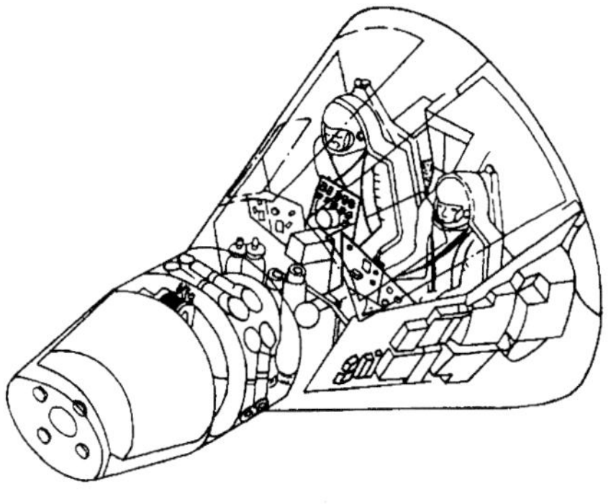

图 6-16　美国水星号载人飞船

2. 半弹道式再入航天器

半弹道式再入航天器的升阻比 $L/D$ 为 0.12~0.5。为了弥补弹道式再入航天器(返回舱)落点偏差太大、再入制动过载过高的缺陷,将返回舱(非圆球形)的质心配置在离其中心轴不大的一段距离处。这样,返回舱在大气中运动时存在这样一个攻角:在该攻角下作用在返回舱上的力对质心的力矩为零,该攻角称为配平攻角;当以配平攻角运动时相应地产生一定的升力。这个升力是不大的,其升阻比 $L/D<0.5$。将返回舱绕本身纵轴(或速度轴)转动一个角度,该升力分解为在当地铅垂平面和水平平面的分量。在再入过程中,由星上计算机以一定的逻辑程序控制返回舱的倾侧角,改变升力在铅垂平面与水平平面的分量,就可以控制返回舱在大气中的运动轨道,从而可以在一定范围内控制返回舱的着陆点位置和再入过程的最大过载。采用这种方法可以控制返回舱的着陆点在几千米到十几千米的范围内。

有了这个中等的升力,返回舱在再入过程的飞行持续时间延长了,再入制动过载明显下降了,再入过载峰值可以达到 $(3\sim4)g_0$ 的水平,这对载人飞船是非常重要的。这种在弹道式航天器的基础上增加中等的、可以控制的升力以达到控制再入段轨道的目的的航天器称为半弹道式再入航天器,或称“升力—弹道式航天器”。其典型实例是俄罗斯的联盟 TM 载人飞船的返回舱和美国的阿波罗号登月载人飞船的返回舱,如图 6-17 所示。中国神舟号载人飞船也是采用这种方式返回的。

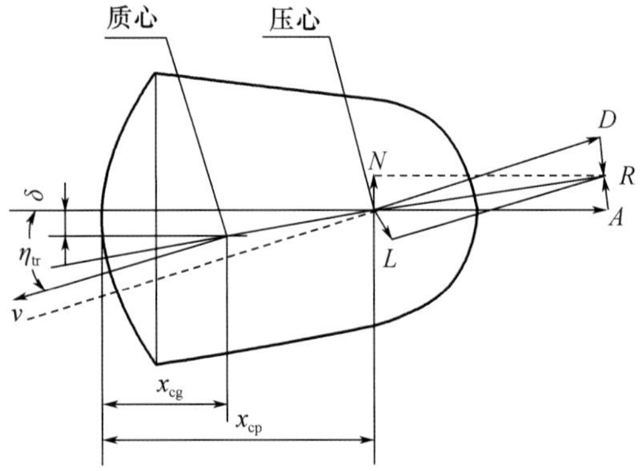


(a)联盟TM载人飞船返回舱外形

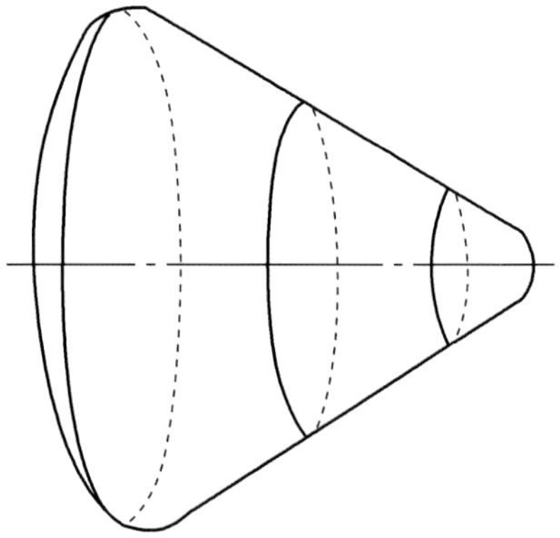

(b)阿波罗号载人飞船返回舱外形

图 6-17　两种载人飞船返回舱的外形设计

3. 升力式再入航天器

升力式再入航天器的升阻比 $L/D>0.7$。升力式再入航天器一般具有升力面,像高速飞机,在再入过程中能产生相当大的升力,可以在大气层里滑翔、机动飞行数千千米,像飞机那样在预定的机场上水平着陆,再入过载很小,还可以多次重复使用。但是它的气动力外形、结构和控制都非常复杂,研制和使用费用高昂。美国航天飞机轨道器是这种航天器的代表,如图 6-18 所示。

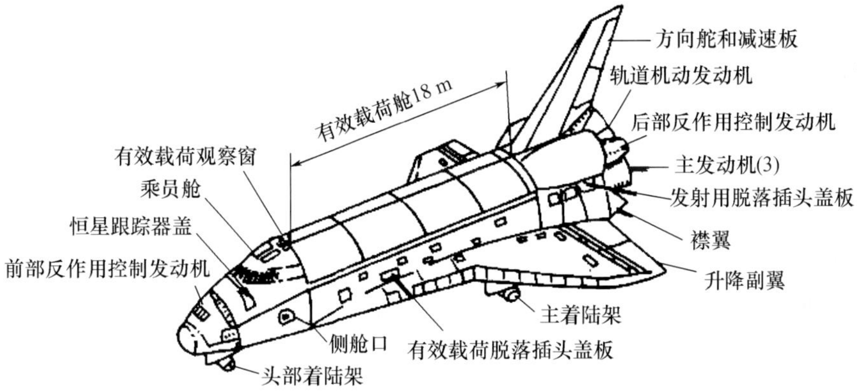


图 6-18　美国航天飞机的轨道器结构图

## 6.4.3　返回轨道

返回航天器质心运动的轨迹称为航天器的返回轨道。航天器返回轨道设计是航天器总体设计的一部分,它与防热设计、结构设计、控制系统设计、动力系统设计和空气动力外形设计等都有密切的关系。

### 6.4.3.1　返回轨道分类

返回轨道在按其形状分类时可分为弹道式再入轨道、升力式再入轨道、跳跃式再入轨道和椭圆衰减式再入轨道 4 种类型,现分别进行简要介绍。

1. 弹道式再入轨道

弹道式航天器进入大气层后,保持升力为零的状态飞行,或虽有升力,但不控制升力的方向,从而,返回舱将沿着单调下降的飞行路线返回地面。这种再入技术比较简单,较易实现,但在再入过程中由空气动力引起的过载较大,落点精度也较差。我国的第一代返回式卫星、美国和苏联的第一代载人飞船(美国的水星号、苏联的东方号飞船)都采用弹道式再入轨道。

2. 升力式再入轨道

采用升力式再入轨道的航天器(包括半弹道式再入航天器和升力式再入航天器)是一个产生升力的物体,利用其在大气层中运动时产生的升力,使其按一条较平缓的轨道下降;与弹道式再入轨道相比,减速时间长,因而承受的过载大大减小;通过控制升力方向,航向和侧向都可以做适当的轨道机动,以提高落点精度。与弹道式再入轨道相比,再入走廊也比较宽。美国的双子星座号飞船、俄罗斯的联盟号飞船和美国的航天飞机都采用升力式再入轨道。

3. 跳跃式再入轨道

航天器以较小的再入角进入大气层后，依靠升力，再次冲出大气层，做一段弹道式飞行，然后再进入大气层；也可以多次出入大气层，每进入一次大气层就利用大气进行一次减速。这种返回轨道的高度有较大起伏变化，故称作跳跃式再入轨道。对于进入大气层后虽不再跳出大气层，但靠升力使再入轨道高度有较大起伏变化的轨道，也称作跳跃式再入轨道。以接近第二宇宙速度再入大气层的航天器多采用跳跃式再入轨道，以减小再入过载和较大范围地调整落点。苏联的探测器 6 号自动站在实现绕月飞行后以跳跃式再入轨道返回地面；美国的阿波罗号月球飞船在完成月球任务后也以跳跃式再入轨道返回地球。

4. 椭圆衰减式再入轨道

椭圆衰减式再入轨道也称作“制动椭圆”式再入轨道。以接近第二宇宙速度返回到地球附近的航天器，假定没有地球大气层，则沿开普勒轨道运动。该开普勒轨道的近地点称作虚近地点。如果虚近地点离地面太高，则航天器只受到稀薄大气层的微弱阻力，那就不足以使航天器向地球降落。由于减速不多，航天器又会穿出大气层，形成沿很大椭圆绕地球运行的轨道。过了一圈后，又进入大气层，并再减速一点，重新进入尺寸稍小、位置略变的椭圆轨道。原则上可以用许多这种“制动椭圆”来降低很大的初始再入速度。“制动椭圆”式再入的缺点是无法预先选定着陆点，需要很长的制动时间。对于载人飞船，周期性地穿过地球辐射带会损害航天员的健康。因此，载人飞船从月球或行星返回时，一般不用这种方法，只有当遇到应急情况时，才将此方法作为应急救生方法使用。

### 6.4.3.2 返回轨道设计

航天器运行轨道一般是偏心率较小的椭圆，或接近圆轨道。航天器要返回地球表面时，利用航天器上的变轨发动机在返回调姿状态工作，产生返回轨道远地点速度。如果运行轨道为圆轨道，理论上在任何点离轨都可以，运行轨道半径就是返回轨道的半长轴。返回轨道是分段设计的，一般分为以下几段：

(1) 在运行段离轨前建立航天器制动返回姿态，但轨道未变。

(2) 航天器返回制动发动机工作，航天器离开运行轨道并进入返回轨道，直到制动发动机关机，建立返回轨道起始速度（即返回轨道的椭圆远地点速度）。椭圆降轨段前部为再入大气层前的飞行轨道，称为制动椭圆式轨道。

(3) 大气层外过渡轨道，从制动发动机关机，到进入大气层外沿（高度取 80 ~ 120 km）为止。这段轨道是椭圆轨道的一部分，一般不加以控制。但有时为了进入再入走廊时再入角和再入速度准确，也要进行返回器多次轨道修正。

(4) 再入段轨道，从再入大气层（取高度 100 km）开始至离地面高 10 ~ 20 km 为止。此段返回航天器要受最大过载和最大气动加热的考验，这是返回轨道最危险的段落，是返回轨道研究的核心。

(5) 着陆段轨道，该段从高度 10 km 开始，至返回航天器着陆。不同外形返回航天器着陆轨道是不一样的：弹道式再入航天器（如我国第一代返回式卫星、美国水星号飞船、苏联东方号飞船）采用弹道式轨道，用降落伞加缓冲发动机方案着陆；半弹道式再入航天器，再入大气层时会产生升力，采用小升力控制轨道返回，用降落伞加缓冲发动机方案着陆；升力式再入航天器采用升力式轨道,平缓下降、滑翔在飞机跑道上着陆,这就是美国航天飞机轨道器着陆方式。

如图 6-19 所示,上述为返回轨道的 5 段轨道构成法,也有将(1)段划入运行段,或将(1)段和(2)合并的 4 段轨道构成法,即离轨段、过渡段、再入段和着陆段。

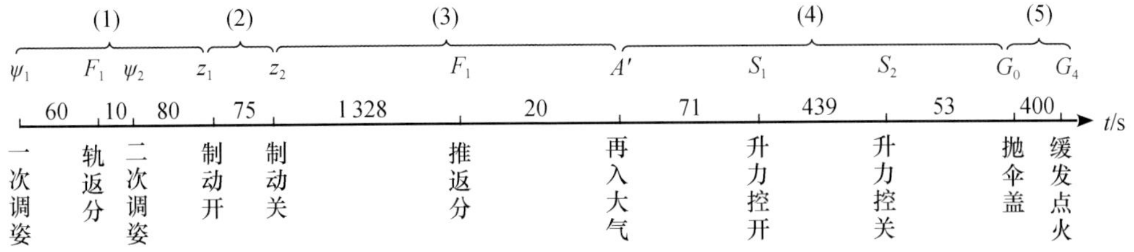


图 6-19 返回轨道的分段控制与特征点示意图

### 6.4.4 返回热防护

返回航天器集飞船座舱(载航天员)与独立大气飞行器两种功能于一体,可见研制的复杂性。返回航天器一旦进入返回轨道所发生的事件不可逆转,无法中断停止,不可避免地要通过稠密大气并接近地球表面,势必对返回航天器系统结构的可靠性、冗余度和乘组人员安全都有严格的要求。

一旦出现高温或结构破裂,机毁人亡的后果不堪设想。返回与着陆两个阶段的分界线是 5~10 km 的某一高度定为返回轨道结束,着陆开始。一般再入升力控制段结束时高度为 20 km,返回航天器飞行速度降至 364 m/s,滑行至 10 km 高度时,开始打开伞舱盖,速度降至 100~200 m/s,过载接近 $1g_0$。对于带翼飞行器,不仅在超音速下进入降落跑道区时,可保证有效的控制,而且在亚音速状态也能保证较小的垂直速度进行滑翔,对于这样的返回航天器,采用水平着陆——飞机降落方式是合理的。而对钟截球形返回航天器,由于升阻比较小,壳体的承载能力又弱,着陆段几乎做垂直运动着陆,所以只能采用专门的减速设备(降落伞、着陆反冲发动机等)着陆,使撞击地面时减小过载,又称软着陆。

作用在返回航天器上的热气流与升阻比和再入大气层时的再入角有关,同时还决定了返回航天器的过载。升阻比为 0.3~0.5 的返回航天器,再入角也取 2°~3°以下,过载不超过$(3\sim4)g_0$。例如,联盟号飞船在大西洋上空制动,此后沿过渡椭圆轨道下降,在轨道高度 100 km 时,进入大气层开始,再入角取 1°~5°,然后推进舱分离。只留返回舱转弯再入大气层某预测点的攻角达到配平状态(配平攻角为 20°)。轨道返回时,最大单位热流可达 250 kcal/($m^2$·s)(1 kcal=4.17 kJ)。加热取决于边界层中的对流传热和冲击波与返回航天器之间空气层的热辐射。从降低热流看,返回航天器头部呈钝形更好。若返回器头部变尖,可降低空气辐射的热流,但与降低对流加热相矛盾,总体来说不适合。可见,热交换条件对返回航天器形状选择影响较大。由于返回航天器的烧蚀热防护层(受热伴有质量损耗)被破坏的气体对边界层有影响,所以热交换条件与防热材料选择还有关。为使返回航天器不受气动热的影响,返回舱结构的外层常用足够耐热的固体绝热材料。联盟号飞船返回舱的迎面护板用烧蚀材料加石棉织物填料制成。其侧面防热层由 3 层组成,第一层是氟塑料升华材料;第二层用密实的玻璃胶布板烧蚀材料(做成结实的薄壳);第三层是有少许浸胶的纤维材料绝热体。同时,热防护层的横截面(舱口、接合部等)用抗烧蚀材料制成边条密封。返回舱表面防热层厚在 8~50 mm 范围内,根据受热大小分布厚度不一样,受热多的地方厚、受热少的地方较薄。联盟号飞船返回舱结构是一个钟截球形小升阻比返回舱,结构上有防热层。整个布局能保障 3 名航天员在上升段和返回段有好的姿势,腹背向能承受较大的过载,能在固定状态下通过定向瞄准器进行观察。仪器设备布局使质心靠前、压心靠后,且使质心偏离返回舱中轴线一小距离,以保证再入大气层有 0.2~0.5 的升阻比,且过载为 $3\sim4g_0$,不超过 $5g_0$,航天员感到舒适。

### 6.4.5 着陆方式

返回航天器在高度 10 km 左右,进入着陆段,着陆方式有垂直着陆和水平着陆两种。

#### 1. 垂直着陆

弹道式和半弹道式两种返回航天器采用降落伞加缓冲发动机的垂直着陆方案。这种返回航天器一般为大头朝前的锥形或钟外形,在气流中产生升阻比很小,航天器受强大的气动阻力作用,沿陡峭的轨道急剧减速下降,在降至 15 km 高度时速度降至声速以下,航天器所受气动阻力等于自身重力,进入稳定下降状态,保持平衡速度(约 200 m/s)下降,若不采取进一步减速措施,以 200 m/s 速度冲向地面,将粉身碎骨。因此在 10 km 高左右必须依靠降落伞着陆系统工作(一般采用主伞和副伞的冗余结构),过程如图 6-20 所示:弹开主伞盖,将两具串联的引导伞从伞舱拉出并打开,由引导伞的牵引力又将减速伞从伞舱拉出,减速伞先成为收口状,经 8 s 解除收口全张开;当减速伞工作到 16 s,航天器降至 8 km 高度,速度减至 90 m/s,此时减速伞与航天器分离,同时拉出主伞,这时主伞成为收口状并充满气,经 8 s 解除收口全张开;降至 5 km 高时抛掉防热大底,以进一步减小质量,并从单点倾斜吊挂转到双点垂直吊挂;降至 10 m 高时,着陆灯亮,告之航天员即将着陆;1 m 高时,着陆缓冲发动机点火,航天器软着陆。

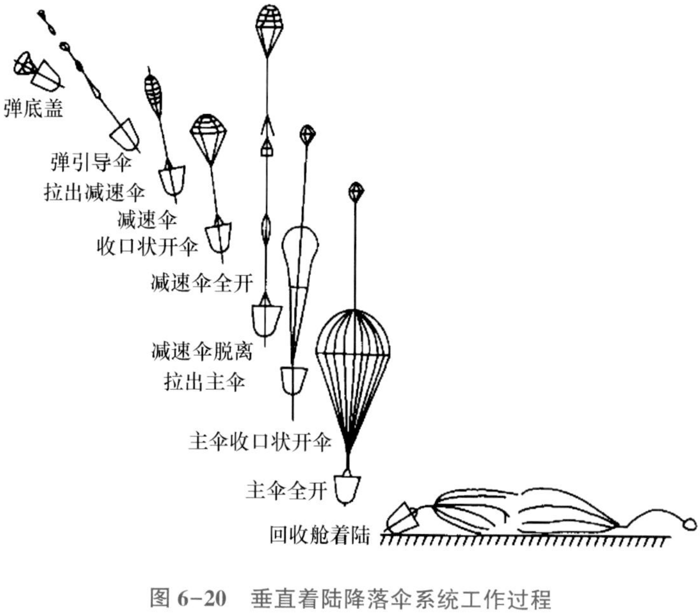


图 6-20　垂直着陆降落伞系统工作过程

### 2. 水平着陆

升力式返回航天器采用带翼升力体结构，航天器具有足够的升力，可实现缓变下降在跑道上滑行的水平着陆的方案。航天器采用带翼升力体结构外形，航天器再入大气层后受强大的气动升力作用，沿平缓的轨道滑翔下降，并通过姿态控制系统控制俯仰和滚动改变升力的大小和方向。航天器在几千千米范围内机动飞行，选择最佳再入路线，飞向预定目标地。在下降到 20 km 高度左右，气动力作用已增大到操纵活动翼面，即可控制航天器的机动飞行和下滑状况，从此航天器进入引导着陆状态（图 6−21）。该段开始（$t_1$）轨道器受导航系统引导，边下滑边机动飞行（$t_2$），最后达到准定常直线飞行状态所规定的高度、速度和距跑道的距离（$t_3$）。航天器沿准定常直线轨道下滑到一定高度放下起落架（$t_4$），继续下滑到拉平高度为止。此后航天器平飞减速（$t_4$~$t_5$ 段），到达跑道上空时（$t_5$），飘落（$t_5$~$t_6$ 段）下降到跑道上（$t_6$），滑跑减速到零而停止（$t_7$）。

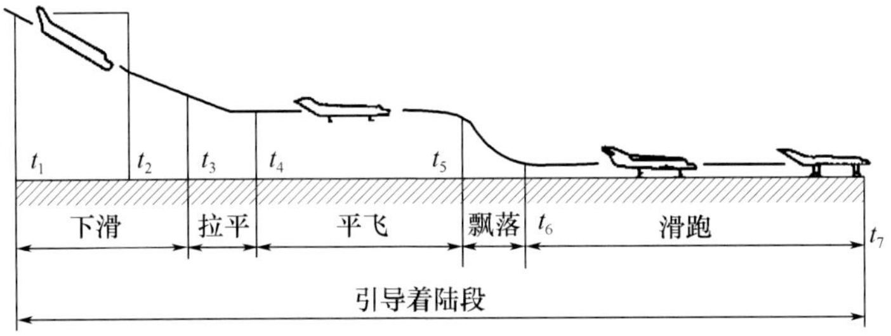


图 6−21　升力式返回航天器的水平着陆过程示意图

# 本 章 回 顾

## 关键词

航天发射
发射位置
发射方位角
发射轨道
测试发射模式
航天发射场
发射时刻
发射窗口
发射场功能分区
测试发射流程
再入返回
弹道式再入
半弹道式再入
升力式再入
返回轨道
着陆方式

## 重要概念

◇ 航天发射三要素
 −发射时刻
 −发射方位角
 −发射地点
◇ 航天发射飞行轨道
 −连续推力发射轨道

-具有中间轨道的发射轨道

◇ 测试发射模式

-水平测试分级运输模式

-固定准备模式

-“三水平”模式

-“三垂”模式

◇ 再入返回概述

-进入过程、再入过程、着陆与回收

-弹道式、半弹道式、升力式再入航天器

◇ 返回轨道

-弹道式、升力式、跳跃式、椭圆衰减式再入轨道

-离轨段、过渡段、再入段、着陆段

-垂直着陆、水平着陆

## 思考与讨论

1. 什么是航天发射？航天发射有何特点？
2. 航天发射的要求有哪些？
3. 发射时刻的数量和发射点经纬度有何关系？
4. 发射方位角如何通过轨道倾角、发射点地理纬度进行计算？
5. 航天发射场选址需要考虑哪些因素？
6. 航天发射场的功能有哪些？
7. 广义的航天发射场是如何定义的？
8. 航天发射的主要工作内容包含哪些方面？
9. 航天发射的测试发射流程是怎样的？
10. 航天发射场的测试发射模式有哪些？
11. 航天发射场选择测试发射模式有何依据？
12. 航天发射场按照功能划分，可分为哪几个区域？
13. 根据你的理解，分析我国文昌航天发射场的主要优势和面临的不利因素。
14. 航天器进入与航天器再入的区别是什么？
15. 航天器再入返回过程主要包括哪几个阶段？
16. 按照再入返回方式的不同，航天器可以分为哪几个类别？
17. 我国神舟号载人飞船采用何种返回轨道，其返回方式有什么特点？
18. 月球探测器返回地球表面一般采用哪种返回轨道，为什么？
19. 对从近地圆轨道返回地面的航天器来说，返回轨道设计主要包括哪些阶段？
20. 请阐述你对航天器再入走廊的理解。
21. 请阐述航天器再入走廊的具体含义。
22. 航天器在着陆段有哪些着陆方式？请举例加以说明。
23. 回收着陆场的主要功能是什么？试列举国内外主要的回收着陆场。

# 第7章
# 航天测控

**本章中，你将学到**

◇ 航天测控的概念、类型及其功能
◇ 跟踪测量、遥测遥控的基本原理
◇ 航天测控网的组成、功能及应用

**你应该已经掌握**

◇ 航天器和地面的关系
◇ 航天器的测控分系统功能
◇ 航天发射场火箭起飞段测控功能

**内容安排**

本章主要内容包括4个部分：
◇ 基本概念。主要介绍航天测控的对象、类型，航天测控的任务区分和主要功能。
◇ 跟踪测量。主要介绍航天测控跟踪测量系统分类，跟踪引导方式，距离测量原理，角度测量原理，位置测量原理，速度测量原理。
◇ 遥测遥控。主要介绍遥测遥控的具体任务区分，信号调制原理，多路复用原理，数据格式与差错控制方式。
◇ 航天测控网。主要介绍航天测控网的功能与组成，航天测控网的典型应用。

航天测控是在导弹测控基础上发展起来的。航天测控系统是直接为航天器发射和运行服务的重要设施。航天器和测控系统的关系，犹如船与灯塔、风筝与线，后者指引着前者的方向、维系着前者的安危。无论对何种航天任务，测控系统始终是航天发射和航天器飞行必不可缺的支持系统。航天测控系统常年连续运行，管理和控制着国家民用和军用太空资源，是航天器发射、运行、应用以及返回着陆全过程中不可缺少的组成部分，是国家太空力量的重要基础设施和组成部分。

## 7.1 基本概念

航天测控是指对运载火箭、航天器等飞行器的飞行轨道、姿态和各分系统工作状态进行跟踪测量、监视和控制。

### 7.1.1 测控对象

航天测控的对象类型可分为4类：运载火箭测控、卫星及货运飞船测控、载人航天测控、深空探测器测控。

1. 运载火箭测控

运载火箭测控主要设备通常布置在发射场，并在适当地点分设测控站点，执行运载火箭发射的测量与控制任务，既要保障任务成功，又要收集火箭飞行过程中的全部资料数据，辅助进行故障诊断。

2. 卫星及货运飞船测控

卫星及货运飞船测控在卫星及货运飞船的发射、运行以及回收过程中完成各种测量、控制任务。由于卫星、货运飞船担负的任务比运载火箭复杂、太空停留时间长，行为动作多，因而控制功能比运载火箭要复杂得多。

3. 载人航天测控

载人航天测控增加航天员的生物学参数测量、空间和地面通信对话等，任务更复杂、行为动作更多。

4. 深空探测器测控

深空探测器测控为月球、行星和行星际等空间探测任务提供测控服务，其突出特点是测控通信作用距离十分遥远。

### 7.1.2 测控类型

航天测控的测量类型分为外测和遥测两大类。外测又称外弹道测量，是对各类飞行器的飞行弹（轨）道参数进行精密测量，如坐标速度、加速度等；遥测又称内弹道测量或内测，是对飞行器内部的工作姿态进行测量，如飞行器工作参数、有效载荷参数等。

航天测控的控制类型也分为一次性控制指令和对飞行器运行状态进行调整和控制的指令两大类。例如，对故障运载火箭实施“自毁”的安全指令控制就是一次性控制指令，而对卫星进行有效载荷的姿态调整，则属于对飞行器运行状态进行调整和控制的指令。

### 7.1.3 任务区分

航天测控按照任务不同，可分为工程测控和业务测控。

1. 工程测控

对航天器自身除有效载荷分系统外，对其他分系统（如热控、电源、轨道、姿态等）的测控管理为工程测控，也称平台测控，主要任务包括遥测监视、轨道测量、轨道预报、姿态测量与调整、分系统数据注入与指令控制、轨道位置保持、能量管理等。

2. 业务测控

业务测控对航天器有效载荷的运行状态监视和控制。主要任务是确保用户所需的有效载荷工作状态、完成用户所赋予的任务，如通信卫星增益的调整、转发器的切换控制，遥感卫星载荷工作模式切换和通断控制、数传控制等。

### 7.1.4 主要功能

跟踪测量（tracking）、遥测（telemetering）、遥控（command）3 个核心功能统一综合在测控系统中,三者密切协同、互相配合,共同完成对航天器或运载火箭的控制,习惯上将航天测控系统简称为TT&C(tracking,telemetry and command)系统。

1. 跟踪测量

跟踪测量是指对飞行状态下的航天器及运载火箭进行跟踪并测量其飞行弹(轨)道参数(如位置、速度、加速度等)的活动,也称外弹道测量,简称外测。

2. 遥测

遥测是指利用各种传感器,将航天器或运载火箭内部各分系统的工作状况测量出来,传送给地面,以便地面诊断航天器工作"健康"情况是否正常的过程,也称为内弹道测量(内测)。遥测内容中也包括航天器附近的空间环境参数如各种高能粒子数量、空间磁场强度等,用于查寻、分析设备损坏原因。

3. 遥控

遥控是指根据遥测参数,把航天器工况和预定工况进行对比,如出现偏差超过警戒线时,生成相应命令调整航天器运行参数的过程;当需要改变航天器工作状态(含有效载荷或分系统工作状态)时,也用遥控进行。

## 7.2 跟踪测量

### 7.2.1 系统分类

跟踪测量系统与运载火箭飞行弹道数据处理和航天器定轨数据处理系统配合,能够获得运载火箭和航天器的运动轨迹。跟踪测量主要是通过跟踪、测距、测角、测速等手段实现的。跟踪测量设备按照测量所使用的信号可分为光学系统和无线电系统。

1. 光学系统

光学系统具有测量精度高,可获得直观目标图像等优点,但作用距离较近,易受天气影响,典型系统如图7-1(a)所示的光电经纬仪。

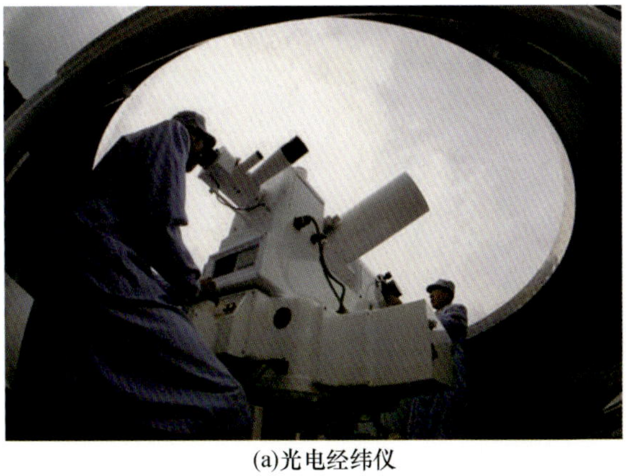

(a)光电经纬仪

(b) 大口径抛物面天线

图7-1　航天跟踪测量设备

2. 无线电系统

无线电系统具有不受天气影响,作用距离远,测速精度高,易于与遥测、遥控信号综合的优点,是跟踪测量的主要方式,典型系统如图 7-1(b)所示的大口径抛物面天线。

### 7.2.2 跟踪引导

跟踪指的是在实施测量之前,利用先验信息、外部引导信息,采用搜索技术完成对目标的捕获,并保持运动目标处于测量设备波束或视场内,以保证测量过程的连续性。

由于作用距离较远的无线电测控设备天线波束和光学设备视场都比较窄,且航天器相对地面测控站在高速运动,为使测控设备能够及时发现并截获航天器,必须通过一定的手段进行引导,使航天器落入天线波束,此后测控设备就开始角度捕获、自动跟踪。目标引导一般可分为理论轨迹引导、指挥系统引导、测控设备互引导等方式。

1. 理论轨迹引导

理论轨迹引导是指测控设备计算机按照所设计的理论轨迹数据对测控设备进行引导,以使测控设备捕捉到目标。理论轨迹引导仅利用设计数据,不需要任何处理,方案简单,但由于航天器飞行受各种摄动力影响,往往偏离设计轨迹,因此对于窄视场设备可能导致引导失败。这种方式通常适用于宽视场测控设备,可用于导弹、卫星发射阶段测控设备引导。

2. 指挥系统引导

指挥系统引导是指在任务期间,指挥系统利用理论轨迹或利用各测控设备的测控数据通过计算得到的预报轨迹对测控设备进行引导。利用预报轨迹实施导引时,需要使用目标运动的状态方程或滤波方法,根据上一时刻的位置信息推算下一时刻或者连续几个时刻的位置,利用该推算值作为测量系统的导引信号。

3. 测控设备互引导

测控设备互引导是指利用宽视场的测控设备先跟踪到目标,然后根据其提供的目标参数调整窄视场的测控设备捕获目标;或利用目标前一轨迹段测控设备获取的目标参数引导下一轨迹段测控设备,以保证后续轨迹段测控设备尽快捕获目标。地基测控设备中经常会用该引导方式。

### 7.2.3 距离测量

距离测量(测距)是位置测量的前提和基础。测距是指通过测量光信号或无线电信号的传输时延获得目标与测控站之间的径向距离。

对于无线电测距而言,其原理是:测控站向航天器发射无线电信号,这些信号由航天器信号接收机接收后,经转发器转送回地面(或直接由航天器表面反射回地面),地面接收机接收发回的信号实现测距。由于无线电信号是以光速传播的,因此,通过测量无线电信号往返传送的时间或相移,就可以推算出航天器与测控站之间的径向距离。

根据无线电测距信号类型不同,可以把测距分为两种类型,即脉冲测距和连续波测距。

#### 7.2.3.1 脉冲测距

脉冲测距是测量回波脉冲对于发射脉冲的时延 $\tau$ 而获得目标距离。可通过对收、发信号

时间间隔进行计数而得到时延 $\tau$，其计算公式为

$$R = c\frac{\tau}{2}$$

式中，$c$ 为光速；$\tau$ 为脉冲信号的往返时间；$R$ 为航天器与测控站之间的径向距离。脉冲测距原理如图 7-2 所示。

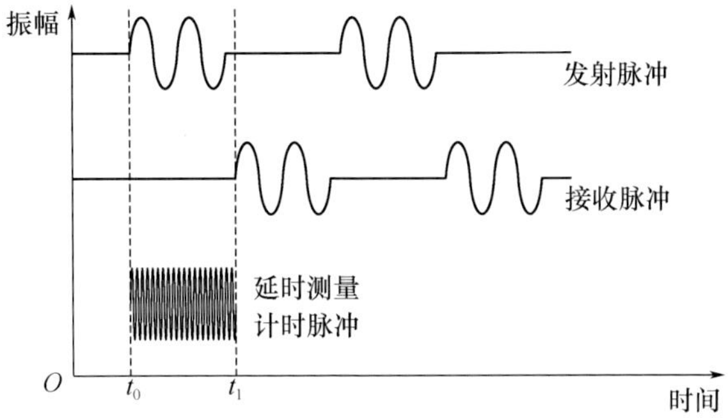


图 7-2　脉冲测距原理

需要注意的是，脉冲测距中测量的最大距离对应为发射脉冲的周期，超过这个距离则无法求出真实的距离，这种现象称为距离模糊，其原因是分不清回波对应哪个脉冲。设 $T_n$ 为脉冲重复周期，不难求出，模糊距离 $R_{\max}$ 为

$$R_{\max} = C\frac{T_n}{2}$$

对于距离模糊问题，可以用伪随机码方式来辅助确定脉冲序列，也就是赋予每个脉冲一个编码，这样就可以确定接收的回波对应于哪个脉冲，以获得正确的总时延。

#### 7.2.3.2　连续波测距

由于脉冲雷达作用距离较短，对于远距离、深空、高精度的测距，多采用连续波雷达。其原理是：发射一连续的高频无线电波，并用较长周期的电信号调制，同时在接收端接收后把较长周期的电信号解调出来，与发射调制信号相比较，通过比较接收测距信号与发射测距信号的相位差计算距离 $R$。其计算公式为

$$\Delta\varphi = \varphi_{\mathrm{r}} - \varphi_{\mathrm{s}}$$

$$R = \frac{1}{4\pi}\lambda\Delta\varphi$$

式中，$\varphi_{\mathrm{r}}$、$\varphi_{\mathrm{s}}$ 分别为接收、发送的信号相位，其他参数含义同前。图 7-3 给出了正弦型低频调制信号的相位差测距原理。

连续波测距是将一定形式的测距信号调制在连续发射的载频上实现的，所谓一定形式的测距信号，可以是带有特殊时刻标志或相位标志的信号。采用正弦型信号调制载波测距，称为“侧音测距”。采用周期性的伪随机码去调制载波测距，称为“伪码测距”。也可以把二者结合起来进行测距。

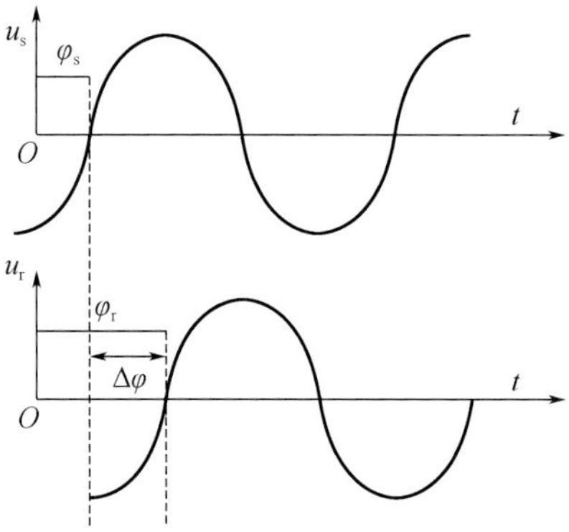


图 7-3　连续波测距原理

### 7.2.4　角度测量

对于无线电测量,其角度测量(测角)主要是瞬时地测出航天器的角坐标位置,用它和测得的距离数据综合求解,就可确定航天器的瞬时位置。多数无线电测角设备利用无线波束的方向性,取出角度误差信号,以此驱动天线波对准目标,再从角度跟踪系统输出角度数据。从角度误差信号获取的方式分类,角度测量跟踪系统可分为相位法和振幅法。

#### 7.2.4.1　相位法测角

相位法测角也称比相测角,就是利用两接收天线测量航天器反射信号或信标信号的相位差,来进行角度测量,如图 7-4 所示。设目标在 $\theta$ 方向,当目标距离两个接收天线很远时,目标信号可视作平行射线,且信号强度近似相等,因而两接收天线所接收的目标信号由于波程差而产生的相位差 $\Delta\varphi$ 为

$$\Delta\varphi = \frac{2\pi}{\lambda}(R_1 - R_2) = \frac{2\pi}{\lambda}D\sin\theta$$

式中,$D$ 为两接收天线间的距离;$\theta$ 为目标方向与基线垂线夹角。据此式可以求出 $\theta$ 角。

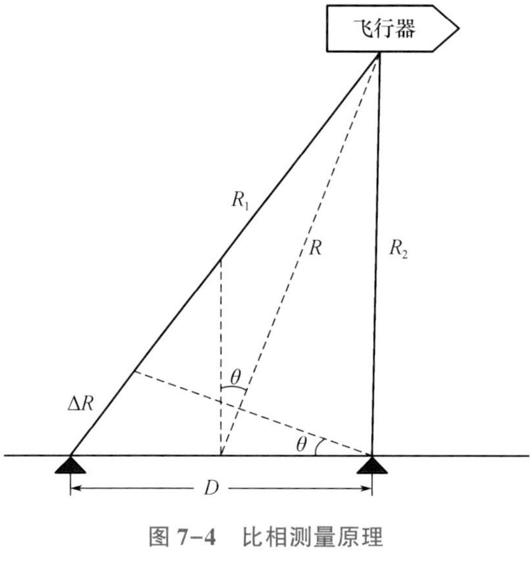


图 7-4　比相测量原理

#### 7.2.4.2　振幅法测角

振幅法测角也称作天线定向测角。又可分为最大信号法测角、等信号法测角。

1. 最大信号法测角

最大信号法测角的原理是：采用单一波束天线，当天线波束对准目标时，接收到的回波信号幅度最大，其他时候波幅随波束轴偏离目标的角度而减小。根据回波信号这一特点，以波束轴对准目标接收到最大回波时的角度作为航天器的坐标角。这种方法的优点是测角过程简单，测得目标角坐标时，天线接收到的信号噪声功率比为最大。其缺点是测角准确度不高，这是因为天线波束方向图在最大值附近一般比较平坦，变化率较小，因此当目标偏离天线轴很小时回波强度变化不大。所以，最大信号法不适用于精密测量，但可用于搜索、引导和步进跟踪。采用这种方法进行测角时，通常无线电波馈源机械轴要进行转动，此时波束扫描形成一个圆锥体，通过扫描形成的目标回波信号强弱发现并跟踪目标，这种雷达称为圆锥扫描雷达。

2. 等信号法测角

等信号法测角原理如图 7-5 所示。采用 4 个相同的但彼此部分重叠的波束方向图，4 个波束中心点连线 $HD$、$BC$ 交点与测控站连线称为等信号轴。若目标处在等信号轴上，4 个波束接收到的回波信号相等。当目标偏离等信号轴时，不同波束所收到的回波信号强度就会不等，根据 4 个波束接收到的回波信号强弱，就可以判断目标偏离等信号轴的方向和大小，然后进行调整使目标重新指向等信号轴方向，从而测得目标在观测坐标系中的角度。等信号法的优点是测角精度高，缺点是天线设备比较复杂。该方法常用于自动跟踪测角，所使用的设备常为单脉冲雷达。

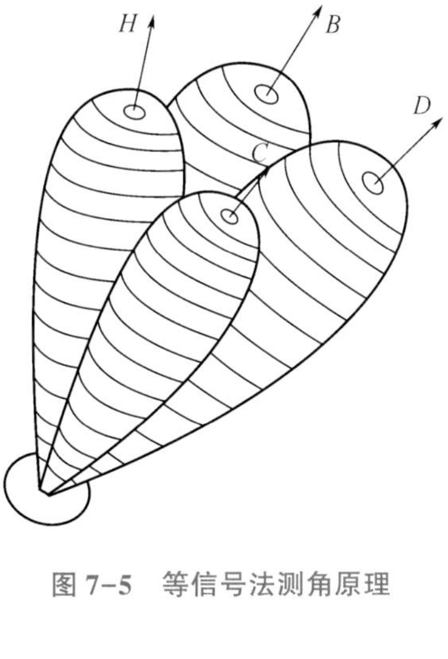


图 7-5　等信号法测角原理

### 7.2.5　位置测量

目标的位置测量可以通过测距和测角实现。要确定航天器在空间的位置，需要 3 个相互独立的测量量。根据测量原理不同，常用的测量量包括距离 $R$、方位角 $A$、俯仰角 $E$、距离和 $S$、距离差 $r$ 等。下面讨论均采用观测坐标系，也就是坐标原点在测控站上，$xy$ 平面为当地水平面，$x$ 轴指向当地指北方向，$z$ 轴指向天顶方向，$x$、$y$、$z$ 轴成右手系。每个测量量所对应的航天器必在如图 7-6 所示图形上。

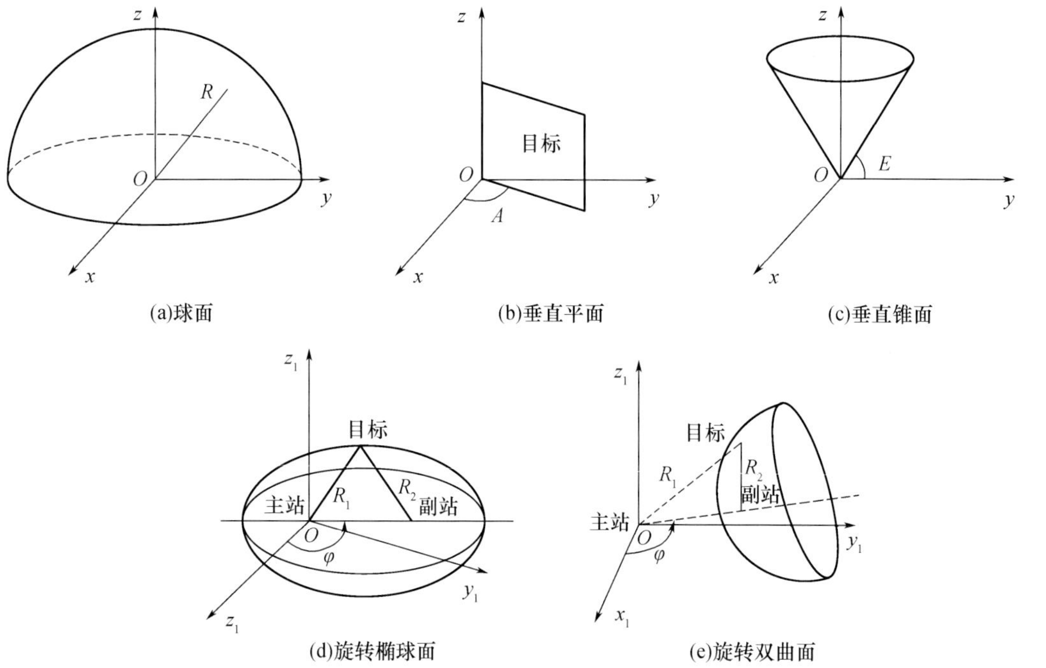


图 7-6　基本测量参数几何含义

以上参量中，由任意 3 个相互独立的测量就可以确定航天器的位置，根据选择的不同可以构成不同的测量体制。以 *RAE* 体制为例，*RAE* 体制是用距离 $R$、方位角 $A$、俯仰角 $E$ 作测量元素，测得航天器的位置，进而将其微分，就可以求出速度，完成航天器轨道测量。这种体制常受测角精度限制而影响测量精度。常见的 *RAE* 体制测量手段是雷达。雷达既可以测距，也可以测角，所以一部雷达即可同时测得 *RAE* 3 个参量，称为单站测距，如图 7-7 所示。

### 7.2.6　速度测量

通过位置测量，对测得的位置进行微分可以求得速度，但也可以直接通过"多普勒效应"原理直接测得速度。

多普勒效应，就是当发出某一稳定频率的波动（如声波或无线电波）的物体向观测者方向运动时（径向距离缩小），它所发出波动的波长缩短、频率变高；而当该物体离开观测者时（径向距离变大），波长增大、频率变低。

多普勒效应可用公式进行描述。设 $f_0$ 为物体发出的频率，$\Delta f$ 为频率变化量，$V$ 为物体与观察者的径向速度，接近时为正，离开时为负，则有

$$f_d = \Delta f = \frac{V}{C} f_0$$

通过测量频移 $\Delta f$，即可测出物体相对于测控站的相对速度 $V$。运用多普勒效应进行速度

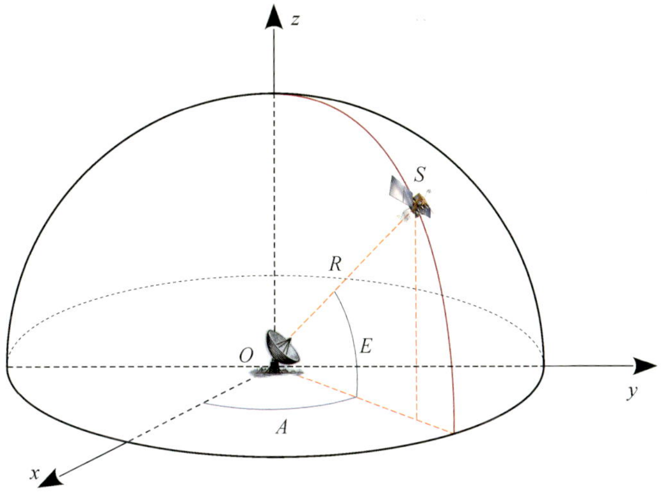


图 7-7　单站雷达的 ***RAE*** 位置测量体制

测量通常采用两种方式：单向多普勒测速、多向多普勒测速。

1. 单向多普勒测速

单向多普勒测速的原理是：由航天器上的信标机产生固定频率的信号向地面发射，地面接收站接收该信号；由于航天器相对地面站有相对运动，接收到的信号与发射信号间产生多普勒频移，测量出该频移，即可确定航天器相对地面站的径向速度。

2. 双向多普勒测速

双向多普勒测速的原理是：地面发射机发射某一频率的信号，航天器上的接收机接收后，由应答机按一定的比例关系转接为另一种频率重新向地面转发，再由地面接收站接收，从中提取多普勒频移，得出航天器相对测控站的径向速度。航天器采用不同频率转发的理由是：多普勒频移值很小，若直接转发，容易引起应答机输入与输出之间的干扰；用不同的频率转发，就能从频率上分隔开，防止应答机本身的同频干扰，地面接收站也便于在频率上区分上行信号与下行信号。

## 7.3　遥测遥控

### 7.3.1　任务区分

1. 遥测

航天遥测系统是对飞行中的航天器及运载火箭进行内部参数测量的系统，其工作原理如图 7-8 所示。遥测信息的主要特点是：一是数量多，小型卫星的待测参数一般都有几百路，而大的卫星和载人航天器的遥测参数多达几千路；二是每路遥测参数频率响应特性不同，大多数频率都在几赫兹或零点几赫兹之内，少量达到几十赫兹或上百赫兹，有时为了测量振动和噪声(如运载火箭)，频响可高达数千赫兹。

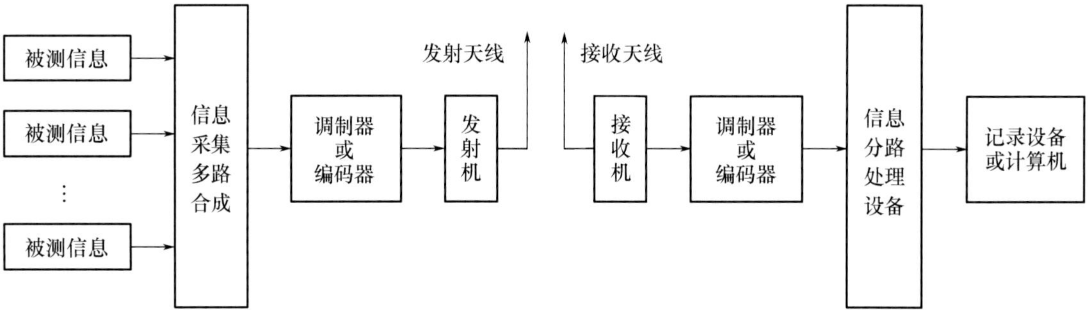


图 7-8　遥测系统工作原理

遥测遇到的技术困难，即在于如何实现频响相差 4～5 个数量级，数千路信号的测量、采集、合并，用最经济、最简便的办法实现强干扰条件下遥测信号的无差错传输、接收、分路和处理。

2. 遥控

遥控系统进行遥测信号的分析、判断、决策，做出响应后生成遥控信号，发送给过境的航天器，航天器上有相应的遥控信号接收机、解调器和译码器，译码器恢复出来的命令，用来启动执行机构，干预航天器的轨道、姿态，调整航天器分系统的工作状态、运动参数或更换备份分机。

遥控系统基本原理是：在地面发送端，由计算机或操纵员根据预定方案和被控对象的实际状态，发出指令信号（为了区分不同指令、提高抗干扰能力和增强保密性，常把指令信号编成码组），经副载波调制，再经载波调制和功率放大，由天线将信号发送到航天器接收端，送入指令接收机，经解调、译码后，通过执行机构控制被控对象。整体过程如图 7-9 所示。

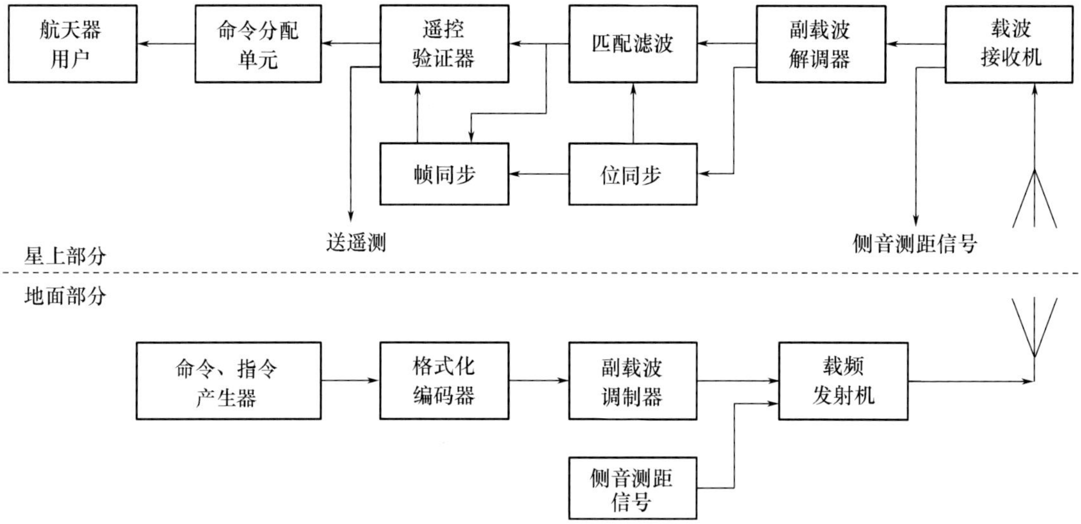


图 7-9　遥控系统原理框图

## 7.3.2　信号调制

在航天遥测遥控信号传输过程中，要对信号进行调制，使高频振荡的某些内在要素（幅度、频率或相位）随着预传送的信号做有规律的变动，以期达到传递信号的目的。进行信号调制的主要原因有两个：

一是使不能直接远播的信号，借助于高频振荡的辐射特性载送到远方，当天线的长度可以和振荡波长相比时，才能获得有效的辐射；例如，直接辐射频率等于 10 000 Hz 的正弦振荡是不可能的，因为与该振荡相对应的波长为 30 km，如要辐射这样低的频率就需要制造几十千米长的辐射体，这是不可想象的。若将信号附于 30 MHz 的载波上，这时振荡波长仅为 10 m，天线长度不过几米，这是很容易实现的。

二是便于信道的划分。同频率的信号同时在空间传播，必将相互干扰，而导致无法接收。因此，将不同信号附着于不同频率的载波上，借以避免它们之间的干扰。

调制的方式大致可分为 3 类：连续波调制、脉冲波调制、数字信号调制，如图 7-10 所示。

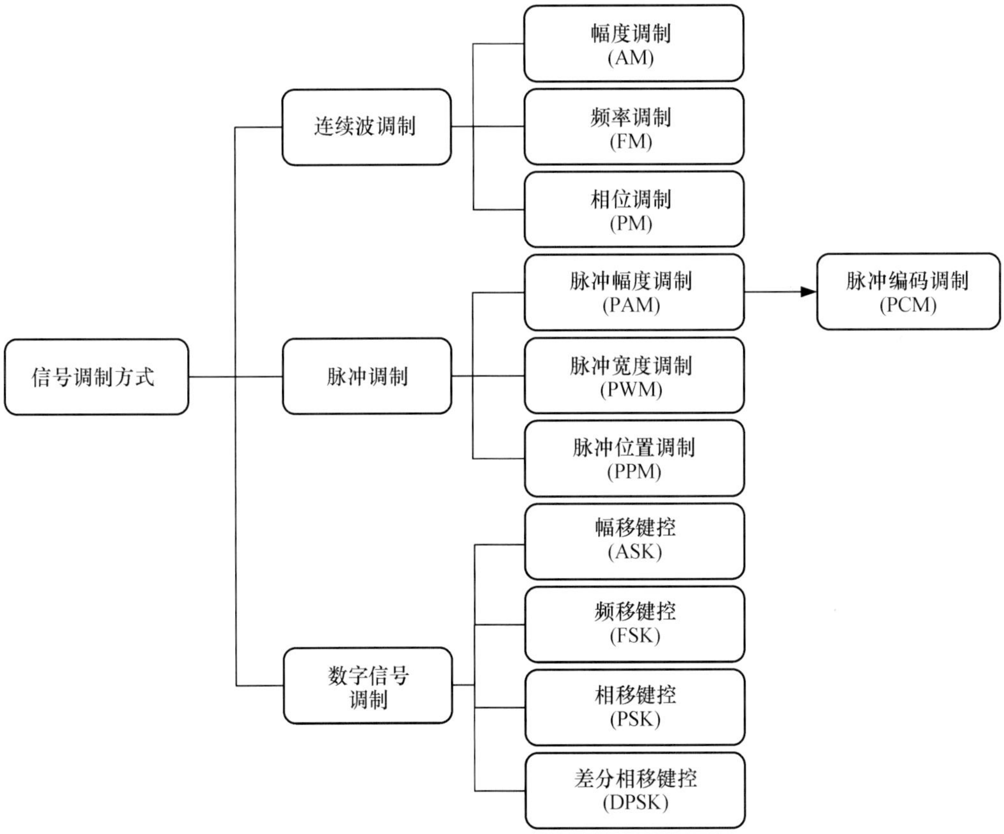


图 7-10　信号调制分类

### 1. 连续波调制

连续波调制，就是作为载波的高频简谐振荡的幅度、相位或频率随着传送信号不同而连续不断地改变，达到调制的目的。连续波调制主要有以下 3 种方式。

(1)幅度调制(AM):载波的幅度受调制信号的控制而改变。

(2)频率调制(FM):载波的频率受调制信号的控制而改变。

(3)相位调制(PM):载波的相位受调制信号的控制而改变。

2. 脉冲调制

脉冲调制就是先用信号调制一组脉冲波的幅度、宽度或重复频率,这组经过调制的脉冲波再调制到高频载波上发射出去,达到传播的目的。脉冲调制主要有4种方式,如图7-11所示。

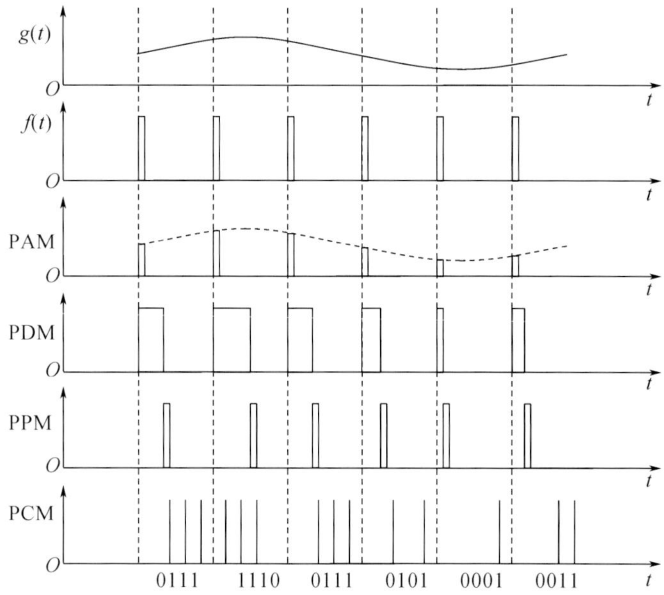


图7-11　各种脉冲调制的波形示意图

(1)脉冲幅度调制(PAM):脉冲幅度随调制信号做线性变化。

(2)脉冲宽度调制(PDM):脉冲宽度随调制信号做线性变化。

(3)脉冲位置调制(PPM):脉冲重复频率或脉冲位置随调制信号做线性变化。

(4)脉冲编码调制(PCM):把PAM信号脉冲幅度的不同大小用一组二进制码表示。

在遥测中应用最广泛的是PAM和PCM两种调制方式。

3. 数字信号调制

数字信号,是指脉冲编码中把PAM信号按照二进制编码表示的信号。数字信号调制的载波为一个连续正弦信号,因此按调制参数的不同,也可分为数字调幅、数字调频和数字调相。分为二进制幅移键控(ASK)、二进制频移键控(FSK)、二进制相移键控(PSK)、差分相移键控(DPSK)。其中,PSK又可分为绝对相移键控、相对(差分)相移键控(DPSK)两类。4种波形如图7-12所示。

二进制幅移键控(ASK)用PCM信号对载波进行100%的调制,即载波振荡器只工作于开启和关闭两种状态。二进制频移键控(FSK)把“0”符号对应于载波W1、“1”符号对应于载波W2(W1和W2载频不同)的已调制波形,且W1与W2之间的改变是瞬间完成的。二进制相移键控(PSK)用载波的两个离散相位值表示“0”和“1”(或“1”和“0”)。如果每个符号“0”

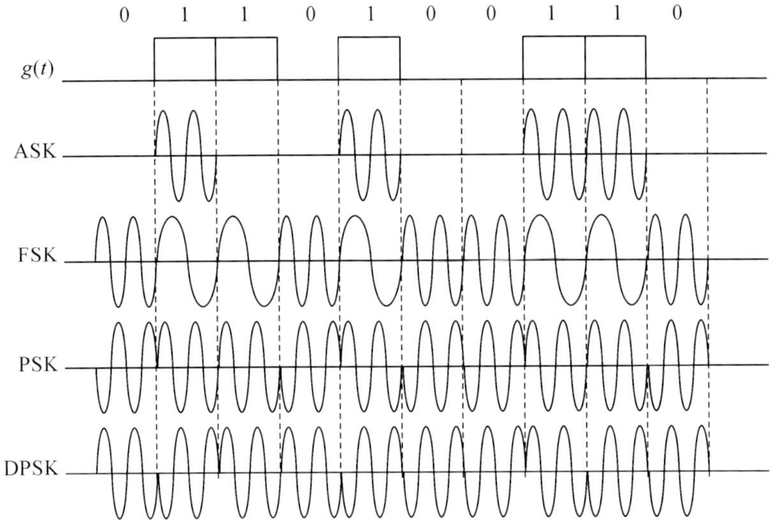


图 7-12　各种数字信号调制的波形示意图

“1”有固定的离散相位值、与前后码元(符号)无关,这种方式称为绝对相移键控;另一种是用载波相位的相对变化表示“0”“1”,如“0”时相位不变、“1”时相位跳变,就称为差分相移键控(DPSK)。

### 7.3.3　多路复用

多路复用的目的是使成百上千路信号能够通过一个载波发送出去,可分为频分多路复用、时分多路复用两种主要类型。

#### 7.3.3.1　频分多路复用

频分多路复用就是把待传送的各种信号分别调制到不同的副载波上,当被调制的各路副载波的频率间隔足够大时,各路已调好的频谱将不会互相重叠,经过公共信道传送后,在接收端可以很方便地用一组带通滤波器分开,达到多路信号共用一个信道的目的。图 7-13 给出了以幅度调制方法进行频分复用的原理。3 路信号分别调制在 3 个频率上发射出去,在接收端进行解调后就恢复成了原始的信号。

副载波调制可以使用 AM、FM、PM 中的任何一种方式。同样,载波调制也可采用 AM、FM、PM 的任一种。这样经过两次调制就可以组成 AM-AM、AM-FM、AM-PM、FM-AM、FM-FM、FM-PM、PM-AM、PM-FM、PM-PM 9 种体制,其中 FM-FM 体制在许多方面优于其他体制,特别是抗干扰能力强,因此 FM-FM 体制在频分制遥测中应用最广泛。FM-FM 遥测系统的原理框图如图 7-14 所示。

发送端每一路都有一个副载波振荡器,各路副载振荡频率是互相错开的,它们之间保持一定的间隔,防止副载频调制振荡器输出的已调频谱重叠。每一路都有一个输出带通滤波器,用来消除高次谐波和噪声,严格限制本路已调信号所应占有的频带,尽量减少对其他各路信号的干扰。各路已调副载波信号通过相加器,综合成多路信号。多路信号再通过发射机对载频进行调制,形成已调高频信号,从天线辐射出去。

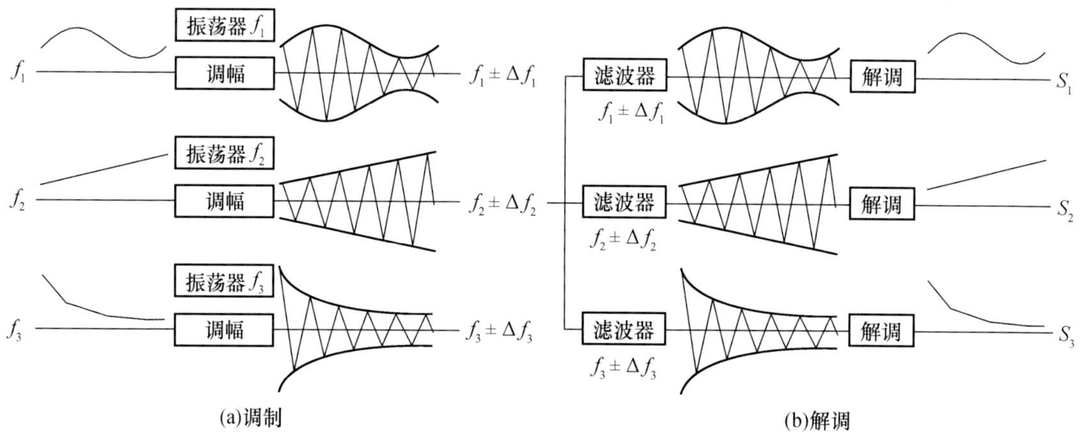


图 7-13　频分制的调制与解调示意图

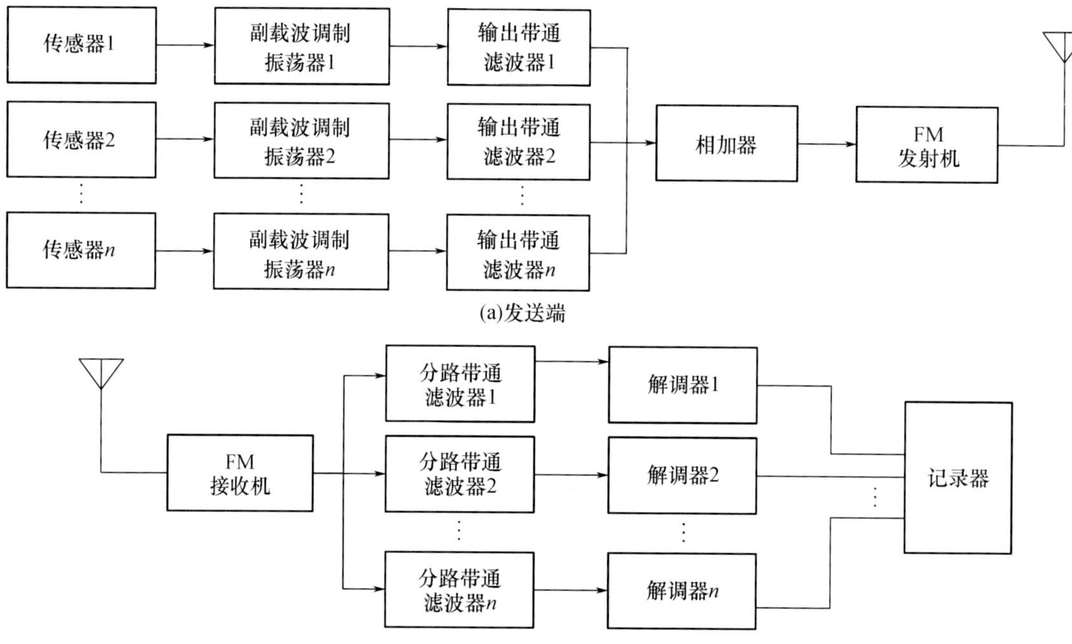


图 7-14　FM-FM 遥测系统原理框图

接收端收到的已调高频信号,经放大并对载频解调后,恢复成多路信号,加到并联的分路带通滤波器,从多路信号中分离出每路各自的已调副载频信号。每路带通滤波器的中心频率等于发送端该路副载频的中心频率,其带宽等于该路已调副载频信号的频谱宽度。各路已调副载频信号经过相应通道副载频解调器解调,便得到各路信号。最后将各路信号送给遥测终端设备进行处理、记录和显示。

### 7.3.3.2　时分多路复用

时分多路复用是对各路信号进行采样,将各采样值按时间交错排列成一串速率更高的数据流。由于各种信号的样点序列在时间上互不重叠,通过公用信道后,在接收端可用一个与发送端同步的选择开关,把它们互相分开,时分制中所用的调制方式可以是 PAM、PDM、PPM、PCM 等脉冲调制方式。

时分多路复用利用采样定律,将运载火箭和航天器上的各传感器输出的模拟信号电压排成一个序列,用一个称为“交换子”的部件对每路信号排序取样,取样频率由待测信号中频响最高的一路所决定,一般为最高频响中的最高频率分量的 2~5 倍。各个传感器输出信号都取样一次,所形成的组合信号称为“一帧”,帧信号的排列称为帧结构。时分制的优越性在于能把各个信号按频响不同而分成几个层次,层与层之间的频响可相差 1~2 个数量级,将频响最快的信号放在第一层,取样所用的交换子称为主交换子,所得出信号称为主帧。频响较慢的信号放在第二层,用副交子取样,所得出信号称为副帧,依此类推,通常只包括 3 层。采用交换子串接方法,遥测可传信号数量可达上千路,满足了运载火箭和卫星大量慢变化信号传输的要求。另外,按频响不同分层取样,比频分制占用频带宽更为合理。现在获得广泛采用的时分多路复用系统是脉冲编码调制(PCM)数字化遥测系统,如图 7-15 所示。其思想是在交换子取样的基础上,增加一个模/数转换器(A/DC),将脉冲幅度变换成二进制数字序列,每个序列一般采用 8 个码位长,即一个字节,代表一个取样值,称为一个遥测字,遥测字再经封装格式化后成为遥测帧,而后经过副载波调制和载波调制发送出去。

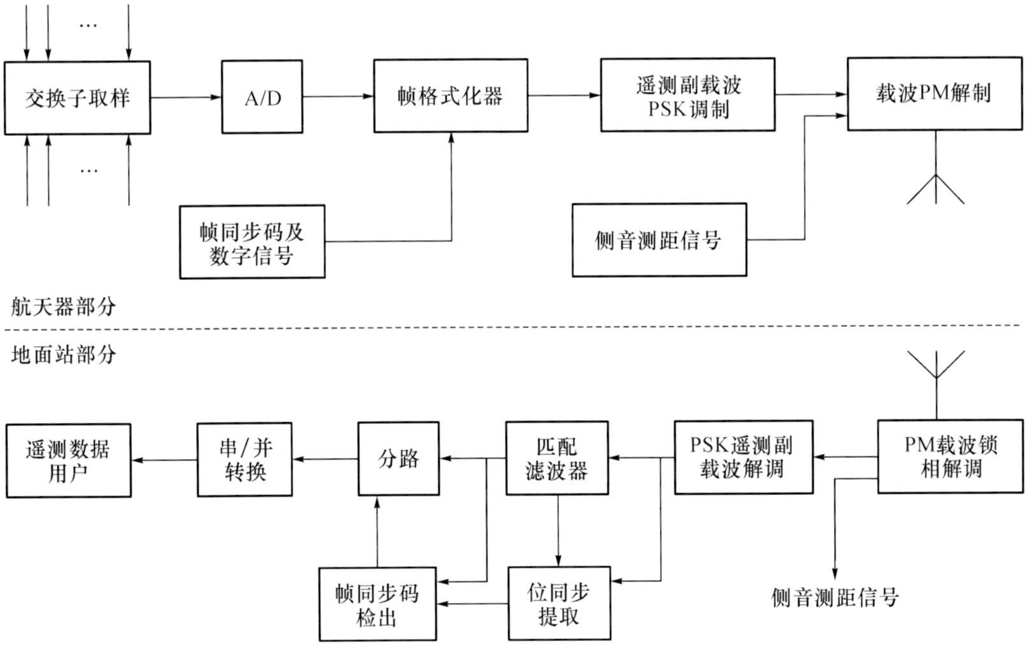


图 7-15　PCM 时分多路传输系统原理框图

## 7.3.4　数据格式与差错控制

### 7.3.4.1　数据格式

PCM 体制是目前遥测和遥控最常见的信号调制体制,其调制的是数字信号。通常,数字信号都要进行数据编码,形成数据帧序列向外发送。以典型的 PCM 体制遥控数据流为例,其编码数据格式如图 7-16 所示。

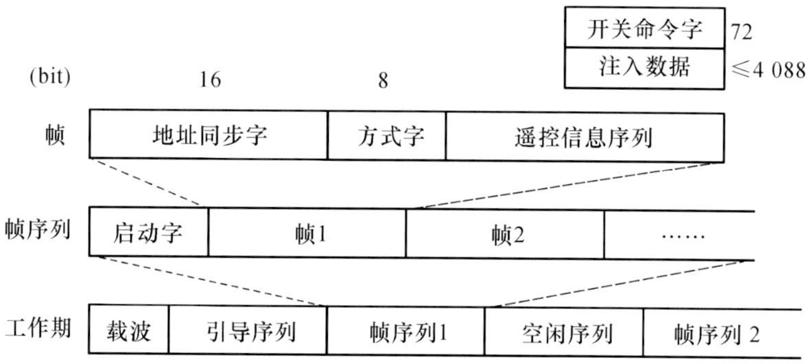


**图 7-16 PCM 体制遥控数据流格式**

一个遥控工作期内数据流的起始为载波和引导序列,以使接收机达到正常工作状态。然后是遥控帧序列,每一帧序列都以启动字开头,后面跟着各个遥控帧。每一遥控帧按照地址同步字、方式字和遥控信息序列的顺序构成。遥控信息序列有两种类型,即开关命令字和注入数据,其中开关命令字规范化为 72 B(字节),注入数据的长度可变,但不超过 4 088 B。

### 7.3.4.2 差错控制

由于干扰和噪声的存在,遥测和遥控信号经无线传输可能会出现错误。尤其是对于遥控来说,一旦发生错误后果可能十分严重,航天遥控一般要求漏指令概率要小于 $10^{-6}$、误指令概率要小于 $10^{-8}$。进行差错控制主要有 4 种方式。

#### 1. 前向纠错

前向纠错又称自动纠错。地面将原始数字指令转换为纠错码,通过信息送到航天器,航天器根据码的规律性自动纠正由信道中干扰和噪声引起的错误。

#### 2. 判决重发

判决重发又称反馈重发。地面发送有检错能力的遥控数据(相当于要额外发送检错码,该码只能用于判断是否数据有误而不能纠正还原数据),航天器收到后利用检错码判决收到的测控数据是否有误,并把判决信号发回地面。地面将航天器判决认为有错的信息重新发送。

#### 3. 验证反馈

地面同样发送有检错能力的遥控数据,由航天器接收后向地面发回验证信息,由地面进行判决,若收到信息正确,则发出执行指令,否则重发直到正确为止。这种方式和判决重发的区别是判决活动是在地面进行,而不是在航天器上进行的,所以能够简化航天器设计,但同样不能单向传输,需要反馈信道。

#### 4. 混合纠错

混合纠错方式是前向纠错与判决重发的混合。地面发出检错和纠错两用码,通过信道送到航天器。若错误较少(在码的纠错能力内),则航天器直接将错误纠正;若错误较多(超过了码的纠错能力)，则航天器向地面发回判决信号，地面重新发出遥控数据。

## 7.4　航天测控网

航天测控系统通常是以航天测控网的形式部署和运用的。航天测控网，是指对航天器发射和运行进行跟踪、测量与控制的专用网络，是由测控中心与分布于各处的航天测控站(船)，通过通信网络相互连接而构成的综合体。

### 7.4.1　组成与功能

航天测控网由测控中心、通信网和若干测控站(包括固定站、活动测控站、远洋测量船等)组成。为了提高测控覆盖范围和效率，有些国家还发射了跟踪与数据中继卫星。

#### 7.4.1.1　测控中心

测控中心是测控网的信息交换中心、控制计算中心、调度指挥中心，其主要任务是：

(1)指挥和控制航天测控站对航天器实施跟踪。

(2)收集、处理和发送各测控站(船)获取的各种航天器测量数据。

(3)处理遥测数据，监视、分析航天器的工作状态。

(4)确定航天飞行器的轨道参数和姿态参数，发布轨道预报。

(5)根据航天器飞行任务，拟定轨道、姿态机动控制方案，生成控制指令，计算各类控制参数。

(6)对航天器实施控制并进行过程监视。

(7)向用户提供跟踪航天器工程遥测、轨道姿态信息以及各种应用数据。

(8)制订测控网工作计划，实施测控网调度指挥。

#### 7.4.1.2　航天测控站(船)

航天测控站包括固定测控站、活动测控站、海上测量船和测量飞机等，其具体任务是：

(1)跟踪测量运载火箭或航天器，将获取的轨(弹)道数据送往测控中心。

(2)接收、记录航天飞行器遥测数据并送往测控中心。

(3)将控制指令发送给运载火箭或航天器。

航天测控站(船)通过其所配备的各种无线电测控设备与航天飞行器的上、下行联系，是测控网的重要组成部分，根据测控中心的指示与航天器通信，在对各种航天器控制过程中，配合测控中心完成控制任务，也可根据预先规定的程序独立完成部分对航天器的控制。

#### 7.4.1.3　通信网

通过由电缆、光缆、无线电等各种通信手段构成的测控系统通信网，保证测控中心、测控站(船)、发射场、用户以及其他有关部门之间信息的准确及时传递。其主要功能包括：语音指挥调度通信；测控站与测控中心之间、测控站内部、测控中心内部的数据传输；测控站和测控中心等关键部位的电视监视和记录；地面与飞船的话音通信和电视图像传送。通信方式主要包括光纤通信、卫星通信网、无线通信系统等。

#### 7.4.1.4 跟踪与数据中继卫星

跟踪与数据中继卫星用于转发地面测控站对中低轨道航天器的跟踪测控信号和中继航天器发回地面的信息，兼具跟踪测控和中继数据两种功能，一般部署在地球静止轨道。我国的数据中继卫星主要包括“天链”和“鹊桥”。

“天链”，顾名思义是“天上的信息链”，主要为我国载人飞船、空间站等载人航天器提供数据中继和测控服务，为中低轨道遥感、测绘、气象等卫星提供数据中继和测控服务，为航天器发射提供测控支持。它相当于把地面测控站搬到了 3.6 万 km 高度的地球轨道上。1 颗“天链”卫星对“神舟”飞船、“天宫”空间站轨道的通信覆盖率就能达到 50%，3 颗“天链”卫星组网可以实现整个轨道的通信全覆盖。同时，使用中继卫星后，天地通信的带宽得到极大提高。地面向飞船的上行通信带宽由 kbit/s 量级提高到了 Mbit/s 量级，下行通信带宽由 Mbit/s 量级提高到了百 Mbit/s 量级。目前我国已发展了两代“天链”卫星。

“鹊桥一号”卫星是世界上第一颗运行于地月 $L_2$ 点的数据中继卫星，利用该中继卫星作为转发站，可对环月、落月飞行器的信号进行中继转发，为卫星、飞船等飞行器提供数据中继和测控服务，并实现科学数据实时下传至地面，将协助地面控制中心实施月球探测器着陆控制。

### 7.4.2 典型应用

下面以天问一号火星探测任务，介绍航天测控系统的典型应用。天问一号测控属于深空测控任务，相比于一般航天测控任务，深空测控任务具有跟踪测量距离远、信号传输时延高、导航测量难度大、任务持续周期长等特点。因此，深空测控系统又被认为是测控系统中的升级版。

天问一号任务实现了 6 个首次，一是首次实现地火转移轨道探测器发射；二是首次实现行星际飞行；三是首次实现地外行星软着陆；四是首次实现地外行星表面巡视探测；五是首次实现 4 亿 km 距离的测控通信；六是首次获取第一手的火星科学数据。

2020 年 7 月 23 日 12 时 41 分，长征五号遥四运载火箭载着我国首次火星探测任务“天问一号”探测器于文昌航天发射场成功发射升空，中心三亚测控站、厦门测控站对火箭的飞行状态进行跟踪测量，飞行 30 余分钟后，器箭分离，成功将探测器送入预定轨道，开启了我国的行星探测任务。

2020 年 7 月 23 日 13 时 21 分，阿根廷深空站率先捕获火星探测器信号，探测器接收到了来自海外深空测控站的第一声问候；21 时 37 分，佳木斯深空站成功捕获“天问一号”探测器信号；7 月 24 日 1 时，喀什深空站成功捕获“天问一号”探测器信号。三大深空测控站点在各自测控弧段内向探测器上注各项飞行状态设置指令，并成功实施干涉测量，探测器飞行数据源源不断地传递至北京航天飞行控制中心。

2020 年 8 月 2 日 7 时整，“天问一号”探测器 3 000 N 发动机开机工作 20 s，顺利完成第一次轨道中途修正，继续飞往火星。2020 年 9 月 20 日 23 时，在我国首次火星探测任务飞行控制团队操作下，天问一号探测器 4 台 120 N 发动机同时点火工作 20 s，顺利完成第二次轨道中途修正，并在轨验证了 120 N 发动机的实际性能。

2020 年 10 月 9 日 23 时，“天问一号”探测器主发动机点火工作 480 余秒，顺利完成深空机动。“天问一号”探测器的飞行轨道变为能够准确被火星捕获的、与火星精确相交的轨道。

2021 年农历除夕前后,“天问一号”探测器在历经几次变轨后,进行近火制动,“刹车”后被火星“捕获”。

2021 年 2 月 5 日,“天问一号”探测器发回首次火星照片,探测器在离火星约 220 万 km 的距离拍摄了照片,如图 1-16(b)所示。

2021 年 2 月 10 日 19 时 52 分,“天问一号”探测器经过 202 天 4.75 亿 km 的深空飞行,与火星交会,成功进入火星轨道。

2021 年 5 月 15 日 7 时 18 分,“天问一号”探测器成功着陆于火星乌托邦平原南部预选着陆区。火星上首次留下中国印迹,实现我国首次地外行星着陆,“祝融号”火星车发回遥测信号。

2022 年 1 月 1 日,国家航天局发布我国首次火星探测任务“天问一号”探测器从遥远火星传回的一组精美图像,向全国人民报告平安。本组图像包含环绕器与火星合影、环绕器局部特写、火星北极冰盖、“祝融号”火星车拍摄火面地貌等内容,展示环绕器、“祝融号”火星车工作状态及获取的火星表面形态,如图 7-17 所示。

图 7-17 “祝融号”火星车拍摄火面地貌

## 本章回顾

### 关键词

航天测控　跟踪测量

遥测　遥控

跟踪引导　距离测量

角度测量　位置测量

速度测量　航天测控网

### 重要概念

◇ 航天测控系统功能
- 跟踪测量
- 遥测
- 遥控

◇ 位置测量原理及体制
- 测量原理:测量 3 个相互独立的角度或距离测量量
- 典型测量体制:$RAE$、$Rlm$、$Rri$ 等

◇ 航天测控网的组成
-测控中心
-航天测控站(船)
-通信网
-数据中继卫星

## 思考与讨论

1. 什么是航天测控？其测量与控制分别包括哪些类型？

2. 简述在航天测控任务中,工程测控与业务测控的主要区别。

3. 航天测控的功能是什么？其系统组成具体包括哪些部分？

4. “酒泉光学跟踪正常,青山 USB 雷达跟踪正常,遥测信号正常。双城光学雷达跟踪正常。东风光学 USB 雷达跟踪正常……”这是我们经常从发射直播现场听到的声音,试简述 USB 系统的含义及优缺点。

5. 航天器位置测量过程中,常用的测量量主要包括哪些？

6. 简述航天器的测距原理,并比较脉冲测距和连续波测距的主要区别。

7. 在利用等信号法测角时,为何要采用 4 个相同但彼此部分重叠的波束方向图？只采用两个波束是否可行？

8. 航天器的运动速度在三维空间中为矢量速度,如何利用多普勒测速原理测得矢量速度？

9. 试分析运载火箭遥控和航天器遥控有哪些不同要求？

10. 在无线电技术中,什么是信号调制？为什么要进行信号调制？

11. 试分析遥控数据差错控制中,可否由航天器收到的遥控数据原样下传,由地面比对后向航天器发确认指令再执行,为什么？

12. 随着跟踪与数据中继卫星的发展,未来的天基测控能否取代地面的测控站和海上测控船,为什么？

# 第8章 卫星通信

## 本章中，你将学到

◇ 什么卫星通信？卫星通信有哪些优缺点？
◇ 卫星通信基本原理
◇ 卫星通信系统的组成与运行过程
◇ 卫星通信新技术

## 你应该已经掌握

◇ 太空环境及其影响
◇ 典型轨道特征及其应用
◇ 航天器系统组成

## 内容安排

本章主要内容包括4个部分：
◇ 卫星通信的概念和特点。
◇ 卫星通信的基本原理，主要包括电磁波传输衰减、通信波段选择等。
◇ 卫星通信系统的组成与运行，主要介绍卫星通信系统的构成、网络结构分类、系统运行过程等。
◇ 卫星通信新技术，主要介绍低轨互联网技术和手机直连卫星技术。

## 8.1 概念与特点

### 8.1.1 卫星通信的概念

日常生活中，无时无刻不在进行着信息的传递，比如打电话、收听广播、看电视直播等等。这些信息传递的方式基本上可以分为有线和无线两种类型。

目前主流的通信方式是手机通信，它是通过无线电波来传输的，在实际当中，就是通过建立一个基站，只要在基站覆盖的范围内，手机就能够接收到信号，这样的通信方式通常称为地面微波中继通信。众所周知，微波具有视距传输特性，两个通信站之间不能有遮挡。由于受地球曲率影响，地球上两个高 50 m 的微波通信站之间最大通信距离大约为 50 km，要实现更远距离的通信，就必须用多个微波中继站进行接力传输，以此来实现远距离的地面微波中继通信。

如图 8-1 所示，如果把微波中继站从地面搬到太空中，利用太空“站得高、看得远”的优势,就可以实现远距离的通信。卫星通信就是利用人造地球卫星作为中继站,转发卫星通信地球站之间或地球站与航天器之间用于进行通信的无线电波,实现两点或多点之间的通信。其中利用卫星中继转发航天器与地球站之间的通信又称为卫星中继通信。卫星通信是航天技术和现代通信技术相结合的重要成果,在广播电视、移动通信、宽带互联网和军事通信领域得到了广泛的应用,是当今必不可少的通信方式之一。

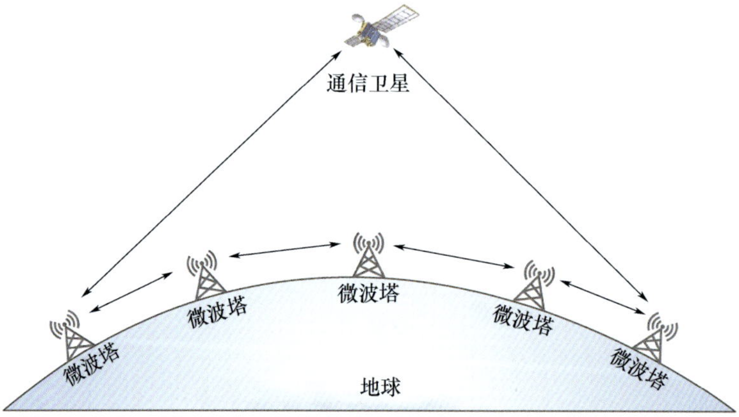


图 8-1　地面微波中继通信与卫星通信示意图

## 8.1.2　卫星通信的特点

### 1. 优点

卫星通信在无线电通信的历史上写下了崭新的一页,具有地面微波、电缆、光纤网络等传输模式所不具备的许多特性,可归纳如下:

(1)通信距离远,且成本与距离无关。利用地球静止轨道卫星,地面两点的最大通信距离达 18 000 km 左右。实际上,卫星视区(从卫星"看到"的地球区域)可达全球表面的 42.4%。原则上只需 3 颗卫星适当配置,就可建立除地球两极附近地区以外的全球不间断通信,如图 8-2 所示。在卫星的视界内,各地面站与卫星间的信号传输满足技术要求,通信质量便有了保证,地面站的建设经费不会因为通信站之间的距离远近、两通信站之间地面上的自然条件恶劣程度而变化。这在远距离通信上,比微波接力、电缆、光缆、短波通信有明显的优势。

(2)覆盖面积大,便于实现多址连接。通常,微波接力、地下电缆等,都是"干线"或"点对点"通信。以微波接力为例,北京到武汉之间的通信线路,南京是不能直接利用的,除非增加北京到南京,或者武汉到南京的微波接力线路。而卫星通信系统则类似于一个多发射台的广播系统,每个有发射机的地面站,都是一座广播发射台,在卫星天线波束的覆盖区域内,无论什么地方,都可以收到所有的广播,可以通过接收机选出所需要的某一个或某几个发射台的信号。既然地面站有发射机,也装有接收机,只要架设起来,相互间都可以同时通信,这种能同时实现多方向、多地点通信的能力,称为"多址连接"。应该说,这个特点是卫星通信系统突出的优点,它为通信网络的组成提供了高效率和灵活性。通信容量大,能传送的业务类型多。卫星通信链路的载波频率高、信息带宽大。典型通信卫星的容量为数十至数百兆 bit/s,能为几百个视频信道或几万个话音与数据链路提供服务。随着新体制、新技术的不断发展,卫星通信容

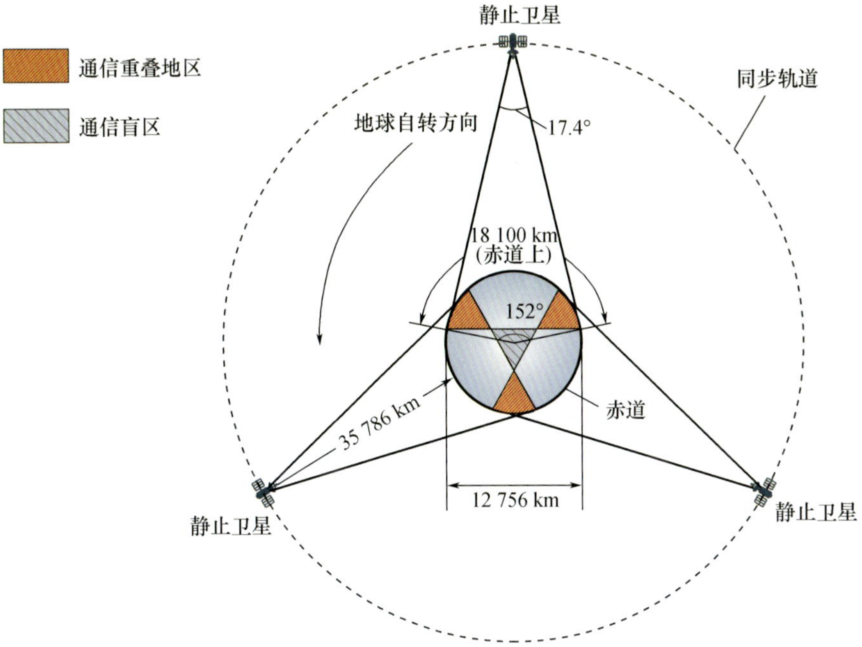


图 8-2　利用地球静止卫星建立全球通信

量将越来越大,传输的业务类型将越来越多样化。

(3)通信线路误码率低,传输质量高。由于卫星通信的无线电波主要是在大气层以外的宇宙空间传播,传播特性比较稳定,不易受到自然条件和干扰的影响,通常可以实现优于 $10^{-6}$ 的误比特率,因而传输质量较高。

(4)用户网络多样。地球的大部分区域对于典型通信卫星来说都是可见的,因此卫星可以同时把许多用户连接起来。对于利用地面方式不易到达的偏远区域或部门,卫星通信尤其有用。卫星终端可以位于地面、海上或空中,也可以是固定或移动的。

### 2. 缺点

卫星通信除了具备上述主要优点外,也存在一些固有的缺点和有待解决的问题,具体来说包含以下几个方面:

(1)卫星通信需要有高可靠、长寿命的通信卫星。实现卫星通信必须有高可靠、长寿命的通信卫星,由于一个通信卫星内要装几万个电子元件和机械零件,为了提高通信卫星的可靠性和寿命,必须选用宇航级的元器件,并做大量的寿命和可靠性试验。目前,低轨通信卫星的设计寿命一般在 5 年左右,同步通信卫星的设计寿命一般在 15 年左右。

(2)卫星通信要求地球站和卫星有大功率发射机、高灵敏度接收机和高增益天线。地球站和卫星相距遥远,地球静止轨道卫星通信的单一链路传输损耗可达 160~200 dB,到达地面或卫星的信号都非常微弱。为了弥补这个缺点,在地球站及卫星上都必须配置高增益天线、大功率发射机和高灵敏度接收机。

(3)卫星通信有较大的信号延迟和回声干扰。无线电波在自由空间的传播速度等于光速,当利用地球静止卫星通信时,信号从地球站发射经过卫星转发到另一地球站的传输距离约为 80 000 km,这样一次往返传输所需的时间约为 0.27 s,信号有较大的时延,这一时延对话音通信来说影响较大。另外,当话音通信时,如果语音收发处理系统不理想,会对发话人形成回声干扰,即发话人过一段时间会听到自己的讲话,会有很不自然的感觉,这个问题可通过采用回声抵消技术得以解决。

(4)地球高纬度地区的通信效果较差,并且两极地区为通信盲区。如图 8-2 所示,虽然在地球静止轨道上均匀配置 3 颗卫星几乎就可以覆盖全球,但在南北两极地球,还是存在一定的盲区,而且在高纬度地区由于通信仰角比较低,通信效果也会造成一定的影响。利用极轨卫星、倾斜轨道或大椭圆轨道卫星可以有效解决高纬度地区及两极地区的通信问题,但会带来地球站天基跟踪系统复杂、有效通信时间较短等问题。

## 8.2 卫星通信的基本原理

卫星通信的基本原理就是通过将地面或航天器发射的信号发送到通信卫星上,然后再由通信卫星发送到对应的目标地点,在这一过程中通信信号需要经过大气层的传输和通信卫星的转发。

### 8.2.1 电磁波传输衰减

地面产生的通信信号首先要经过大气层的传输才能到达通信卫星,而通信卫星转发的信号也必须再次经过大气层的传输才能到达目标点。由于大气中气体分子与气溶胶的影响,电磁波信号在大气中的传播主要受到散射、吸收、折射、湍流等影响而导致信号减弱或产生噪声。

#### 8.2.1.1 大气散射

大气散射的性质与强度主要取决于气体分子(或大气中的其他微粒)半径和被散射的电磁波波长。根据微粒半径与散射波长之间的关系,主要有两种性质不同的散射形式:瑞利散射和米氏散射。

瑞利散射是指由半径小于波长十分之一以下的微粒引起的散射,其散射系数(能力)与波长的负四次方成正比。由于大气中的气体分子半径是 $10^{-4}$ μm 量级,可见光波长为 $10^{-1}$ μm 量级,符合瑞利散射条件,因此大气中的气体分子对可见光的散射为瑞利散射,并且波长越短,散射能力越强。在晴天天空呈蓝色就是这个原因。

米氏散射是由半径大于波长的微粒引起的散射。米氏散射是一种非选择性散射,散射强度几乎与波长无关。大气中的晶粒、水滴、尘烟等的半径都大于可见光与近红外线的波长,因此,太阳辐射的可见光与近红外线被它们等强度地散射。薄云、雾呈白色就是这个原因。

由于大气的散射作用,一部分太阳辐射转化为“散射光”,往往使遥感影像出现偏色、反差降低等现象,影响遥感影像的质量,因此传感器经常使用滤光片来消除或减小散射光的影响。

#### 8.2.1.2 大气吸收

大气吸收主要是将辐射能转换成大气分子运动的动能。大气中对太阳辐射的主要吸收体是水蒸气($H_2O$)、二氧化碳($CO_2$)、臭氧($O_3$)和一氧化二氮($N_2O$)等,它们对太阳辐射和地球辐射的吸收率如图 8-3 所示。

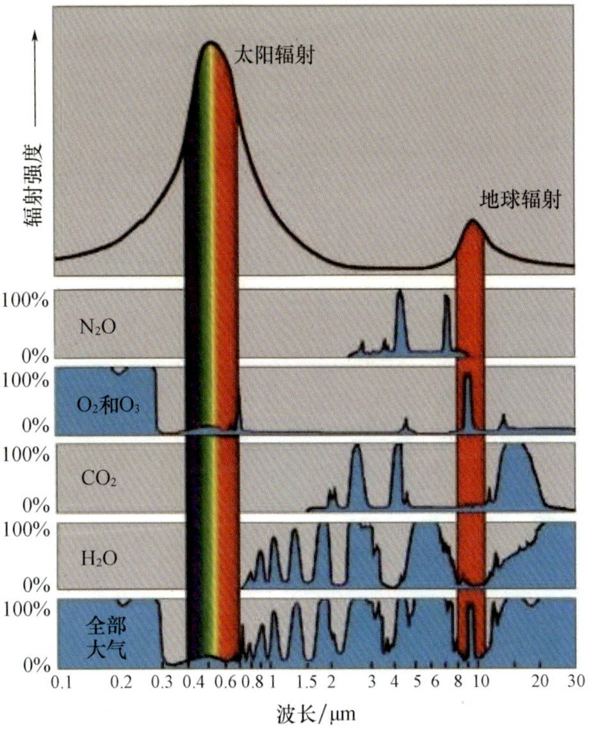


**图 8-3　大气中不同成分气体的吸收带**

从图中可以看出,臭氧吸收带主要在 0.3 μm 以下的紫外区;二氧化碳吸收带包括 2.6~2.81 μm、4.10~4.45 μm、9.10~10.9 μm、12.9~17.1 μm,全部在红外区;水蒸气吸收带包括 0.75~1.95 μm、2.5~3.0 μm、4.9~8.7 μm 红外区,以及 0.164 cm、1.348 cm 的微波区。除此之外,甲烷、一氧化碳、氨气、硫化氢、氧化硫等对电磁波也有吸收作用,但吸收率都比较低。

#### 8.2.1.3　大气折射

电磁波穿过大气层时,会发生折射现象,改变传播方向。大气的折射率与大气密度相关,密度越大折射率越大;离地面越高、空气越稀薄,折射率越小。由于电磁波在大气的传播中折射率的变化,因此电磁波在大气中的行进轨迹是一条曲线。这样当电磁波到达地面后,地面接收的电磁波方向与实际方向相比就会偏转一定的角度。

#### 8.2.1.4　大气湍流

大气是一种随机变化的连续介质。湍流是指气体的不规则流动,也称紊流。大气的湍流运动,以及温度、密度的小尺度变化,会造成大气折射率空间分布的不均匀性和时间上的不规则变化,进而使电磁波偏离原来的传播方向。

### 8.2.2　通信频段选择

#### 8.2.2.1　电磁波谱划分

按电磁波在真空中的波长依序划分成波段,排列成谱即为电磁波谱,如图 8-4 所示。总体上，电磁波频率越低、波长越长，则能量越低、绕射能力越强、传播衰减越少；电磁波频率越高、波长越短，则能量越高、透射能力越弱、传播衰减越快。

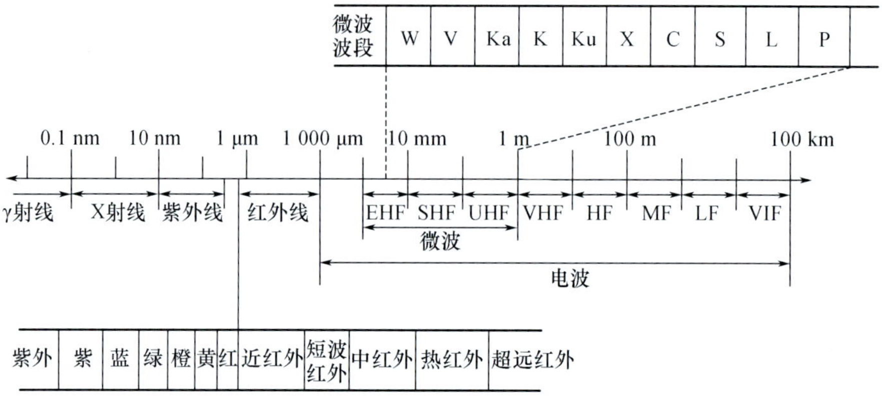


图 8-4　电磁波谱组成图

电磁波频率从低到高(或波长由高到低)划分如下：

(1)无线电波：波长大于 100 mm，可细分为长波、中波、短波、超短波、微波等。无线电波段广泛用于无线通信、导航、遥感等各类场景，包括电视、收音机广播、卫星通信、蜂窝通信、导航、雷达遥感等。

(2)红外线：红外线波长范围为 0.76～100 μm，可细分为近红外、短波红外、中红外、热红外和远红外等。

(3)可见光：波长范围为 0.38～0.76 μm。

(4)紫外线：波长范围为 10 nm～0.38 μm。

(5)射线：波长小 10 nm，包括 X 射线和 γ 射线。

### 8.2.2.2　通信卫星工作频段

卫星处于外层空间(电离层之外)，因此，卫星通信发射和接收的电磁波必须能够穿过电离层，且传播损耗和外部附加噪声应尽可能小。此外，卫星数量有限，工作波段应具有较宽的频带。综合上述因素，通常选择微波频段(300 MHz～300 GHz)作为通信卫星的工作频段。国际电信联盟(ITU)将卫星通信频率细分为分米波频段、厘米波频段和毫米波频段。

#### 1. 分米波频段

分米波频段或 UHF(ultra high frequency)波段的频率范围为 300 MHz～3 GHz。该频段对应于 IEEE 划分的 UHF(300 MHz～1 GHz)、L(1～2 GHz)及 S(2～4 GHz)频段。UHF 频段无线电波已接近视线传播，易被山体和建筑物等阻挡，室内的传输衰耗较大。

#### 2. 厘米波频段

厘米波频段或 SHF(super high frequency)波段的频率范围为 3～30 GHz。该频段对应于 IEEE 划分的 S(2～4 GHz)、C(4～8 GHz)、Ku(12～18 GHz)、K(18～27 GHz)及 Ka(26.5～40 GHz)频段，波长为 1 cm ～1 dm，其传播特性已接近光波。

### 3. 毫米波频段

毫米波频段或 EHF(extremly high frequency)波段的频率范围为 30~300 GHz。该频段对应于 IEEE 划分的 Ka(26.5~40 GHz)、V(40~75 GHz)等频段。当 Ka 频段资源趋于紧张后,高容量卫星通信业务将使用频率更高的 Q/V 频段。

当然,并不是所有微波频段的频率都适用于卫星通信。选择工作频段时,首先要求电磁波传输衰减及其他衰减要小。当电磁波在地球站与卫星之间传播时,要穿过地球周围的大气层,会受到电离层中自由电子和离子的吸收,还会受到对流层中的氧、水汽和雨、雪、雾的吸收和散射,并产生一定的衰减,如图 8-5 所示。这种衰减的大小与工作频率、天线仰角以及气候条件有密切的关系。通过测量,可以得出晴朗天气条件下大气衰减与频率的关系:在 0.5 GHz 以下,电离层中的自由电子或离子的吸收在信号的大气损耗中起主要作用,频率越低,损耗越严重,0.01 GHz 时损耗大约为 100 dB;而工作频率高于 0.3 GHz 时,其影响小到可以忽略;在 0.5~10 GHz 频段,大气吸收衰减最小,称为"无线电窗口";在 15~35 GHz 频段,水蒸气分子吸收占主要地位。与此同时,衰减还与地球站天线仰角有关。

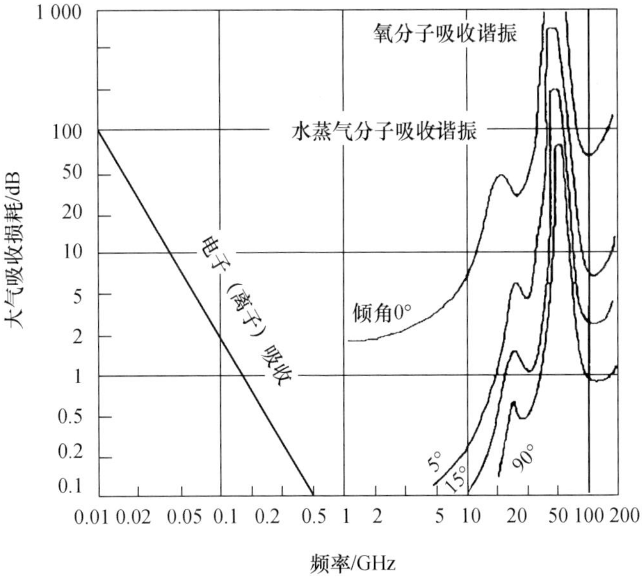


图 8-5 大气中不同分子对电磁波的吸收

天线仰角越大,无线电磁波通过大气层的路径越短,则吸收产生的衰减越小,当频率低于 10 GHz 后,仰角大于 5° 时,其影响基本上可以忽略。另外,在 30 GHz 附近也存在一个衰减低谷,称为"半透明无线电窗口"。

其次,天线接收的外界噪声要小。宇宙及大气噪声与频率的关系曲线如图 8-6 所示。宇宙噪声是指太空星体的热气体及分布在星际空间的物质辐射所形成的噪声,它在银河系中心的指向上达到最大值,通常称为指向热空,而在天空其他某些部分的指向则是很低的,称为冷空。从图 8-6 中可以看出,工作频率如果在 0.1 GHz 以下,宇宙噪声会迅速增加。通常都希望它工作在 1 GHz 以上,这时宇宙噪声和人为干扰对通信的影响都很小。

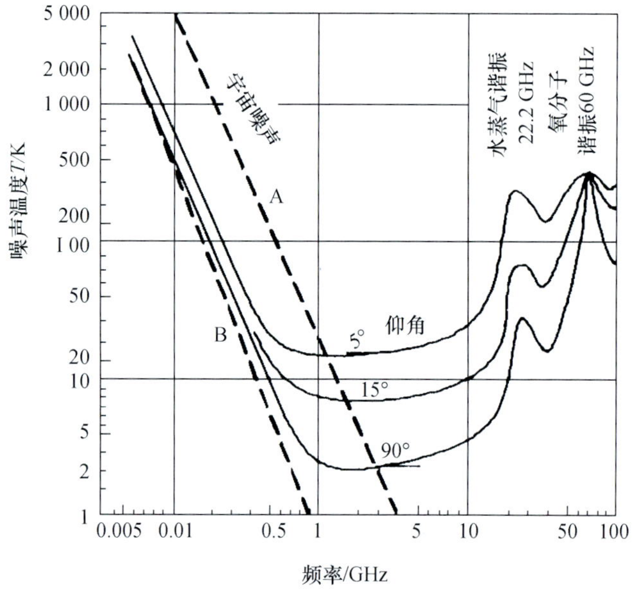


图 8-6　宇宙及大气噪声与频率的关系

由前面分析可知,水蒸气分子和氧分子吸收衰减在 10 GHz 以上时逐渐增大。因此,从降低接收系统噪声和大气衰减的角度来考虑,工作频段最好选在 1~10 GHz 之间。

### 8.2.2.3　雨衰

特别需要指出,在进行卫星通信系统设计时,大气层中雨、雾、云的影响也是应该考虑的。在雨天或有雾、云的气象条件下,雨滴和雾对于较高频率(10 GHz 以上)的电波会产生散射和吸收作用,从而引入较大的附加损耗,称为雨衰。国际电信联盟推荐的雨衰计算公式为

$$L_R = \gamma_R l_R(\theta) \tag{8.1}$$

式中,$\gamma_R$ 是降雨衰减系数,定义为由雨滴引起的单位长度上的衰减,单位为 dB/km;$l_R(\theta)$ 是降雨地区的等效路径长度,单位为 km,该长度与降雨云层的厚度、降雨区范围,以及地球站天线仰角等数值有关。因为降雨密度在整个设计路径中的分布是不均匀的,所以采用有效路径长度比实际(几何)长度更为合适。仰角越大,雨衰越小;频率越高,雨衰越大;降雨强度越大,雨衰越大。

图 8-7 给出了雨、雾、云对电磁波的吸收衰减的关系曲线,实线为雨引起的衰减,虚线为云、雾引起的衰减。可知,当工作频率高于 30 GHz 时,即使是小雨,引起的衰减也不能忽略。当工作频率在 10 GHz 以下时,则必须考虑中雨以上的影响。

除了上述两个方面以外,还应考虑如下要求:①有较宽的可用频带,以满足信息传输的要求;②与地面微波通信、雷达等其他无线系统间的干扰要小;③能充分利用现有的通信技术,并便于与现有地面通信设备配合使用;④设备尺寸要求。

综合上述要求,应将卫星通信频段选在特高频或微波频段。微波频段可以进一步细分,具体情况可参见表 8-1。

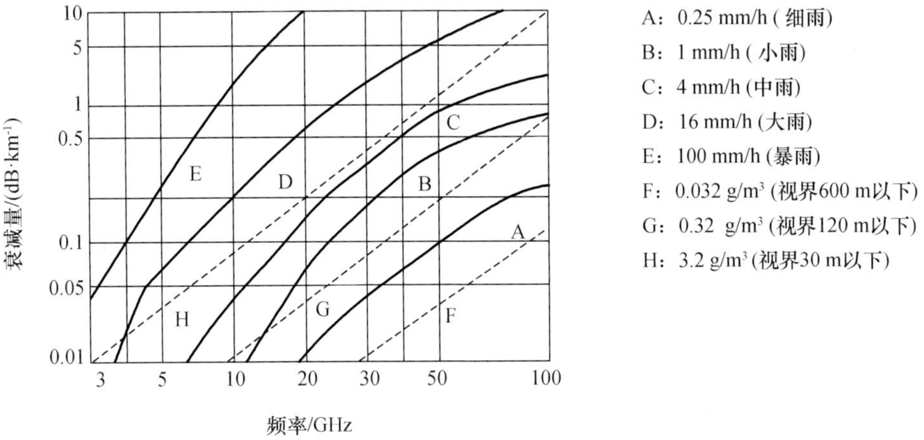


图 8-7　雨、雾、云引起的损耗

表 8-1　微波频段划分

| 微波频率 | 频率范围/GHz | 微波频段 | 频率范围/GHz | 微波频段 | 频率范围/GHz |
|---|---|---|---|---|---|
| L | 1~2 | K | 18~26 | E | 60~90 |
| S | 2~4 | Ka | 26~40 | W | 75~100 |
| C | 4~8 | Q | 33~50 | D | 110~170 |
| X | 8~12 | U | 40~60 | G | 140~220 |
| Ku | 12~18 | V | 50~75 | Y | 220~325 |

目前，卫星通信所用的频段大多是 C 频段和 Ku 频段。当然，卫星通信的频段也不是固定的，根据业务需求的需要，人们将探索更高的应用频段。事实上，1971 年世界无线电行政大会，已经确定把宇宙通信的频段扩展到了 275 GHz。

#### 8.2.2.4　日凌与星蚀

当卫星、地球和太阳共处一条直线上，地球挡住了阳光，卫星进入地球的阴影区，从而造成卫星的日蚀（日食），称为星蚀。星蚀期间，卫星所需的能源一般需靠星载蓄电池来供给。由于卫星重量的限制，星载蓄电池虽能维持星体正常运转的需要，但难以为各转发器提供充分的电能，从而影响通信业务量的转发。当地面站天线对准卫星的同时也对准太阳，这时强大的太阳噪声使通信无法进行，这种现象称为日凌中断。对于地球静止轨道通信卫星系统来说，日凌中断一般是难以避免的。为避免通信中断，可采用两颗不同时发生日凌的卫星，在日凌中断出现前将信道转接到备用卫星工作。

### 8.2.3　卫星通信链路

卫星通信系统从发端地球站到收端地球站的信息传输过程中，要经过上行传播路径、通信卫星转发器、下行传播路径。因此，一个完整的卫星通信链路由发端地球站、上行传播路径、通信卫星转发器、下行传播路径和收端地球站组成，如图 8-8 所示。

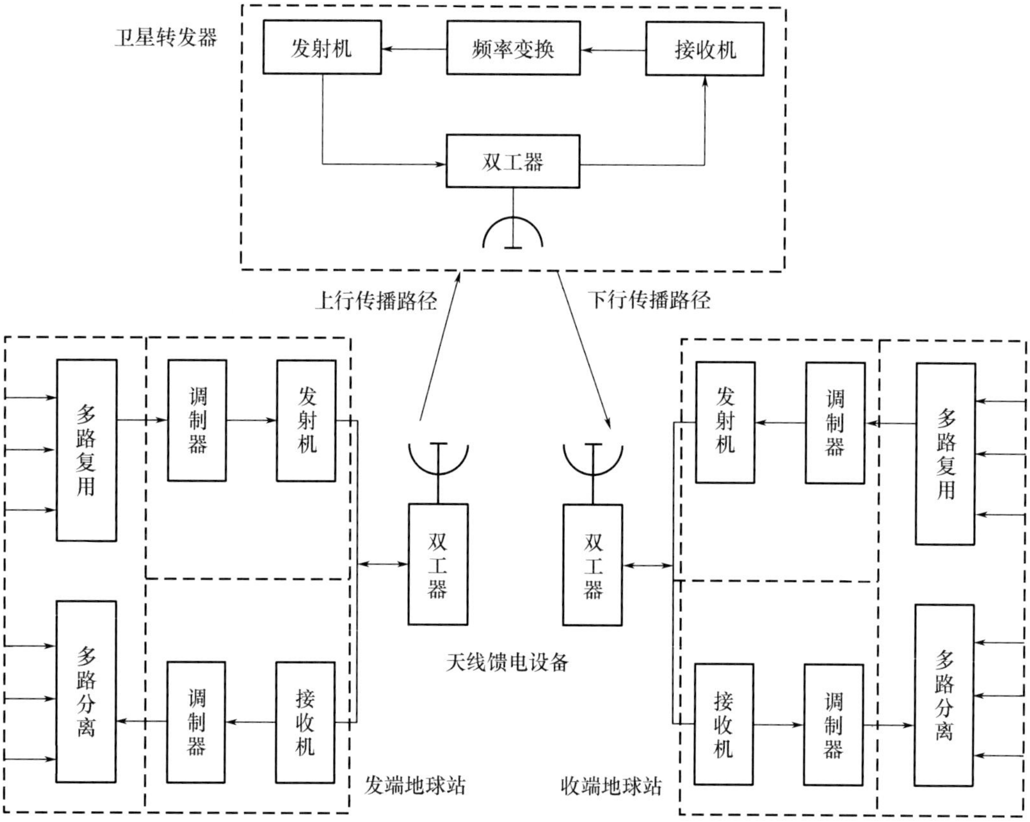


图 8-8　卫星通信链路

上行传播路径的信号质量(如误码性能)取决于卫星收到的信号功率电平和卫星接收系统的噪声功率电平大小。下行传播路径的信号质量取决于收端地球站接收到的信号功率电平和地球站接收系统的噪声功率电平的大小。一次成功的卫星通信就是收端地球站能够正确接收到发端地球站的信号,也就是说收端地球站能够从带有噪声的信号中识别出有用信号,通常用总载噪比(载波功率和噪声功率之比)来衡量卫星通信链路的性能,主要包括上行传播路径的载噪比、下行传播路径的载噪比和卫星自身干扰载噪比(互调噪声载噪比),这里就涉及卫星通信的链路分析。

上行传播路径的载波接收功率是指卫星接收机输入端的载波功率,一般称为载波接收功率。分析上行传播路径的载波接收功率主要分析发端地球站能够发射的功率大小、上行传播路径的损耗和卫星接收天线的增益。其中发端地球站能够发射的功率大小又包括发射机的功率大小和发射天线的增益,上行传播路径的损耗包括自由空间传播损耗、大气吸收损耗、雨衰损耗、馈线损耗等,其中主要是自由空间的传播损耗,这里就涉及卫星通信链路的基本参数。

### 8.2.3.1　卫星通信基本参数

#### 1. 天线增益

在卫星通信中,一般使用定向天线,把电磁波能量聚集在某个方向上辐射。天线增益是指在给定方向上天线每单位角度功率辐射/接收密度与馈送相同功率的全向天线每单位角度上功率辐射/接收密度之比,在最大辐射方向上增益最大。

设天线开口面积为 $A$,天线效率为 $\eta$,波长为 $\lambda$,天线直径为 $D$,则天线增益为

$$G = \frac{4\pi A}{\lambda^2}\eta = \left(\frac{\pi D}{\lambda}\right)^2 \eta = \left(\frac{\pi Df}{c}\right)^2 \eta \tag{8.2}$$

实际工程中经常用 dBi(相对于全向天线的增益)表示,即

$$G = 20.4 + 20\lg D \cdot f + 10\lg \eta \tag{8.3}$$

式中,$D$ 为天线口径,单位为 m;$f$ 为频率,单位为 GHz;$\eta$ 为效率,其典型值是 55% ~ 75%。

### 2. 等效全向辐射功率(EIRP)

通常把卫星和地球站发射天线在波束中心轴向上辐射的功率称为发送设备的等效全向辐射功率。它是天线发射功率 $P_T$ 与天线增益 $G_T$ 的乘积,即

$$\text{EIRP} = P_T G_T (\text{W}) \tag{8.4}$$

### 3. 自由空间传播损耗 $L_p$

卫星通信自由空间传播损耗,等效于全向天线在自由空间中的能量扩散:

$$L_p(\text{dB}) = 10\lg\left(\frac{4\pi d}{\lambda}\right)^2 = 10\lg\left(\frac{4\pi df}{c}\right)^2 \tag{8.5}$$

当距离 $d$ 以 km 为单位,频率 $f$ 以 GHz 为单位时:

$$L_p(\text{dB}) = 92.44 + 20\lg d(\text{km}) + 20\lg f(\text{GHz}) \tag{8.6}$$

当距离 $d$ 以 km 为单位,频率 $f$ 以 MHz 为单位时:

$$L_p(\text{dB}) = 32.44 + 20\lg d(\text{km}) + 20\lg f(\text{MHz}) \tag{8.7}$$

### 4. 噪声温度

噪声源的等效噪声温度定义为能产生相同干扰功率的热噪声源估计温度,这是一个虚拟的温度,与绝对物理温度不同。噪声大小可直接用噪声功率来度量。对于具有热噪声性质的噪声,噪声功率可表示为

$$N = kBT \tag{8.8}$$

式中,$k=1.38\times10^{-23}$ J/K 为玻尔兹曼常数;$B$ 为等效噪声带宽;$T$ 为等效噪声温度。若用 $n_0$ 表示噪声功率谱密度,则 $n_0=kT$,因此噪声大小也可以用等效噪声温度 $T$ 来间接表示。

### 5. 接收系统品质因数

品质因数:接收天线增益对噪声温度的比值($G/T$),它表示一个地球站/通信卫星的接收能力强弱,$G/T$ 值越高就意味着地球站/通信卫星的接收能力越强。单位一般用 dB/K 表示。

$$\frac{G}{T} = G - 10\lg T \tag{8.9}$$

式中,$G$ 表示低噪声放大器输入端的接收天线增益;$T$ 表示接收系统噪声温度。

### 6. 载波接收功率

卫星或地球站接收机输入端的载波功率一般称为载波接收功率,记作 $C$。设发射机的等效全向辐射功率为 [EIRP]dBW,接收天线增益为 [$G_R$]dB,接收馈线损耗为[$L_{FR}$]dB,大气损耗为 [$L_a$]dB,自由空间损耗为 [$L_p$]dB,其他损耗为 [$L_r$]dB,则载波接收功率 [$C$]dBW 为

$$[C] = [\text{EIRP}] + [G_R] - [L_a] - [L_p] - [L_r] - [L_{FR}]$$

$$=[P_0]-[L_{FT}]+[G_T]+[G_R]-[L_a]-[L_p]-[L_r]-[L_{FR}] \tag{8.10}$$

7. 载噪比

载噪比指的是载波功率与噪声功率之比。如果用 $[C/N]$ 表示，则单位为(dB)；如果用 $[C/T]$ 表示，则单位为(dBW/K)。

$$\left[\frac{C}{T}\right]=\left[\frac{C}{N}\cdot kB\right]=\left[\frac{C}{N}\right]+[k]+[B]+\left[\frac{C}{N}\right]+[B]-228.6 \tag{8.11}$$

### 8.2.3.2 卫星通信链路预算

1. 上行线路载噪比

在计算上行线路载噪比时，地球站为发射端，卫星为接收端。设地球站等效全向辐射功率为 $[\mathrm{EIRP}]_E$，上行线路传播损耗为 $L_U$，卫星转发器接收天线增益为 $G_{RS}$，卫星转发器接收系统馈线损耗为 $L_{FRS}$，大气损耗为 $L_a$，则卫星转发器接收机输入端的载噪比为

$$\left[\frac{C}{N}\right]_U=[\mathrm{EIRP}]_E-[L_U]+[G_{RS}]-[L_{FPS}]-[L_a]-10\lg(kT_SB_S) \tag{8.12}$$

式中，$T_S$ 为卫星转发器输入端等效噪声温度；$B_S$ 为卫星转发器接收机带宽。如果将 $L_{FRS}$ 计入 $G_{RS}$ 之内，则称之为有效矢线增益；将 $L_a$ 计入 $L_U$ 之内，则上式可写成

$$\left[\frac{C}{N}\right]_U=[\mathrm{EIRP}]_E-[L_U]+[G_{RS}]-10\lg(kT_SB_S) \tag{8.13}$$

$$\begin{aligned}\left[\frac{C}{T}\right]_U&=\left[\frac{C}{N}\right]_U+10\lg(kB)=[\mathrm{EIRP}]_E-[L_U]+[G_{RS}]-10\lg T_S\\&=[\mathrm{EIRP}]_E-[L_U]+\left[\frac{G_{RS}}{T_S}\right]\end{aligned} \tag{8.14}$$

可见，$G_{RS}/T_S$ 值的大小直接关系到卫星接收性能的好坏，故把它称为卫星接收机性能指数，也称为卫星接收机的品质因数，通常简写为 $G/T$。$G/T$ 值越大，$C/N$ 越大，接收性能越好。

2. 下行线路载噪比

同理，下行链路载噪比为

$$\left[\frac{C}{T}\right]_D=[\mathrm{EIRP}]_S-[L_D]+\left[\frac{G_{RE}}{T_E}\right] \tag{8.15}$$

式中，$[G_{RE}/T_E]$ 称为地球站性能指数(品质因数)，常用 $[G_R/T_D]$ 表示，其中 $T_D$ 为下行线路噪声温度，它关系着地球站接收性能的好坏。因此，在国际卫星通信系统中，为了保证一定的通信质量并能有效地利用卫星功率，对标准地球站的性能指数有明确规定。

3. 总载噪比

上行和下行线路载噪比都是单程线路的载噪比。卫星通信经过双程线路(即地球站→卫星→地球站)之后，接收地球站收到的总载噪比 $[C/N]_t$ 与下行线路的载噪比 $[C/N]_D$ 是有区别的。整个卫星线路噪声由上行线路噪声、下行线路噪声和互调噪声 3 部分组成。虽然这 3 部分噪声到达接收站接收机输入端时，已混合在一起，但因各部分噪声之间彼此独立，所以计算噪声功率时，可以将 3 部分相加，即

$$N_t=N_U+N_I+N_D=k(T_U+T_I+T_D)B=kT_tB \tag{8.16}$$

式中，$T_t = T_U + T_I + T_D$。整个卫星线路的总载噪比为

$$\frac{C}{T_t} = \frac{C}{T_U + T_I + T_D}$$

$$t^{-1} = U^{-1} + I^{-1} + D^{-1} \tag{8.17}$$

# 8.3 系统组成与运行

## 8.3.1 基本构成

一个卫星通信系统由卫星分系统（空间分系统）、通信地球站分系统、跟踪遥测及指令分系统和监控管理分系统（统称为跟踪遥测遥控和监视（TTC&M）分系统）组成，如图 8-9 所示。

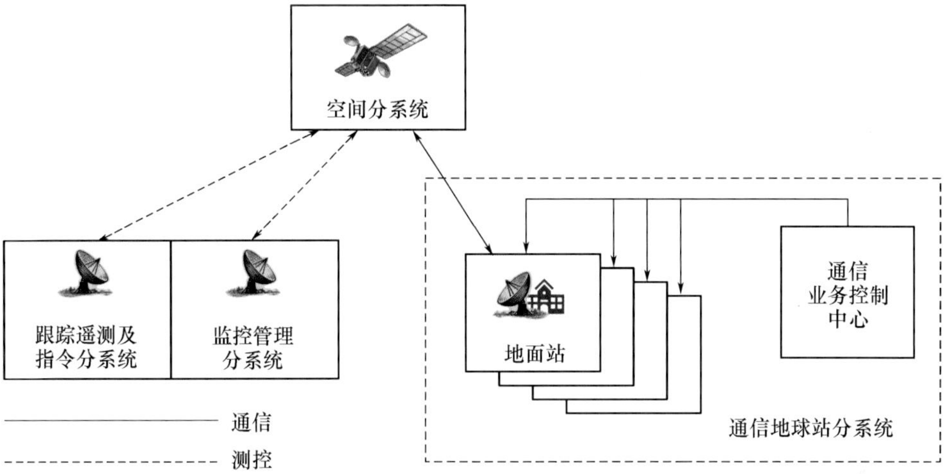


图 8-9 卫星通信系统的基本组成

## 8.3.2 卫星通信系统网络结构

任何一个卫星通信系统都要组成一定的网络结构，以便多个地球站按一定的连接方式通过卫星进行通信。根据卫星通信系统使用目的和要求不同，可以组成不同的卫星通信网。

由多个地球站构成的通信网络，可以归纳为两种主要形式：星形网络和网形网络。如图 8-10 所示，在星形网络中，各远端地球站都是直接与主站发生联系的，而各远端地球站之间是不能经卫星直接进行通信的。必要时须经主站转发，才能进行连接和通信。无论是远端地球站与主站进行通信，还是地球站经主站进行通信，都必须经过卫星转发器。由于这种网络结构的一条通信线路要经过两跳的延迟，因而，对于要求实时的语音业务来说是不适合的，而只适用于记录语音业务和数据业务。因此，其特点是便于管理，但是延时较大。

如图 8-11 所示，在网形结构中，任何两个远端地球站之间都是单跳结构，因而它们之间可以直接进行通信。但是必须利用一个主站控制与管理网络内各地球站的活动，并按需分配信道。显然，单跳星形结构是最简单的网络结构，而网形结构则是最复杂的网络结构，它具有全连接特性，并能按需分配卫星信道。

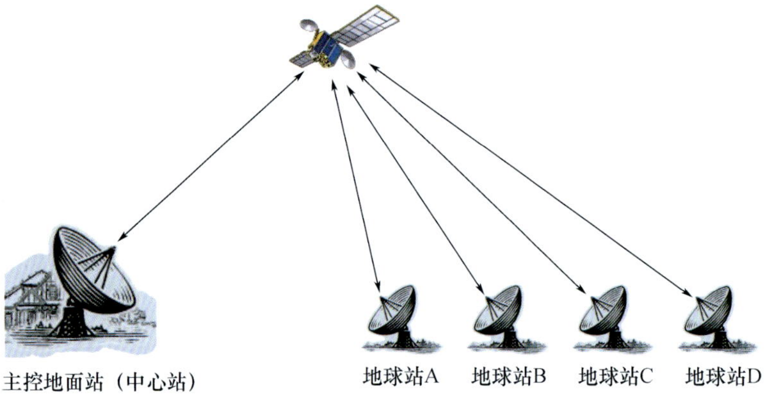


图 8-10　星形网络结构

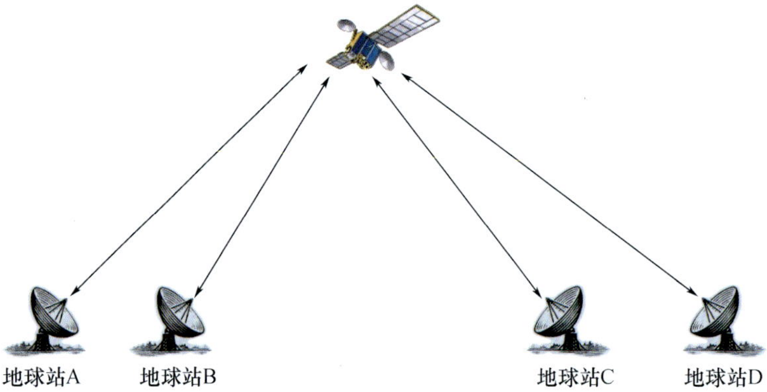


图 8-11　网形网络结构

单跳和双跳相结合的混合网络结构如图 8-12 所示。在这种网络中,网络的信道分配、监测管理与控制等由主站负责,但是通信不经主站连接,所以它可以为主站与远端地球站之间提供数据和语音业务,为各远端地球站之间提供数据和记录语音业务。从网络结构来说,语音信道是网状网,控制信道是星形网,因而是一种广泛应用的网络结构。

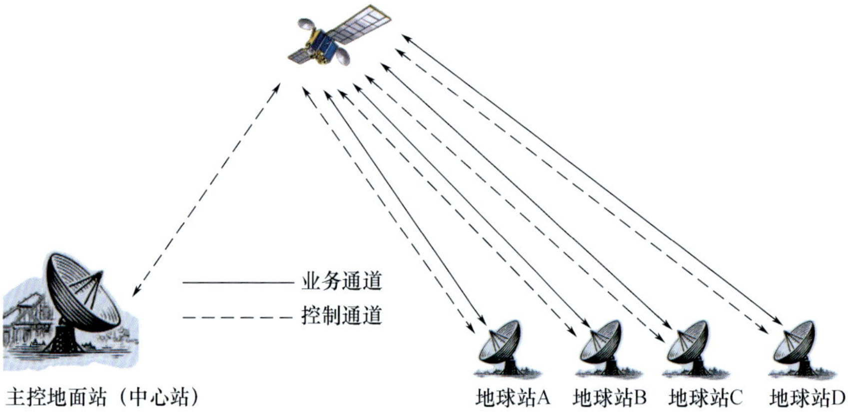


图 8-12　混合网络结构

### 8.3.3　通信卫星

通信卫星是卫星通信系统的核心节点,起无线电中继站的作用,主要依靠通信转发器和通信天线实现无线电信号的收发,实现天地通信。

#### 1. 通信转发器

通信载荷的转发器,是通信卫星中直接起中继站作用的部分,又叫通信中继器。卫星上每个转发器含有接收机、变频器、功率放大器 3 个单元,实质上是一组宽频带的收、发信机,它是通信卫星中最重要的组成部分,其性能直接影响到卫星通信系统的工作质量。每个转发器覆盖一段频段,有利于降低通过同一功率放大器的载波数目,从而减小交调噪声,也便于卫星功率放大器的制造。

转发器电路结构随性能要求不同通常分为透明转发器(弯管式转发器、非再生式转发器)与处理转发器(再生式转发器,具有交换和处理功能)。

透明转发器收到地面发来的信号后,除进行低噪声放大、变频和功率放大外,不做任何加工处理(如解调、基本信号处理等),只是单纯地完成转发的任务。它对工作频段内的任何信号都是“透明”的通路。这种转发器适合传送各种信号(模拟或数字),不对用户提过多的要求,有一次变频和二次变频两种方式。

一次变频式转发器将接收到的信号直接进行低噪声放大,经过一次变频和功率放大后,向地球站转发,如图 8-13 所示。这种转发器的优点是带宽较宽(一般为 500 MHz),转发器工作在线性范围,非线性失真小,允许多载波工作,但它的增益较低、功率不大,适合载波数量多、通信容量大的系统,适于多址连接。

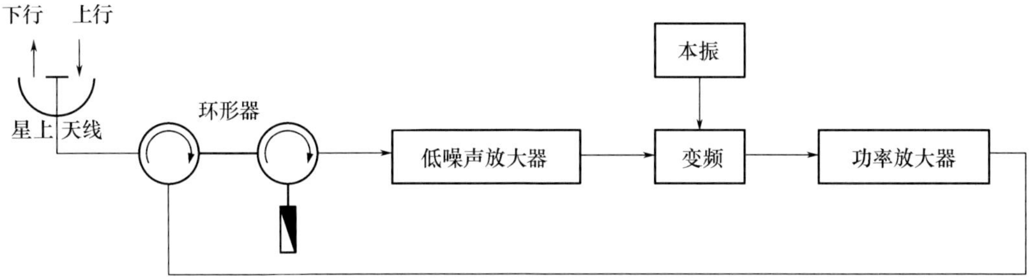


图 8-13　一次变频式转发器

二次变频式转发器将接收到的信号经过变频,变到中频,加以放大和限幅(去干扰、调幅)后,再变频到发射频率,经功率放大后向地球站转发,如图 8-14 所示。这种转发器的优点是中频增益高(一般为 80~100 dB)、电路性能稳定,但中频带窄(一般为几十兆赫兹),工作在饱和状态易产生非线性干扰,不适合多载波工作,适合容量不大、带宽较窄的系统。

处理转发器除了进行转发信号外,还具有信号处理功能,包括解调、基带信号处理和交换、重新调制,如图 8-15 所示。与上述双变频透明转发器相比,处理转发器只是在两级变频器之间增加了信号的解调器、处理单元和调制器。先将信号解调,便于信号处理,再经调制、变频、功率放大后发回地面。处理转发器由于上行信号在转发器上进行解调,可以滤除上行链路的噪声,避免噪声叠加积累。此外,上、下行线路可考虑不同的调制方式和分址方式,使星上交换

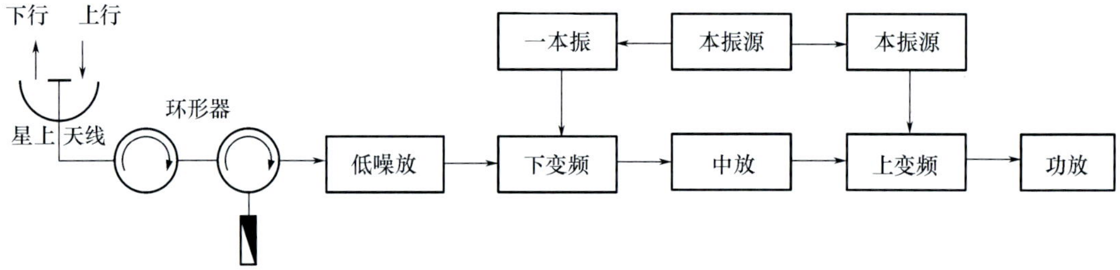


图 8-14 二次变频式转发器

成为可能,并大大降低地面设备功率要求,简化了地面设备。但这种转发器设备、技术复杂,功率损耗较大,造价也较高。

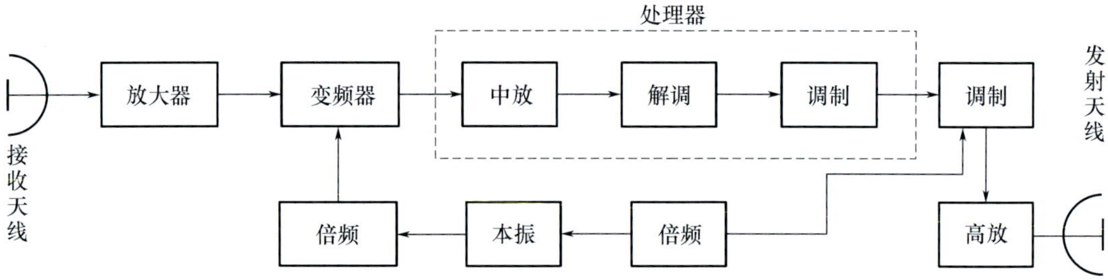


图 8-15 处理转发器

## 2. 通信天线

通信天线的主要功能是提供成形的天线波束,在工作频率段发送和接收信号。如图 8-16 所示,按其波束覆盖区的大小可分为 3 种:①全球波束天线:波束半功率宽度约为 17.4°,恰好覆盖整个视区,天线增益为 15~18 dB;②点波束天线:波束半功率宽度约为几度或更小,抛物面天线,方向性强,甚至只覆盖一个地球站,增益较高;③赋形波束天线(或半球波束,区域波束):覆盖区域轮廓不规则,视服务区的边界而定。

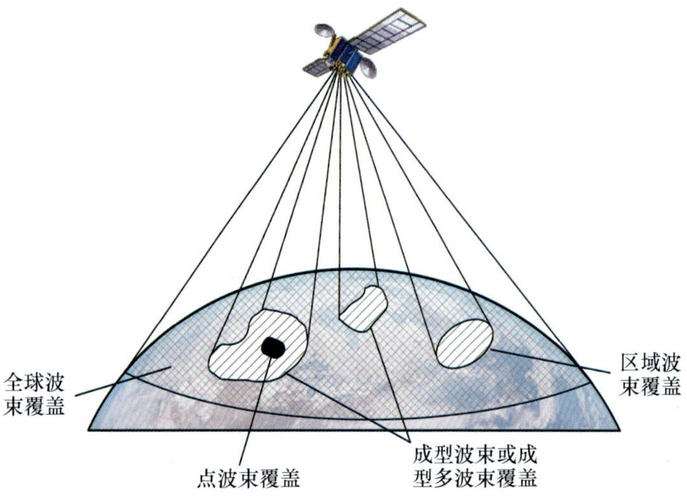


图 8-16 几种常用波束覆盖区域示意图

### 8.3.4 通信地球站

卫星通信系统的地球站是微波无线电收、发信台(站),用户通过它们接入卫星链路进行通信。图 8-17 是典型的通信地面站组成框图,大体上可分为天线、馈线设备、发射设备、接收设备、信道终端设备、天线跟踪和伺服设备、电源设备。

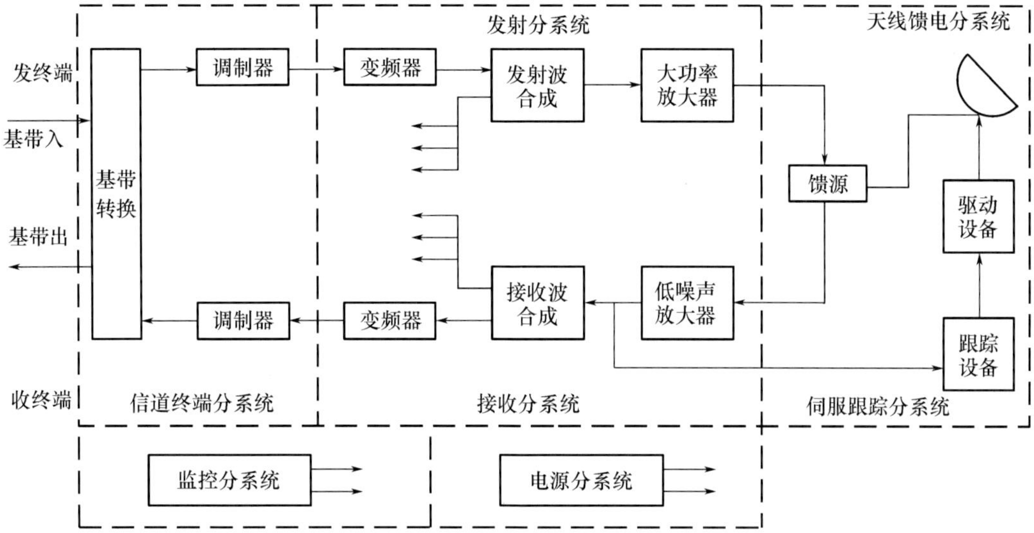


图 8-17 通信地面站组成的简化框图

#### 1. 天线、馈线设备

天线、馈线设备的基本作用是将发射机送来的射频信号变成定向(对准卫星)辐射的电磁波,同时收集卫星发来的电磁波,送到接收设备。通常,地面站的天线是收、发共用的,因此,要有双工器收发开关。

#### 2. 发射设备

发射设备的主要任务是将已调制的中频(一般为 70 MHz)信号变换为射频信号,并将功率放大到一定的电平,经馈线送到天线向卫星发射。功率放大器可以是单载波工作,也可以是多载波工作。功率放大器的输出功率最高可达数百至数千瓦。

#### 3. 接收设备

接收设备的主要任务是把天线收集的来自卫星转发器的有用信号,经加工变换后,送给解调器。通常接收设备入口的信号电平极其微弱,为了减少接收机内部噪声的干扰影响,提高灵敏度,接收设备必须使用低噪声微波前置放大器。为减少馈线损耗的影响,该放大器一般安装在天线上。由低噪声放大器输出的射频信号,要经过下变频变为中频信号,以便信道终端解调器进行解调。

#### 4. 信号终端设备

在发射端信道终端的基本任务是,将用户送来的消息加以处理,变成所采用的卫星通信体制要求的信号形式;在接收端则应进行与发射端相反的处理,使收到的信号恢复为原来的消息。

5. 跟踪和伺服设备

由于种种原因,地球静止卫星并非是绝对“静止”的。因此,地面站的天线必须经常校正自己的方位和仰角,才能对准卫星。其方式有手动跟踪和自动跟踪两种,前者是相隔一定时间对天线进行人工定位;后者是利用一套电子、机电设备,使天线对卫星进行自动跟踪。手动跟踪是各地面站都具有的,自动跟踪则多用于大型地面站,以经常保持高的跟踪精度。

6. 电源设备

对于军事卫星通信系统,一年中要求 99.9% 的时间不间断地、稳定可靠地工作。电源系统必须满足这一要求。特别是大型地面站,一般要有几种供电电源,即公共电网、柴油发电机和蓄电池。正常情况下是利用公共电网,一旦公共电网中断,即由应急发电机供电,在发电机开机到正常运行前,由蓄电池短期供电作为过渡。平时,蓄电池由市电通过整流设备对其进行浮充,以备急用。为了保证高度可靠,发电机也应该有备份。

### 8.3.5 地面运控系统

#### 8.3.5.1 概述

通信卫星运行控制系统,主要负责对卫星通信系统运行状态、资源使用、干扰威胁等情况进行全方位实时监测与控制,为系统资源合理规划、调度提供辅助决策支持,提高卫星通信运行管理与决策的科学化、自动化与智能化水平,其主要功能包括以下 3 个方面。

1. 卫星测控

卫星测控是运行控制系统中直接对卫星操控的部分,主要完成载荷测控、平台在轨监视及定位、载荷在轨测试、载波监视等功能。

①载荷测控是指基于通信需求,利用天线、基带设备对卫星有效载荷运行状态进行调整和监视。

②平台在轨监视及定位主要用于卫星定轨后,尤其是在自主工作期间,对卫星状态进行监视,对卫星位置进行测量。

③载荷在轨测试主要是测量卫星定轨后有效载荷的性能指标,以检测卫星发射时是否受到损坏。

④载波监视主要是通过接收、测量卫星下行信号,利用已知合法信号频带范围对非法、干扰信号进行识别。

2. 综合管理

综合管理是运行控制系统实现管理控制功能的中枢,主要完成卫星管理、通信网管理、资源管理和地球站管理等功能。

①卫星管理主要是根据应用需求对卫星功率、带宽资源进行分配、监视和回收,对卫星姿态、星载天线及转发器等平台和载荷工作状态进行管控。

②通信网管理主要是通过网控中心设备,完成卫星通信网络的开通和撤收,以及网络运行过程中的通信状态监视。

③资源管理是对各通信网系使用的卫星资源进行申请、分配、使用、监视、调整和回收等全

流程、自动化管控。

④地球站管理是对分布在多个网系的地球站内通信设备的在网状态、运行状态等信息进行采集、处理和综合呈现。

3. 仿真决策

仿真决策在运行控制系统中扮演智能辅助支持角色,为用户提供快速科学的决策支持,以有助于系统高效运行。仿真决策对外接收来自综合管理发出的仿真模拟、决策支持命令,调用后台决策算法生成仿真决策结果反馈给综合管理。

①仿真评估利用各种仿真条件完成辅助决策所需要的系统仿真评估,为决策形成提供充分的判决依据。

②资源规划根据用户需求,结合转发器信息、网络管理信息和各种其他条件进行分析推理计算,生成包括卫星资源使用和通信网设备配置等在内的通信规划预案。

③仿真推演根据辅助决策需要,利用各种模拟信息进行终端组网通信、有效载荷运行控制等场景仿真,将模拟运行结果送给辅助决策或仿真评估模块进行分析和评估。

用户段主要是指地球站、用户终端等各种类型的地面应用系统,其功能是为用户提供卫星通信链路联通和信息传输服务。

### 8.3.5.2 基本构成

卫星通信地面运控系统主要由卫星控制中心、网控中心等组成。

1. 卫星控制中心

卫星控制中心相当于第9章提到的“跟踪遥测遥控和监视分系统”中的“跟踪遥测及指令子系统”及“监控管理子系统”部分功能,主要负责通信卫星有效载荷的运行管理控制,具有指令产生、遥测信号的接收与处理、测距信号的实时处理等功能,能够操作和控制若干颗通信卫星乃至大型通信星座。其主要功能包括:①产生和分发星历,预测卫星轨道数,帮助地球站捕获与跟踪卫星;②生成、上注卫星有效载荷指令或数据(含波束指向指令);③接收和处理卫星有效载荷遥测信息;④监视卫星上行和下行链路通信传输信道,测量并分析通信载波功率、带宽、频谱等,及时发现干扰信号,确保卫星转发器资源合理配置与安全;⑤对于移动通信,完成移动用户到移动用户呼叫的实时交换。

2. 网控中心

卫星网络控制中心有时也称卫星网络管理中心,简称网控中心,相当于第9章提到的“跟踪遥测遥控和监视分系统”中的“通信业务控制中心”及“监控管理子系统”部分功能,负责完成对全网各地球站和卫星通信资源的管理与控制,完成卫星通信系统资源的管理和调度,协调各用户终端对卫星资源的请求和释放。

网控中心支持两种地球站通信控制方式,即集中控制、点对点控制。①集中控制指地球站用户拨号后,由网控中心查找并通知被叫地球站,两站再进行业务的通信,其卫星资源由网控中心按需分配进行。②点对点控制指地球站无须经网控中心即可与另一个地球站进行通信。

网控中心通过管理控制信道,对卫星业务信道资源进行管理。①网控中心利用管理控制信道对地球站进行设置和控制。②业务信道通常有固定分配、按需分配两种信道管理方式,固定分配就是固定分配信道给指定业务单元使用,如地球站点对点通信;按需分配由网控中心根据地球站的申请动态分配卫星信道资源。

网控中心管理和控制的典型内容包括:①配置管理。支持建立全网各站的应用配置策略,从各地球站获取各种网络配置信息,支持网络节点(地球站)增加或删除,生成配置变化及更新报告,支持远程修改网络配置。②入网和退网控制。负责进行用户入网、退网、中断通信、变换工作模式等操作,定期轮询入网用户,根据轮询结果修改用户的当前状态。③性能管理。对通信网络中各设备、网络参数进行收集、加工和处理,统计网络整体以及各个地球站的工作性能,记录统计并报告网络资源利用情况及呼叫失败情况,及时发出差错告警。④故障管理。实时收集故障信息并处理,对设备进行实时必要的控制,对故障进行初步定位和显示,生成告警及故障统计报告等。⑤安全管理。终端用户身份验证和授权,管理信息存储与传输的完整性,进行安全检测与防御,监视并阻止非法入侵。

### 8.3.6 系统运行过程

卫星通信系统实际上也是一种微波通信,它以卫星作为中继站转发微波信号,即把地面站发上来的电磁波放大后再送回另一地面站,从而在多个地面站之间通信,卫星通信的主要目的是实现对地面的"无缝隙"覆盖,由于卫星工作于几千甚至上万千米的轨道上,因此覆盖范围远大于一般的移动通信系统。

如图 8-18 所示,以语音通信为例,卫星通信的基本流程如下。

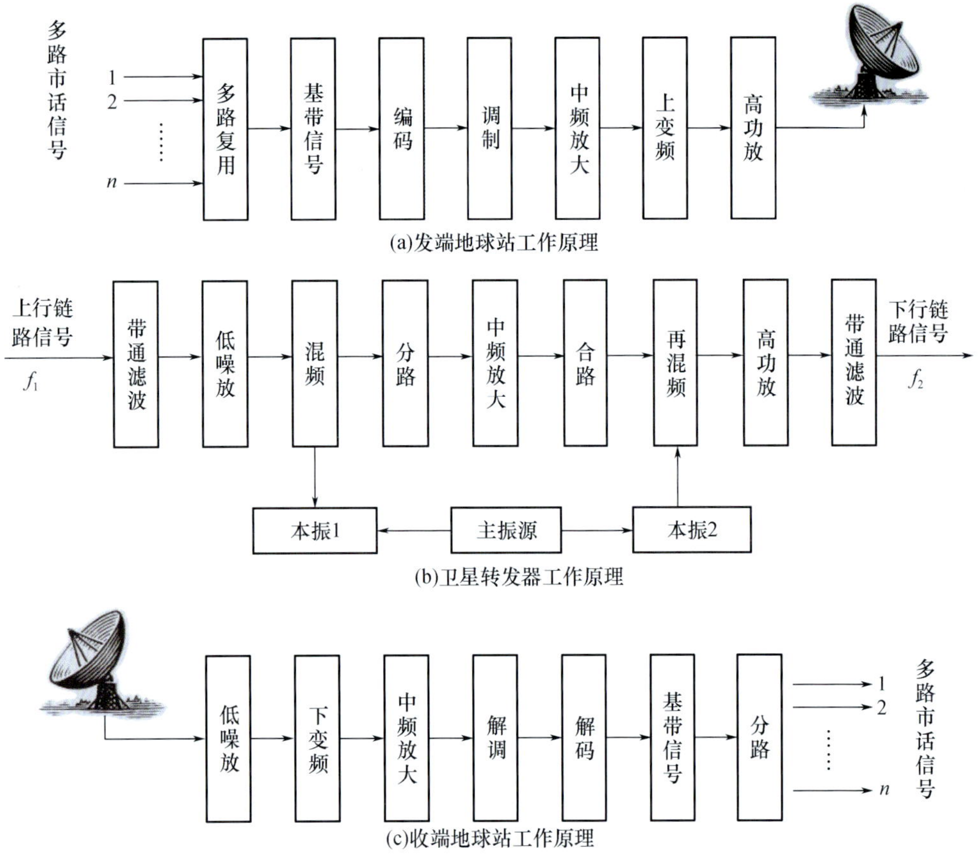


图 8-18 卫星通信基本工作原理

①由通信线路送来的电话信号,在发端地球站的终端设备中进行多路复用,成为多路电话的基带信号,然后对基带信号进行编码,在调制器中将语音信号调制到中频载波上,然后对中频进行放大,经上变频器变换为微波射频信号,再经功率放大器和天线发向卫星。

②信号经过大气层和宇宙空间,不但受到很大衰减,而且引入了一定的噪声,最终到达了卫星转发器。在卫星转发器的接收机中,首先将载波频率的上行信号经过带通滤波器和低噪声接收机进行放大,并变换成为载波频率较低的下行频率信号,经过功率放大和带通滤波,最后由天线发向接收端地球站。

③卫星转发器发向地球站的载波频率,同样经过大气层和宇宙空间,信号强度也受到很大的衰减,并引入一定的噪声,最后到达收端地球站。由于卫星发射功率小,天线增益较低,所以收端地球站必须用增益很高的天线和噪声非常低的接收机才能正常接收。收端地球站收到的信号经低噪放和下变频(变化为中频信号),在将信号变换为中频信号并进行放大后经解调器解调(解调出基带信号)、解码器解码,恢复为原始基带信号,最后利用多路分解设备进行分路,并经通信线路送到用户终端。这样就完成了一次卫星通信的单向通信过程。

# 8.4　卫星通信新技术

## 8.4.1　低轨互联网技术

低轨卫星互联网是指基于大规模低轨卫星星座,以卫星中继通信为技术手段的互联网,其业务覆盖全球。低轨卫星互联网是空天地一体化信息网络中的重要组成部分,是解决互联网“最后一公里”以及延伸地面移动通信网络的关键天基网络。低轨卫星互联网以构建具备实时信息传输的星群,向用户终端提供宽带互联网接入为主要任务。近年来,全球通信、卫星制造、火箭发射等相关技术得到了长足发展,低轨卫星互联网走入大众视野,而这些也重新燃起了运营商从太空覆盖全球互联网的信心。当前,世界各国纷纷提出了自己的卫星互联网建设计划。

### 8.4.1.1　“星链”低轨互联网星座

“星链”(Starlink)星座是美国 SpaceX 公司于 2015 提出的一个低轨互联网星座项目。该星座计划万余颗近地轨道小卫星组成的低轨互联网星座,提供高速率、低成本、全覆盖的天基互联网服务。

2016 年 11 月,SpaceX 公司向美国联邦通信委员会(FCC)首次提出星座建设申请,申请中卫星星座包含 4 425 颗非对地静止轨道(NGSO)卫星,在 1 110~1 325 km 的轨道高度上运行,使用 Ka/Ku 波段与地面站进行通信。随后的几年中,“星链”星座计划构型经过数次增加和修改。综合 SpaceX 公司向美国联邦通信委员会和国际电联申报的卫星网络资料情况来看,“星链”共明确规划有 3 期星座:第一期共 4 408 颗卫星,分布在 540~570 km 的 5 个轨道壳层;第二期共 7 518 颗卫星,分布在 335~345 km 的 3 个轨道壳层;第三期设计了两种星座方案,方案一包含 29 988 颗卫星,分布在 340~614 km 的 9 个轨道壳层,方案二包含 29 996 颗卫星,分布在 328~614 km 的 12 个轨道壳层。三期星座共约 4.2 万颗卫星。截至 2023 年 8 月 16 日,“星链”卫星累计部署 4 940 颗卫星,其中在轨 4 597 颗。

关口站作为星链系统的数据中心节点，负责星链系统业务数据的分发与收集，可完成星链系统网络内部数据的交换和对外网络的数据路由选取。同时具备网络管理和运行控制功能，负责完成星链系统资源调度、星链系统设备管理和用户服务管理功能。根据可查询信息，星链系统共部署155个关口站，主要分布在南北美洲、澳洲及欧洲。

#### 8.4.1.2 Oneweb低轨互联网星座

Oneweb公司首先提出以近地轨道卫星群来提供卫星互联网业务的设想，最初计划发射720颗卫星，轨道高度1 200 km，分布于18个轨道面，工作于Ku频段。可提供直接面向地面用户的互联网接入服务，后期可能会再发射1 972颗卫星以完成最终的星座。其单星质量不大于150 kg，单星容量可达5 Gbit/s以上。可以为0.36 m口径天线的终端提供50 Mbit/s的互联网接入服务。Oneweb继承了全世界唯一一个成功投入商业运营的MEO卫星通信系统——O3b的发展脉络，同时吸取了Iridium的经验教训，避免与地面移动通信运营商的竞争。

#### 8.4.1.3 LeoSat星座计划

LeoSat互联网星座计划发射78颗卫星完成初期构建，轨道高度1 400 km，采用6个轨道面，每个轨道面上部署18颗卫星。LeoSat互联网使用Ka频段来提供大容量业务传输服务。卫星之间具有星间激光链路，可实现星上处理和星上交换，为天基信息的按需全球速达奠定了技术基础。LeoSat的发展理念是将自身视为地面固定运营商的容量补充，通过天基网络“填缝”大型企业和政府的大容量业务接入。按照LeoSat的估计，其服务覆盖将超过3 000家企业和机构。单颗LeoSat卫星配置有Ka可移动点波束12个、用户波束10个。星座配置有星间链路4个，能够实现1.6 Gbit/s的点对点信息传输。馈电波束星地传输速率最高可达10 Gbit/s。

#### 8.4.1.4 我国互联网星座计划

作为“新基建”的七大重点领域，我国的低轨卫星互联网产业进入了国家统一统筹、规划和运营的新阶段。2021年4月28日挂牌成立的中国卫星网络集团有限公司，更是标志着建设低轨卫星星座已经上升到国家意志，开启了全面快速发展的时代。其中，具有代表性的星座计划见表8-2。

表8-2 国内低轨互联网星座计划

| 机构 | 星座计划 | 卫星数量/颗 |
|---|---|---|
| 中国卫星网络集团有限公司 | GW星座 | 12 992 |
| 中国电子科技集团有限公司 | 天象星座 | 120 |
| 银河航天(北京)科技有限公司 | 银河5G | 650 |
| 北京未来导航科技有限公司 | 微厘空间 | 120 |

### 8.4.2 手机直连卫星技术

手机直连卫星是指手机可以与卫星直接连接。与以往依赖专用卫星设备的传统卫星移动通信方式不同,它允许普通的商用手机直接与地面通信系统进行通信,直接与普通商用手机进行通信。

#### 8.4.2.1　手机直连卫星发展现状

从广义上讲,“手机直连卫星”场景早在 1998 年就开始出现了。当时摩托罗拉公司打造了“铱星”系统,同时也发布了首款商业卫星电话 Motorola 9500 系列。随后,国际海事卫星组织(Inmarsat)、美国移动卫星公司(AMSC)、全球星(Globalstar)等在移动卫星运营商都根据各自的通信卫星特性发布了对应的手机产品。但是,地面移动通信网络的快速发展给卫星移动手机市场带来了灾难性的打击,铱星公司宣布破产,全球星公司也遇到了财务危机,被迫从纳斯达克退市。

从 2022 年开始,“手机直连卫星”的解决方案重新开始密集出现,与很多因素有关。首先,卫星通信行业近 10 年得到了快速发展,星载相控阵天线技术和地面通信终端芯片的能力提升,3GPPRelease 17 的标准支持基于卫星的接入等,使得手机与卫星直连通信具备了技术基础;商业航天的兴起,使得卫星制造和运载发射成本大幅降低,卫星通信的资费也有了较大幅下降的可能;如果使用 3GPP 标准技术,基于海量普通手机用户群体及产业规模,可以大幅度降低卫星芯片、终端模组以及手机的成本,使手机直连卫星具备经济可行性。

2022 年 6 月,第三代合作伙伴计划(3rd Generation Partnership Project,3GPP)发布了非地面网络(non-terrestrialnetwork,NTN)相关标准,成为第一个支持“手机直连卫星” 的标准,为手机连接卫星提供了基本依据。同年 9 月 6 日,华为发布 Mate 50 手机,支持北斗卫星短报文功能,通过北斗卫星搭载的通信转发器载荷提供应急卫星消息服务;9 月 16 日,苹果发布 iPhone 14,集成了 Globalstar 的低轨星座短报文能力,为用户提供紧急呼救服务。

2023 年 4 月,AST 空间移动公司基于 BlueWalker 3 卫星和普通智能手机首次完成语音通信测试;同年 6 月,Lynk 公司宣布打通天基语音电话;9 月,华为发布 Mate 60Pro 手机,内置天通卫星通信模块,提供卫星通话与短信业务。2024 年 1 月,SpaceX 公司发射 6 颗搭载了直连手机载荷的卫星,并与地面运营商合作,使用存量手机完成短信和数据等业务测试。

随着技术的不断发展,实现“手机直连卫星”已成为业界共识,越来越多的企业关注到卫星通信蕴藏的市场价值,争相加入“手机直连卫星”的市场竞争中。

#### 8.4.2.2　手机直连卫星技术路线

手机直连卫星的业务主要有 3 种技术路线:定制手机直连、存量手机直连、3GPP NTN。

**1. 定制手机直连**

定制手机直连模式,也称为双模终端模式,是指使用天通、北斗、全球星、铱星、星链等星座,利用已建成卫星移动通信系统与现有卫星通信技术体制,通过芯片小型化、射频天线优化等技术,在手机中增加传统卫星通信终端的通信功能,使手机成为地面移动通信与卫星移动通信双模终端。因此,该模式需要用户使用定制化的手机。同时,支持定制终端在卫星网络和地面移动网络两种模式间的对接和转换也是需要解决的问题。

定制手机直连路线一般由卫星运营商、手机厂家、芯片厂商等合作研发,共享卫星通信频谱。华为 Mate 50(4G+北斗短消息)、Mate 60Pro(5G+天通卫星语音+短信)、苹果 iphone14(5G+Globalstar 短消息)等均基于该路线。

2. 存量手机直连

存量终端手机直连模式，是指卫星通信运营企业与地面运营商进行商业合作，复用现有4G/5G移动通信频率，基于先进的卫星相控阵天线技术降低手机天线收发灵敏度要求，以低轨卫星转发地面蜂窝网信号(或基站上卫星)，支持存量手机直连卫星。

这种技术路线中，手机基本不做改动，其关键技术挑战是大面积的阵列天线以及更大天线增益的实现，以满足存量手机直连卫星链路的需求。该技术路线的典型代表为AST、Lynk、SpaceX等公司。

3. 3GPP NTN技术

3GPP NTN技术是传统移动通信厂商重点布局的领域，目前有两种方案：

一种是利用已建成卫星移动通信系统的透明转发通道，将协议升级为3GPP卫星直连通信技术NR-NTN或物联网非地面网络IoT-NTN。这种体制下，新用户需要更换手机，新建系统频段兼容和协调难度较大。

第二种是通过整个端到端系统设计，基于5G非地面网络及其演进技术，采用星上再生架构，支持手机直连的星地融合技术路线。在该体制下，手机可接入未来符合3GPP非地面网络的5G/6G网络，但不兼容现有卫星系统，典型代表有海事卫星、Omnispace等，以及中国移动、中国电信等。

表8-3给出了3种技术路线的差异。截至2024年5月，手机直连卫星进展较快的技术是定制手机直连和存量手机直连两种方案，其中定制手机直连已经正式推出使用，基站上卫星的方案已经进行了实际测试，处于即将推出的阶段。对于3GPP NTN方案，除了国外卫星运营商Skylo宣布推出基于摩托罗拉手机的NTN商用服务(APP模式的卫星短消息)外，其余各方还处在实验室验证阶段。3GPP标准组认为，需要通过更大规模的技术试验和验证来持续完善标准协议。

**表8-3　手机直连卫星技术路线对比**

| | 定制手机直连 | 存量手机直连 | 3GPP NTN |
|---|---|---|---|
| 空口协议 | 卫星私有协议 | 终端采用4G/5G协议；网络侧针对卫星场景进行增强 | 3GPP NTN协议 |
| 设备研发 | 双模手机；互通网关 | 高性能卫星；定制基站 | 支持NTN的终端；支持NTN的基站 |
| 空口频率 | 卫星L、S频段 | 地面运营商频率 | R17支持卫星L/S频段；R18新增10 GHz以上频段 |
| 卫星轨道 | 高/低轨卫星 | 低轨卫星 | 高/低轨卫星 |
| 产业特点 | 传统卫星产业封闭，星地产业链相对独立 | 基于原4G/5G技术体系，星地产业链高度复用 | 基于全球统一标准，对卫星要求较低，可以复用地面产业链，利于后续推进 |
| 典型系统 | 天通卫星/华为的直连手机业务；全球星/苹果的直连手机业务 | AST、Lynk、星链的直连手机业务 | Omnispace星座等 |

# 本 章 回 顾

## 关键词

卫星通信
卫星通信系统
卫星通信工作原理
卫星移动通信
雨衰
日凌
星蚀
星形网络结构
网形网络结构
低轨互联网技术
手机直连卫星

## 重要概念

◇ 电磁波传输衰减
- 大气散射
- 大气吸收
- 大气折射
- 大气湍流

◇ 卫星通信系统网络结构
- 星形网络结构
- 网形网络结构
- 混合网络结构

◇ 手机直连卫星技术路线
- 定制手机直连
- 存量手机直连
- 3GPP NTN

# 思考与讨论

1. 在卫星通信系统中，通信卫星的作用是什么？
2. 简述卫星通信的优缺点。
3. 在卫星通信系统中，通信卫星的作用是什么？
4. 通信卫星转发器分为哪几类？
5. 卫星通信系统的网络结构主要有哪些形式？
6. 在通信卫星的转发器为什么要使用双工器？
7. 简述卫星通信系统的组成和各分系统的功能。
8. 请描述卫星通信的“星蚀”现象。
9. 请描述卫星通信的“日凌”现象。
10. 试阐述雨衰的概念及特点。
11. 试分析保证卫星通信质量的关键因素有哪些？
12. 简述数据中继卫星的主要功能。
13. 简述卫星通信的基本工作原理。
14. 请查阅资料，选择你感兴趣的典型卫星通信系统，分析其发展现状和未来应用。
15. 试举例说明卫星通信系统在日常生活中的应用。
16. 简述 TTC&M 的全称及其内涵。
17. 简述卫星通信地面运控系统基本功能与构成。
18. 手机直连卫星的 3 种技术路线有哪些异同？

# 第9章
# 卫星导航

**本章中，你将学到**

◇ 什么卫星导航？卫星导航有哪些优缺点？
◇ 卫星导航的基本原理
◇ 卫星导航系统的组成与运行
◇ 卫星导航新技术

**你应该已经掌握**

◇ 太空环境及其影响
◇ 航天器轨道运动规律
◇ 航天器系统组成

**内容安排**

本章主要内容包括 4 个部分：
◇ 卫星导航的概念与特点。
◇ 卫星导航的基本原理，主要介绍几何三球交会法、卫星导航技术体制、影响导航定位精度的因素等。
◇ 卫星导航系统组成与运行，包括导航卫星、地面运控系统、导航接收机等。
◇ 卫星导航新技术，主要介绍低轨导航战技术和掩星技术。

人类起源后，随着活动范围、行走距离的增加，人们对如何辨别方向、行走到了哪里的定位需求日益渴求。在中华民族灿烂文明中，自古就利用北斗星定方位、判季节；我国的四大发明之一的司南，经古丝绸之路等途径传入欧洲，对欧洲文明乃至世界文明的发展起到了极大的促进作用。随着时代的进步、科技的发展，自 20 世纪 50 年代人造地球卫星上天后，人们就迫不及待地将这一航天技术应用于导航定位，服务于国防、军事，并逐步扩大到民生各个领域。

## 9.1 概念与特点

### 9.1.1 卫星导航的概念

人们形容自己熟悉的地方，会说："我闭着眼睛也能找到……"。换句话说，人们只要在自己熟悉的地方，是不可能迷路的，这就是通过熟悉的地物或者经验完成导航。如果你出差新到一个城市，一下火车不知东南西北，怎么找到你要去的地方？如果你出去旅游，在山林里迷路，怎么才能找到回家的路？如果你在茫茫大海行舟，怎样才能到达你想要的彼岸？这些都需要解决 3 个问题:我在哪里? 目标地在哪里? 我怎么去? 这就是导航需要解决的基本问题。导航就是引导某一载体沿着指定路线从某一点运动到另一点的方法或手段。导航的基本功能是回答:我现在在哪里? 我要去哪里? 如何去?

导航技术伴随着人类文明的发展而不断进步。根据人类对自然科学的研究和所采用的导航技术手段的不同,可以将人类已使用的导航技术大致划分为 4 个阶段。

第一阶段主要利用自然现象进行导航(远古时期~14 世纪)。人类对自然科学的认识处于原始阶段,缺乏有效的位置信息建模描述方法,所用的导航信息源主要为自然地标及地磁物理现象,导航采用的技术手段包括地形地貌标记与匹配、指南针、司南等,主要服务于人类的迁徙、狩猎、农耕等。

第二阶段主要采用机械装置进行导航(15~19 世纪)。人类对自然科学的认识处于初级阶段,伴随着文艺复兴运动的兴起,几何学、运动学、力学等自然科学迎来了快速发展期,导航采用的技术手段包括六分仪、罗盘等,所用的导航信息源主要是自然天体的星历位置、星体高度角等,导航技术在航海上得到普遍应用。

第三阶段主要采用无线电电子仪器和精密仪器进行导航(19 世纪末~20 世纪 60 年代)。人类对自然科学的认识处于中级阶段,物理上积累了大量电磁知识(包括库仑定律、安培定律、法拉第定律等),构建了完整的麦克斯韦电磁场理论;数学上出现了强有力的工具(包括微积分、定点转动刚体的解析理论、数值计算理论等),提供了高精度的导航数据解算方法;同时,机械制造工艺技术的日臻精良和无线电工程技术的发展,为设计制造导航信号源和导航设备提供了有利条件。此阶段,导航采用的技术手段包括雷达、无线电信标、惯性导航等,导航信息源除了天文导航、地磁导航外,新增了人工无线电导航信息源,导航技术在陆地远程运输、科考勘探、海运和航空运输方面得到应用。

第四阶段主要采用航天和微电子技术进行导航(20 世纪 60 年代至今)。此时,人类已经掌握多种自然科学和微电子系统设计制造技术,导航采用的技术手段主要是卫星导航,导航信息源主要是提供空间位置和时间基准的人造地球卫星,导航技术的服务范围逐步从局部地区导航扩展到全球导航,主要服务于全球范围内的航空、航海、导弹制导、测绘、电力、通信、农业、交通、移动电话等领域,卫星导航技术的需求越发旺盛,逐步成为人类从事政治、经济和军事活动所不可或缺的部分。

卫星导航通过接收导航卫星发送的导航定位信号,并以导航卫星作为动态已知点,实时测定接收机的位置和速度,进而完成导航。其基本作用是向各类用户和运动平台实时提供准确、连续的位置、速度和时间信息。卫星导航系统是以人造地球卫星为导航台站的天基无线电导航系统,可提供高精度、全天时、全天候的导航、定位和授时信息。

### 9.1.2　卫星导航的特点

#### 1. 优点

卫星导航系统中,用户接收导航星发送的信息,通过一定的算法解算自身位置,从而实现定位导航的目的。相对于天文导航、惯性导航、无线电导航等传统导航方式,卫星导航具备很多优点:

(1)覆盖范围广。导航卫星通常运行于距地面约 20 000 km 的轨道上,对地覆盖范围广阔。以 GPS 为例,只需 24 颗卫星,即可对全球任意地点实现 4 重以上覆盖,满足定位条件。

(2)定位精度高。以北斗导航系统为例,北斗广播星历的位置误差在 1.5 m 以内,消费级导航接收机的定位精度一般为米级,而精密单点定位精度可达厘米量级。

(3)定位速度快。即便是价格低廉的消费级导航接收机,也能够实现实时定位,满足实时导航需求。

(4)全天时、全天候服务。卫星导航通过主动发射特定频率的电磁波信号实现导航,不受阳光影响,不受风云雨雪等恶劣天气影响,可全天时、全天候工作。

(5)功能多样,应用广泛。除定位功能外,卫星导航还具有测速、高精度授时等重要功能,为人类提供精确的时空基准。此外,卫星导航信号以广播的形式发送给用户,用户容量不受限制。

2. 缺点

上述这些优势,使卫星导航成为20世纪以来深刻影响人类社会发展的重要技术,广泛应用在载具导航、地理测绘、高精度测量、航空航天、远洋航海、武器制导等领域。虽然卫星导航给人类的定位、导航带来了前所未有的便利,但该技术也存在一些缺点:

(1)信号覆盖问题。卫星导航信号使用的波段穿透能力差,易被遮挡,在城市楼群、隧道涵洞、地下、水下、峡谷等环境下难以使用。在楼宇内等复杂场景下,信号反射产生的多径效应也会导致定位精度下降的问题。

(2)信号易受干扰。导航卫星距离地球遥远,且信号以广播形式发射,到达用户端时信号已非常微弱,极易受到各种形式的干扰,包括压制式干扰、欺骗式干扰等。在现代战争中,针对导航信号的干扰非常普遍,对依赖卫星导航的武器装备造成了很大影响。

(3)信号兼容问题。导航信号可用频率范围有限,各导航系统使用的信号频率均已明确。近年来,随着空间和地面无线电系统不断发展,频率“撞车”的现象时有发生,会对导航信号的接收和处理产生较大影响。

# 9.2 卫星导航的基本原理

## 9.2.1 几何三球交会法

卫星导航系统的导航定位原理是几何三球交会法,即分别以 3 颗导航卫星为球心,以用户接收机和导航卫星之间的距离为半径,3 个这样的球交会于一点,交会点就是用户接收机所处位置。

卫星导航系统采用统一的时间系统,地面控制系统和导航卫星均配备高稳定性的原子钟作为其频率和时间基准,导航卫星的运行状态时刻处于地面控制系统连续监测下,通过导航卫星与地面监测站之间的伪距测量,可以高精度地测定并预报一段时间内导航卫星的位置和钟差,地面控制系统将导航卫星位置和钟差信息按照协议上行注入给导航卫星后,卫星通过导航电文连续不断地播发给用户接收机。因此,对于用户接收机而言,导航卫星的位置和钟差是已知的。通常,为降低用户接收机的复杂度和成本,接收机仅配置频率稳定性一般的晶体振荡器作为频率和时间基准,与系统时间是不同步的,其偏差是未知的。因此,用户接收机钟差也是实现导航定位的一个待求未知量,这也就是用户接收机至少同时观测 4 颗导航卫星才能进行定位授时的原因所在。

设导航卫星的位置和钟差为$(x_i, y_i, z_i, \delta t_{s,i})$$(i=1,2,3,4)$是已知量；设用户接收机的位置和钟差为$x, y, z, \delta t_u$，是未知量，用户接收机与4颗导航卫星的距离记为$d_i(i=1,2,3,4)$，如图9-1所示。

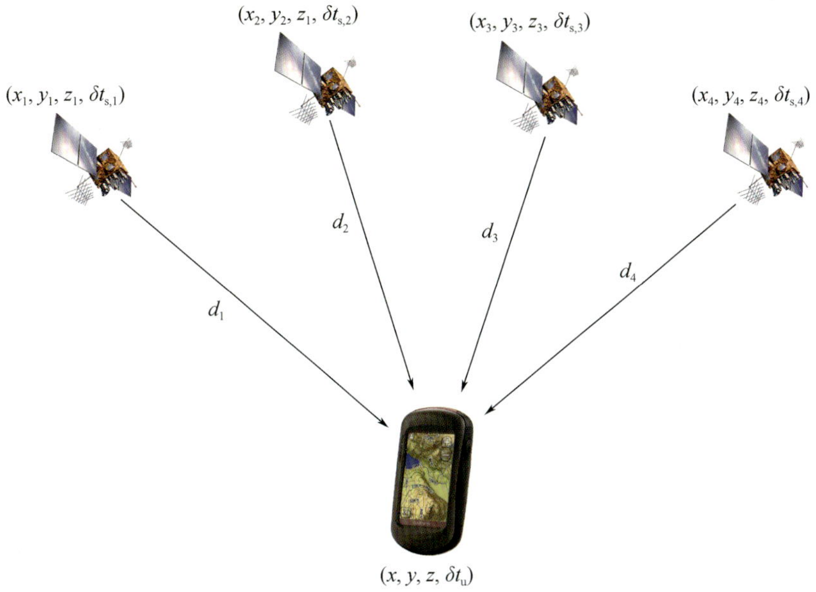


**图 9-1　卫星导航定位和授时原理示意图**

根据几何交会原理，可得如下方程组：

$$\begin{cases}\sqrt{(x_1-x)^2+(y_1-y)^2+(z_1-z)^2}=d_1\\ \sqrt{(x_2-x)^2+(y_2-y)^2+(z_2-z)^2}=d_2\\ \sqrt{(x_3-x)^2+(y_3-y)^2+(z_3-z)^2}=d_3\\ \sqrt{(x_4-x)^2+(y_4-y)^2+(z_4-z)^2}=d_4\end{cases} \tag{9.1}$$

式中，$d_i(i=1,2,3,4)$是几何距离，未包含导航卫星和用户接收机的钟差。

卫星导航接收机对卫星导航信号进行采样，并根据接收机本地时间记录采样时刻（记为$t_{re}$，下标 re 表示接收），然后对采样信号进行处理，得到信号标记的发射时刻（记为$t_{tr}$，下标 tr 表示发射，该时刻是根据导航卫星本地时间标记的）。

伪距$\rho$定义为信号接收时间$t_{re}$与信号发射时间$t_{tr}$之间的差异乘光速$c$，即

$$\rho=(t_{re}-t_{tr})c \tag{9.2}$$

因为用户接收机时钟、导航卫星时钟与系统时间均存在偏差，时间偏差造成信号时延和卫星到用户距离测量的不准确，测得的不准确距离$\rho$被称为“伪”距。图9-2给出了伪距观测量定位示意图。

在卫星导航系统时间框架下，接收时刻、发射时刻与钟差的关系如下：

$$\begin{cases}t_{re}^{SYSTEM}=t_{re}-\delta t_u\\ t_{re,i}^{SYSTEM}=t_{tr,i}-\delta t_{s,i}\end{cases} \tag{9.3}$$

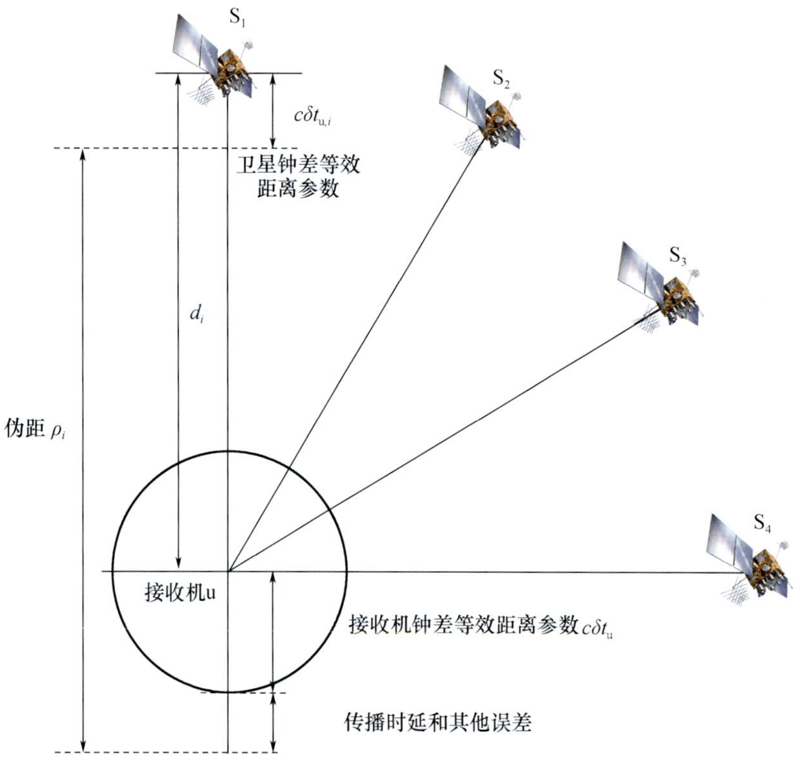


图 9-2　伪距观测量定位示意图

式中，$t_{re}^{SYSTEM}$ 表示在系统时间框架下的接收时刻；$t_{tr,i}^{SYSTEM}$ 表示在系统时间框架下的发射时刻；$\delta t_{s,i}$ 表示接收机钟差，下标 $i$ 是导航卫星的编号。

将式(9.3)代入式(9.2)，得到

$$\rho_i = c(t_{re}^{SYSTEM} - t_{tr,i}^{SYSTEM}) + c(\delta t_u - \delta t_{s,i}) = d_i + c(\delta t_u - \delta t_{s,i}) \tag{9.4}$$

将式(9.4)代入式(9.1)，得到

$$\begin{cases} \sqrt{(x_1-x)^2+(y_1-y)^2+(z_1-z)^2} = \rho_1 - c(\delta t_u - \delta t_{s,1}) \\ \sqrt{(x_2-x)^2+(y_2-y)^2+(z_2-z)^2} = \rho_2 - c(\delta t_u - \delta t_{s,2}) \\ \sqrt{(x_3-x)^2+(y_3-y)^2+(z_3-z)^2} = \rho_3 - c(\delta t_u - \delta t_{s,3}) \\ \sqrt{(x_4-x)^2+(y_4-y)^2+(z_4-z)^2} = \rho_4 - c(\delta t_u - \delta t_{s,4}) \end{cases} \tag{9.5}$$

式中，$(x_i,y_i,z_i,\delta t_{s,i})(i=1,2,3,4)$是 4 颗导航卫星的位置和钟差，为已知量；$\rho_i(i=1,2,3,4)$是用户接收机得到的伪距测量值，为已知量；$(x,y,z,\delta t_u)$是用户接收机的位置和钟差，为未知量。求解上述 4 个方程中的未知量，就可以实现定位授时。这就是卫星导航系统伪距定位授时的基本原理，式(9.5)称为伪距定位授时的基本方程。

可以看出，伪距定位授时的基本原理和基本方程是建立在两个基本前提之上的：

(1)接收机至少得到与 4 颗导航卫星之间的伪距，即式(9.5)中的 $\rho_i$。

(2)接收机获取导航卫星的坐标，以及导航卫星星上时间与系统时间之间的偏差，即式(9.5)中的$(x_i,y_i,z_i,\delta t_{s,i})$。

式(9.5)中的 4 个方程构成了一个非线性方程组,求解后即可估计接收机的位置和钟差。

### 9.2.2 卫星导航技术体制

利用卫星信号确定用户位置主要有两种技术体制,一种为卫星无线电导航业务(radio navigation satellite system,RNSS),是所有导航系统都支持的体制;另一种为卫星无线电测定业务(radio determination satellite service,RDSS),是北斗导航系统特有的定位体制。

1. 卫星无线电导航业务(RNSS)

卫星无线电导航业务中,由用户接收卫星无线电导航信号,自主解算用户到 4 颗以上卫星的距离,进而解算用户位置。因此,RNSS 也被称为无源定位体制。

2. 卫星无线电测定业务(RDSS)

卫星无线电测定业务技术是北斗系统的特有技术。1983 年,陈芳允院士提出利用两颗静止轨道卫星进行定位导航的设想,称为“双星定位系统”。考虑到 RNSS 技术难度高、投资大,1994 年立项的北斗一号采用了 RDSS 技术。

RDSS 定位体制中,用户终端通过导航卫星向地面控制中心发出申请定位的信号,随后地面控制中心发出测距信号,根据信号传输的时间得到用户与两颗卫星的距离。当认定用户也在地球表面时,三球交汇定位的条件即可得到满足,控制中心就可以计算出用户的位置,并将信息发送到用户的终端。因此,RDSS 是有源定位体制。RNSS 与 RDSS 定位体制的主要区别见表 9-1。

**表 9-1 RNSS 与 RDSS 定位体制的主要区别**

| | RNSS | RDSS |
|---|---|---|
| 卫星系统 | GPS、GLONASS、GALILEO、北斗 | 北斗一号、二号、三号 |
| 有源/无源定位 | 无源 | 有源 |
| 所需卫星数 | ≥2 颗距离较远静止轨道卫星 | ≥4 颗 |
| 卫星功能 | GEO、IGSO、MEO 轨道,卫星自主实现信号生成与发射,有高精度星载原子钟 | 地球静止轨道,卫星仅完成信号转发功能,无星载原子钟 |
| 系统时间 | 由卫星提供 | 由地面提供 |
| 测算过程是否独立 | 是 | 否 |
| 是否需要向卫星发射信号 | 否 | 是 |
| 定位精度 | 高 | 低 |
| 用户数量 | 不受限 | 是 |
| 用户状态 | 静止/低动态 | 静止/低动态/高动态 |

虽然定位性能不如 RNSS,但北斗系统的 RDSS 体制有在导航系统内完成导航与通信集成,将定位、授时、通信融为一体,可根据不同场合需求组建相应的应用系统,实现短报文通信、

指挥系统通信、灾难救援等功能。此外，利用 RDSS 可实现双向授时，授时精度可优于 10 ns，高于 RNSS 体制。

### 9.2.3 影响导航定位精度的因素

定位精度是评价导航系统服务性能的重要指标。一般地，用户定位精度可简单表示为 PDOP×UERE。其中，PDOP 为位置几何精度因子(也称作位置精度衰减因子)，UERE 为用户等效距离误差。

1. 位置几何精度因子(PDOP)

位置几何精度因子(position dilution of precision, PDOP)反映了可见卫星与接收机空间几何结构对用户测距误差的放大作用，与星座设计和用户位置有关。在用户测距误差一定的情况下，PDOP 越大定位精度越差，PDOP 越小定位精度越高。

2. 用户等效测距误差(UERE)

用户等效测距误差(user equivalent range error，UERE)反映了用户接收终端伪距测量值与利用导航电文计算的伪距理论值的不符合程度，由空间信号的用户距离误差(user ranging error，URE)和用户设备误差(user equipment error，UEE)共同决定，三者关系为

$$\mathrm{UERE} = \sqrt{\mathrm{URE}^2 + \mathrm{UEE}^2} \tag{9.6}$$

(1)用户距离误差(URE)。

URE 反映了卫星播发的导航电文偏差(星历和钟差偏差)对用户测距的影响。URE 可按下式计算：

$$\mathrm{URE} = \sqrt{\alpha R - cT^2 + (A^2 + C^2)/\beta} \tag{9.7}$$

式中，$c$ 为光速；$T$ 为钟差偏差；$R$、$A$、$C$ 分别为轨道径向、切向、法向偏差；$\alpha$ 和 $\beta$ 的取值见表 9-2。

表 9-2 各卫星导航系统 $\alpha$ 和 $\beta$ 取值

| | 北斗(GEO/IGSO) | 北斗(MEO) | GPS | GLONASS | GALILEO |
|---|---|---|---|---|---|
| $\alpha$ | 0.99 | 0.98 | 0.98 | 0.98 | 0.98 |
| $\beta$ | 127 | 54 | 49 | 45 | 61 |

(2)用户设备误差(UEE)。

UEE 取决于电离层延迟误差、对流层延迟误差等与空间物理环境相关的误差，以及多路径误差、接收机噪声等与用户设备相关的误差。其中，电离层、对流层延迟改正误差是影响 UEE 的主要因素。

电离层是距地面 60~1 000 km 的大气层，在太阳辐射(主要是 X 射线和紫外线区能量辐射)作用下，部分中性气体分子被电离分解成大量的自由电子和离子。卫星信号穿越电离层时传播速度发生改变，产生电离层延迟误差。电离层延迟可使用 Klobuchar 模型、BDGIM 模型等修正。

对流层位于地面至 40 km 之间。受到当地温度、气压和相对湿度的影响，当卫星信号通过对流层时，折射率会发生变化，导致传播路径弯曲。对流层延迟有干延迟和湿延迟两种，干延迟主要受到大气温度和大气压力的影响，而湿延迟主要受到信号传播路径上大气湿度和用户高度的影响。对流层延迟可使用 Hopfield 模型、Black 模型、SHAO 模型等修正。

## 9.3　系统组成与运行

### 9.3.1　基本构成

导航系统可划分为空间段(太空段)、控制段、用户段三大部分。其中，空间段主要由导航卫星构成；控制端主要包括主控站、注入站和监测站；用户端主要为导航接收机。

### 9.3.2　导航卫星

导航卫星构成了卫星导航系统的空间段，通过广播精确的位置、时间信息为用户提供定位和授时服务。以 GPS 系统为例，GPS 导航系统太空段的导航星座由 24 颗工作星和数颗备用卫星组成，其实际长期运行的卫星总数超过了 30 颗。卫星高度为 20 200 km，运行周期为 11 h 58 min。卫星分布在 6 条升交点相隔 60°的轨道面上，轨道倾角 55°，每条轨道上分布 4 颗卫星，相邻两轨道上的卫星相隔 40°，可保证在全球任何地方、任何时间都可观测到 4 颗以上的卫星。

GPS 卫星上除了由控制卫星自身工作的遥测、跟踪、指令系统，用于轨道调整与姿态稳定的控制和推进系统，电源系统和计算机等组成外，主要有具有长期稳定度的原子钟(其误差为 1 s/300 万年)、L 波段双频发射机、S 波段接收机、伪随机码发生器及导航电文存储器。卫星的主要任务是播发导航信号。卫星播发的导航电文包括：卫星星历、时钟偏差校正参数、信号传播延迟参数、卫星状态信息、时间同步信息和全部卫星的概略星历。用户通过对导航电文的解码，可以得到以上各参数，用于定位计算。

### 9.3.3　地面运控系统

卫星导航地面运控系统是卫星导航系统的重要组成部分。它的任务是负责整个系统的运行控制，主要业务包括导航卫星精密定轨和轨道参数预报、卫星钟差测定和预报、电离层监测和预报、完好性监测与处理等。

卫星导航地面运控系统一般由主控站、注入站、监测站、时间同步站等组成。

主控站是运行控制系统的中枢，完成对星座内全部卫星导航信号观测数据处理，包括卫星时间同步计算、卫星精密轨道计算、卫星导航信号完好性计算、信号传播时延修正与预报计算等。主控站设有高性能原子钟系统，并建立系统时间基准，维持全系统的时间同步。通过高精度卫星对地测量数据，建立并维持系统坐标基准。

注入站完成对卫星历书、星历、钟差、控制参数及电离层校正参数和导航信号完好性参数的注入，以及用户机有关时效参数的注入。要求最大限度地实现对导航卫星的跟踪。

监测站接收导航卫星播发的导航信号、遥测信号，测量卫星与地面监测站之间的伪距和载波相位，然后将数据通过地面网络或卫星网络送往主控站进行综合处理，得到卫星的精密轨道和卫星钟差,该信息在主控站被编制成导航电文后通过注入站注入卫星,卫星将导航电文调制到信号上进行播发。

为了进一步验证并提高系统的时间同步精度和卫星轨道定轨精度,有时在主控站和时间同步站设有激光站,用激光进行星地时间同步测量和双向距离测量,除激光站进行星地双向距离测量外,卫星上还要装有激光接收与测距设备,通过接收的激光信号与卫星钟时标完成星上激光伪距测量,从而获得星地时间同步参数,对无线电双向时间同步精度进行检核。我国“北斗”导航系统用这一手段,大幅度提高了星地系统时间同步测量精度,由 10 ns 提高到 1~2 ns。

卫星导航地面运控系统的关键运控活动包括导航卫星时间同步、导航信号空间传播时延校正、导航卫星精密定轨与轨道修正、完好性监测与预报等。

## 9.3.4　导航接收机

卫星导航信号接收机可分为导航型接收机(主要用于运动载体导航、实时给出载体的位置速度等信息)、测地型接收机(主要用于精密大地测量和精密工程测量)、授时型接收机(主要用于天文台、无线电台等时间同步)3 类。下面以导航型接收机为例进行说明。以北斗导航接收机为例,其基本结构如图 9-3 所示,主要包括天线与射频前端、基带信号处理、导航信息处理模块等。

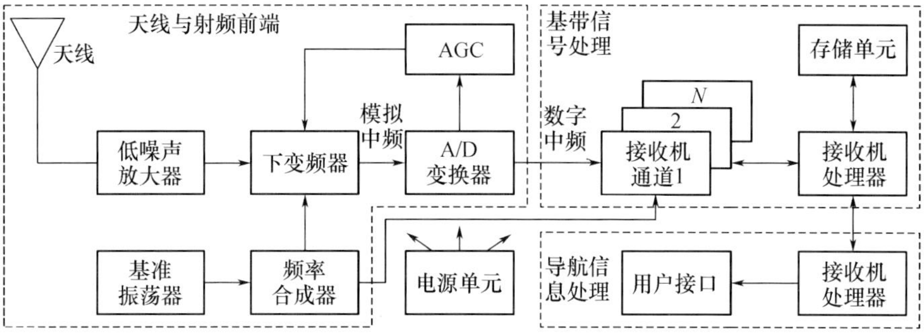


图 9-3　北斗用户接收机构成示意图

各模块功能为:①天线负责接收北斗卫星信号,由于接收到的卫星信号比较微弱,因此射频前端会对信号进行低噪放处理,而后对信号进行下变频处理,降低信号的载波频率;②基带信号处理模块完成大量信号处理工作,包括捕获(从复杂信号环境中提取出北斗卫星信号)、跟踪(持续输出北斗卫星信号)、解调(解调出基带信号)、译码(“翻译”基带信号代表的意义)等,然后将译码得到的信息组帧发送给导航信息处理模块;③导航信息处理从帧数据中提取信号发送时间、本地接收时间、导航电文等定位解算需要用到的数据,计算出 PVT(位置、速度、时间)信息。

北斗导航接收机的计算量主要集中在基带信号处理和导航定位解算,但是这两部分的计算特点却显著不同。基带信号处理的计算对实时性要求较高,计算量较大,但对处理精度要求较低;导航定位解算对计算实时性要求相对较低,计算量相对较小,但对数据处理精度的要求较高。这两部分对接收机性能具有决定性的作用。

# 9.4 卫星导航新技术

## 9.4.1 导航战技术

在现代战争和国民经济发展中,导航技术正发挥着日益重要的作用。当前以 GPS、北斗等为代表的一大批现代导航定位技术的快速发展,为现代战争提供了更加精确、可靠和全面的时空基准,也为交通运输、工程建设、现代物流、精细农业等国民经济的各个门类提供了更加丰富准确的地理信息支持,催生了蕴含巨大发展潜力和经济价值的地理信息及位置服务产业。但需要看到的是,随着现代导航定位技术的不断发展,针对导航系统及其无线电信号频谱的争夺和控制正愈发激烈,随着相关技术的不断发展,导航战极有可能成为现代电子战中新的作战样式。

导航战是一个由来已久的概念。1997 年,美军正式提出"导航战"概念,并将其定义为:阻止敌方使用卫星导航信息,保证己方和盟友部队可以有效地利用卫星导航信息,同时不影响战区以外区域和平利用卫星导航信息。从目前情况来看,全球四大卫星导航系统(美国的 GPS 系统、我国的北斗系统、欧洲的 Galileo 系统和俄罗斯的 GLONASS 系统)均采用了类似的无线电信号体制和定位测距方式,即基本上都采用了由导航卫星在公开无线信道环境中向用户广播信号的模式来实现导航定位,因此普遍存在着信道公开、信息格式公开、信号频率公开、编码方式公开、用户群体开放的特点,这在一方面使得这些系统具备强大的导航位置服务能力的同时,也使得这些系统极易受到各种类型的攻击。

与电子战领域的其他门类类似,导航战的主要任务是确保我方有效保护对于导航基础设施及手段的有效使用,同时尽可能阻碍和破坏敌方的正常导航定位服务。因此,导航战可划分为进攻性导航战和防御性导航战两大技术门类。

### 9.4.1.1 进攻性导航战技术

进攻性导航战技术主要是指采取主动性手段,干扰、破坏甚至摧毁敌方导航系统和设施,从而破坏敌方对于现代导航定位服务的获取能力,从根本上降低敌方作战效能。以 GPS 系统为例,进攻性导航战技术主要包括三大类基本手段:

(1)针对导航系统的空间部分,通过反卫星武器直接杀伤导航卫星,目前已经出现的包括定向能武器、反卫星导弹等多种反卫星武器都可以用作空间段攻击手段。

(2)针对导航系统的地面运控部分,由于卫星导航系统的地面运控站、监测站和上行注入站等地面运控设施一般为全球部署,因此可针对这些设施采取无线电干扰、信息安全攻击等手段,从而使得这些地面运控设施难以正常工作,从而使得整个导航系统无法正常运转。

(3)针对导航系统的用户部分,在实际应用中,可采用压制和诱骗干扰等多种手段,对于机载、车载、弹载和单兵手持等导航终端进行直接干扰,使其无法输出或错误输出导航信息,进而起到干扰导航系统正常使用的作用。

### 9.4.1.2 防御性导航战技术

防御性导航战技术主要是指采取被动性手段,有效的抵抗、化解相关破坏与干扰,从而保

障我方准确、可靠的导航定位服务。与进攻性导航技术相对应,防御性导航战技术主要分为3个门类:

(1)针对导航系统的空间部分,进一步优化导航卫星星座的设计,使得其轨道排布更加合理;采用电磁或激光加固技术进一步提升导航卫星的防护性能;通过星间链路等技术逐步提升导航星座的自主运行能力,从而更加有效地抵御反卫星武器的打击威胁。

(2)针对导航系统的地面运控部分,进一步加强地面运控设施及其周边区域的安全保卫措施;进一步优化不同类型的地面基础设施的地面部署,对于关键设施进行冗余配置;对系统的遥测和通信链路进行加密保护,防止信息安全攻击。

(3)针对导航系统的用户部分,进一步优化系统的信号体制设计,针对军事用户的实际需要,提升信号的防篡改、防破译和防干扰能力;进一步提升各类导航终端的抗干扰能力,采用自适应干扰抑制、射频检测、组合导航等多种技术,确保各类终端及时发现并上报潜在的恶意干扰。

### 9.4.2 GNSS 掩星技术

GNSS 掩星技术是一种利用全球导航卫星系统(GNSS)信号进行大气和电离层探测的遥感技术。其基本原理是当 GNSS 信号经过地球大气层和电离层时,由于介质垂直折射指数的变化,电波路径发生弯曲并产生延迟,从而在低轨卫星上接收到来自不同方向的信号。

具体来说,在山顶、飞机或低轨 LEO 卫星上安装 GNSS 接收机,对 GNSS 卫星进行临边观测。当 GNSS 信号穿过中性大气和电离层时,由于大气和电离层对电波的折射作用,电波路径会发生弯曲,并因此产生相位延迟。通过测量这种延迟,可以计算出电波的弯曲角及折射率,进而反演出大气密度、压力、温度以及电离层电子密度等信息。

1995 年 4 月 3 日,美国开展了 GPS/MET 计划,发射了第一颗用于 GPS 掩星技术实验的低轨卫星 MicroLab1。2 年左右的观测结果证实了 GPS 无线电掩星技术在探测地球空间大气环境领域的可行性和科学意义。随后,丹麦、德国、阿根廷、美国、欧盟等国家和地区也先后发射了 Orsted、CHAMP、SAC-C、GRACE、METOP 等卫星,开展了 GNSS 掩星探测地球大气的试验和研究。采用低轨卫星接收 GNSS 导航卫星信号进行掩星观测可探测全球 0~60 km 大气折射率、密度、温度、压强以及水汽压等气象参量和 100~800 km 电离层电子密度剖面。

随着掩星技术的不断发展,欧洲科学家拓展了 GNSS 掩星技术的定义,发展出了低轨卫星星间掩星技术,即在 2 个低轨卫星上分别搭载信号发射机和信号接收机进行掩星观测,并通过事后反演直接获得大气水汽和温度。相比于传统的大气要素探测方式,低轨卫星星间掩星测量的数据丰富,范围广,测量高度可以覆盖从地球表面到 45 km 的高空。

掩星技术具有高垂直分辨率和高精度的优点,能够提供覆盖广泛的观测数据。该技术不仅能够提供全球覆盖的大气和电离层物理参数剖面,还被广泛应用于数值天气预报和气候研究中。例如,风云三号系列气象卫星上的 GNOS-II 型全球导航卫星掩星探测仪就是一种典型的应用设备,它能够获取大气密度、压力、温度以及电离层电子密度的垂直廓线数据。

总之,GNSS 掩星技术是一种高效且有效的探测手段,能够获取关于地球大气和电离层的重要参数信息,为科学研究和实际应用提供重要支持。

# 本章回顾

## 关键词

卫星导航
定位授时原理
北斗卫星导航系统
无线电测定业务服务
无线电导航业务
卫星导航装备
卫星导航地面
运控卫星导航接收机
导航战

## 重要概念

◇ 卫星导航基本原理
 –几何三球交会法
 –伪距
 –RNSS 体制
 –RDSS 体制
◇ 影响导航定位精度的因素
 –位置几何精度因子（PDOP）
 –用户等效距离误差（UERE）

# 思考与讨论

1. 古代人的导航方法有哪些？
2. 简述卫星导航的概念。
3. 简述卫星导航系统的基本组成。
4. 简述卫星导航系统的导航定位原理。
5. 查阅资料，对比分析 GPS、GLONASS、Galileo 和北斗三号卫星导航系统。
6. 试举例说明卫星导航系统在日常生活中的应用。
7. 全球四大卫星导航系统中，哪个系统能够实现通信功能？
8. 查阅资料，简述北斗一、二、三号卫星导航系统服务的范围。
9. 简述北斗三号卫星导航系统的空间段的星座构成。
10. 卫星导航系统的特点有哪些？
11. 简述伪距的定义。
12. 查询相关导航战的资料，介绍导航战的定义和内涵。
13. 为什么卫星导航用户接收机需要至少同时观测 4 颗导航卫星才能进行定位授时？
14. 简述卫星导航地面运控与应用系统基本功能与构成。
15. 有时候人们发现发送北斗短报文时，在建筑物北侧信号不如在楼房南侧信号好，试查北斗导航卫星资料分析其原因。
16. 试分析导航型接收机、测地型接收机、授时型接收机功能要求上有何不同？

# 第10章 卫星遥感

**本章中，你将学到**

◇ 什么卫星遥感？卫星遥感有哪些优缺点？
◇ 卫星遥感的基本原理
◇ 卫星遥感系统的组成与运行
◇ 卫星遥感新技术

**你应该已经掌握**

◇ 卫星轨道运行基础
◇ 航天器基本知识
◇ 电磁频谱与黑体辐射

**内容安排**

本章主要内容包括 4 个部分：
◇ 卫星遥感的概念和特点。
◇ 卫星遥感的基本原理，主要介绍卫星遥感流程、目标电磁特性、光学遥感原理、雷达遥感原理等。
◇ 卫星遥感系统组成与运行，包括遥感卫星、地面运控系统、地面应用系统、卫星遥感任务规划、卫星遥感图像处理等。
◇ 卫星遥感新技术，主要介绍高轨高分辨率遥感技术、视频成像技术和图像智能处理技术。

## 10.1 概念与特点

### 10.1.1 卫星遥感的概念

广义上，遥感泛指一切无接触的远距离探测，包括对电磁场、力场、机械波（声波、地震波）等的探测；狭义上，遥感是指从远处探测感知物体，也就是不直接接触物体，从远处通过探测仪器接收来自目标地物的电磁波信息，经过对信息的处理，判别出目标地物的属性。卫星遥感，是利用装载在卫星上的传感器获取地球上目标物反射或辐射的电磁辐射信息，并将信息传输到地面进行处理、分析、判读，得到目标物的形态、质地和状态，提供给各领域应用。

在军事领域，卫星遥感也称为卫星侦察与监视系统，是利用各类航天器获取陆地、海洋、空中、太空的战略战术目标信息的天基信息获取系统，用于国家安全及战争态势评估、支持战略战术决策、确定打击目标、为武器提供制导信息和评估打击效果。军事上卫星遥感包括侦察、监视两个方面的含义，其中侦察侧重于对目标的发现与识别；监视侧重于对目标的重复探测与跟踪，或对某一区域态势的观测。

## 10.1.2　卫星遥感的分类

在军事领域，卫星遥感主要分为卫星成像侦察、卫星电子侦察、卫星导弹预警和卫星海洋监视 4 类。

### 10.1.2.1　卫星成像侦察

卫星成像侦察指利用星载成像设备对地表目标进行成像侦察，获取图像侦察数据和目标位置信息，为军事作战提供战场态势情报和打击效果评估，是卫星遥感应用最广泛的一种方式。

衡量一颗遥感卫星成像能力的指标主要包括成像幅宽、空间分辨率、时间分辨率、谱段分辨率等。幅宽是指卫星成像瞬时传感器视场所覆盖的地面宽度；空间分辨率也称为地面分辨率，是指卫星成像时能够分辨出的最小地物尺寸；时间分辨率也称重访间隔或重访周期，是指遥感卫星重复侦测同一地面固定地物的时间间隔；谱段分辨率则是指遥感卫星采用多个谱段成像时，成像谱段的波长间隔。有时人们还经常用地面像元分辨率代指空间分辨率，地面像元分辨率是指成像图像中一个像元所对应的地物特征尺寸。通常幅宽和空间分辨率二者无法兼顾，即幅宽大的空间分辨率通常较低，而空间分辨率高的幅宽通常很小。气象卫星需要较大的观测幅宽，其空间分辨率较低，例如美国 NOAA 气象卫星 AVHRR 传感器地面幅宽为 300 km，空间分辨率为 1.3 km；而光学高分辨率成像卫星则需要较高的空间分辨率，幅宽较小，例如美国的 WorldView 商业光学遥感卫星空间分辨率达到了 0.3 m，其幅宽则只有 16 km。遥感卫星的时间分辨率则主要取决于轨道设计。谱段分辨率代表了利用地物电磁辐射特性不同进行识别的能力，例如利用普通的彩色影像无法识别绿色草地中的绿色迷彩帐篷，但利用多光谱成像，却可以根据帐篷和草地热辐射特性的不同轻易把二者区分开。

成像侦察卫星可按多种不同的方式分类：

按信息传送方式分类，成像侦察卫星可分为返回式卫星和传输式卫星。返回式卫星是通过使存放有摄影胶片的回收舱或返回舱脱离轨道返回大气层并在陆地、海上或空中回收，经地面处理后获取信息。用这种方式获取的目标图像分辨率较高，但需要的时间长，信息的时效性差。传输式卫星是把拍摄的图像转换为电信号，通过无线电波传回地面（早期曾将拍摄过的胶片在星上显影后将图像转换成电信号记录在磁带上，到地面接收站上空时发送到地面，然后还原成图像）。这种方式具有时效性好的优点。目前成像侦察卫星绝大多数属于传输式卫星。

按用途分类，成像侦察卫星可分为普查型卫星和详查型卫星。普查型卫星拍摄的图像覆盖范围较大、分辨率较低，主要用于常规的大范围监视。详查型卫星拍摄的图像覆盖范围较小、分辨率较高，主要用于确定和查明具体目标的详细特征。

按传感器工作频段分类，成像侦察卫星可分为光学成像侦察卫星和微波成像侦察卫星。①光学成像侦察卫星携带可见光（波长 0.4~0.7 μm）、红外（波长 0.7~18 μm）和多光谱（谱段数量超过 3 个）成像设备，它们均受气象条件影响，不能在有云雾和雨雪的天气工作。可见光成像的地面分辨率最高。红外又可分为近红外、中红外和热红外，近红外记录的主要是目标反射的太阳辐射，主要用于目标材料和含水量分析；中红外系统记录的既有目标反射的太阳辐射，又有目标的红外辐射，主要用于夜间目标侦察与监视；热红外成像系统记录的是目标的自身辐射，对物体温度分辨能力更高，但在水汽浓重条件下的侦察效果较差。多光谱成像的光谱分辨率高，但图像空间分辨率和信号噪声比低，主要用于目标成分分析和伪装识别。②微波成像侦察卫星载有合成孔径雷达等设备，利用频率范围在 300 MHz~300 GHz 之间的微波传感器，结合航天器平台的运动，接收目标的微波辐射或反射信号，将接收的信号进行记录并经过特定的信号处理，形成图像并提取有用的军事目标信息，能够克服云雾、雨雪和黑夜条件的限制，还具有一定穿透地表层、森林和冰层的能力，但分辨率不及光学成像卫星的高。两者相互配合即可完成全天候、全天时的实时成像侦察任务。

美国先后发展了 7 代成像侦察卫星，从“科罗纳”卫星到“锁眼”系列卫星，成像分辨率不断提高，地面像元分辨率已达到 0.15 m。1999 年，美国新一代的“8X”卫星投入使用，该卫星同时具备光学成像与微波成像功能，光学成像地面像元分辨率达到 0.1 m，观测幅宽为 150 km，超过高级“锁眼”11 卫星视场的 8 倍，故称“8X”卫星。美国还发展了“长曲棍球”“未来成像体系”雷达成像卫星。苏联/俄罗斯先后发展了 8 代成像侦察卫星，从第一、二、三代的“天顶”系列到第四、五代的“琥珀”系列，再到第六、七、八代的“蔷薇辉石”和“特工”系列，地面像元分辨率从 7 m 发展到 0.2 m。

以美国“锁眼”“未来成像体系”卫星为代表的先进成像侦察卫星具有以下特点。①结构较大。为提高成像分辨率、扩大视场和延长工作寿命，需要采用大口径、长焦距光学望远镜或大型合成孔径雷达天线，并安装大面积太阳能电池翼和携带较多的轨道调整与机动用的推进剂，这通常使卫星的结构外形较庞大，质量较大，有的达 10~20 t。②姿态控制和稳定控制精度高。为保证图像清晰，在轨道上摄像时星上光学望远镜的光轴必须精确地指向地面并保持稳定，要求姿态控制精度为 0.1°，稳定控制精度为 0.001(°)/s。③运行轨道低。侦察卫星一般具有机动变轨能力，有时为了对目标实施详细侦察，需获取更高分辨率的图像时使卫星轨道高度临时降低到约 150 km，完成摄像后再上升至正常轨道。④地面分辨率高。光学成像侦察卫星的地面像元分辨率已达到 0.1 m，微波成像侦察卫星的空间分辨率达到 0.3 m。

#### 10.1.2.2 卫星电子侦察

卫星电子侦察使用无线电接收机，侦收雷达、通信等电子系统所辐射的电磁信号和武器试验的遥控、遥测信号，并测定这些辐射源的地理位置，获取电子情报，主要用于侦收雷达信号、测定战术技术参数及位置参数，判明辐射源类型、用途；侦收、分析敌方的遥控、遥测信号，掌握其战略武器系统的试验情况和发展动向；侦听、解译敌方的超短波通信和微波通信，获取其情报；长期监视电磁辐射源的变化情况，获取其电子设备发展情况以及部队配置和活动规律等情报。卫星电子侦察覆盖范围广、速度快、效率高，且不受国界和天气条件的限制，可对敌方进行长时间、大范围的连续侦察监视，获取时效性很强的军事情报，是现代军事侦察不可缺少的重要手段。

卫星电子侦察主要有两种分类方式。

从工作体制上，卫星电子侦察可分单星体制卫星电子侦察和多星体制卫星电子侦察。单星体制的设备结构简单，天线尺寸大，可探测到微弱的电磁辐射，定位精度较差；多星体制设备的天线结构简单，研制难度低，定位精度高，但需要精密同步技术。

按信号类别,卫星电子侦察分为通信情报侦察和雷达情报侦察。通信情报侦察通过截获、解调、解密、解读获取的通信信号及导弹武器系统的测控信号进行电子侦察;雷达情报侦察通过获取雷达特性参数和信号源位置信息进行电子侦察。

美国发展了 5 代电子侦察卫星,其中第一代为低轨道卫星,其余为地球静止轨道和大椭圆轨道卫星。早期发展的有“峡谷”“大酒瓶”“弹射座椅”等卫星,现主要使用“军号”“号角”等第 4 代电子侦察卫星。俄罗斯已发展了 5 代电子侦察卫星,前 4 代为低轨道卫星,第 5 代为地球静止轨道卫星,现主要使用第 4 代和第 5 代卫星。

#### 10.1.2.3 卫星导弹预警

卫星导弹预警主要通过星载红外传感器探测导弹的热辐射,推算导弹发射点方位,判断导弹飞行轨迹和弹着点位置。预警卫星的红外探测器多工作在大气的吸收谱段,以避免地面红外辐射的干扰。导弹尾焰有很强的红外辐射,在导弹上升到一定高度后,星载红外探测器阵列接收到导弹尾焰的热辐射,通过信息处理消除背景和阳光干扰,得到目标的真实信号,并通过连续的扫描和跟踪,测出目标的位置和移动方向,初步预报出导弹的发射点和落点范围,连续观测可以判断出导弹的发射点、飞行速度和飞行方向,预测弹着点。预警卫星的紫外探测器多作为辅助手段,消除由大气背景闪烁和微小流星再入大气层引发的虚警事件。有的预警卫星还带有高分辨率可见光电视摄像机,主要用于目标识别、提高探测概率。

卫星预警具有探测范围广、预警时间长的特点,与陆基、海基、空基预警系统一起构成国家战略预警系统,为国家防御战略、外交策略等提供告警情报;为防御导弹攻击、空袭和实施战术反击提供预警信息。收集别国战略导弹的技术情报也是其任务之一。

美国的预警卫星系统发展最早,性能先进,具有代表性。美国的“国防支援计划”(Defense Support Program,DSP)预警卫星系统是世界上第一个经过实战检验的天基导弹预警系统,已发展了 3 代。美国已在轨部署了新一代“天基红外系统”预警卫星、发射了“天基空间监视系统”(Space Based Surveillance System,SBSS)低轨预警试验卫星,后者可以对弹道导弹轨道中段(被动段)进行探测和跟踪。苏联从 1972 年试验预警卫星,1976 年发射“眼睛”低轨红外预警卫星,1988 年开始发射“预报”小倾角地球同步轨道预警卫星,目前服役的是新一代“苔原”预警卫星。

#### 10.1.2.4 卫星海洋监视

卫星海洋监视,是指利用星载电子侦收机、探测和成像雷达等有效载荷对海上目标进行监视。通过探测、侦收舰船等海上目标的无线电通信信号、雷达信号和目标影像,以确定目标的位置、航向和航速,实现监视海上舰船和潜艇的活动,提供海上力量部署、运动情况,为制定作战指挥决策、打击目标指示和效果评估提供情报。

从技术途径划分,卫星海洋监视主要包括 3 类。

(1)电子型卫星海洋监视属于被动形式探测,以星群形式运行工作,星群中各卫星同时侦收和获得海上同一部雷达的信号或者通信信号,利用信号到达各卫星的时间差来获得信号源的位置。

(2)雷达型卫星海洋监视属于主动形式探测,星上安装大功率、大孔径雷达,对海面发射雷达波束并对海面进行扫描,接收由海面目标反射的回波信号,以确定海面舰船的位置和外形尺寸。厘米波相控阵雷达在良好的海况下,能够探测到中型和某些小型舰船。

(3)成像型卫星海洋监视通过光学、微波传感器获取海洋目标的直观图像信息和高精度的定位信息。利用红外探测器和毫米波辐射计,通过探测核潜艇航行时热尾流所形成的海水温度差,能够发现并跟踪潜航中的核潜艇。为提高监视效果,通常由电子型、雷达型和成像型3类卫星组成星座,配合工作,通过地面系统处理推算出海面上目标的相关信息。

美国于20世纪60年代末开始启动海洋监视卫星建设,共发展了3代"白云"系列电子型海洋监视卫星,目前在轨服役的是第3代,也称为"天基广域监视系统"(Space Based Wide Area Surveillance System,SB-WASS)。苏联也曾研制并部署过专用的海洋监视卫星系统。

由于卫星遥感类型多、差别大,为避免内容杂乱,本章主要介绍卫星成像侦察。对于成像遥感而言,遥感卫星今后将朝着高空间分辨率、高辐射分辨率、快速重访(高时间分辨率)、高定位精度,以及多波段、多极化和多工作模式的方向发展;主动成像侦察手段微波与光学波段并举,同时大型航天器平台技术、卫星星座技术和分布式编队飞行技术将促进多传感器数据的综合处理和融合技术的发展,从而可以获得单一波段成像传感器所不能获取的信息。航天强国将更多地使用具有全天候、全天时侦察能力的微波成像侦察卫星,并继续提高其地面分辨率,同时组建可实现全球覆盖的小卫星星座,实施对任何地面目标的实时或近实时成像侦察。在获得足够高的地面分辨率的同时,尽可能地扩大视场,并发展超光谱传感器,以增强对隐蔽和伪装目标的识别能力。

### 10.1.3 卫星遥感的特点

#### 1. 优点

与地面遥感和航空遥感相比,卫星遥感具有以下优点:

(1)观测范围大,可进行全球观测。利用卫星轨道运行特点,如采用合适的极轨轨道,一颗卫星即可观测整个地球,不受地面恶劣条件的影响。

(2)不受领土领空限制。卫星具有合法过境权,利用卫星遥感可以合法地侦察监视世界各国情况,及时获取侦察情报。

(3)观测速度快。卫星可高速飞越待侦测地域,与传统的地面人工实地调查、飞机航拍相比效率高、数据更新周期短。

(4)获取信息丰富。遥感卫星可选择不同的探测谱段、用不同的探测方式工作,可获得被观测物体丰富的细节信息。

#### 2. 不足

(1)轨道高度较高,难以获取目标高分辨率精细信息。卫星飞行轨道高度需要维持在卡门线以上,与机载和地面观测手段相比,距离目标远,细节信息获取能力较弱。

(2)观测时间受限。卫星按照天体力学规律飞行,只能在飞经目标上空时进行探测,无法随意指定侦察时间,通常也不能长时间停留在目标上空(高轨卫星除外)。

(3)有的观测手段易受天气或气候影响。光学成像侦察容易受云雨等不良天气影响。

# 10.2　卫星遥感的基本原理

## 10.2.1　卫星遥感流程

卫星遥感系统由遥感卫星、地面接收站、地面信息处理分发系统、地面运控系统等组成。其中，遥感卫星利用星载观测设备对地面进行遥感、获取地物信息并传回地面；地面接收站联网工作，负责及时接收遥感卫星发送的数据；地面信息处理分发系统负责对遥感数据进行处理，生成用户可以使用的情报产品，并分发给用户；地面运控系统负责制订遥感卫星工作计划，并生成相应的控制指令，由航天测控系统上注到遥感卫星。

卫星成像遥感运控与应用基本流程如图 10-1 所示，主要包括 9 个步骤。其中，②～⑥步属于地面运控过程，其余属于地面应用过程。

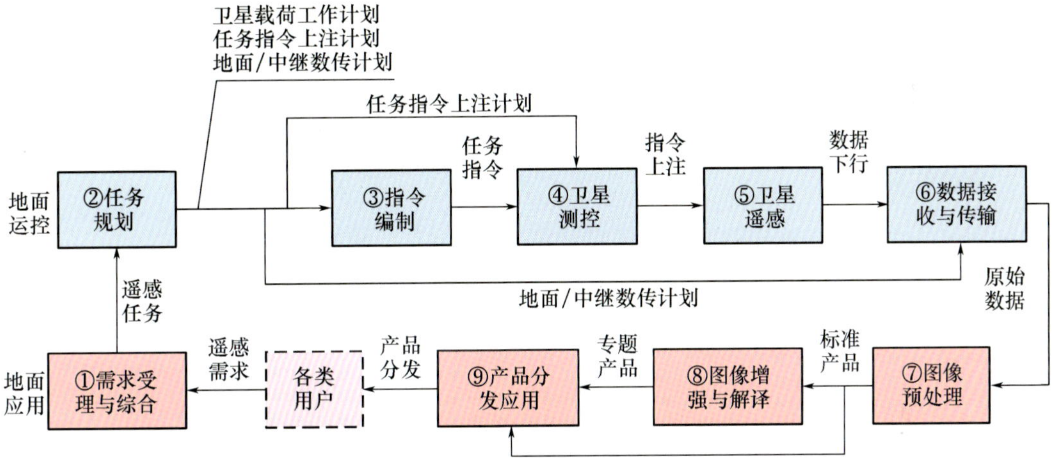


图 10-1　卫星遥感运控与应用基本流程

### 1. 需求受理与综合

地面应用系统收集各类用户提出的遥感需求，并结合遥感卫星在轨数量、能力、现有遥感计划等，对用户遥感需求进行分析，进行遥感任务冲突整合和消解，合并重复需求、去除不合理需求，得到遥感任务清单并进行优先级排序，将此结果作为遥感任务包发送到地面运控系统。

### 2. 任务规划

地面运控系统接收到遥感任务包后，对各遥感任务进行预处理，判断任务是否是元任务（指可被遥感卫星直接执行的任务，也是卫星遥感可调度的基本任务单元，如一次过境单次相机侧摆侦照活动可作为元任务）。如果遥感任务不是元任务，则需把遥感任务全部拆解成元任务。在此基础上，对各元任务进行聚合，把可合并执行的若干元任务聚合为一个元任务。而后启动遥感卫星、航天测控网、地面接收站网（有时也包括数据中继卫星）联合任务规划，根据空闲遥感卫星资源、地面测控和数据接收资源情况，实现各元任务与资源的有效分配，形成协调一致的遥感卫星载荷工作计划、任务指令上注计划和地面/中继数传计划。

3. 指令编制

根据遥感卫星载荷工作计划，编制遥感卫星载荷工作指令（即载荷遥控指令）并进行校验。

4. 卫星测控

航天测控网根据任务指令上注计划，在计划规定时间，利用计划中指定的测控设备，把编制好的载荷工作指令上注到计划中指定的遥感卫星。

5. 卫星遥感

遥感卫星根据接收到的任务指令，在规定的时间对指定区域进行遥感成像。运控系统监视各遥感卫星的工作运行状态和任务执行情况。

6. 数据接收与传输

数据接收与传输包括两部分，一是数据接收，即地面接收站网或数据中继卫星根据地面/中继数传计划，接收遥感卫星发送的原始数据，包括原始遥感数据以及数据预处理所需的卫星轨道、姿态等数据；二是数据传输，是指地面接收站网收到原始数据后，通过地面通信网络，把数据发送到地面应用系统。有时数据传输也延后到图像预处理后再进行。运控系统监视各接收和传输设备工作运行状态。这一步相当于卫星成像遥感第4个阶段：遥感影像生成。

7. 图像预处理

地面应用系统对接收到的原始数据进行预处理，主要包括辐射校正、几何校正、图像镶嵌等，预处理后生成图像标准产品。图像初级产品能够部分满足用户使用需求，因而可以根据需要直接分发使用。

8. 图像增强与解译

地面应用系统对标准产品进行进一步处理，主要包括图像增强、图像解译等，生成专题产品。图像预处理、增强和解译相当于卫星成像遥感第5个阶段：遥感图像信息处理与解译。

9. 产品分发应用

地面应用系统向用户提供各级遥感产品，提供方式包括主动推送、用户自主访问产品数据库等。

遥感卫星运行控制未来将向完全自动化、高速化发展。面对海量化用户需求和多样化的工作模式，卫星综合运控应具有较强的时效性和灵活性，这就需要在卫星运行控制过程中不断优化计算操作，减少人机交互的过程。

一是“一键式”运控。“一键式”运控是指根据卫星的使用载荷约束多元化的工作模式和大量的任务需求，卫星调度人员只需要按下一个按键或者进行极为简单的操作，系统就可以合理分配卫星资源、调整成像策略，形成一套最优的成像计划，并自动完成指令生成、发送等一系列过程。同时系统可以快速、准确记录和统计成像过程中的相关数据。“一键式”运控要求计算机可以最大程度简化卫星运控过程中人机交互的部分，增加计算机的处理工作，依靠计算机的高速运算功能，代替操作人员快速、自动地完成卫星运控方面的相关工作，并且可以根据一定查询条件快速查询和统计卫星运控相关的数据信息。这样就可以提高任务安排过程中的自动化程度，减少因人为因素产生的错误，并且在减少操作人员工作量的同时增加卫星综合运控的效率和准确性。

二是动态任务规划。动态任务规划是指在一个合理的规划方案形成之后，仍然可以随时增加一个或多个应急需求，并且在新需求加入后，计算机重新分析和计算所有的用户需求，适当调整原来的成像方案，优化卫星成像资源，自动形成一个新的最为合理的任务规划方案。在实际的运控过程中，新的需求往往需要调度人员手动录入，分析决策后对原来的方案进行调整，以达到资源的合理分配。动态任务规划则要求在新的需求加入之后，系统可以自动重新分析任务的优先级，形成多种规划方案，通过分析对比，最终生成一套最为合理的成像计划。动态任务规划的实现可减少在成像方案更改过程中操作人员主观的调整过程，增加任务规划系统的自动化程度，提高综合运控工作中的效率和灵活性。

### 10.2.2 目标电磁特性

卫星遥感的第一个阶段，是目标（也称地物，地面物体）电磁辐射或反射。本节主要考虑卫星成像遥感中可被探测到的目标电磁特性，反映为目标电磁辐射（目标自身产生的热辐射），或者目标电磁反射（如反射太阳光或雷达波）。

#### 10.2.2.1 卫星遥感波段

与卫星成像遥感相关的主要是可见光、红外线和微波波段。

（1）可见光波长范围为 0.38~0.76 μm，人眼对可见光有敏锐的感觉，是遥感技术应用中的重要波段，常用光学摄影方式接收和记录目标对可见光的反射特征；也可将可见光分成若干个波段，同一瞬间对同一景物、同步摄影获得不同波段的相片，称为多光谱成像；或采用扫描方式接收和记录目标对可见光的反射特征。

（2）红外线波长范围为 0.76~100 μm，根据性质分为近红外（波长范围为 0.76~3.0 μm）、中红外（波长范围为 3~6 μm）、远红外（波长范围为 6~15 μm）和超远红外（波长范围为 15~1 000 μm）。近红外在性质上与可见光相似，主要是目标反射太阳的红外辐射，因此又称为反射红外，在遥感技术中采用摄影方式和扫描方式，接收和记录目标对太阳辐射的近红外反射。中红外、远红外和超远红外是目标自身产生热辐射，所以又称为热红外，对这几类辐射采用热感应方式探测，不仅白天可以进行，夜间也可以进行。红外波段较宽，在此波段范围内不同物体间的反射特性和辐射特性都有良好的体现。因此，红外线波段在遥感成像中占有重要的地位。

（3）微波波长范围为 1 mm~1 m，又可分为毫米波（波长范围为 1~10 mm）、厘米波（波长范围为 1~10 cm）、分米波（波长范围为 10 cm~1 m）。由于微波波长比可见光、红外线要长，能穿透云、雾而不受天气影响，所以可进行全天候全天时遥感探测。另外，微波能直接透过植被、冰雪、土壤等表层覆盖物，具有一定揭露伪装的能力。

#### 10.2.2.2 目标电磁辐射

温度大于绝对零度（-273.16 ℃）的任何物体都具有辐射电磁波的能力。地球上所有物体的温度都大于 0 K，因而都具有辐射电磁波的能力。由于这种辐射依赖于温度，因而称为热辐射。为了衡量物体热辐射的能力，通常以黑体辐射作为度量标准。黑体是能够完全吸收外来电磁辐射而毫不反射和透射的理想物体，可以把吸收的全部电磁辐射转变成热。黑体辐射是指黑体的热辐射，它是在空间各方向上都均等的辐射。黑体辐射强度可用普朗克公式进行计算：

$$E_{(\lambda)} = \frac{2\pi hc^2}{\lambda^5} \frac{1}{\exp(ch/kT\lambda) - 1} \tag{10.1}$$

式中，$E_{(\lambda)}$ 为黑体光谱辐射出射度（$W/m^2 \cdot \mu m$），其含义是单位面积的黑体在单位时间和单位波长间隔内辐射出的能量；$\lambda$ 为热辐射特定波长（热辐射覆盖所有波长，但该公式给出的是特定波长的辐射能量）；$T$ 为黑体绝对温度；$h$ 为普朗克常数（$6.626\ 1\times10^{-34}$ J·s）；$c$ 为光速（$3\times10^8$ m/s）；$k$ 为玻尔兹曼常数（$1.38\times10^{-23}$ J/K）。根据普朗克公式，可以计算不同温度下黑体辐射波谱曲线，如图 10-2 所示。

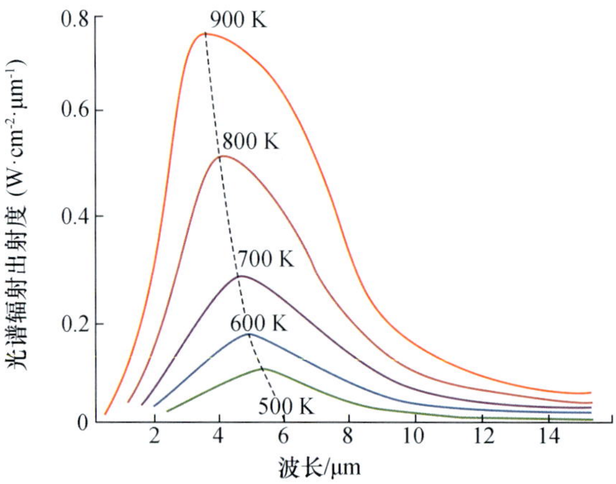


图 10-2　不同温度下黑体辐射波谱曲线

普朗克公式有两个重要的推论。一是斯特藩-玻尔兹曼定律，描述了绝对温度为 $T$ 的黑体单位面积单位时间辐射出的能量总和，公式为

$$W_b = \sigma T^4 \tag{10.2}$$

式中，$\sigma$ 是常数（$5.67\times10^8$ W·m$^{-2}$·K$^{-4}$）。该公式实际上是对普朗克公式在所有波长范围上的积分。

另一个公式是维恩位移定律，描述了给定温度黑体的最大能量辐射波长。公式为

$$\lambda \cdot T = 2.898 \times 10\ \mu m \cdot K \tag{10.3}$$

利用维恩位移定律，能够很容易求出特定温度物体的最大辐射波长。例如，太阳的表面温度约 6 000 K，根据该定律可求得其辐射波长最大值 $\lambda_{max} \approx 0.48\ \mu m$，恰在可见光波段中间位置上。

普朗克定律是地物热辐射遥感应用的理论基础。不同温度的物体具有不同的辐射能量，记录它们的辐射能量差别就为区别它们提供了基础。一般物体除了自身有一定的温度外，还有因吸收太阳光等外来能量而受热增温的现象。在相同的温度下，一般物体发射电磁波的能力要比黑体低，其差别由物体的发射率来衡量。若一定温度下物体发射电磁波的辐射出射度为 $M'_e$，同温下黑体的辐射出射度为 $M_e$，则物体的发射率定义为

$$\epsilon = \frac{M'_e}{M_e} \tag{10.4}$$

发射率 $\epsilon$ 的取值介于 0 与 1 之间，它描述发射源接近黑体的程度。一般情况下，不同的物

体有不同的发射率,同一物体在不同的波谱段亦有不同发射率,并且,物体的发射率还随着温度的变化而变化。实际物体的辐射分两种情况,一种为选择性辐射体,它们在各波长处的光谱发射率不同;另一种称为灰体,在一定的温度下,其各处的光谱发射率相等。图 10-3 给出了典型黑体、灰体和选择性辐射体的光谱发射率和辐射出射度。

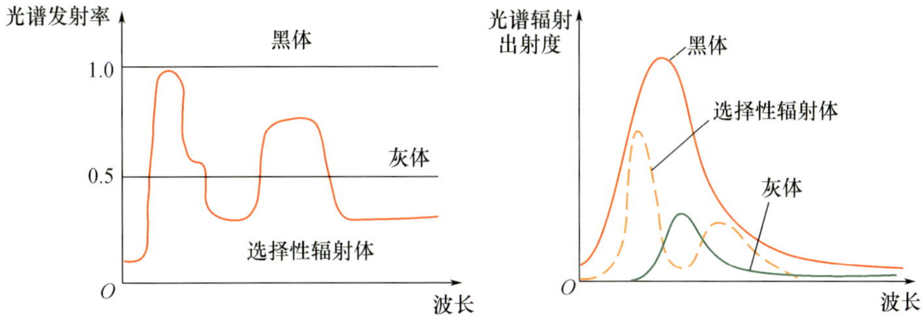


**图 10-3　黑体、灰体和选择性辐射体的光谱发射率和辐射出射度**

在进行卫星遥感时,需要提前收集测量所关心的不同地物的光谱发射率,这样得到地物的遥感影像后,就可以根据不同地物的温度和发射率等特征差异,进行地物判读。

### 10.2.2.3　目标电磁反射

入射到物体表面的电磁波与物体之间发生 3 种作用:反射、吸收和透射,其能力分别由反射率 $\rho$、吸收率 $\alpha$ 和透射率 $\tau$ 来表示,不同物体对电磁波的反射、吸收和透射能力是不相同的。根据基尔霍夫定律,一个物体的光谱发射率 $\epsilon$ 等于它的光谱吸收率 $\alpha$,因此吸收电磁辐射能力强的物体其发射能力也强,反之亦然。

卫星传感器记录的电磁波信息除了物体辐射的电磁波,就是物体反射的电磁波。对于反射,有镜面反射、漫反射和方向反射 3 种形式,如图 10-4 所示。①镜面反射具有严格的方向性,即入射角等于反射角,反射能量集中在一个反射方向上,其反射的能量等于入射能量减去物体吸收能量和透射能量。②漫反射在物体表面的各方向上都有反射能量分布。③方向反射介于镜面反射与漫反射之间,它在各方向上都有反射,但在某一个方向上的反射比其他方向上的强。物体表面反射电磁波的形式主要与物体表面的光滑程度有关,表面光滑时产生镜面反射,否则产生漫反射和方向反射。

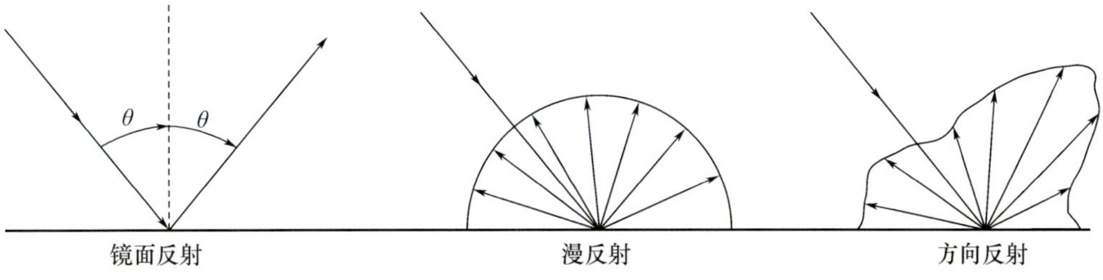


**图 10-4　三种典型目标电磁反射形式**

对于目标电磁反射,主要关注其反射率 $\rho$。实际上,电磁波波长不同,目标的反射率也是不同的。物体反射率随波长变化而变化的特性称为物体的光谱反射特性。将物体的光谱反射率与波长的关系在直角坐标系中描绘出的曲线称为物体光谱反射特性曲线。如果选择合适的遥感波段,通过地物反射率不同,就能够辅助实现地物判读识别。

物体的光谱反射率还与入射能量强度和物体自身性质有关,而很多因素会引起入射能量强度与物体性质变化,如太阳位置、传感器位置、地理位置、地形、季节、气候变化、地面温度、物体本身的变异、大气状况等,实际应用中需要充分考虑这些因素对物体光谱反射率的影响。

### 10.2.3 光学遥感原理

光学遥感使用的成像传感器和家用的数字照相机组成类似,主要由光学镜头和 CCD 成像载荷组成。其中光学镜头充当信息收集器,负责收集来自目标的电磁辐射能量,其形式为透镜组、反射镜组;CCD 成像载荷充当探测器和处理器,负责光学镜头收集到的电磁辐射能量转化为电信号,并经放大、采样、AD 转换后成为数字信号输出。此处主要介绍光学镜头。

针对卫星遥感需要大口径、长焦距镜头的特点,目前比较成熟的光学系统方案主要有折射系统、折反射系统和全反射系统。①折射系统是最传统的一种光学系统形式,其光学元件全部由光学透镜组成,具有易加工、装调等特点,但其焦距受限于镜头长度,不利于长焦镜头安装,且对温度变化比较敏感,质量较大,对质量要求严格的光学传感器一般不采用此种系统。②折反射式系统采用反射镜方式成像,焦距等于光学折射路径之和,具有小型轻量化的优点,对温控要求也宽松,所以有很多成功应用。根据光线传递是否穿过反射镜自身,又可把折反射式系统分为同轴、离轴两种类型。

卫星遥感光学镜头的基本参数包括光学孔径 $D$、焦距 $f$、CCD 焦平面尺寸 $r_d$ 等,该 CCD 焦平面成像对应的地物范围半径为 $R$,如图 10-5 所示。

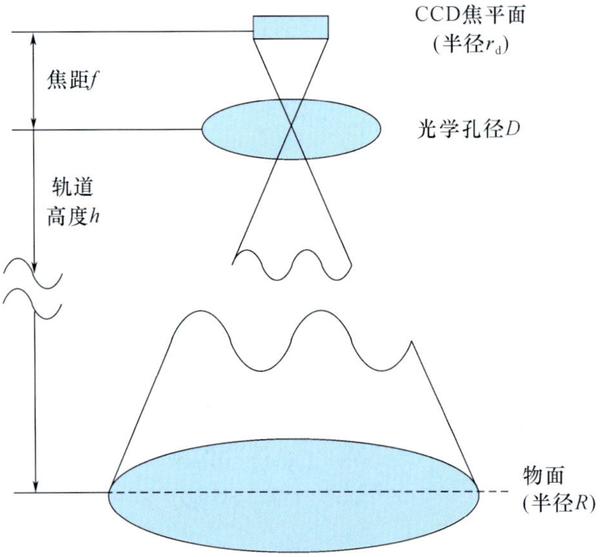


**图 10-5　光学成像传感器主要参数示意图**

从图中可以看出,光学遥感的成像比例尺 $I$ 有如下关系成立:

$$I=\frac{r_d}{R}=\frac{f}{h} \tag{10.5}$$

根据式(10.5),如果知道 CCD 焦平面上的像元尺寸、像元数量、焦距和卫星轨道高度,就可以计算出对星下点成像时一个 CCD 像元(可以理解为图像的一个像素)所对应的地物尺寸。但是,一个 CCD 像元对应的地物尺寸并非该光学系统能够真实达到的成像空间分辨率。典型地,CCD 焦平面上的图像可能因光学系统分辨能力弱而产生马赛克现象。为此,还需要从物理上分析影响分辨能力的主要原因,即衍射现象。图 10-6 所示为衍射现象示意图。

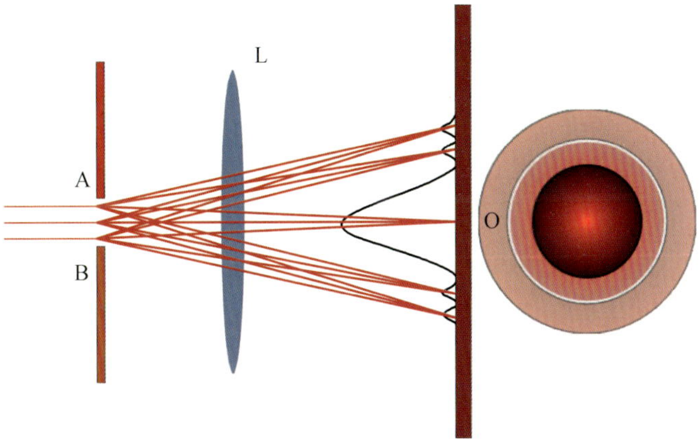


图 10-6　衍射现象示意图

衍射就是电磁波在传播过程中,遇到障碍物或小孔时,电磁波将偏离直线传播的途径而绕到障碍物后面传播的现象。衍射后一束电磁波将变为一串同心圆,亮度由中心向外递减,中心亮点的能量占全部能量的 84%。衍射现象不仅适用于光学系统,还适用于微波通信,在微波领域称中心亮点区域为主瓣,称其余亮纹为副瓣或旁瓣。

由于存在衍射,靠得很近的两个目标 a、b 经光学镜头后所成的像斑可能发生重叠而无法区分。为此定义角分辨率:对于两个等光强的非相干目标,如果一个像斑的中心恰好落在另一像斑的边缘(第一暗纹处),则此两物被认为是刚刚可以分辨,如图 10-7 所示。恰能分辨时两个目标在透镜处所张的角即最小分辨角,此角即为该光学系统的角分辨率 $\theta_r$。

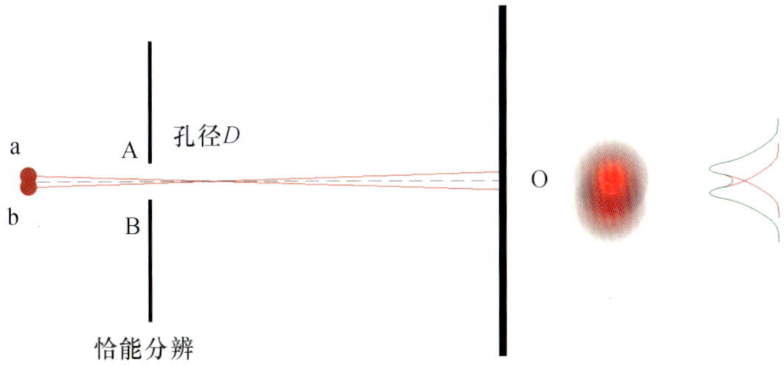


图 10-7　衍射决定的角分辨率

角分辨率 $\theta_r$ 可以用瑞利衍射判据进行计算，公式为

$$\theta_r = \frac{1.22\lambda}{D} \tag{10.6}$$

式中，$\lambda$ 为成像观测所用电磁波波长；$D$ 为光学孔径。此式可以换算成 a、b 两个地物之间的距离，该距离对应的就是光学镜头所约束的物理空间分辨率 GSD，公式为

$$\text{GSD} = \frac{1.22\lambda h}{D} \tag{10.7}$$

式中，$h$ 为卫星成像观测时的轨道高度。

从前面分析可以看出，CCD 焦平面、光学镜头都可以影响空间分辨率。其中光学镜头通过衍射现象起约束作用，要提高分辨率就需要增大光学孔径 $D$、采用更小的观测波长 $\lambda$、降低卫星轨道高度 $h$。除紫外波段外，可见光波长是所有可观测波段中波长最短的，因此用可见光观测可以获得更高的分辨率，而用红外波段观测分辨率就会降低。CCD 焦平面大小通常要通过调节焦距和光学衍射决定的分辨率相匹配，既要避免出现马赛克现象，也要避免出现多个可分辨地物单元成像为一个像素、浪费镜头能力的情况。

### 10.2.4 雷达遥感原理

运动平台上进行雷达成像主要采用侧视雷达的方式。侧视雷达不是旋转天线，而是利用安装在遥感平台一侧的天线，以一定的侧视角发射脉冲波束并接收回波信号，结合平台的运动，便获得由垂直于平台运动方向的一条条影像带组成的二维雷达影像。

雷达波为何要侧视，而不是直接照射星下点？这主要是由雷达工作原理决定的。雷达记录回波信号是按照回波返回的时间顺序进行的，目标至天线的距离近则回波先返回，距离远则回波后返回，如果两个目标至天线的距离相等，则由这两个目标散射的回波同时返回，两个目标便产生叠加，以至于在影像上无法将它们区分开，这种现象称为“歧义”。如图 10-8 所示，波束 1 中垂线两侧的对称点，如 a1 和 b1、a2 和 b2 等距天线的距离相等，垂线两侧的点在影像上将产生严重的叠加，出现歧义现象。让天线侧视发射脉冲波束 2，各散射目标距天线距离不等，便不会产生歧义现象。当然，如果地面起伏较大，仍可能会产生歧义现象。

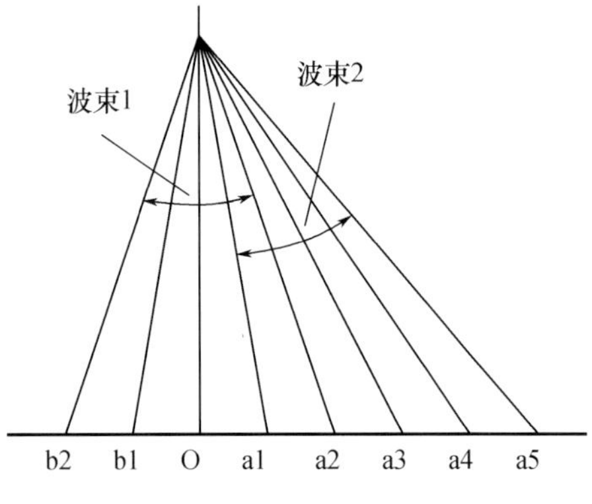


图 10-8　侧视原理

对于侧视雷达而言，其成像可分为真实孔径侧视成像、合成孔径侧视成像两类。

### 10.2.4.1　真实孔径侧视成像雷达

该类雷达发射大功率高压脉冲，这种脉冲持续时间短、峰值功率大、重复周期长，可以保证远距离目标散射的回波信号有足够的强度，目标散射的回波信号经接收放大后直接成像。

衡量侧视雷达性能的指标主要包括斜距分辨率、距离向分辨率和方位向分辨率。斜距分辨率是斜距方向的距离分辨率。采用脉冲电磁波测距的最小距离分辨能力是一个脉冲宽度对应的距离。雷达从发射脉冲到收到回波过程中，电磁波往返距离为斜距 $R$ 的 2 倍，因此斜距分辨率定义为半个脉冲宽度对应的距离：

$$\Delta R = \frac{c\tau}{2} \tag{10.8}$$

式中，$\tau$ 为脉冲宽度。显然，斜距分辨率与斜距的大小无关，而只与脉冲宽度有关，脉冲宽度大则斜距分辨率低。

距离向分辨率为垂直于飞行方向的水平方向上的距离分辨率 $\Delta R_{\mathrm{d}}$，如图 10–9 所示。计算公式为

$$\Delta R_{\mathrm{d}} = \frac{\Delta R}{\sin\theta} = \frac{c\tau}{2\sin\theta} \tag{10.9}$$

式中，$\theta$ 为侧视角。由公式可知，距离向分辨率只与脉冲宽度 $\tau$ 及侧视角 $\theta$ 有关，脉冲宽度越大，侧视角越小，距离向分辨率越低。因此，要提高距离向分辨率必须缩小脉冲宽度，增大侧视角，后者也是雷达天线侧视的另一个原因。然而，脉冲宽度不可能无限制缩小，否则将使发射功率下降，影响雷达最大探测距离并降低回波信号信噪比。为了解决这个矛盾，真实孔径与合成孔径侧视雷达均采用脉冲压缩技术来提高距离向分辨率。同样，天线侧视角也不能无限制增大，否则将增加遮挡阴影，影响影像质量。一般情况下，天线侧视角选择在 20°~80°之间。

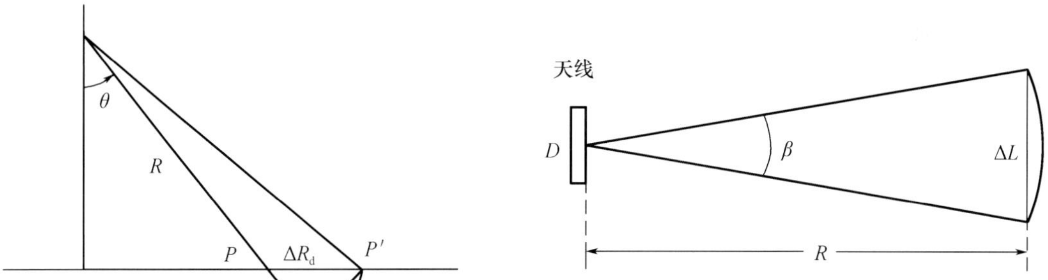


(a)距离向分辨率　　(b)方位向分辨率

图 10–9　真实孔径雷达分辨率计算原理

方位向分辨率 $\Delta L$ 是雷达影像在飞行方向上（方位向）的分辨率，即在飞行方向上能分辨的最小目标的大小。显然，在飞行方向上，如果两个目标在同一脉冲波束内，那么这两个目标是无法区分的。为此，方位向分辨率定义为脉冲波束宽度在目标处对应的方位向距离，计算公式为

$$\Delta L = \beta R = \frac{K\lambda R}{D} \tag{10.10}$$

式中，$\beta$ 为天线波束主瓣宽度；$\lambda$ 为天线观测波长；$D$ 为天线孔径；$K$ 为系数，$K$ 的取值取决于雷达设计，一般在 0.8~1.3 之间。由式可见，真实孔径雷达的方位向分辨率与雷达波长 $\lambda$、天线孔径 $D$ 以及天线到目标的距离 $R$ 有关，天线孔径越大、波长越短、距离越近，则方位向分辨率越高，反之，则方位向分辨率越低。因此，要提高方位向分辨率，必须使用较短波长的电磁波，或加大天线孔径，或缩短探测距离。然而这些措施对卫星遥感都是严重受限的，为此人们发明了合成孔径侧视雷达来提高方位向分辨率。

#### 10.2.4.2　合成孔径侧视成像雷达

合成孔径是真实孔径的模拟，其基本原理是：天线在运动过程中按一定的重复频率不断发射相干脉冲，并不断接收包含相位信息的回波信号，经多普勒频移与相位相关处理后，可以获得比实际天线（真实孔径）大得多的"等效天线"的观测效果。由于等效天线是实际天线在运动中合成的，因此称为"合成天线"，其孔径称为"合成孔径"。

如图 10-10 所示，孔径为 $D$ 的天线随平台做速度为 $v$ 的匀速直线运动，在运动过程中不断发射波束宽度为 $\beta$ 的脉冲并接收回波信号。天线从位置 1（开始）到位置 3（结束）期间发射的电磁波将照射到目标点 $P$，同时 $P$ 点散射的回波信号不断被天线接收。合成孔径雷达天线在位置 1 与位置 3 之间运动时不断对目标点 $P$ 进行观测，相当于孔径为 $L_s$（称为合成孔径）的等效天线对目标点 $P$ 进行观测。从图中可以看出，合成孔径 $L_s$ 最大不会超过 $R_0\beta$。采用一定补偿算法的合成孔径雷达方位向分辨率为

$$\Delta L_s = D/2 \tag{10.11}$$

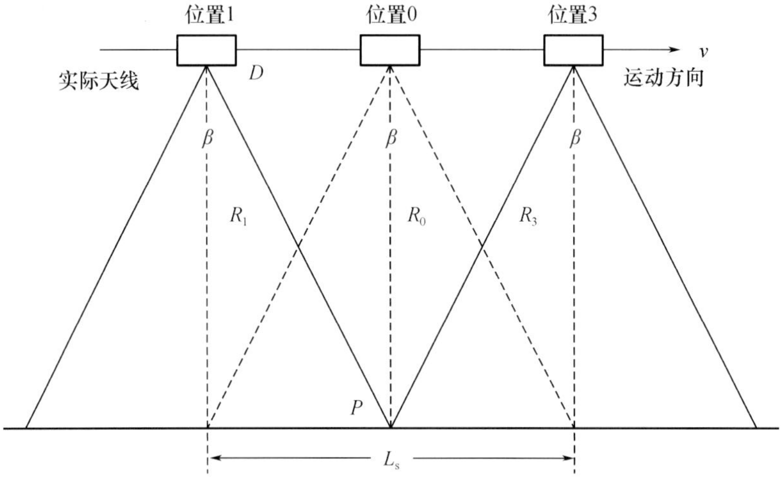


图 10-10　合成孔径原理

式（10.11）表明，合成孔径雷达方位向分辨率与距离无关，而仅与实际天线孔径有关，且实际天线越短，方位向分辨率越高。例如，若实际天线孔径为 8 m，波长为 4 cm，目标与天线的距离为 400 km，则真实孔径侧视雷达的方位向分辨率为 2 km，而合成孔径侧视雷达方位向分辨率仅为 4 m。

合成孔径技术可以提高方位向分辨率，但不能提高距离向分辨率，为了提高距离向分辨率，合成孔径侧视雷达与真实孔径侧视雷达一样采用脉冲压缩技术。

# 10.3　系统组成与运行

## 10.3.1　卫星遥感

卫星遥感可分为成像侦察、电子侦察、导弹预警、海洋监视 4 类,不同类型的卫星遥感工作原理不同,因此地面运控与应用系统差别很大。对同一类卫星例如光学成像遥感而言,由于卫星数量较多、性能特点各异,为了充分发挥同类卫星的综合应用效益,通常要建设共用的运控系统,对在轨卫星运行计划进行统筹安排。对于应用系统,通常按照应用等级不同,分别采取建设共用的遥感应用系统、为用户安装应用终端等灵活方式,以满足用户灵活使用遥感数据的需要。

## 10.3.2　地面运控系统

卫星地面运控系统是管理调度卫星有效载荷及其配套地面设备协同工作的枢纽,在卫星有效载荷在轨测试结束交付用户使用后,负责对卫星有效载荷和配套地面设备进行运行管理。运控的对象包括卫星有效载荷和配套地面设备两部分。

对卫星而言,运控系统负责监视卫星有效载荷运行、安排卫星有效载荷工作计划、向卫星发出各种任务指令、控制卫星按用户需求工作、控制卫星业务数据传输。在第 7 章中已经介绍过,航天测控按照任务划分,可分为工程测控和业务测控两类,其中工程测控是对卫星平台的测控,也称为卫星长期管理;而业务测控则是对卫星有效载荷的测控,也就是对应卫星部分的运控系统。工程测控和业务测控有着非常明显的任务划分。工程测控的通用性很强,传统做法是工程测控由航天测控网统一实施,例如美国军用卫星通常由美国空军测控网进行工程测控、美国民用卫星通常由 NASA 测控网进行工程测控。业务测控(运控)针对的是卫星有效载荷或星座(通常是需整体管理控制才能正常运行的星座,如导航星座),更强调航天器载荷或星座使用规划与控制,一般由卫星用户或其代理机构负责运行。业务测控和工程测控经常共用一个测控网,业务测控生成的有效载荷控制指令或数据通过测控网上注到卫星。通常情况下,运控系统的监视和控制对象是卫星有效载荷,但有时卫星有效载荷工作需要卫星平台配合,例如敏捷成像卫星或数据中继卫星需要卫星平台调整姿态以使载荷对准目标,此时运控系统就需要对有效载荷和卫星平台实施一体控制。对地面设备而言,运控系统主要是合理安排各种地面设备的运行计划,以便能够有序向卫星上注各种任务指令或数据,接收卫星发送的测控数据和业务数据等。卫星地面运控系统中的地面设备有的是专供该类卫星使用的专用设备,例如专门为接收某类遥感卫星下行数据的地球站;也有的是与其他类型卫星共用的设备,如第 7 章介绍过的航天测控系统设备,或者多类卫星共同使用的卫星下行数据接收设备等。

卫星地面运控系统主要具有以下功能:

### 1. 任务规划决策

根据用户任务需求、卫星运行状态、地面设备状态,分析卫星载荷、测控、数传等条件,对用户任务进行统一规划,对参与任务的各类天、地资源进行统一调度,明确任务中各项活动的逻辑/时序关系,生成天、地资源运行计划。

2. 卫星控制管理

根据运行计划和卫星状态，计算生成卫星载荷配置和调整控制指令或数据，并进行一致性检查和确认，而后实施指令上注。

3. 数据接收存储

按照运行计划，接收卫星载荷的遥测与业务数据，将数据存储到存储设备中。

4. 数据处理与监视显示

按照任务计划，对载荷遥测数据和相关地面设备运行状态数据进行实时或事后处理，以列表、曲线和图像的形式，显示载荷遥测参数、地面设备工作参数等，监视卫星和地面设备工作情况。

5. 任务评估

对于正在执行或已执行完毕的任务，根据评估指标体系、评估方法和准则，对卫星和地面设备运行状态进行评估，检验任务完成情况；对于待执行任务，通过仿真等方式，模拟任务执行过程，进行仿真推演，验证运控方案的可行性；当任务执行异常时，通过地面仿真分析复现异常场景，辅助提供处理预案。

### 10.3.3 地面应用系统

卫星地面应用系统是指为用户提供卫星应用服务的系统，是卫星系统与用户应用之间的桥梁。不同类型的卫星系统，地面应用系统通常也不同，无论硬件还是软件通常都有较大差别，很难兼容。典型地，通信、遥感、导航这 3 类卫星的地面应用系统有本质性差别，无法实现共用。即便是同属遥感卫星的海洋卫星、气象卫星、资源卫星等，其地面应用系统也少有共性，需要专门研制和建设。

卫星地面应用系统主要具有以下功能：

1. 需求筹划

主要负责提供全系统规范化需求的统一管理、分级分类处理，受理用户对卫星的使用需求，进行需求统筹、调配和快速响应，明确卫星任务要求，最大化发挥卫星整体效益，形成最优满足用户要求的卫星载荷任务并下达执行，同时实现卫星应用全流程监视和精细化管理，并进行任务执行信息收集与统计分析。

2. 业务数据处理

完成卫星载荷（可能是多颗或多类卫星）数据处理，为卫星后端（用户端）应用提供支撑，在应用系统内起着承前启后的关键作用。不同类型卫星业务数据处理差别很大，例如遥感卫星系统的业务数据处理包括了卫星遥感数据各级产品生成、入库、发布、共享等；导航卫星系统的业务数据处理则主要是各种导航用户接收机对导航信号进行解调和处理。

3. 质量评定

负责卫星定标数据获取和处理，支持支撑在轨测试阶段星地配合测试试验、在轨运行阶段载荷目标特性试验以及常态化定标试验的组织和实施。

运控与应用系统在不同工程中往往表现不同，有时是两个系统，有时合为一个系统。总体来说，运控系统偏重于对卫星载荷或卫星星座运行进行管理和控制，目的是维持卫星载荷或星座工作在正常的模式和状态;而应用系统则偏重于对卫星载荷的服务功能的使用,面向的是卫星用户的应用活动。例如对于导航卫星,导航信号接收机(如手机内置的 GPS/北斗模块)就属于应用系统的一部分,而向导航卫星注入导航电文则是运控系统的工作;对于通信卫星,卫星转发器的资源分配管理是运控系统的工作,而卫星通信地面站、便携式卫星电话终端等则属于应用系统。

### 10.3.4 卫星遥感任务规划

卫星遥感任务规划根据用户任务需求,结合多方面因素进行规划方案设计,最终生成遥感卫星及地面系统工作计划。任务规划涉及多个方面,规划方案的合理性、正确性直接关系到能否合理利用遥感卫星资源,充分发挥遥感卫星使用效率。

#### 10.3.4.1 规划过程

卫星遥感任务规划流程如图 10-11 所示,共分 3 个阶段。

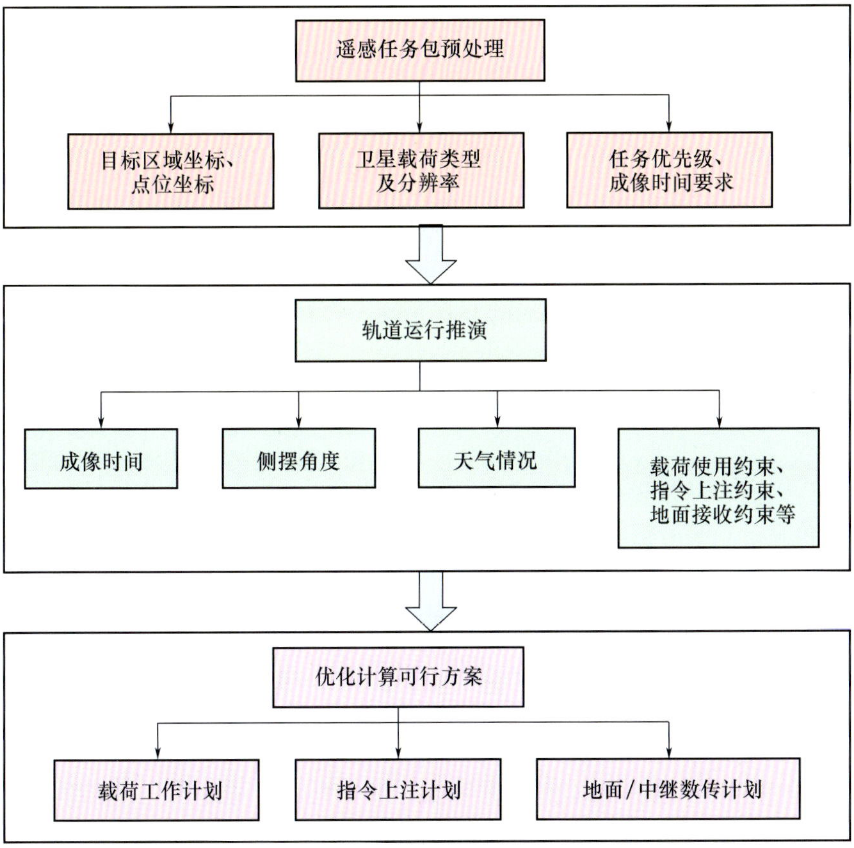


图 10-11 卫星遥感规划流程

##### 1. 遥感任务包预处理

对遥感任务包进行元任务分解。遥感任务包包括了用户观测需求,对目标而言一般为点目标或区域目标,按卫星传感器幅宽可分为单轨可覆盖点目标以及多轨覆盖区域目标。点目标区域通过卫星侧摆可以实现快速重访,区域目标分解为多轨多次观测覆盖。遥感卫星搭载传感器分为可见光、高光谱和SAR,不同类型的传感器成像方式、空间分辨率以及成像幅宽不同,用户依据自己的需求,选择相应载荷进行成像采集申请。同时,用户对成像时间通常也会提出需求。对遥感任务包进行预处理,形成目标区域坐标或点位坐标、卫星载荷类型及分辨率、任务优先级及成像时间要求的元任务集合,作为规划的输入。

2. 任务冲突消解

由于卫星资源及观测能力有限,对于不同用户观测较为集中的地区,卫星即使通过侧摆也不能满足对不同的需求同时进行拍摄,另外由于卫星成像约束的限制,不同用户的需求不能同时满足,这时就需要进行冲突消解。主要是根据卫星最新的轨道根数,对卫星经过需求目标时成像时间以及侧摆信息进行动态推演;结合用户需求、天气因素、载荷使用约束、星上存储容量、数据传输容量和地面接收能力,消解成像冲突。

3. 任务方案生成

在冲突消解基础上,优化计算可行方案,包括载荷工作计划、任务指令上注计划和地面/中继数传计划等。

#### 10.3.4.2 问题描述

总体来看,遥感任务规划类似一个多输入、多约束条件下求最优解的问题,因此其任务规划模型可表示为以下函数形式:

$$O=(T,R)\quad (U,C\text{ 已知}) \tag{10.12}$$

式中,$U$ 为用户需求输入;$C$ 为约束条件集合;$T$ 为观测活动时间集合;$R$ 为观测活动资源集合;$O$ 为输出的最优解或可行解。优化的目标是使得现有资源在给定时间内能够尽可能多地满足用户遥感需求,即遥感活动的总价值最大。

1. 用户需求输入 $U$

用户对成像任务的需求包括成像数据的区域要求、对地观测模式、所需图像谱段和时间要求等。对任务规划而言,并非每个用户需求都是机会均等安排的,当卫星资源使用发生冲突时,可根据用户需求的重要程度做出资源分配的决策,优先满足重要用户需求。从应用角度来讲,单个成像任务需求可由如下的基本属性来描述。

(1)成像目标的地理位置。成像目标可分为固定点目标、固定区域和活动点目标3类。其中,固定点目标的地理位置由区域中心点的经纬度确定;固定区域目标可抽象为地面各种多边形形状,其地理位置由各顶点的经纬度坐标来确定;活动点目标则可在一定时间内转化为固定区域需求。

(2)图像类型要求。根据遥感器类型,图像一般分为可见光、红外等类型。对于具体的成像任务,通常可指明图像类型要求,便于确定可满足该需求的星载遥感器。

(3)地面分辨率要求。地面分辨率也就是空间分辨率,指像元所对应地物大小。

(4)优先级。优先级是对成像任务重要性的评价,可理解为相应图像数据的价值,优先级越高说明成像任务越重要。

2. 约束条件 $C$

约束条件主要包括资源约束和任务约束两个方面。

(1)资源约束。

①资源能力。在多星联合成像任务规划问题中,真正完成任务的是星载传感器而不是卫星本身,每一个星载传感器实际上是一个独立的资源,在任何时候只能执行一项观测任务。

②资源类型。用户要求的图像数据类型必须与卫星传感器类型一致。卫星传感器的类型主要有可见光、红外、多光谱和 SAR 等。

③存储容量。当卫星在地面接收站范围以外工作时,通常将卫星所采集的数据存储在星上存储设备中,在卫星经过可接收地面站时进行数据下传,星上存储设备容量有限,也会影响到目标成像任务。

④能量约束。卫星姿态调整和侧视操作都必须消耗能量。卫星由太阳能帆板供电,电量使用和恢复都有时间上的限制。为了保证卫星安全可靠地运行,同时也为保证成像精度,在一定时间段(如每轨)内,侧视操作次数、总开机时间、累积成像次数和累积观测时间等都有一定的限制。

(2)任务约束。

①任务完成时间。用户对目标的图像获取时间具有一定时效性要求,有的任务属于应急任务,实效性要求很高,要求任务规划中尽早安排。

②观测时间长度。大多数成像卫星采用扫描方式对目标成像,目标越大需要时间就越长。即便对于固定点目标,尽管成像所需时间只是一个时间点,但考虑到卫星拍照前需要进行一些准备工作(如侧视成像需要调整并稳定载荷指向),因此观测活动需持续一定时间以保证效果。

③图像分辨率。用户根据识别地面目标能力的需要会对空间分辨率提出要求,实际分辨率需要高于这个要求。

④任务逻辑约束。任务逻辑约束指多个观测任务之间的先后关系或互斥关系。例如,多个观测任务可能需要共用一个地面接收站,而该接收站同时只能接收一颗卫星下行数据,则这些任务在逻辑上就构成了互斥关系。

### 3. 观测活动时间集合 *T*

该集合是可以用于规划的变量空间,主要包括以下内容。

(1)卫星覆盖可见性。卫星遥感首先要求传感器覆盖到目标点或目标区域。对于固定的地面区域来讲,由于卫星沿固定轨道飞行,因此卫星对该区域的覆盖时间是可计算的。

(2)可接受的云层覆盖率和太阳角。这两点主要说明了光学成像设备正常工作时对太阳光照强度和气象条件的要求。可见光及多光谱成像的清晰度会受到云层覆盖率和太阳照射角的较大影响;红外成像虽然不受太阳光照的影响,但也不能穿透云层;只有 SAR 可进行全天时全天候成像。

### 4. 观测活动资源集合 *R*

该集合是可以用于规划的变量空间,主要包括星载传感器资源、地面站网资源两类。对于星载遥感器资源,主要包括:

(1)星载遥感器的类型。主要包括可见光成像、多光谱成像、红外成像和 SAR 成像等。可能有多种类型的传感器都可满足用户需求。

(2)星载遥感器空间分辨率。卫星实际地面分辨率可能会受到遥感器侧摆的影响,但只要最佳分辨率达到了用户的要求,就可用于执行相应成像任务。

(3)传感器工作模式。有的卫星存在多种传感器工作模式,如加拿大的 Radarsat-1SAR 卫星有标准波束、宽测绘带波束、高分辨率波束、低入射角波束、高入射角波束、窄带扫描、宽带扫描等 7 种模式,能够产生多种不同类型的图像,获取的数据地面分辨率和成像幅宽有很大的差异。这些工作模式为满足用户需求提供了选项,同时也可视为约束条件。

对于地面站网资源,主要包括:

(1)指令上注测站资源。遥感卫星成像任务指令即可通过地面测控站上注,也可通过数据中继卫星上注,这些都是候选资源。

(2)数据接收和传输资源。数据接收资源同样可选择地面接收站或数据中继卫星,其中地面接收站可分为固定站和机动站两类。

5. 输出的最优解或可行解 $O$

成像任务规划问题的输出主要包括执行了哪些活动、每个活动需的执行时间,具体可表示为(Sat,Target,Res,Ts,Tc,Mem)的多元组,其中:①Sat 为卫星标识,说明具体是哪颗卫星的相关活动;②Target 为目标标识,说明活动针对的成像目标;③Res 为资源标识,说明执行活动的具体星载遥感器,以及指令上注站、地面接收站等;④Ts 为开始时间,指指令上注、卫星观测、数据下传等活动的开始执行时间;⑤Tc 为持续时间,指指令上注、卫星观测、数据下传等活动的持续时间;⑥Mem 指星上存储量,说明成像活动执行对星载存储设备的影响。

### 10.3.4.3 规划算法

遥感卫星任务规划问题是一类复杂的组合优化问题,其求解算法可分为 3 类。

(1)最优化算法,这类算法将对解空间进行完整搜索,可保证找到小规模问题的最优解,但这类算法只能解决小规模的单星成像任务规划问题。

(2)基于规则的启发式算法,这类算法基于某种规则(如优先级由高到低、成像分辨率最高、卫星最早成像等)进行逐次求解计算,具有简单、直观、便于实现、运算效率高等优点,但难以保证解的优化性。

(3)智能优化算法,这类算法效率较高,但放弃了对解空间搜索的完整性,因此必须保证具有足够的迭代次数和计算时间,才能获得最优解或次优解。自从 20 世纪 70 年代末起,以遗传算法、禁忌搜索、模拟退火算法为代表的智能优化方法迅速发展,在许多行业中也得到了很好的效果。本章介绍一种常用的智能优化算法:禁忌搜索算法。

禁忌搜索算法是一种全局逐步寻优算法,是人工智能在组合优化算法中的一个成功应用。该算法是对局部邻域搜索方法的改进,局部邻域搜索方法通用性强、易于实现且容易理解,但其搜索性能受邻域结构和初始解的影响较大,容易陷入局部最优。为了回避局部邻域搜索易陷入局部最优的不足,禁忌搜索算法引入禁忌列表(tabu list)来记录已搜索过的局部最优点,在下一次搜索中利用禁忌列表中的信息不再或有选择地搜索这些点,以此来跳出局部最优点,从而最终实现全局优化。其基本流程如图 10-12 所示。

禁忌搜索的过程是:

(1)给定一个初始解、空的禁忌表和邻域构造方法,并把初始解作为当前解和当前最优解。

(2)根据当前解和邻域构造方法计算邻域候选解集合。

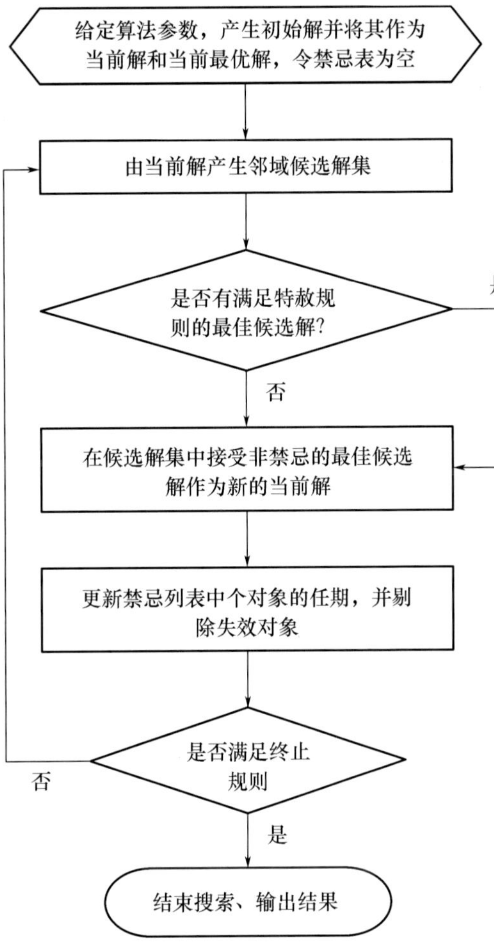


图 10-12　禁忌搜索算法流程

(3)在当前解的邻域候选解集中逐个筛选,挑出最佳候选解。

(4)如果最佳候选解对应的优化目标值优于当前最优解,此时用该候选解替代当前解和当前最优解,而不管该候选解是否被禁忌(此即特赦规则);如果最佳候选解对应的优化目标值不优于当前最优解,则在当前解的邻域中选择非禁忌的最佳候选解为新的当前解,而无视它与当前最优解孰优孰劣。

(5)将被接受的最佳候选解信息添加到禁忌列表中,同时根据算法设置的禁忌长度(被禁止对象不允许被选取的迭代次数)修改禁忌列表,对超出禁忌长度的候选解从禁忌表中删除。

(6)重复上述迭代搜索过程,直到满足终止准则(终止规则可以是确定步数终止、同一最佳候选解出现频率次数控制、目标值变化控制等)。

### 10.3.5　卫星遥感图像处理

通常情况下,地面接收站接收卫星发送下来的遥感图像信息及卫星姿态、星历参数等,将这些信息送往数据处理中心进行处理。遥感图像处理的目的和内容主要包括 3 个方面。

(1)对接收的数据进行处理和记录,回放出原始遥感图像,对图像中存在的畸变及失真现象，根据成像机理与相应的构像数学模型进行补偿和校正，统称为图像预处理。

(2)根据人眼的视觉原理和观察事物的特点对遥感图像进行各种变换和增强，以改善和提高遥感图像中反映地物目标特性的视觉效果与可识别性，统称为遥感图像增强处理。

(3)对原始遥感图像所反映的地物目标波谱特性进行反演、统计和分析解译，提取出地物目标类别及其空间分布等信息，统称为遥感图像特征提取与识别处理，也称图像解译。下面以光学遥感图像处理为例进行介绍。

### 10.3.5.1 图像预处理

在遥感领域，把卫星下传的原始遥感图像直接恢复为分景图像后称为0级产品(原始数据产品)。任何遥感系统获得的原始图像数据均存在不同程度、不同性质的几何形态畸变和辐射量的失真，需要对原始遥感影像进行多种处理。遥感传感器获取信息并传输到地表后，信息要经过两个层次的处理，首先在接收端进行必要的系统处理。主要包括辐射校正、几何校正、正射校正、图像镶嵌等。

#### 1. 辐射校正

卫星成像遥感从传感器获得的测量值与目标光谱反射或辐射亮度等物理量是不一致的，这种差别称为图像辐射畸变或退化。产生图像辐射畸变或退化的原因很多，包括光学系统相差、传感器成像不稳定、卫星飞行姿态变化、大气条件、太阳光照条件、噪声干扰等，需要消除这些偏差才能使图像更好地接近目标原始特性。下面以大气校正、太阳光照校正为例进行说明。

(1)大气校正。

传感器在获取信息过程中受到大气分子、气溶胶等大气成分吸收与散射的影响，使其获取的遥感信息中带有一定的非目标地物的成像信息。主要的校正对象是大气散射天空光等。大气散射可对可见光中的蓝绿波段产生较大影响，可导致某些地物信息损失、产生临近像元之间的干扰等。天空光是由大气散射和云层反射形成的充满空间的散射光，不包含任何地物信息，是在图像上附加的均匀亮度，降低了景物反差，较容易校正。

(2)太阳光照校正。

太阳光照条件的变化主要是指太阳高度角(地物所在地平方向与太阳光照方向的夹角)的改变，成像时间、季节和地理位置不同，太阳高度角也不同，校正太阳高度角可以使图像辐射标准化。

在遥感领域，把经辐射校正、未经过几何校正的数据产品称为辐射校正产品。

#### 2. 几何校正

遥感成像时，卫星姿态、高度、速度、地球自转等因素造成图像相对于地面目标发生几何畸变，畸变表现为像元相对于地面目标实际位置发生挤压、扭曲、伸展和偏移等，针对畸变进行的误差校正称几何校正。几何校正通常分两步。

(1)属于系统畸变或可预测畸变的校正，称为系统校正或粗校正。系统校正主要改正遥感传感器、遥感平台以及地球本身等造成的几何畸变。通常可把有关校正数据代入理论校正公式对原始图像进行几何校正，可基本消除由于卫星姿态、速度、地球自转、地球曲率以及扫描不均匀、采样延迟等造成的几何误差，但不能校正地形起伏引起的投影差和影像位移，也不能校正星历、姿态等数据不准确造成的误差，因此只能称为几何粗校正。

(2)几何精校正。其原理是回避成像空间几何过程,而是直接利用地面控制点对图像几何畸变进行数学模拟,且把图像畸变认为是挤压、扭曲、伸展和偏移等基本变形的组合。进行几何精校正时,首先要利用地面控制点数据确立一个模拟几何畸变的数学模型,依此建立原始畸变图像空间与标准图像空间的映射关系,然后把畸变图像转换到标准图像空间。

在遥感领域,把经辐射校正和系统几何校正(粗校正),并将校正后的图像映射到指定的地图投影坐标下的数据产品,称为系统几何校正产品。将经过辐射校正和几何校正,同时采用地面控制点改进产品几何精度的数据产品,称为几何精校正产品。

3. 正射校正

卫星影像在成像的过程中,受到透视投影、摄影轴倾斜、大气折光、地球曲率及地形起伏等诸多因素影响,致使影像中各像点产生不同程度的几何变形而失真。影像的正射校正借助于数字高程模型(digital elevation model, DEM),对影像中每个像元进行地形变形的校正,使影像符合正射投影的要求。正射校正是将中心投影的影像通过数字校正形成正射投影的过程,其原理为,将影像化为很多微小的区域,根据有关的参数利用相应的构像方程式或按一定的数学模型用控制点解算,然后利用 DEM 对原始影像进行校正,求得解算模型使其转换为正射影像。由于充分利用了 DEM 数据,故能够改正因地形起伏而引起的像点位移。

在遥感领域,把经过辐射校正和几何校正,同时采用地面控制点和数字高程改进产品几何精度的数据产品,称为正射校正产品。

4. 图像镶嵌

图像镶嵌是指把两幅或多幅数字遥感影像拼接在一起,形成一幅整体图像。通常先对每幅图像进行几何校正,将它们统一到一个坐标系中,然后对其进行裁剪,去掉重叠部分,再将裁剪后的多幅图像装配起来形成一副大的影像。拼接后有可能出现不同来源影像灰度或色彩差异较大的问题,此时还需要进行灰度校正,常用方法是统计拼接缝两侧的灰度差,然后在两侧一定范围内强制性消除灰度差。

在遥感领域,把无缝镶嵌图像产品称为标准镶嵌图像产品。

### 10.3.5.2　图像增强处理

图像增强是数字图像处理最基本的方法之一,是将原来不清晰的图像变清晰或将原来不够突出的特定图像信息和特征显现出来的图像处理方法,即采用一系列方法改善图像的视觉效果,提高图像的清晰度,将图像转换成一种更适合人或机器进行解译和分析处理的形式。常用增强方法包括辐射增强、空间域增强、频率域增强、彩色增强、图像融合等。

1. 辐射增强

辐射增强又称灰度增强,是一种像素点处理方法,主要目的是突出像元之间的对比度。目前遥感图像都没有充分利用传感器焦平面(如 CCD)的全部敏感范围,很多地物灰度值都局限在一个比较小的灰度范围内,使得图像看起来不够鲜明清晰。通过灰度增强处理,扩大图像灰度动态变化范围,增强灰度对比,能够提高图像可解译性。Photoshop 软件中的直方图均衡化就属于辐射增强的一种典型应用。

2. 空间域增强

空间域增强有 3 种主要应用场景。①提取图像边缘信息,如提取道路、桥梁等边界信息,便于后续转化为矢量图;②提取原图像模糊成分进行加权处理,然后与原图像叠加,从而增强图像清晰度;③使用某一指定函数对原图像进行加权,使原图像产生锐化或平滑效果。

3. 频率域增强

频率域增强又称频率域滤波,通过修改遥感图像频率成分实现图像增强,达到抑制噪声或者改善图像质量的目的。如果强化图像高频分量(高通滤波),可使图像轮廓更清晰、细节更明显;如果强化低频部分(低通滤波),则可减少图像噪声影响,使图像更平滑。

4. 彩色增强

人的视觉对彩色分辨能力远远高于灰度分辨能力。通常人眼能够分辨的灰度等级只有十几个,但能够识别和区分的色彩可达数百甚至上千种。彩色增强就是赋予遥感图像色彩信息,从而提高目标识别精度,典型的如真彩色合成、假彩色合成等。

5. 图像融合

随看遥感技术的发展,为充分利用多传感器、多分辨率、多谱段的遥感数据,将多种遥感数据结合起来,取长补短,发挥各自的优势,有助于更全面地反映地物目标,提高信息解译及分析能力。图像融合就是综合多个传感器对同一地物或区域的扫描影像,通过互补信息有机集成,减少或抑制单一信源对地物或环境解释中可能存在的多义性、不完备性、不确定性和误差,从而提高目标特征提取、分类、判读等有效性。按照融合层次不同,可分为像素级融合、特征级融合、决策级融合等。

### 10.3.5.3 图像解译

图像解译主要有目视解译、自动解译两种方式。

1. 目视解译

目视解译是一种传统的解译方法,也是一种人工提取信息的方法,使用眼睛目视观察(可借助一些光学仪器),凭借解译人员的知识、经验和掌握的相关资料,通过大脑分析、推理和判断,提取有用的信息。长期以来,目视解译是地学专家获取区域地学信息的主要手段。目视解译是利用图像的影像特征(色调或色彩,即波谱特征)和空间特征(形状、大小、阴影、纹理、图形、位置和布局),与多种非遥感信息资料相组合,进行由此及彼、由表及里、去伪存真的综合分析和逻辑推理的思维过程。目视解译是遥感应用中无可替代的组成部分。

2. 自动解译

用计算机图像分类的方法获取地物信息,其中最常用的分类方法就是基于地物光谱特征的统计模式识别方法,其思想是根据一定的规则,将遥感影像中每个像元按其光谱特征进行统计分析,进而划分为不同类别。根据分类方法是否需要训练样本,可将分类方法分为监督分类和非监督分类两大类别。

(1)监督分类方法。

监督分类方法(supervised classification)又称为训练分类法,即参考先验知识和辅助信息,在遥感图像上识别出一些已知类别的像元,将这些样本构成训练样本,通过对训练样本的学习并提取样本的统计特征,得到分类模板,然后用分类模板对原图像识别具有相似特征的像元,完成分类。

(2)无监督分类。

无监督分类是在没有先验类别(训练集)作为样本的条件下,即事先不知道类别特征,主要根据像元间相似度的大小进行归类合并(将相似度大的像元归为一类)的方法。这种方法不需要掌握研究区域内有关成像地物的任何先验知识,仅仅依靠图像上不同地物类别之间的光谱差异来进行地物特征提取和识别,完成分类过程,后续还需将分出的若干光谱类别与实际地物类型进行对应。

## 10.4 卫星遥感新技术

### 10.4.1 高轨高分辨率遥感技术

为了保证高分辨率,遥感卫星通常运行在低地球轨道上。高轨卫星距地球约3.6万km,对地覆盖范围极广,理论上能够实现对地球三分之一区域的侦察。但是,若将遥感卫星发射到高轨区域,超远的距离给高分辨率需求带来了非常大的挑战。

近年来,世界主要航天国家都投入了大量的精力开展高轨高分辨率成像技术的研究,遥感技术已显现出高空间分辨率、高光谱分辨率、高时间分辨率的“三高”新特征,并开拓了更多的应用新领域。

以我国的“高分四号”卫星为例,针对高轨高分辨率卫星高精度定位与成像、超大型相机畸变和不稳定、高轨高精度定轨、敏捷动中成像精度保证、相机-星敏多视轴慢漂补偿和低频颤振等难题,发展出一体化高精度目标定位、星上全频段微振动抑制与隔离等技术,保障了“高分四号”高轨敏捷机动成像,我国对地观测具备了较高空间分辨率和极高时间分辨率,可对目标区域高帧频重复凝视,获取目标动态变化。

遥感系统的逐步完善与提升推动高轨高分辨技术在各个领域的广泛应用。高轨高分辨率遥感技术不但在资源勘探、环境监测、军事侦察等领域具有广阔的应用前景,也对促进地球环境的监测和保护、资源利用的优化和规划等具有重要意义。

### 10.4.2 视频成像技术

视频成像技术是一种新型对地观测技术,与传统的成像卫星相比,它可以对特定的地面区域进行凝视观测,并以视频的方式来记录观察信息,特别适用于动态目标的观测。“凝视”是指随着卫星的运动,光学成像系统始终盯住某一目标区域,可以连续观察视场内的变化。其优点在于可同时连续观测全视场内发生的现象,能实时、定点地观测;可灵活、机动地获得图像,根据用户需要直接定制图像;凝视模式无须机械扫描机构,可减轻卫星的质量和功耗。

视频成像技术主要有两种手段:一是采用地球静止轨道成像卫星;二是采用具备较高姿态敏捷能力或具备图像运动补偿能力的低轨成像卫星。静止轨道卫星与地面相对静止,从而实现视频成像。但为了在高轨实现米级地面分辨率,其成像系统口径必须足够大,目前美国、欧洲正在积极研制大口径(至少大于4 m)光学成像系统。低轨卫星利用平台的高敏捷能力来实现视频成像,典型代表为印尼与德国合作研制的“印度尼西亚国家航空航天研究所-柏林技术大学卫星”(LAPAN-Tubsat)和美国“天空卫星”等。

随着相关技术的不断进步,通过卫星来获得高分辨率的视频图像得以实现,然而如何通过这些获取的海量视频图像来获取用户关注的敏感信息，既是将来的发展趋势，也是视频成像技术应用的关键点。因此，在发展和提高视频成像技术的同时，如何结合大数据、图像处理等技术来实现和推广视频卫星的应用需要进一步研究。

### 10.4.3 图像智能处理技术

卫星遥感能够快速、高效、实时地获取地球表面海量的地理空间数据，是人类了解和认知地球的必要途径，在资源调查、环境监测、灾害应急、军事侦察等国家重大战略需求领域发挥了至关重要的作用。传统卫星遥感数据处理高度依赖具备专业知识的人员，需结合卫星遥感数据特点、实际情况和专业知识，进行人工处理和解译，这种解译方式耗时耗力且精度难以保障。近年来，随着卫星遥感数据的指数级增长，人工处理数据的方式已难以满足用户高效率高精度信息提取的要求。因此，在我国遥感卫星技术高速发展的基础上，如何高效、快速处理海量遥感数据已成为遥感应用亟须解决的关键科学难题。

当前，遥感图像在高时间分辨率、高空间分辨率和高光谱分辨率等方面有着巨大突破和创新，对地观测网络提供着 PB 级遥感数据，具有高量级、多变性、多样化和不确定性的特点。遥感技术相较于传统测量手段能更好地采集分析地球数据和地球变化，因此被广泛用于资源调查、城乡规划等多个领域。目标的分类识别是遥感技术重要的研究方向。对于分类任务而言，遥感技术存在以下两个问题：一是数据特征的可分性无法保证；二是被标记的实例数量是有限的。

遥感图像的类型不同，其分类要求和特点也有差异，如像元在不同光谱中具有不同的波谱特征、有不同光谱的异物和现象等，因此分类任务面临着巨大挑战，对于高分辨率遥感图像而言，其空间特征的连续性和有效性对分类结果的好坏起着关键性影响。仅靠人工对遥感图像进行分类是非常困难的，而深度学习模型为遥感图像的分类与识别提供了新的解决思路和方法，目前主流深度学习模型有卷积神经网络（CNN）、循环神经网络（RNN）、全卷积神经网络（FCN）等，将深度学习技术用于遥感图像的处理能解决遥感识别与分类的问题，例如将卷积神经网络（CNN）应用于遥感图像识别，能够通过提取遥感图像的丰富特征进行检索，提高识别的精确度。

遥感图像智能处理技术是指利用人工智能和机器学习等先进技术，对遥感获取的图像数据进行智能化处理和分析的技术。通过对遥感图像数据进行智能处理，可以更有效地从海量的遥感数据中提取有用的信息，实现自动化、高效率的数据分析和应用。通过遥感图像的智能化处理，可以完成遥感图像检索、遥感图像融合、遥感图像超分辨率重建、高光谱遥感图像分类以及 SAR 图像目标识别等典型任务。

智能算法的加入为遥感图像处理开辟了一个新的领域，为遥感图像的处理提供了许多神经网络模型，并基于这些神经网络模型产生了许多的处理方法。云计算、大数据等高新技术的广泛应用以及计算机芯片、遥感设备等重要硬件的创新升级都将促进遥感及其图像处理技术的发展。而丰富的数据样本也会促进深度学习的发展，出现越来越好的神经网络模型，更加方便地处理遥感图像。

# 本章回顾

## 关键词

卫星遥感
成像遥感原理
目标电磁辐射
目标电磁反射
大气窗口
光学成像传感器
微波成像传感器

## 重要概念

◇ 卫星遥感的分类
-卫星成像侦察
-卫星电子侦察
-卫星导弹预警
-卫星海洋监视

# 思考与讨论

1. 试比较卫星遥感与航空遥感各自的优缺点,并分析卫星遥感是否可以完全代替航空遥感?

2. 卫星遥感系统一般由哪几部分组成,各组成部分的功能分别是什么?

3. 衡量遥感卫星成像能力的主要指标包括哪些,能否同时提升这些指标的性能?

4. 简述导弹预警卫星的工作原理,并分析其红外探测器为什么要工作在大气的吸收谱段?

5. 试计算为了探测人员活动,光学传感器应当选取何种工作波长?

6. 利用大气散射原理,试分析为什么晴朗的天空会呈蓝色,而空中的云雾会呈现白色?

7. 星载光学成像传感器主要由哪几部分组成?举例说明如何才能增大光学系统的焦距。

8. 在卫星光学成像过程中,试利用瑞利衍射判据来分析影响空间分辨率的主要因素,并给出提高空间分辨率的办法。

9. 有人说遥感卫星拍照可以识别出地面的车牌号码或报纸标题,试分析是否有可能?

10. 在雷达成像过程中,为什么一般要采用侧视成像?

11. 侧视雷达的图像分辨率有哪几种,分别受哪些因素的影响?

12. 假设实际天线孔径为 8 m,波长为 4 cm,目标与天线的距离为 400 km,分别计算真实孔径侧视雷达和合成孔径侧视雷达的方位向分辨率。

13. 试查资料分析多光谱和超光谱遥感在军事领域可能的应用前景。

14. 简述卫星地面应用系统的主要组成及功能。

15. 简述卫星运控系统的主要组成及功能。

16. 简述卫星遥感地面运控与应用系统基本功能与构成。

17. 分析卫星成像遥感中,可见光、红外(中长波红外)、SAR 3 类任务规划时,哪种需要考虑云层约束?

18. 试分析可否像无人机侦察一样,任意指定遥感卫星在某特定时刻去侦察某处?

19. 在网上查看数字地球的卫星影像时，经常发现不同图像区域之间存在明显的亮度差，试分析这种现象是如何产生的？

20. 试分析真彩色合成增强和假彩色合成增强的原理及适用场合。

# 第11章 太空目标监视

## 本章中，你将学到

◇ 太空目标监视的基本概念和能力构成
◇ 太空目标监视的对象和主要活动
◇ 太空目标特性的分类和特点
◇ 太空目标监视系统组成
◇ 太空目标监视的典型应用

## 你应该已经掌握

◇ 航天器运行轨道和运行环境
◇ 航天器的分类
◇ 航天器位置测量原理和速度测量原理
◇ 光学系统和雷达系统的成像原理

## 内容安排

本章主要内容包括 4 个部分：

◇ 基本概念，主要介绍太空目标监视的对象、能力构成和主要活动。
◇ 目标特性，主要介绍目标可见光特性、偏振特性、红外特性等光学特性，雷达散射特性、极化特性、几何特性、运动调制与非线性散射特性等雷达特性，无线电特性。
◇ 系统组成，主要介绍地基雷达装备、地基光学装备以及目标监视卫星。
◇ 典型应用，主要介绍碰撞预警的具体流程和碰撞规避的主要决策方法。

当前，太空目标日益增多，太空环境呈现“拥挤、对抗、竞争”的总体趋势。随着巨型星座建设爆发式增长，危险交会、碰撞、解体等事件频繁发生，太空碎片急剧增加，严重影响太空活动长期和可持续发展。作为太空信息的获取手段，太空目标监视系统是避免发生太空交通事故、确保太空安全的前提和基础。太空目标监视系统可以对太空目标进行精确跟踪探测，对可能威胁太空安全的事件提前发布预警。世界航天大国都把发展太空目标监视系统、提高太空目标监视能力作为增强本国太空安全的重要途径。

## 11.1 基本概念

据 2024 年 6 月 1 日北美防空司令部监测数据显示，自 1957 年 10 月 4 日人类进入太空时代以来，共发射了 17 736 颗卫星，其中 13 420 颗卫星仍驻留太空，10 100 颗卫星正常工作运行。与此同时，人类航天活动也产生了大量的太空碎片，增加了太空目标之间的碰撞风险，即使太空碎片只有几毫米大小,也有可能撞击航天器的核心部件,使造价高昂的航天器完全或部分丧失工作能力。

2009 年 2 月 10 日,已经退役的俄罗斯宇宙 2251 号卫星与当时在轨正常工作的美国铱星 33 号以约 42 000 km/h 的相对速度高速相撞,产生约 1 800 个可追踪的碎片,目前仍有一些碎片驻留轨道演化。2020 年 9 月 22 日,某碎片即将接近国际空间站,预警距离仅为 1.4 km,当时国际空间站内有俄罗斯 3 名机组人员,不得不执行紧急避碰操作。据统计,自 1999 年发射以来,国际空间站已经进行了 28 次紧急避碰操作。2021 年 11 月 15 日,俄罗斯发射了“努多利”直升式反卫导弹,击毁了俄罗斯已退役的宇宙-1408 卫星,产生约 1 500 颗太空碎片,其中一颗碎片于 2022 年 1 月 18 日晚与我国清华科学卫星“极危险接近”,交汇距离仅为 14.5 km,对我国航天器造成严重威胁。

为确保太空活动安全和可持续发展,需要对太空目标和太空事件进行密切跟踪监视,解决在太空中“有什么”“在哪里”“是谁的”“是什么”“能干什么”“在干什么”“状态如何”以及“趋势如何”等问题。太空目标监视主要是运用天基、地基和海基感知手段,对太空目标进行探测搜索、跟踪识别、编目定轨等,进行威胁评估,发布威胁告警,对太空目标事件进行查证与溯源,开展目标特性分析,支持太空安全与规避航天侦察等。太空目标监视要求按照探测、跟踪、识别、发现、目标指引和评估的流程,对太空目标和太空事件进行密切跟踪监视。开展重点目标威胁评估,提供目标特性描述,及时发现目标变轨机动事件,分析研判变轨意图等;开展太空安全分析,进行目标碰撞预警检测,及时发布碰撞预警信息以及解体陨落情况,保障进出太空安全等;开展规避航天侦察预警,准确预报敌方重点侦察卫星过境覆盖信息和载荷信息,保障地面部队行动安全等。

### 11.1.1 系统构成

太空目标监视系统一般由太空目标监测网与太空目标监视中心两部分构成,如图 11-1 所示。太空目标监视中心是太空目标数据处理、信息生成与信息服务的主要场所,负责监视任务的规划、设备资源的调度、探测数据的处理、目标编目维护以及对外进行数据、情报服务等,中心系统主要由数据中心、业务软件以及软硬件支撑与管理平台构成。

### 11.1.2 监视对象

太空目标监视的对象包括在太空的、经过太空的以及进出太空的所有目标,按照运动特性主要包括轨道目标、弹道目标以及超高速运动目标等。

#### 1. 轨道目标

轨道目标主要是指在太空按照轨道动力学规律运动的各种目标,包括各种航天器、太空碎片、进入近地空间的微流星体甚至小行星等。

#### 2. 弹道目标

弹道目标主要包括从地球发射的各种导弹,也包括从天基平台发射的各种对地面或太空系统打击的战斗部或弹头等,这些目标理论上与轨道目标遵循相同的运动规律,但往往包含了主动飞行段,而且飞行时间较短,对感知的时效性要求较高。

#### 3. 超高速目标

超高速运动目标是指在临近空间运行的超高速飞行器或导弹目标,临近太空目标由于具

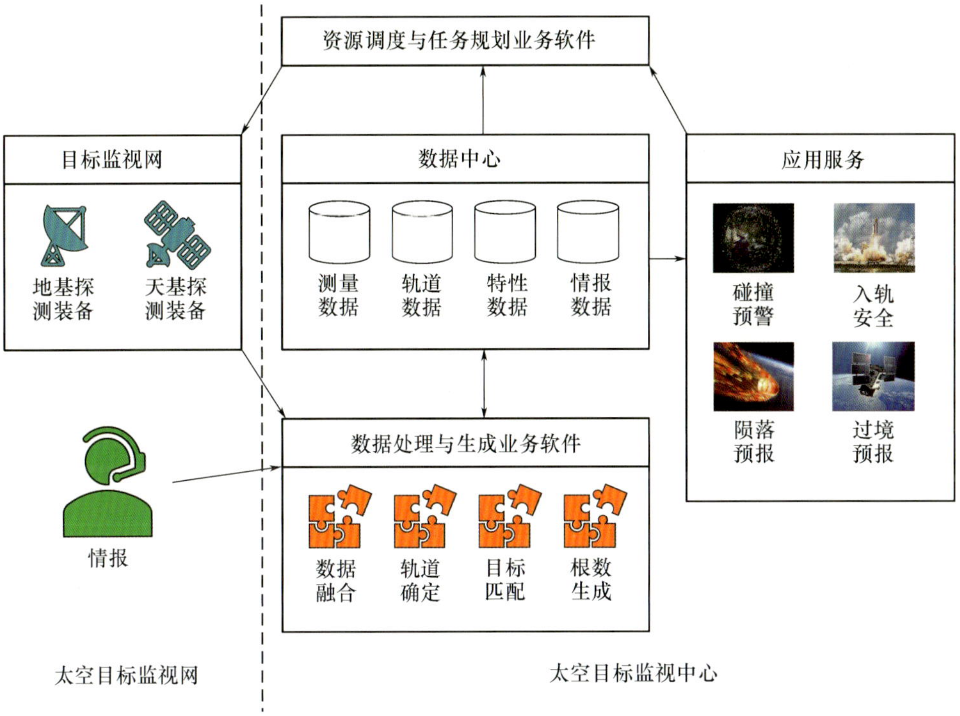


图 11-1　太空目标监视系统示意图

有一定的气动力作用而导致运行规律复杂,同时由于具有一定的弹道飞行特性,运行速度较快,因此在发现、跟踪上存在很大的困难,当前感知手段上不充足。

### 11.1.3　能力构成

太空目标监视具体表现在以下 6 个关键能力要素。

#### 1. 太空目标搜索发现能力

太空目标搜索发现能力能够利用自主可控的技术和系统,在不需要相关先验信息的情况下,对可能危害太空系统安全的太空碎片等目标进行自主搜索。

#### 2. 太空目标监视管理能力

太空目标监视管理能力对有威胁或需要重点关注的太空目标,能够进行全空域、全时域、全频域的定轨、编目管理等。

#### 3. 太空目标认知识别能力

太空目标认知识别能力能够对太空目标身份进行确认,对太空目标的能力进行评估,对太空目标目前是否工作及其状态进行辨识,对其未来状态、动向进行准确评估。

#### 4. 太空目标监视体系运行管理能力

太空目标监视体系运行管理能力能够对太空目标监视体系运行进行统一指挥,对太空目标监视任务实施统一调度,对太空目标监视系统资源进行优化管理,对太空突发事件进行应急响应。

5. 太空态势信息综合处理能力

太空态势信息综合处理能力能够对多手段、多平台、多时段获取的太空目标监视信息进行融合、关联及挖掘等综合处理，生成太空态势信息及情报产品的能力。

6. 太空态势信息发布能力

太空态势信息发布能力是指对讨太空态势信息及情报产品进行高效畅通发布的能力，即能够在正确的时间，将正确的信息及情报，发布给需要的用户及终端。

### 11.1.4 主要活动

太空目标监视通常按照探测、跟踪、识别、发现、目标指示、评估的流程组织实施。开展太空安全分析，重点为导弹发射、航天发射等提供碰撞概率与风险评估；组织太空目标碰撞预警，重点提供太空目标解体陨落情况、碰撞预警与风险评估等；开展反航天侦察预报，重点为各级指挥机构和任务部队提供太空目标过顶情况、侦察监视能力、威胁评估分析等。太空目标监视的主要活动包括：

1. 太空目标态势分析

太空目标态势分析综合运用监测、情报等手段，获取太空目标的轨道、姿态、目标特征及技术指标等信息，完成太空目标的编目、识别和分类管理，分析、理解、评估、研判、预测太空目标态势。

2. 发射任务空间安全性分析

发射任务空间安全性分析对运载火箭、战略导弹、新概念武器试验等发射任务进行空间碰撞安全分析，为发射窗口选取、飞行安全管道设计提供支持，保证空间发射任务的安全实施。

3. 在轨航天器碰撞预警

在轨航天器碰撞预警进行碰撞风险分析和危险等级评估，发布碰撞预报，保障航天器在轨运行安全。

## 11.2 目 标 特 性

目标特性是指目标固有的理化属性以及目标与所处环境相互作用而呈现的能够被传感器感知的特性。这里的环境是指除了目标之外的一切空间物质，包括目标依存的背景、目标至探测系统或武器系统之间的传输介质(如大气等)。太空目标始终处于复杂的电磁环境中，这种电磁环境包括来自太阳的电磁辐射、目标自身的电磁辐射以及来自于传感器的电磁辐射等，目标与所处电磁环境相互作用而呈现的能够被传感器感知的特性即为目标的电磁特性。太空目标探测(包括目标监视与导弹预警)的基本理论主要建立在目标的电磁特性上，探测设备利用目标辐射、反射的电磁波，通过信号分析和数据处理来获得对象的信息。针对太空目标的特点及其所处的环境，太空目标特性主要包括自身所固有的几何、材质、运动和无线电信号等特性，以及与电磁环境相互作用所呈现的光学和雷达特性等。

### 11.2.1 光学特性

太空目标光学特性总体可分为目标光学散射特性和光学辐射特性，其中，光学散射特性又可大致分为可见光特性和偏振特性。本节重点介绍在目标光学特性分析中涉及的一些术语、含义及相互关系，以便在目标光学特性分析中正确理解和使用。

#### 11.2.1.1　可见光特性

##### 1. 分辨成像特性

由于衍射现象，光学系统对目标成像有能分辨、恰能分辨和不能分辨 3 种状态。目标的高度越低或者望远镜口径越大，那么望远镜的分辨率就越小，也就越容易分辨目标。因此，对于一些轨道较低的太空目标，地基光学望远镜能够对其进行分辨成像。

##### 2. 光度特性

随着太空目标轨道高度的增加，地基光学观测系统将难以对目标进行分辨成像。图 11-2 给出了某光学望远镜对国际空间站的成像效果，可以看出，随着目标轨道高度的逐渐升高，望远镜已经无法分辨目标，仅能获取一个亮度随时间变化的光斑，此时获取的目标光学特性是光度特性。

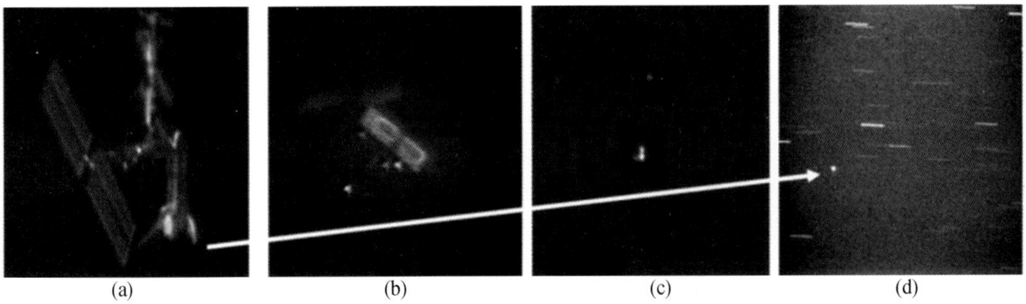


图 11-2　目标轨道高度不断增加在光学望远镜上呈现的光学特性

太空目标的光度特性一般指目标的观察亮度随时间的变化。目标光度特性常用光度曲线来衡量，光度曲线是指目标观察亮度随时间变化的曲线，如图 11-3 所示。太空目标的亮度通常用视星等表示，视星等可通过目标的光亮度（光源在单位立体角度内发出的光通量）转换得到，视星等越小，亮度越高。

太空目标的光度特性可用于分析目标的形状、大小、姿态、角速度、反射率等特征，其优点是测量简单，数据量较小，便于存储计算，可以直接通过光学望远镜进行观测；缺点是信息维度有限。

##### 3. 光谱特性

光谱信息则为太空目标识别提供了极为有利的额外信息。光谱特性是从一个个很窄的波段范围去“看”研究对象，即从光谱维来对目标进行分析，每个波段中蕴含的信息形成了一条光谱曲线。这在缺少目标几何信息的情况下是一种独特的分析与识别方法，因为不同物体由于其组成成分的不同导致其光谱特性一般都具有一定的差异，而光谱范围划分得越细致，这种差异表现得越明显，通过这种差异就可以实现对目标的识别。对于一些轨道较低、可分辨的太空目标，通过光谱测量手段，可以得到不同波段的目标可分辨图像，如图 11-4(a)所示。对于一些轨道较高、不可分辨的太空目标，则可以得到目标光谱分布随时间的变化曲线，如图

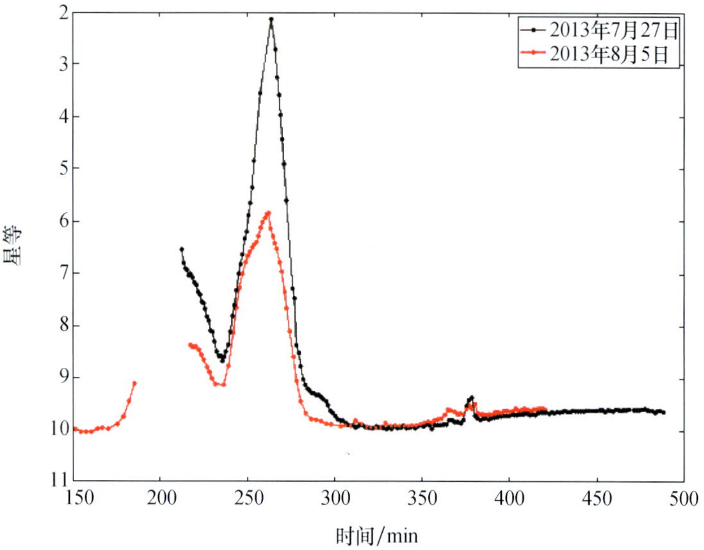


图 11-3　太空目标的光度特性曲线

11-4(b)所示。

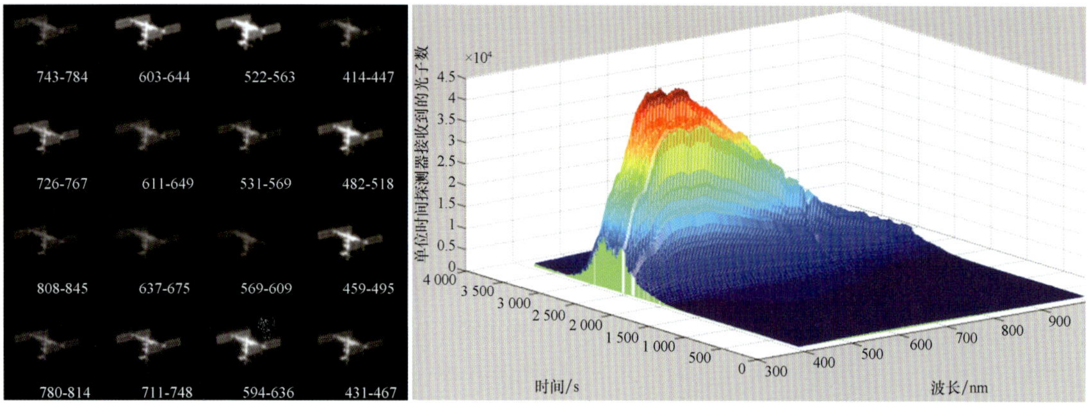


(a)低轨目标的光谱特性　　(b) 中高轨目标的光谱特性

图 11-4　太空目标的光谱特性

### 11.2.1.2　偏振特性

振动方向对于传播方向的不对称性称为偏振,它是横波区别于其他纵波的一个最明显的标志,只有横波才有偏振现象。光波是电磁波,因此,光波的传播方向就是电磁波的传播方向。光波中的电振动矢量和磁振动矢量都与传播速度垂直,因此光波是横波,它具有偏振性,如图11-5 所示。光的偏振现象就是光的矢量性质的表现,反映的是空间电磁波的时变电场矢量的幅度大小和方向随传播方向变化的情况。大气中的任何物体,在反射和发射电磁波的过程中都会产生由其自身材质、光学基本定律决定的偏振特性。因此,与散射特性一样,太空目标的偏振特性可以作为目标特性的表征信息,而且,目标反射或发射电磁波的波长(频率)、振幅、相位、偏振均属于物体的基本属性。

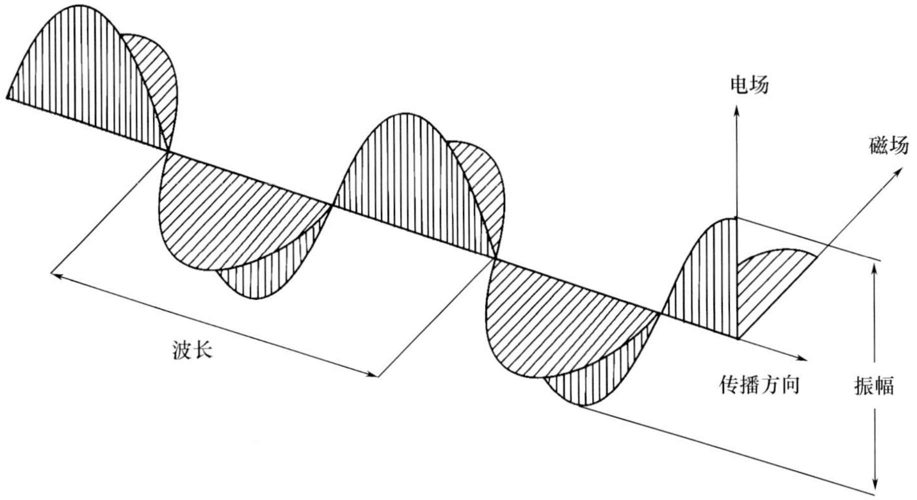


图 11-5　光的传播方向与振动方向

太空目标表面偏振特性取决于其表面的介质特性、结构特征、粗糙度等固有属性，同时还与目标表面入射光线的天顶角、方位角、观测角、探测波段等因素有关，目标表面粗糙度对其影响程度很大。偏振图像能够提高对比度，挖掘出强度图像中许多隐藏的信息，而且偏振特性能够表征一些强度测量难以表征的信息(如目标自然表面的粗糙度)，有助于辨别伪装或隐蔽的目标，对置于背景中物体的边缘增强效果明显。

#### 11.2.1.3　红外辐射特性

太空目标红外辐射特性主要包括两种机制：一是目标在空间热环境中自身辐射，二是目标散射环境辐射。确定太空目标的红外辐射特性需要知道太空目标的形状尺寸、表面温度和表面材料的红外光谱发射率，以及日地目标相对位置、目标姿态、探测视向。

如同太空目标散射特性一样，观测时间、目标位置、姿态、自身热结构、表面材料等对目标辐射特性影响明显，使得目标辐射亮度分布不均匀且差异巨大、动态变化。表面发射率和表面温度是影响目标红外辐射强度的主要因素，对于探测系统而言能够探测到的辐射强度还与目标有效辐射面积有关。因此，太空目标红外辐射特性可以通过表面发射率、内外热流作用下的目标表面温度及其有效辐射面积进行描述。表面发射率、太空目标表面温度、有效辐射面积作为表征目标辐射特性的参数，不仅能够作为探测目标的直接信息，而且能够用来识别目标。

### 11.2.2　雷达特性

从测量目标参数的观点可以将雷达分为两大类：第一类称为尺度测量(metric measurement)雷达，主要是测量目标的三维位置坐标、速度与加速度等参数，其单位分别是 m、m/s 与 $m/s^2$，与尺度有关；第二类称为特征测量(signature measurement)雷达，主要测量雷达散射截面及其统计特征参数、角闪烁及其统计特征参数、极化散射矩阵、散射中心分布及极点等参量，从而推求出目标形状、体积、姿态、表面材料的电磁参数与表面粗糙度等物理量。从原理上看，上述两类测量可以在同一部雷达上实现,但由于对接收系统线性动态范围、变极化、幅度与相位标定精度等要求的不同,因此对一部具体雷达而言,只能在某方面功能上有所侧重。

与尺度测量相比,特征测量将观察对象视为一个体目标,从雷达回波中提取目标特征信号,进而判断目标的大小、形状、表面材料参数以及粗糙度等,达到识别的目的。基于雷达特性的目标识别能力就像在雷达望远镜上增加了一个显微镜,大大丰富了获得的目标信息,不仅能明确目标位置,而且还能识别出目标大小形状,增强了雷达识别真假目标的功能,同时也促使雷达转向微波遥感,开发地球资源和保护地球环境。

#### 11.2.2.1 雷达散射特性

目标的雷达散射截面(radar cross section,RCS),简称为散射截面,是表征雷达目标对于照射电磁波散射能力的一个物理量。可以分别从电磁散射理论和雷达测量的观点对 RCS 进行定义,两者的基本概念则是统一的,均定义为:单位立体角内目标朝接收方向散射的功率与从给定方向入射于该目标的平面波功率密度之比的 $4\pi$ 倍。

1958 年,D. K. 巴顿从 AN/FPS-16 精密跟踪雷达数据里,根据回波幅度变化分析出了苏联人造卫星 SputnikII 的外形、尺寸和简单结构,从而使雷达的功能从单纯的发现和定位进入了目标识别领域。目前,目标识别已发展成为雷达领域的一个重要分支,雷达目标特征信号研究的最终目的之一就是目标识别。RCS 可以应用于太空目标的隐身化设计、太空目标的 RCS 增强与缩减、太空目标的结构与姿态测量。

#### 11.2.2.2 极化特性

雷达散射截面是一个用于描述目标电磁波散射效率的量,只能表征雷达目标散射的幅度特性,缺乏对于诸如极化和相位特性等目标特征的表征。为了完整地描述雷达目标电磁散射性能,引入极化散射矩阵(以下简称散射矩阵)的概念。一般来说,散射矩阵具有复数形式,随工作频率与目标姿态而变化,对于给定的频率和目标姿态特定取向,散射矩阵能够表征目标散射特性的全部信息。

太空目标的极化特性主要应用于太空目标识别,但由于其特征库难以建立,因此制约了其应用与发展。

#### 11.2.2.3 几何特性

如果雷达接收机能够得到目标的(一维、二维或三维)电磁散射图像,即几何特性,就可以设计出简单的分类器来完成目标识别,高分辨力雷达及与其相关技术的出现和发展,使得上述设想成为可能。

**1. 一维距离高分辨**

在光学散射区,复杂目标一般可看成是由许多个孤立的散射中心组成。如果雷达发射的信号的径向距离分辨力远小于目标尺寸,那么就可以在雷达的径向距离上,测量出目标的若干个强散射中心。

由于高分辨力雷达发射信号的脉冲空间体积比常规雷达的要小得多,在雷达分辨单元内,各目标之间、目标各散射体之间的信号引起的响应,相互干涉和合成的机会较少,回波信号中目标信息的含量比较单纯,故可供识别目标的明显几何特征。

2. 逆合成孔径雷达(ISAR)

利用宽带信号可以得到对目标的径向距离高分辨,利用空间相干多普勒处理可以获得对目标的横向距离高分辨,距离-多普勒两维分辨原理成为合成孔径雷达(SAR)和逆合成孔径雷达(ISAR)的基础。无论是 SAR 还是 ISAR,其成像处理经过运动补偿后,都可归结为旋转目标成像处理。

ISAR 技术既适用于空间飞行目标成像,也可用于对海上舰船等其他目标的成像,是目标分辨、分类与识别技术现阶段发展的主导方向之一。

3. 距离高分辨率与单脉冲处理相结合的三维成像技术

距离上的高分辨率是通过雷达发射宽带信号来实现的,可将目标上的各散射体分离成一个个单独回波并求得其距离坐标。在角度(方位、俯仰)维,用高精度的单脉冲技术可以测出已分成一个个单独的回波的各散射体的角坐标,从而确定出它们与雷达视线间的横向距离。与 ISAR 技术相比,它既可以用简单得多的技术来实现目标三维成像,又没有 ISAR 成像中横向分辨率取决于目标相对于雷达运动的旋转分量的缺点。此外,这种成像技术还具有与 ISAR 成像处理及单脉冲跟踪功能相兼容的优点。

单脉冲三维成像的主要不足之处:一是由于角分辨率并未提高,因此,如果在同一距离单元内有两个以上不同横向距离的散射体时,雷达便不能正确地测出各散射体的角坐标;二是由于受单脉冲技术测角精度的限制,对远距离目标无横向分辨能力,因而只适用于对中短距离的目标成像,以上两点通过单脉冲与 ISAR 处理相结合的处理方式可得到改善。

#### 11.2.2.4　目标运动调制与非线性散射特性

太空目标上太阳能帆板的旋转、无线电有效载荷天线等目标结构的周期运动,都会产生对雷达回波的周期性调制,使回波起伏谱呈现取决于旋转体角速度和数量等的基本调制频率和其谐波尖峰,尖峰出现的位置由目标的周期性运动所决定,而与雷达频率无关,目标本身的固有振动,也可对电磁散射产生幅度和相位调制。但是,对于太空目标而言,由于没有如此快速旋转的部件,因此,可用性不强。

然而,金属目标中,由于金属间的接触电阻的非线性,因此散射场出现基波以外的谐波分量。基于这一非线性散射特性的目标识别技术应该受到太空目标识别的重视。应用先进的雷达接收和数字信号处理技术,有可能得到目标的一次、二次、三次等谱系的回波信号,这些信号均可用作表征目标的特征量。

### 11.2.3　无线电特性

目标无线电特性是指利用无线电侦察设备测量、分析得到的目标无线电信号的特征,主要包括电子情报无线电信号、通信无线电信号、数传无线电信号三大类。对该类信号所呈现的特征及包含的信息等进行解调、解密、分析、解读无线电波的内涵信息;利用测向设备测定辐射源的地理位置,从而获取信号特征情报,以服务于目标识别、目标定位与态势生成等。

1. 电子情报无线电信号特性

电子情报无线电信号主要是利用信号侦察、测向定位设备所搜索、截获地面站、上下行测控、遥测与指控系统等无线电信号。该类信号的参数和特征包含着目标辐射源信息及其载体的类型、用途、分布状态、配置变化、活动情况，通过对该类信号的特性分析，能够判断出目标的性能、能力、威胁等级以及行动企图等。

2. 通信无线电信号特性

通信无线电信号主要是利用通信侦察、测向定位及侦收设备搜索、截获的射频无线电通信信号。该类信号的参数和特征包含着目标辐射源的位置及通信信息，通过对该类信号的分析、解译，能够判断出空间信息装备及其搭载平台等目标的技术参数、威胁程度、部署情况、行动企图等信息。

3. 数传无线电信号特性

数传无线电信号主要是利用无线电侦测设备，截收、分析、记录来自太空目标的下行链路发送给地面站的数据等信号，通过对该类信号的分析、解译，能够获取信息内容、航天器工作状态与任务能力等信息。

## 11.3 系统组成

太空目标探测装备有多种分类方法：根据装备平台位置，可分为地基装备和天基装备；根据设备在太空态势感知中的应用，可以分为专用设备、兼用设备和可用设备；根据设备类型，可分为雷达、光学和无线电监测设备等。图 11-6 显示了典型太空目标探测装备根据设备类型分类情况。

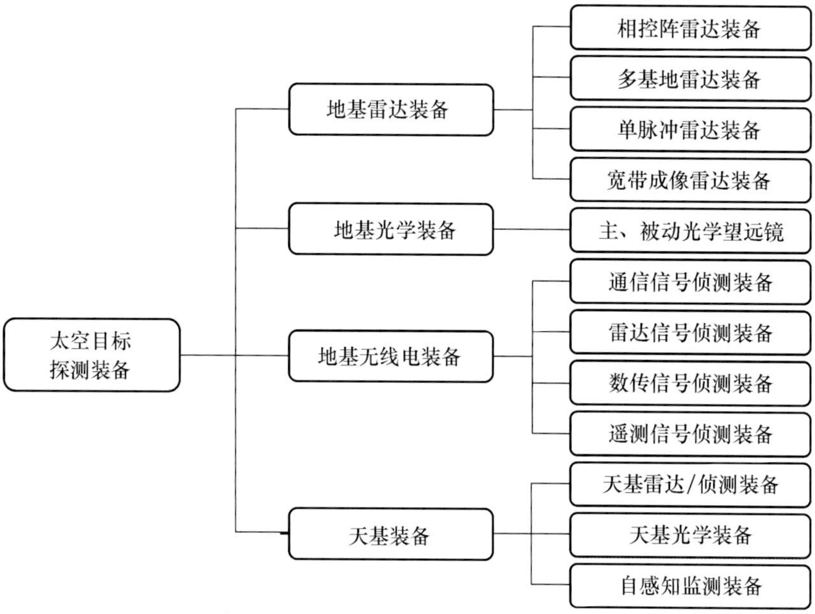


图 11-6　太空目标探测装备

### 11.3.1 地基雷达装备

用于太空目标探测的地基雷达装备主要是各种大型雷达装备，是开展太空目标监视、导弹预警任务中太空目标探测的主力装备,主要应用于近地轨道目标、导弹目标的探测跟踪、特性测量、成像等,以实现新目标发现、编目维护以及弹道导弹跟踪与识别等任务。地基雷达装备具有以下优势:

(1)全天时、全天候工作。雷达依靠自身发射电磁波照射目标并接收反射信号实现对目标的探测与跟踪,因此不受光照条件等限制,在设备条件允许的情况下可以一天 24 h 工作;雷达装备受气象条件影响也较小。

(2)探测信息全。雷达装备可以测量目标的距离、方位以及距离和方位的变化率,理论上来说可以一次测量实现初轨确定;雷达装备可以获取目标的 RCS 特性、极化特性甚至进行 ISAR 成像,以此可以对目标进行识别。

(3)持续搜索能力。雷达装备通过设置搜索屏可以在覆盖区域内持续搜索,一旦发现目标即可迅速捕获跟踪,是当前太空目标监视最主要的新目标发现手段。

同时,地基雷达装备需要主动发射电磁波信号照射目标,受能量限制其探测距离有限,因此当前主要应用于近地轨道目标的探测。部分雷达装备在增程的情况下可以实现对中高轨目标的探测,但需要将能量集中到很小的波束范围内,因此将丧失其搜索和多目标跟踪能力,不能作为常态工作模式。

### 11.3.1.1　相控阵雷达

相控阵雷达(phased array radar,PAR)即相位控制电子扫描阵列雷达,是一种电子扫描雷达,如图 11-7 所示。相控阵天线由多个在平面或任意曲面上按一定规律布置的天线单元(辐射单元)和信号功率分配/相加网络所组成。天线单元分布在平面上的称为平面相控阵天线;分布在曲面上的称为曲面相控阵天线,如果该曲面与雷达安装平台的外形一致,则称为共形相控阵天线。每个天线上都设置一个移相器,用以改变天线单元之间信号的相位关系;天线单元之间信号幅度的变化则通过不等功率分配/相加网络或衰减器来实现。在波束控制计算机控制下,改变天线单元之间的相位和幅度关系,可获得与要求的天线方向图相对应的天线口径照射函数,快速改变天线波束的指向和天线波束的形状。

**图 11-7　美国 AN/FPS-85 相控阵雷达**

相控阵天线具有波束指向、波束形状快速变化能力,易于形成多个波束,可在空间实现信号功率合成。这些特点使相控阵雷达可完成多种雷达功能,具有天线波束的快速变换和扫描能力以及稳定跟踪多批高速运动目标的能力。这些能力使得大型的地基相控阵雷达成为当前近地目标最主要的探测跟踪设备,在太空目标监视任务中是进行新目标发现和已知目标编目维护的主力装备,在导弹预警任务中则主要应用于远程目标跟踪等。

#### 11.3.1.2 单脉冲雷达

单脉冲雷达是一种精密跟踪雷达。它每发射一个脉冲,天线能同时形成若干个波束,将各波束回波信号的振幅和相位进行比较,当目标位于天线轴线上时,各波束回波信号的振幅和相位相等,信号差为零;当目标不在天线轴线上时,各波束回波信号的振幅和相位不等,产生信号差,驱动天线转向目标直至天线轴线对准目标,这样便可测出目标的高低角和方位角,从各波束接收的信号之和,可测出目标的距离,从而实现对目标的测量和跟踪。单脉冲雷达同一时刻只能对单个目标进行跟踪,主要应用于近地轨道太空目标和导弹目标的精密跟踪以及成像、识别等。

#### 11.3.1.3 太空篱笆

太空篱笆(space fence)是指使用多个地基相控阵雷达站构成的一个连续波太空目标探测系统。雷达站的相控阵线性天线产生一个与地面垂直的扇形波束,形成一道"篱笆",并接收穿越篱笆的目标回波,测量出它们的位置、轨迹和速度矢量。

位于马绍尔群岛共和国夸贾林环礁、耗资15亿美元的新一代的太空篱笆系统采用大型单基地相控阵雷达体制,只需要单个基地就可以实现以前多个基地的监视任务,其工作原理如图11-8所示。该雷达采用全数字化收发体制,每个通道的发射和接收波束形成单独可控。利用GaN功放和数字波束形成技术,提高了发射效率和波束形成的速度、精度,并且可以完成电扫描。通过单一雷达发射阵面的多个通道,形成多个发射波束覆盖120°×0.2°的扇形面电磁区域,较之前的系统有了更广的天域覆盖范围。目标穿过扇形电磁区域时,会反射信号,接收阵列接收到反射信号以后,利用数字信号处理的方式,可以对目标的运动特征进行提取,从而可以实现对该飞行器的监视。

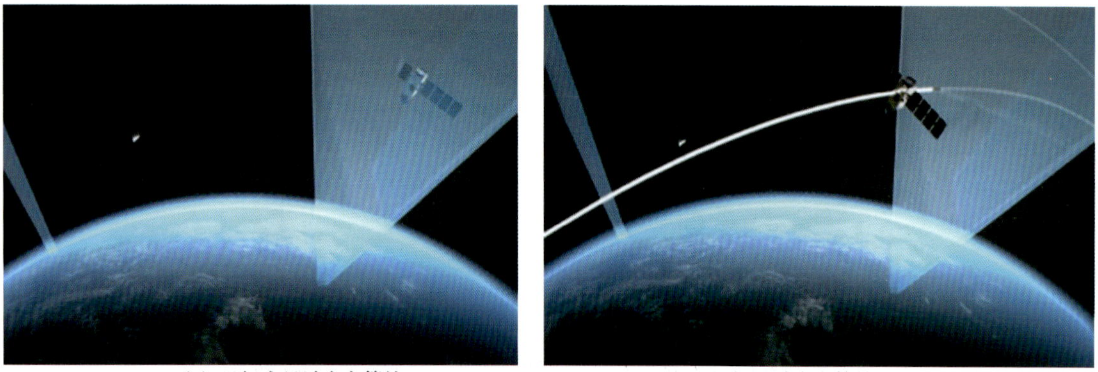

(a) 目标未经过太空篱笆　　(b)目标经过太空篱笆后

图11-8　太空篱笆系统工作示意图

### 11.3.2　地基光学装备

光学探测装备主要是指以光学成像和光电探测原理为基础，运用光学、电子学、精密机械、自动控制、图像处理和计算机等技术有机集成而构成的各种类型仪器装置的总称。地基光学装备具有结构简单、测量结果直观形象、能够提供多维度的特征信息、空间分辨力强、探测距离远、测量精度高等特点，被广泛应用于中高轨目标监视以及低轨目标成像中，是太空目标监视不可或缺的装备。

当前在用的地基光学装备主要是各种光学望远镜，按照其成像目标的不同，主要有中高轨望远镜和自适应光学成像望远镜两大类。中高轨望远镜主要用于中高轨目标的发现与跟踪探测，目标成像结果为图像上的一个点。自适应光学成像望远镜主要用于对低轨目标的成像，目标成像结果为二维面目标图像，可以直观地显示目标的外形特征。地基光学设备还可以通过分光技术配置各种光学特性测量装置，实现对目标光度、光谱等特性的测量。

由于地基光学望远镜采用被动探测，需要目标反射太阳光实现目标成像，因此受到天光地影影响，难以实现全天时探测；同时由于云层会遮挡可见光，因此很容易受到雨雪、云雾等气象条件的限制，也不能开展全天候探测。因此，地基光学望远镜一般要求部署地点具有大气清洁度高、光污染少、雨雪天气少等特点。由于受到太阳光照的限制，地基光学望远镜大多只能在晨昏（望远镜位于地影中，而目标被太阳照射）观测或者夜间观测，即使夜间观测也需要避开满月的影响。虽然受到各种条件限制，由于具有结构简单、测量结果直观形象、能够提供多维度的特征信息、空间分辨力强、探测距离远、测量精度高等特点，地基光学望远镜还是被广泛应用于中高轨目标监视以及低轨目标成像中，是太空目标监视中不可或缺的装备。

美国地基光电深空监视系统于 1994 年开始建造，目前正在使用的有 3 个观测站，主要包括新墨西哥州的白沙观测站、印度洋的迪戈加西亚岛观测站和夏威夷的毛伊岛观测站，如图 11-9 所示。地基光电深空监视望远镜由弱光电视摄像机、计算机和大型望远镜组成。每个观测站装备 3 台望远镜，白沙观测站和毛伊岛观测站各配主镜 2 台、辅镜 1 台，迪戈加西亚岛观测站配主镜 3 台。主镜口径为 101.6 cm，焦距为 218 cm，视场为 2.1°，具备对夜空进行每小时搜索 2 400 平方度的能力，作用距离为 4 828~37 800 km，主要用于观测运动速度较慢的高轨目标，可探测地球同步轨道 37 800 km、8 cm 大小的目标，位置确定精度可达米级。主镜还配有一台测量目标亮度变化的辐射计，晚上最大可探测 16.5 星等目标，白天可观测 8 星等目标。辅镜口径为 38 cm，焦距为 76 cm，为视场 6°，具备对每小时搜索 15 000 平方度的能力，用于观测运动速度较快的低轨目标。望远镜支架采用正交万向架，一个轴平行于地球旋转轴，支架旋转速度 15(°)/s，精度 1.5″时搜索 15 000 平方度的能力，用于观测运动速度较快的低轨目标。

毛伊光学跟踪识别系统包括 4 种光学设备。

（1）口径 1.6 m 卡氏光学望远镜，视场 10″。

（2）口径 3.7 m 自适应光学望远镜，装有波前监测和补偿装置，用于太空目标形状识别。望远镜亦称为“高级光电系统”（AEOS），配有可补偿大气扰动的自适应光学系统、长波红外成像仪和红外辐射计系统，镜面采用可变形弯月状光学透镜，背面装 941 个制动销，用于驱动镜面变形。望远镜视场为 1″，能够极为有效地跟踪和识别太空目标，800 km 轨道目标分辨率为 30 cm，并能够清晰拍摄在轨卫星照片。

（3）安装在同一基座上的 2 台 1.2 m 主镜和 1 台 0.56 m 辅镜，可进行可见光、长波红外光

图 11-9　毛伊岛观测站

谱测量基微光信号探测和成像，波长范围为 3~22 μm，7 个波段，视场为 80″。其中主镜焦距分别为 24.56 m 和 19.5 m，在可见光波段分辨率分别为衍射限的 3 倍和 2 倍。

(4) 激光雷达跟踪系统，包括 0.6 m 激光束导向器、0.8 m 激光束导向器/跟踪器和各种红外探测器，能够分辨航天飞机敞开的有效载荷舱内的物体。

毛伊光学跟踪识别系统采用的微光电视摄像，探测能力比人眼好 1 000 倍。白天分辨 8 星等、晚上分辨 17 星等目标。整套设施于 1979 年开始成为太空目标监视网专用设备，主要任务是对深空和地球同步轨道进行监视，探测未知目标，为军方提供指定目标的位置和特征数据。

### 11.3.3　目标监视卫星

地基光学设备由于受到天光地影、气象条件等的限制，难以实现全天时、全天候工作，同时由于大气的折射与散射，也影响了地基光学设备的探测精度和探测能力，因此随着卫星技术的发展，将光学设备放到卫星平台上成为一种必然的选择。目标监视卫星通过轨道的设计（如采用位于晨昏线的太阳同步轨道）可以有效克服天光地影的影响，同时由于避免大气层、电离层等的吸收、折射和散射等的影响，成像能力和精度都可以得到大幅度的提高。

目标监视卫星的主要应用体现在 3 个方面：

(1) 对高轨目标进行探测跟踪。这类似于地基中高轨望远镜的作用，卫星一般运行于近地轨道的太阳同步轨道或赤道轨道，典型系统包括美国早期的 SBV 计划、后续部署的 SBSS 系统以及 ORS-5 卫星等。

(2) 对目标进行抵近成像侦察。主要部属于地球静止轨道附近的亚同步轨道，由于其与地球静止轨道卫星存在小的高度差，因此会导致旋转速度稍快于或慢于静止轨道卫星，利用这一速度差形成的相对运动，可以实现对静止轨道卫星的巡视抵近。该类卫星最典型的代表是美国的地球同步轨道太空态势感知计划（GSSAP）卫星。

(3) 专用于导弹预警的天基预警卫星系统。主要通过对导弹发射时的红外信息的探测实现对导弹发射的发现，并初步确定弹道导弹的射向、落点等信息。该类卫星主要部署于地球静止轨道、大椭圆轨道，如美国的国防支援计划（DSP）主要部署于地球静止轨道。天基红外系统（SBIRS）主要部署于静止轨道和大椭圆轨道；下一代过顶持久红外（NG-OPIR）同样部署于静止轨道和大椭圆轨道。

## 11.4　典型应用

随着人类航天活动的增加,地球已经被数以万计的人造物体所包围,太空碎片的数量逐年迅速增长,对在轨航天器的安全造成了极大的威胁。进入 21 世纪以来,已发生数起太空目标相撞事件,国际空间站也因为碎片碰撞伤痕累累。据不完全统计,我国每年需要进行十余次的机动以规避可能的碰撞风险,这一数量随着太空碎片的增加也将逐年增加。太空目标碰撞预警和碰撞规避是一个完整过程的两个相对独立的方面。

### 11.4.1　碰撞预警

碰撞预警是利用预报得到的轨道状态和误差协方差信息,进行碰撞风险评估,得到各种碰撞风险参数(最近距离、碰撞概率、最大碰撞概率等),根据一定的准则判断风险参数是否处在危险区域(如接近距离小于距离门限、碰撞概率大于概率门限等),如果在危险区域则发出碰撞预警,需要采取相应的措施。因此碰撞预警实质上是一个判别分析问题,核心是风险评估。根据分析得到的各种参数,得到"危险"或"安全"、"机动"或"不机动"的判别。

#### 11.4.1.1　航天发射任务碰撞预警

在将卫星送入轨道的过程中,运载火箭将穿越从地面到目的轨道的整个轨道空间。相对轨道高度比较固定的在轨卫星,与太空碎片发生碰撞的风险更大,后果也更严重。我国最早在载人航天发射任务中考虑了碰撞风险,进行了发射过程实时碰撞预警分析。近年来,随着碎片环境的日益恶化,我国也开始重视航天器进出太空的安全问题,逐步建立起航天发射任务的碰撞检测和预警工作流程。

在航天发射任务中,太空碎片碰撞预警的主要任务包括辅助进行发射窗口选择、进行理论弹道安全分析和实时弹道安全分析等。碰撞预警应当具有否决权:一旦整个窗口都无法通过碰撞预警检测,必须重新选择其他的发射窗口或发射时间。

**1. 发射窗口选择**

辅助进行发射窗口选择是碰撞预警最主要的任务,也是最能保障运载火箭安全的手段。航天发射窗口的选择受多方面因素的影响,包括目标轨道特点、入轨要求、发射时间、天气情况等,最终可以确定一个最优的发射时间段。而碰撞检测应该在这个最后的发射时间段内进行。用于碰撞检测的时间窗口一般是一个比较长的时间段,可能是十几分钟到几小时。碰撞检测可能进一步缩小时间窗口,排除那些存在碰撞风险的时间段,确定一个或几个安全的小时间窗口可以进行发射。发射窗口的碰撞检测一般采用弹道平移的方法进行:将整个时间窗口按等间隔划分为若干个小窗口,然后将弹道平移到每个小窗口内的一个时间点,并以此为基础对整个弹道进行碰撞检测。由于太空碎片运行速度非常大,时间间隔的选择一般要求在秒量级,而计算点的选择一般是小窗口的中点。发射窗口的选择一般只对主体部分,即包含有效载荷的部分进行,而不考虑分离后的其他部分。

**2. 理论弹道安全分析**

发射时间一旦确定,就可以提供更完善的理论弹道,此时需要对这条理论弹道再一次进行碰撞检测,以确保弹道安全。理论弹道的碰撞检测应当包含发射过程中产生的能够进入典型轨道高度的所有目标,如分离后的助推器、整流罩等,至少保证这些部分不对在轨运行的卫星构成威胁。理论弹道一旦无法通过碰撞检测,也需要在窗口内重新调整发射时间。

3. 实时弹道安全分析

运载火箭在实际飞行过程中会不同程度地偏离理论弹道,因此需要在实际发射过程中进行实时弹道安全分析,确保运载火箭在自由飞行的情况下,主体部分不能与任何太空碎片发生碰撞,分离后的部分不能对在轨运行的卫星构成威胁。

实时弹道安全分析是一个循环检测的过程。首先根据遥测和外测数据获取较为准确的当前位置和速度;以当前位置速度为初值进行弹道积分,积分区间为当前时刻直至假设目标自由飞行至陨落;利用积分获得的自由飞行弹道进行碰撞检测与预警,完成一次检测过程。如果此时星箭已经分离,则以分离时刻为初始点再进行一次检测并退出,否则回到第一步重新获得当前进入下一个检测过程。

#### 11.4.1.2 太空目标碰撞预警

太空目标碰撞预警就是利用太空目标监视系统,在太空目标编目的基础上,开展重点航天器与其他太空目标的交会计算分析,根据碰撞概率筛选可能存在的碰撞风险,并及时发布碰撞告警。基于强大的太空目标监视能力,美国率先开展了全球航天器碰撞预警的发布工作。当前我国主要针对我国工作卫星和出口卫星进行碰撞预警分析,向特定用户发布碰撞告警信息。虽然各国依据自己的目标监视系统能力以及需要不同,会在碰撞预警的具体流程、预警分析范围、信息发布渠道与内容上有所差别,但典型碰撞预警的流程基本上如图 11-10 所示,主要经过依托用户精密星历和编目轨道库开展碰撞初筛、更新定轨预报星历后碰撞精筛、调整交会目标跟踪监视任务、获取更多观测数据、更新定轨预报星历再次确认碰撞信息等流程循环迭代开展碰撞预警工作,每个环节中每个节点的处理时间和精度标准均有严格的量化规定。

碰撞预警一般分等级发布,不同级别发布的渠道和对象有所不同。以美国三级预警发布机制为例,三级是网站等级,高轨目标 10 d 内和最小接近距离不大于 10 km,低轨目标 3 d 内的最小距离不大于 1 km,碰撞概率不小于 $10^{-4}$ 的碰撞预警事件在网站公布;二级是邮件等级,高轨目标 3 d 内的最小距离不大于 5 km,低轨目标 3 d 内的最小接近距离不大于 1 km,碰撞概率不小于 $10^{-4}$ 的碰撞预警事件在网站公布,并通过邮件推送给用户;一级是紧急电话等级,高轨目标 3 d 内的最小接近距离不大于 500 m,低轨目标 3 d 内的最小接近距离不大于 1 km,碰撞概率不小于 $10^{-2}$ 的碰撞预警事件在网站公布,并通过邮件和电话告知用户。碰撞预警发布的信息包括碰撞预警任务索引信息(发布单位、航天器编号、碰撞预警任务标识等)、主/从目标交会点信息(最近交会时刻、交会点相对位置、速度、碰撞概率、计算模型等)以及主/从目标轨道和特性信息(目标身份信息、轨道预报模型、目标尺寸、轨道根数、轨道位置和速度、协方差矩阵等)。

对于碰撞预警处理的时间一般都有严格的规定,还是以美国为例,对于近地轨道目标每 8 h 对前一个时间段更新的目标轨道进行碰撞预警分析,对于同步轨道高轨目标每 12 h 碰撞预警分析一次,对于大椭圆轨道目标和未命名高/低轨目标,每 24 h 进行一次分析。

### 11.4.2 碰撞规避

碰撞规避机动是在碰撞预警的基础上,根据碰撞风险参数、接近几何关系等信息,考虑任

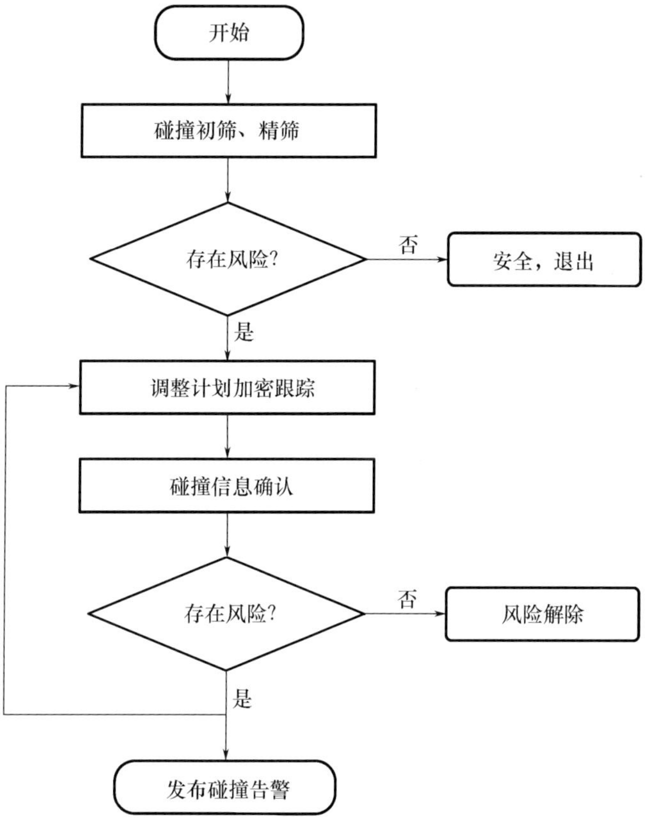


图 11-10　典型碰撞预警流程图

务约束和与轨道维持结合,航天器通过轨道机动等方式,避免与其他太空目标发生碰撞。如果接近分析和碰撞风险评估的结果表明航天器与某个太空目标的碰撞风险大于可以接受的门限值,则需要采取规避措施。最常用的规避措施是轨道机动规避。碰撞规避机动以碰撞风险分析为基础,给出规避机动的实施准则和判断标准,研究最优碰撞规避机动的计算方法和实施策略,包括推力方向和作用时刻的选择等。因此规避机动实质上是一个变轨问题,核心是最优变轨和任务约束。

碰撞规避机动主要考虑以下 3 个方面的问题:基于碰撞概率的最优规避机动策略、考虑任务约束的规避机动方案权衡、规避机动与日常轨道维持的结合。将碰撞风险降低到可接受的水平所需的速度增量最小的规避机动是最优的,在执行碰撞规避机动前不仅要分析最优的机动策略,还应充分考虑机动对航天器任务的影响以及后续的附加风险,例如对空间站微重力实验的影响、对地球观测卫星的星下点轨迹和当地地方时的扰动等。对于需要定期进行轨道维持的航天器,将规避机动与日常轨道维持相结合是节省燃料、减小对任务影响的理想途径。

为了应对日益严重的碰撞威胁,目前世界上一些国家和国际航天组织都开始或已经建立了工程中可实际应用的碰撞规避系统。各航天机构的碰撞规避机动程序结构和方法步骤不尽相同,但由碰撞预警与机动规避的内在规律决定,其基本框架和大致步骤具有一致性。国际上碰撞规避决策主要有盒子方法(Box 方法)和碰撞概率方法($P_c$ 方法)两种方法描述。

### 1. 盒子方法

国际上早期的规避决策主要是基于盒子区域判据。盒子区域判据的原理是在航天器周围一定范围内设置警戒区域和规避区域。例如,以美国航天飞机为例,以航天器为中心,50 km×10 km×10 km 的区域即为警戒区域。一旦有太空目标进入警戒区域,系统便会发生警报进行警示,对进入的太空目标持续跟踪,随时更新其轨道信息。而当太空目标进入以航天器为中心,20 km×8 km×8 km 的规避区域时,航天器便会考虑采取规避措施以确保航天器的安全。这种决策方法计算量小,安全性高。

### 2. 碰撞概率方法

"盒子方法"的区域划定主要是参考平均轨道预报的误差,是平均值。从工程角度看,这种方法比较保守,容易增加不必要的机动次数。为了克服盒子方法造成的预警误差,20 世纪 90 年代初美国国家航空航天局(NASA)开始应用基于碰撞概率的方法。NASA 规定对空间站和航天飞机进行规避机动的概率红限和黄限分别为 $10^{-4}$ 和 $10^{-5}$。如果碰撞概率超过红限则进行规避机动,如果碰撞概率超过黄限,在不会对任务目标造成危害的情况下也需要进行规避机动。欧洲航天局规定航天器进行规避机动的概率红限为 $10^{-4}$,或接近距离小于 300 m。

太空目标轨道的预测存在误差,但轨道预报误差不可怕,掌握误差分布统计学规律后,可以使用误差球来描述太空目标可能出现的位置,如使用 3 倍标准差,使太空目标落在误差球内的概率控制在 99.73%。如果预测的两个太空目标所在的误差球没有发生交会,则二者的碰撞概率为零,如果两误差球有重叠,则对重叠区域的概率密度进行积分,就会得到碰撞概率,这就是基于碰撞概率的决策方法。因为在卫星运行的沿速度、指向地心和垂直轨道面 3 个方向,作用力模型掌握的精确程度不同,相应 3 个方向的预测误差也不同,所以误差球一般使用椭球来描述。盒子方法也正是利用预测误差的这一规律,以航天器为中心,在 3 个方向上取不同的长度,画出一个长方体的盒子表示交会风险等级。

## 本 章 回 顾

### 关键词

太空目标监视
太空目标特性
目标光学特性
目标雷达特性
目标无线电特性
地基雷达装备
地基光学装备
目标监视卫星
碰撞预警
碰撞规避

### 重要概念

◇ 太空目标监视的对象
 -在太空的、经过太空的以及进出太空的所有目标

◇ 太空目标特性
 -光学特性
 -雷达特性

-无线电特性

◇ 太空目标监视系统组成

-地基雷达装备

-地基光学装备

-目标监视卫星

## 思考与讨论

1. 简述太空目标监视的概念和主要组成。
2. 太空目标监视和卫星遥感的区别和联系有哪些？
3. 太空目标监视的对象有哪些？
4. 太空目标监视的能力主要包含哪些？
5. 太空目标监视的主要活动有哪些？
6. 太空目标光学特性包括哪些，有哪些用途？
7. 太空目标雷达特性有哪些，有哪些用途？
8. 太空目标无线电特性有什么用途？
9. 典型的太空目标探测装备有哪些类型？分析其优缺点。
10. 为什么要设计目标监视卫星，能够解决什么问题？
11. 哪些太空目标监视手段具备全天时全天候的特点？
12. 太空目标碰撞规避有哪些决策方法？

# 第12章
# 太空国际法规

## 本章中，你将学到

◇ 主要的太空国际公约
◇ 国际电信联盟法律文件对卫星等航天器轨道和电磁频谱的分配管理
◇ 太空国际规则谈判有哪些方面？

## 你应该已经掌握

◇ 空间碎片的编目及危害
◇ 卫星轨道分类及资源的有限性

## 内容安排

本章主要内容包括 3 个部分：
◇ 太空国际公约，主要介绍《外空条约》《营救协定》《责任公约》《登记公约》《月球协定》的相关概念。
◇ 国际电信联盟介绍及其制定的一系列法律文件。
◇ 太空国际规则谈判的主要内容介绍，包括透明与建立信任措施、外空活动国际行为准则、空间碎片减缓指南和外空活动长期可持续性。

随着人类活动区域向太空的拓展、航天技术应用的不断增加，国家对于太空的依赖性也不断增强，太空逐渐成为国家赖以正常发展的命脉。和陆、海、空领域一样，随着人类活动的不断增强和深入，太空领域也出现了越来越多的问题，比如损害赔偿问题、航天员营救问题、太空资源的开发和利用问题、太空交通管理问题等等。这些问题都需要航天法律制度来协调解决。航天法律制度包括国际法和国内法两个层面。航天活动涉及的这些问题牵扯的主要是国与国之间的利益协调，主要是国际法的运用。因此，航天法律制度中外空国际规则在解决太空领域问题时所发挥的作用显得尤为重要。太空国际法规是规范各国在外层太空活动的一系列国际法律制度的统称。这些法规由多个国际条约和协议构成，它们共同构成了国际空间法的基础，对于维护太空和平与稳定、促进国际合作与交流、防止太空污染、明确责任与权益以及应对太空活动挑战等方面都具有重要意义，是确保外空可持续发展的基础。

## 12.1 太空国际公约

太空国际公约正是国际社会为了确保外层空间活动的和平、安全和可持续发展而共同制定的法律文件。这些公约旨在明确各国在外层空间的权利和义务，规范太空探索、利用和保护的行为准则，以及处理太空活动中可能出现的问题和争议。

### 12.1.1 《外空条约》

1966 年 12 月 19 日，联合国大会通过《关于各国探索和利用外层空间包括月球和其他天体活动所应遵守原则的公约》（简称《外空条约》，如图 12-1 所示），该条约于 1967 年 10 月 10 日生效。截至 2020 年 1 月 1 日，《外空条约》共有 109 个批准国。我国于 1983 年加入该公约。在条约的制定过程中，有能力利用外空的国家希望尽量不受或少受国际规则的约束，而其他还没有能力参与到外空应用的国家，不希望外空成为军备竞赛的场所，希望能够和平利用外空。于是，各国在充分的讨论和斗争中，最终协商一致，条约得以制定。《外空条约》第一次以国际条约的形式将从事外空活动的各项基本法律原则确定下来，为人类探索和利用外空提供了一个基本的法律框架和指引。成为各国从事外空活动应遵守的规则，被称为“外空宪章”。这些基本原则包括：

图 12-1　《外空条约》封面

#### 1. 共同利益原则

探索和利用外层空间，包括月球和其他天体，应为所有国家谋福利，而不论国家的经济或科学发展如何，并应为全人类的利益而开发。

#### 2. 自由探索和利用原则

所有国家应在平等基础上，不受任何限制，自由探索和利用外层空间，包括月球和其他天体，并自由进入天体的一切区域。

#### 3. 不得据为己有原则

各国不得通过主权要求、使用或占领方法以及其他任何措施，把外层空间，包括月球和其他天体，据为己有。

4. 限制军事化原则

各国不得在绕地球轨道上放置任何携带核武器或其他任何种类的大规模毁灭性武器的物体,不得在天体配置这种武器;月球和其他天体应当用于和平目的,禁止在月球及天体上建立军事基地、军事设施和军事工事进行武器试验和军事演习。

5. 保护环境原则

各国从事研究探索外层空间及天体时,应避免使外层空间及天体遭受有害污染,避免因地球以外的物质使地球环境发生不利变化,并应为此采取措施。

6. 国家对本国的外空活动承担国际责任原则

不论外空活动是由政府机构还是非政府机构进行的,缔约国都应对本国的外空活动承担国际责任。这种责任不单单是损害发生时需要承担的赔偿责任,更多的是在从事外空活动的过程中,国家必须对涉及本国的外空活动承担有关监督、控制等责任。

7. 国际合作和互助原则

各国最大限度地提供便利以促进探索和利用活动中的广泛联系和发展。探索与利用外层空间时,应妥善照顾到所有其他国家的有关利益,不能对其他活动造成潜在的有害损害。

8. 遵守国际法原则

国家要保证本国从事外层空间活动遵守包括《联合国宪章》在内的国际法规范。

### 12.1.2 《营救协定》

外层空间探索活动具有极高的风险性。自外空物体发射之时起,航天员等参加人员就面临着巨大的风险。虽然在制定《营救协定》前,美国和苏联的航天活动并未有外空物体毁损和航天员伤亡的记录,但随着载人航天活动的持续增多,国际社会普遍认为需要建立一套关于航天员营救的法律制度。《营救宇宙航行员、送回宇宙航行员和归还发射到外层空间的物体的协定》(简称《营救协定》)于 1967 年 12 月 19 日经联合国大会通过,1968 年 12 月 3 日生效。截至 2020 年 1 月 1 日,《营救协定》共有 98 个批准国。我国在 1988 年加入该协定。

针对航天员的营救问题,《营救协定》对缔约方设定了三方面的义务:通知义务、营救义务和送还义务。这些义务的设定是基于外空条约中关于“航天员作为人类派往外层空间的使者”的定位。

1. 通知义务

《营救协定》第 1 条规定了缔约国最低限度的通知义务,即“缔约国获悉或发现航天员在其管辖的区域、在公海、在不属任何国家管辖的其他任何地方,发生意外,处于灾难状态,进行紧急或非预定的降落时,要立即通知发射当局和联合国秘书长。”

2. 营救义务

《营救协定》将营救的义务分为两种情况。一是,降落在缔约国领土内。《营救协定》第 2 条规定,如因意外事故、危难、紧急或非出于本意降落之结果,航天员在一缔约国管辖领域内降落,该缔约国立即采取一切可能的措施营救航天员,并给他们一切必要的帮助,该缔约国应将所采步骤及其进展情形通知发射当局及联合国秘书长。如发射当局之协助有助于实现迅速援救,或对搜寻及援救行动之效力大有贡献,发射当局应与该缔约国合作,以求有效进行搜寻及援救行动。此项行动应受该缔约国指挥管制，该缔约国应与发射当局密切并不断会商行事。二是，降落在缔约国领土外。《营救协定》第 3 条规定，如获悉或发现航天员在公海或在不属于任何国家管辖的其他任何地方降落，必要时凡力所能及的缔约国，均应协助寻找和营救这些人员，保证他们迅速得救。缔约国应将其所采取的措施和所取得的结果通知发射当局和联合国秘书长。上述规定并没有要求缔约国义务开展工作，只是要求在必要时，在力所能及的范围内应协助寻找和营救这些人员，很大程度上具有自愿的性质。

3. 送还义务

《营救协定》对在任一缔约国管辖的区域内着陆，或在公海、不属于任何国家管辖的其他任何地方被发现的航天员，要求缔约国立即将航天员安全交还给发射当局。

关于营救活动的费用承担问题，《营救协定》第 5 条第 5 款规定，履行寻获和归还外空物体或其组成部分所花费的费用，由发射当局支付。但《营救协定》没有明确规定发射当局承担寻找和营救航天员的费用，这也意味着发射当局无须支付航天员的营救和援助费用。但在实践中，一般都是由相关方协商解决。

### 12.1.3　《责任公约》

关于航天活动中外空物体致他国人员或财产受损承担赔偿责任的主要国际法依据是 1972 年《责任公约》，全称是《外空物体造成损害的国际责任公约》。该公约于 1971 年 11 月 29 日经联合国大会通过，1973 年 10 月 9 日生效。截至 2020 年 1 月 1 日，《责任公约》共有 96 个批准国。我国在 1988 年加入该条约。

在人类的航天历程中，发生过很多起严重的损害事件。2009 年 2 月 11 日，美国的一颗商业通信卫星与俄罗斯的一颗失效的军用卫星在西伯利亚上空约 800 km 处相撞，造成了美国卫星服务中断，还产生了数千块太空碎片。这是人类有史以来首次发生的在轨卫星相撞事件。相撞事件发生后，美国和俄罗斯相互指责。美国指责俄罗斯卫星失控，俄罗斯则指责美国宇航局没有做好预警工作。那么，外空物体之间的碰撞如何追责，美国商业通信卫星的损害谁来赔偿，如何赔偿？这一事件引起了人们对航天活动导致的损害赔偿问题的再次关注以及对诸多法律问题的思考。

《责任公约》对外空物体造成涉外损害的责任主体、求偿主体、赔偿范围和标准、归责原则及赔偿程序等问题进行了规定。

1. 外空物体造成涉外损害的责任主体

《责任公约》第 2、3 条明确了一国外空物体对地球表面或飞行中的飞机造成损害和在地球表面以外的地方对他国外空物体和人员造成损害的责任主体是该外空物体的发射国。

《责任公约》第 4 条、第 5 条以及第 22 条规定了共同责任主体的情况。《责任公约》第 4 条规定了一国外空物体对他国外空物体或人员造成损害从而对第三国或第三国的自然人、法人造成损害时，上述两个外空物体的发射国应对第三国共同承担赔偿责任。第 5 条则规定两个或两个以上的国家共同发射外空物体对外造成损害时，所有的发射国应共同承担赔偿责任。第 22 条是规定了国际组织发射外空物体造成对外损害时，该国际组织及其成员国是共同的责任主体。

随着商业航天的发展，越来越多的私人实体参与到航天活动中。《责任公约》将外空物体造成损害的赔偿主体规定为国家,有利于促使国家加强对航天活动的监管,同时,由于国家比私人主体具有更强的赔偿能力,可以避免因私人主体无力赔偿而使受害人得不到救济。

然而,需要注意的是,随着空间活动的发展,外空物体所有权的转移导致责任主体认定面临新的挑战。当一个外空物体从发射国转移给非原始发射国,在法理上,非原始发射国应对该外空物体造成的损害承担责任。但是从现行的《责任公约》来看,承担外空物体造成损害的责任主体必须是发射国,非原始发射国可以因其不是发射国不承担责任。在国际实践中,尽管转移国与被转移国一般会通过协议来明确双方的责任范围,但是该协议仅对合同双方有效,对于受损害的求偿方来说,它无权依据该协定直接向被转移国提出求偿。

2. 外空物体造成涉外损害的求偿主体

《责任公约》对于外空物体造成涉外损害的求偿主体进行了详细的分类。首先,直接遭受损害的国家具有求偿主体资格。直接遭受损害的国家不仅包括国家财产遭受损害的国家,也包括其国民或法人的人身或财产遭受损害的国家,也就是指国籍国。

如果国籍国没有提出赔偿要求,损害的发生地国,可以向发射国提出赔偿要求。如果国籍国或损害的发生地国均未提出赔偿要求,自然人或法人的永久居所地国,可以向发射国提出赔偿要求。

此外,直接遭受损害的自然人或法人也具有求偿主体资格。

3. 外空物体造成涉外损害的责任范围

外空物体造成损害的赔偿范围有明确的限制。《责任公约》第2、3条指出,《责任公约》规定的损害具体是指在地球表面造成的人身伤害和财产损害、对飞行中的飞机造成的损害,以及对另一发射国之外空物体或此种外空物体所载之人或财产造成的损害。

4. 外空物体造成涉外损害的赔偿对象

根据《责任公约》第1条的规定,外空物体造成损害的赔偿对象是“生命丧失、身体受伤或其他健康损害;国家、自然人、法人的财产,或国际政府间组织的财产受损失或损害。”显然,《责任公约》所规定的赔偿对象仅限于人身伤害和财产损害。

对于外空物体造成的其他损害,比如“环境损害”,《责任公约》并没有将其列入赔偿范围。因此,根据《责任公约》,因空间碎片造成的环境损害,缔约国无须按照《责任公约》承担责任。这与现行国家实践的发展不相适应。1977年9月18日,苏联发射了一个由小型核反应器驱动的人造卫星——“宇宙954号”,并正式通知了联合国秘书长。1978年1月24日,该卫星在回收过程中在加拿大西北部爆炸。该卫星的残片坠落在加拿大西北部4.6万 $km^2$ 的区域内。加拿大政府担心爆炸卫星的辐射性碎片造成环境损害,甚至伤及接触到这些碎片的人和动物。因此,加拿大政府花费大量的财力及人力搜寻、清除卫星残骸,并测试人造卫星碎片辐射的扩散范围。事件发生后,加拿大请求美国提供协助,在美国支持下采取“晨光行动”,共搜集了65 kg的残片。但在搜寻过程中却拒绝了苏联主动提出的协助意愿。

1979年,加拿大政府依据1972年《责任公约》、1967年《外空条约》以及国际法一般原则向苏联政府提起600万加元的损害赔偿,赔偿的内容主要是加拿大政府对该区域所进行的探测、清理费用。最终经过谈判,1981年4月2日,两国政府在莫斯科达成协议,并签署议定书,将赔偿金额由600万加元降低为300万加元。这一事件引起了学术界的争议。争议的焦点主要体现在:核动力碎片并没有造成人员伤亡和财产直接损失,能否依据《责任公约》提出赔偿?

搜寻、消除爆炸产生的核动力卫星碎片，并测试碎片核辐射的扩散范围是否属于《责任公约》所规定的"损害赔偿"范围？在 1978 年核动力卫星"宇宙 954"坠落事件中，苏联和加拿大之间关于赔偿问题的解决，说明在实践中相关国家对于外空物体造成的环境污染还是予以赔偿的。

5. 外空物体造成涉外损害的赔偿标准

《责任公约》第 12 条规定，"发射国根据本公约负责偿付的赔偿额，应按照国际法公正合理的原则来确定，以使对损害所作的赔偿，能保证提出赔偿要求的自然人或法人、国家或国际组织把损害恢复到未发生前的原有状态。"从上述规定来看，赔偿标准是能把损害恢复到未发生前的原有状态，即恢复原状。公约没有关于如何计算损害的具体标准，发射国对外赔偿的金额是根据国际法的一般法律原则来确定的，即公正合理原则。而《责任公约》及现行的相关国际法对"公正合理原则"和"恢复原状"并没有明确界定。因此，法院在决定赔偿金额时需要根据可适用的相关法律来进行裁量。

然而，结合"公正合理原则"和"恢复原状"标准，《责任公约》关于赔偿标准的立法旨意比较明确，也就是等值赔偿。等值赔偿作为国际法关于不法行为国家责任赔偿标准之一，得到了国际实践的一致承认。等值赔偿是支付一笔金钱取代或结合恢复原状，消除不法行为法律或物质后果的一种赔偿方式。一般来说，等值赔偿适合于赔偿能按金钱估价的损害，其意图是要赔偿受害方由于国际不法行为而被全部或部分剥夺的任何经济上能估价的物质或非物质利益。因此，等值赔偿的性质是赔偿作用，不含有惩罚的成分。从《责任公约》的规定来看，公约对于赔偿的最高限额没有明确的规定。因此，外空物体造成涉外损害的赔偿数额是没有最高限额的，可以按照实际损失要求等值赔偿。

6. 外空物体造成涉外损害的归责原则

《责任公约》对外空物体造成涉外损害规定了两种归责原则。一是，绝对责任原则。只要外空物体在地球表面造成人身伤害、财产损害或对飞行中的飞机造成损害，不论发射国是否具有过错，都应对此承担赔偿责任。除非发射国证明，损害的发生是由于赔偿国或其自然人、法人的重大疏忽导致的，或因为其采取行动或不行动蓄意造成损害。发射国对损害的绝对责任，应依证明的程度予以免除。但若因发射国进行不符合国际法的活动而造成损害，发射国的责任绝不能予以免除。二是，过失责任原则。外空物体在地球表面以外造成他国外空物体，或其所载人员、财产受损，适用过失责任原则。在过失责任原则下，发射国承担责任的前提是受害国能证明造成损害的发射国是谁，还必须能证明发射国对此损害的产生具有过失。受害国若不能证明发射国存在过失，索赔就不能成功。上述提到的美俄卫星碰撞事件，最后不了了之，过失责任的证明困难是一个非常重要的原因。

### 12.1.4 《登记公约》

《关于登记射入外层外空物体的公约》(简称《登记公约》)于 1974 年 11 月 12 日经联合国大会通过，1976 年 9 月 15 日生效。截至 2020 年 1 月 1 日，共有 69 个批准国。我国在 1988 年加入该条约。

为了确保外空活动有序开展，加强各国在外空活动中的协调与合作，有必要就外空物体的发射和运营形成系统和规范的信息情报体系。外空物体的登记制度无疑能够满足这方面的最低需求。《登记公约》建立了一套具有法律约束性的登记制度。

1. 国内登记

《登记公约》规定各国应建立外空物体国内登记制度。《登记公约》要求发射国在发射一个外空物体进入或越出地球轨道时，应以登入其所须保持的适当登记册的方式登记该外空物体。由此可见，发射国在有关国内登记方面有建立国内外空物体登记册，对本国发射的外空物体进行登记的义务。

2. 国际登记

《外空条约》第 8 条规定，外空物体的登记国应对该物体及其所载人员保有管辖权和控制权。该条约的规定非常原则，不具有可操作性。如何登记，向谁登记，以及需要登记哪些内容等等，都不能得到答案。《登记公约》将该条进一步具体化，在强制的基础上设置一个由联合国秘书长保持的进入外空物体总登记册，要求发射国将外空物体的信息录入国内登记册，并通知联合国秘书长。

(1)登记国的确定。

发射国是外空物体的登记国。但如果出现两个或两个以上发射国时，这些发射国应共同决定由其中某一发射国登记该外空物体。这并不妨碍各发射国就外空物体及其人员的管辖和控制问题缔结适当协定。由此可见，外空物体的管辖和控制权并没有绝对地与登记国联系在一起，在某些情形下，允许通过协议的形式将两者分离。

(2)登记信息。

《登记公约》第 4 条规定，每一登记国应在切实可行的范围内尽速向联合国秘书长提供外空物体的下列情报：

(1)发射国的国名；

(2)外空物体的适当标志或其登记号码；

(3)发射的日期和地点；

(4)基本的轨道参数；

(5)外空物体的一般功能。

《登记公约》还规定，每一登记国得随时向联合国秘书长提供有关其登记册内所载外空物体的其他情报；每一登记国应在切实可行的最大限度内，尽速将其曾提送情报的原在地球轨道内但现已不复在地球轨道内的外空物体通知联合国秘书长。《登记公约》的这一规定不仅仅是为了保证国家登记外空物体，还有其他目的。一是确保各国外空活动的透明度。二是，为外空物体造成的损害赔偿明确具体的赔偿国家，便于追责。三是，便于确定对外空物体存在管辖和控制权的国家。

各国在实践中履行《登记公约》的状况，暴露出《登记公约》存在的一些问题。一是，《登记公约》执行机制亟待完善。《登记公约》作为一个重要的国际条约，要求成员国严格履行公约中规定的义务。但事实是由于《登记公约》缺乏有力的执行机制，所以成员国履约状况比较差。有的完全不登记，有的对卫星变轨、脱离地球轨道等后续情况就不做登记了。二是，《登记公约》要求通报登记的信息过于概括、有限、不详尽，只要求登记外空物体的“一般功能”。实践中，许多国家就会选择部分信息进行登记，提供一些笼统的、简单的信息资料，可能存在隐瞒实际的军事用途而进行登记的情况。三是，《登记公约》要求的登记时间不明确。《登记公约》用了“尽可能”“尽速”等模糊词语，这就导致有的国家在发射活动完成后半年或一年后才进行登记,有的国家则是对一段时期内进行的多次发射活动一并进行登记。上述不登记、简单登记、晚登记的情况,不利于国际社会及时掌握外空物体分布和运行情况以及外空物体的真实状态,不利于外空安全。

### 12.1.5 《月球协定》

《指导各国在月球和其他天体上活动的协定》(简称《月球协定》)于 1979 年 12 月 5 日经联合国大会通过,1984 年 7 月 11 日生效。截至 2020 年 1 月 1 日,《月球协定》共有 18 个批准国。我国没有加入该协定。目前世界上主要航天国家中,除了印度、法国是签署国之外,其他国家也都没有签署或加入该协定。所以协定的效力范围十分有限。

#### 1. 月球及其他天体的自然资源属于全人类共同财产

《月球协定》重申了《外空条约》明确的,月球的探索和利用应是全体人类的事情,并应为一切国家谋福利,而不论其经济或科学发展程度如何。在任何国家主权和管辖范围之外,为所有国家的共同利益而存在的区域,比如南极洲、公海等被称为"全球公域"。全人类共同拥有的外层空间,无疑也应当属于"全球公域"的范畴。这个概念与"不得据为己有"原则紧密相连。1967 年《外空条约》第 2 条明确规定,外层空间,包括月球与其他天体在内,不得由国家通过提出主权主张,通过使用或占领,或以任何其他方法,据为己有。外层空间作为"全球公域",就说明传统国际法关于"全球公域"之外地带获取领土主权的发现、占有、实际占有等方式不适用于外层空间。然而《外空条约》第 2 条并没有明确提及外空及天体的自然资源归属问题。1979 年《月球协定》则试图澄清这个问题。《月球协定》第 11 条第 1 款明确规定,月球及其自然资源均为全人类的共同财产。全人类共同财产的这一概念在《月球协定》中首次确立下来。

《月球协定》第 11 条第 3 款进一步指出:"月球的表面或表面的下层或其他部分或其中的自然资源均不应成为任何国家、政府间国际组织或非政府间国际组织、国家组织或非政府实体或任何自然人的财产。在月球表面或表面下层,包括与月球表面或表面下层相连接的构造物在内,安置人员、航天器、装备设施、站所和装置,不应视为对月球或其任何领域的表面或表面下层取得所有权。"

《月球协定》的上述规定,是对《外空条约》第 2 条的进一步扩展和解释,从总体上解决了月球上既存的自然资源的归属问题——即月球的自然资源属于全人类共同财产。

#### 2. 月球及其他天体资源的开发和利用

从资源开发的目的看,月球资源开发可以分为科研开发与商业开发两大类。《月球协定》第 6 条第 2 款澄清了用于科研目的的月球资源的开发和利用问题。指出,缔约国为促进本协定各项规定的实施而进行科学研究时,应有权在月球上采集并移走矿物和其他物质的标本;发动采集此类标本的缔约各国可保留其处置权,并可为科学目的而使用这些标本。

针对月球资源的商业开发问题,《外空条约》并没有禁止为商业目的而进行月球资源开发,只是强调要为所有国家谋福利。《月球协定》第 11 条第 5 款做了原则性规定,指出,缔约国承诺一旦月球自然资源的开发即将可行时,建立指导此种开发的国际制度。这样,《月球协定》实际上只解决了用于科研目的的月球自然资源开发和利用问题,而把用于商业目的的月球自然资源开发和利用问题留给未来的国际制度去解决。同时,《月球协定》第 11 条第 7 款,

为未来要建立的国际开发制度规定了主要宗旨:

(1)有秩序地和安全地开发月球的自然资源;

(2)对这些资源作合理的管理;

(3)扩大使用这些资源的机会;

(4)所有缔约国应公平分享这些资源所带来的惠益,而且应当对发展中国家的利益和需要,以及各个直接或间接对探索月球作出贡献的国家所作的努力,给予特别的照顾。

《月球协定》指出的这种开发制度,要求与所有缔约国分享月球资源开发带来的惠益,而且还应当对发展中国家的利益给予特别的照顾。多数空间国家认为这种规定难以接受。这也是主要空间国家没有加入《月球协定》的主要原因。2020 年 4 月 6 日,美国总统特朗普签署第 13914 号总统行政令,即《关于鼓励国际支持太空资源的获取和利用》,声称月球和其他天体不是“全球公域”,明确拒绝《月球协定》。文中指出:“美国不认为《月球协定》是指导国家促进商业参与月球、火星或其他天体的长期探索、科学发现和使用的有效或必要手段。所以,国务卿应反对任何其他国家或国际组织试图让《月球协定》反应或表示为国际习惯法的任何尝试。”基于美国对《月球协定》的质疑和否定态度,国际社会将《月球协定》作为构建太空资源开发国际制度的重要基础短期可能很难见成效。因此,当前,在以商业目的开发月球资源的背景下,国际社会需要建立一套被普遍接受的月球资源开发制度,有序、安全地开发,合理管理这些资源,造福全人类。

## 12.2 国际电信联盟法律文件

除了上述专门规定外空活动的国际规则之外,国际电信联盟法律文件通过对卫星等航天器轨道和电磁频谱分配管理影响外空活动。国际电信联盟法律文件是国际电信联盟制定的一系列法规。国际电信联盟设有无线电通信部门(ITU-R),管理国际无线电频谱和卫星轨道资源。1989 年,尼斯大会同意将当时《国际电信公约》中更为长期性的条款放入《国际电信联盟组织法》,更便于修正的部分形成《国际电信联盟公约》。《国际电信联盟公约》是《国际电信联盟组织法》的补充,《无线电规则》附属于国际电信联盟组织法和公约。《国际电信联盟组织法》《国际电信联盟公约》《无线电规则》建立了成员国卫星轨道频段使用的框架规章,对无线电频谱和频率进行指配,对卫星轨道位置和其他参数进行分配和登记,同时责成成员国避免无线电有害干扰。军用卫星的无线电业务和通信依照国际电信联盟规定进行登记和运行的,也受此“不受有害干扰”规定的保护。

根据国际电信联盟(ITU,如图 12-2 所示)《无线电规则》,卫星频率和轨道资源分配方式主要有 2 种:一是协调方式,即通过申报与协调手段合法地“先登先占”的抢占方式,对于非规划频段的卫星频率分配,需经过申报、协调和通知 3 个阶段,以获得所需要的卫星频率,并且能得到国际保护;二是规划方式,即通过规划的手段“平等”分配、规划卫星业务资源。规划的实质是为发展中国家预留卫星频率和轨道资源,保障发展中国家在将来有能力时,有最低限度的卫星频率和轨道资源可用。现行的《无线电规则》,分别为卫星广播业务(广播卫星)和卫星固定业务(通信卫星)制定了规划,规划内的卫星频率和轨道资源永远有效。因此,协调方式是当前卫星频率和轨道资源获取的主要方式。

卫星频率和轨道资源的国际协调方式,有学者也称为后验的分配方式(a posteriori

图 12-2　国际电信联盟(ITU)

system)。该方式主要依据 ITU 的卫星网络或卫星资料的提前公布、协调、频率指配的通知和登记三段式协调程序,进行卫星频率和轨道资源的分配。其实质上是一种“先登先占” 或“先来先得”的分配方式,即只要按照《无线电规则》所规定的协调程序进行了协调,并最终在频率登记总表进行了频率指配的登记,该频率的使用权就得到了国际认可。《无线电规则》规定了 ITU 的卫星业务频率申报协调程序,大致经过 3 个阶段。

### 1. 卫星网络或卫星系统资料的提前公布

为尽量避免各国拟实施的卫星网络产生相互干扰,ITU 要求各国无线电管理政府主管部门,在卫星网络投入使用前不早于 7 年,但不晚于 2 年,向 ITU 申报并公布拟使用的卫星频率资源。各国无线电管理政府主管部门,应按照 ITU《无线电规则》中要求的参数和格式,用 ITU 规定的专用软件,向 ITU 申报电子格式的卫星网络提前公布资料(简称 API 资料)。ITU 通过国际频率信息通函(简称 IFIC),将接收到的合格的 API 资料向全世界公布。因此,主管部门就某一卫星系统频率进行指配之前,应向 ITU 无线电通信局送交该卫星网络或系统的一般说明,包括轨道、波束、频段、极化、业务类别、发射类别(带宽、信号强度)、应用类别、要求的保护比(如载干比($I/C$)、信噪比($I/S$))等。同时,为了避免“纸卫星”的泛滥,ITU 还要求主管部门提交有关卫星网络的标识信息、运营商、航天器制造商及其合同执行日期、采购的卫星数量、发射业务提供商及其合同执行日期、发射设施的名称和位置等“尽职调查”信息。

### 2. 卫星频率的协调

对于大多数非地球静止卫星网络和所有地球静止卫星网络来说,在第 1 阶段申报 API 资料后的 2 年内,还需用 ITU 规定的软件,依据拟实施卫星网络的参数,向 ITU 申报电子格式的卫星网络协调资料(简称 C 资料)。ITU 对于不同种类卫星网络的 C 资料,根据《无线电规则》中不同的规则要求,对 C 资料进行技术和规则审查。审查合格后,ITU 将上述 C 资料通过 IFIC 向世界各国公布。各国在规定的时间期限内,正式判断新申报的卫星网络是否可能对自己已经申报了的卫星网络或地面业务产生不可接受的干扰,并在规定的时间期限内将判断的最终结果和技术依据通知 ITU 和相应的主管部门,由此建立正式协调关系。因此,如果某一主管部门认为可能对其现有的或规划的卫星网络或系统产生不可接受的干扰,应在收到该国际频率信息通报日期的4个月内向公布资料的主管部门告知关于对其现有的或规划系统预计进行干扰的详细情况的意见,并将此意见寄送给无线电通信局。随后双方展开磋商,直到双方确保彼此网络或系统之间不会产生干扰。这个过程一般涉及多轮磋商以及技术调整,往往持续数年。

3. 卫星频率指配的通知和登记

经卫星网络国际频率干扰协调,消除卫星网络之间可能存在的潜在干扰后,使用ITU规定的软件,向ITU申报卫星网络的通知登记信息(简称N资料)。N资料的送交不应早于频率指配投入使用前3年。若对已送交了N资料并已投入使用的频率指配进行修改,则应在修改通知起5年内投入使用。N资料投入使用时间不能晚于API资料接收起7年。如果ITU认为有关主管部门提交的卫星网络技术信息和"尽职调查"信息均符合要求,则将有关频率的指配登记在国际频率登记总表(简称MIFR)上。

这种三段式的卫星网络和系统申报程序是一种后验的分配方式,即只要符合《无线电规则》的程序和条件,则可按"先登先占"的方式,获得国际承认的、对特定频率和轨道位置的使用权。登记在国际频率登记总表内的所有频率指配,均享有国际承认的权利。也就是说,运营商在卫星系统可以运营之时,对该指配的频率资源有法定的使用权。反之,如果该卫星系统未进行登记,或者虽已登记但是在7年的年限内未能投入运营,则整个协调过程失效,已登记的频率资源可被其他主管部门重新申请进行新的协调。因此,各国既要适时提前公布卫星网络资料以便开展协调过程,从而才可能获得一定的频率轨道资源;同时又要把握好时限要求,因为一个卫星系统的开发往往需要多年的时间,如果未能在7年之内开发成功和投入运行,则之前的技术成本和行政成本,均难以收回。

受到国际格局、国际关系、国家利益等因素的影响,以及航天技术的不断发展,外空国际规则在经历较长的停滞期后,目前正处在活跃的调整变化中。随着人类命运共同体理念的深入人心及我国航天的进步发展,我国必将在外空国际规则制定中,贡献中国方案,成为影响外空国际规则制定的重要力量。

## 12.3 太空国际规则谈判

随着人类太空活动的日益频繁和多样化,太空国际规则谈判显得尤为重要。这些谈判旨在确保太空活动的安全、和平与可持续性,同时维护各国的合法权益。

### 12.3.1 透明与建立信任措施

"当前外空活动中可采取的透明和建立信任措施可分为几大类:旨在提高外空计划透明度的措施;旨在增加在轨外空物体有关信息的措施;有关外空活动行为准则的措施。"这些措施可通过不同方式加以实施,如信息交换、展示、通报、磋商、专题研讨会等等。信息交换主要是针对"各国外空政策的主要取向""重大外空研究和利用计划""外空物体的轨道参数";展示的对象包括"在自愿的前提下,安排专家参观,包括参观空间发射场地、飞行指挥和控制中心以及其他外空基础设施""在自愿的前提下,邀请观察员观摩空间飞行器发射""展示火箭和其他空间技术";通报的情形包括"拟定的空间飞行器发射""可能靠近其他国家空间飞行器而造成危险的空间飞行器拟定调整动作""无导航的外空物体离轨下降的起始时间以及地球表面受影响地区""有导航的空间飞行器离轨返回大气层""装载核动力燃料的空间飞行器的返回,以防发生故障并有辐射材料坠落地球的危险”;磋商的情形包括“就所提供的外空研究和利用计划的有关信息进行澄清”“不明形势或有关切的问题”“讨论已达成的外空透明和建立信任措施的执行情况”;专题研讨会是指“围绕各种有关外空研究和利用的问题,采取双边或多边形式,有科学家、外交官以及军事和技术专家的参与”。

1. TCBM 的理论基础

(1)关于 TCBM 的一些基本界定。

我国提出“TCBM 是作为制定有约束力的国际法律文件的一个过渡性的、有益的手段”。由中国和俄罗斯联合提出,外空 TCBM(外空透明与建立信任措施)可以分为:增强(外空)计划透明度的措施、旨在增强在轨空间物体有关信息的措施和有关外空活动行为准则的措施。

(2)关于 TCBM 的作用。

各国提交的回复中包含着很多对于 TCBM 作用的表述。其中我国的观点是:“适当的外空 TCBM 可以减少从事空间活动的国家间的误解,缓解紧张,提高互信并且有利于和平利用外空的国际合作。”联合国裁军研究所整理的各国回复中还包括其他 12 种表述。基于这些表述,外空 TCBM 的作用可以分为两类,即:经由 TCBM 的国际合作,一国可以通过做出预判、采取预防和应对措施来应对外空军事化问题,包括防止外空军事冲突/军备竞赛,减少外空军事对抗,掌握他国外空军事行动和外空战略意图;以及实现外空安全,包括外空资产的安全和外空环境的安全。我国高度重视外空透明与建立信任措施,认为这些措施对于增进各国间的互信、减少误判、规范外空活动以及维护外空安全具有积极意义。我国已经向联合国提交了相关立场文件,并积极参与了相关政府专家组的工作,推动各方在自愿基础上积极落实外空透明与建立信任措施的工作报告内容。这些措施旨在防止外空军备竞赛,并作为谈判缔结防止外空武器化和外空军备竞赛国际法律文书的有益补充。

2. 现有法律框架下的 TCBM

中国与俄罗斯指出,从既有的外空法律框架来看,“一些外空国际协定中以某种方式包含了透明和建立信任措施:1967 年《外空条约》、1968 年《营救协定》、1972 年《责任公约》和 1975 年《登记公约》。这些协定特别规定,应在可行和现实的最大程度上,向联合国秘书长以及公众和国际科学界提供外空活动的性质、实施和结果、外空发射物体以及外空物体脱离或改变原通报轨道的数据,并在出现问题时开展合作,共同管理,等等。”欧盟、加拿大还提及了《全面禁止核试验公约》《关于在外空使用核动力源的原则》《联合国外空委空间碎片减缓指南》等。这里需要说明的是,联合国外空委(Committee on the Peaceful Uses of Outer Space, COPUOS)根据 1959 年联大第 1472 号决议建立,是一个致力于和平利用外层空间的国际机构,简称外空委,其宗旨为制定和平利用外空的原则和规章,促进各国在和平利用外空领域的合作,研究与探索和利用外空有关的科技问题和可能产生的法律问题。

## 12.3.2 外空活动国际行为准则

随着人类太空活动的不断增加,外空活动国际行为准则的制定变得尤为重要。2008 年,欧盟提出《外空活动行为准则》(ICOC)(草案),2012 年改为《外空活动国际行为准则》,以增强外空活动的安全、安保和可预见性。基于国际法和国际条约所规定的《外空活动主要原则》以及欧盟《外空活动国际行为准则》,可以总结出外空活动国际行为准则的内容主要包括以下几个方面：

1. 尊重国际法和联合国宪章

各国在外空活动中应严格遵守国际法和联合国宪章，包括关于和平利用外层空间和防止外层空间武器化的规定。

2. 透明和负责任的行动

采取透明行动：各国应定期向国际社会提供其太空活动的详细信息，包括卫星发射、轨道变更、在轨物体状态等，以增进国际社会的了解和信任。

负责任的行动：各国应与其他国家合作，共同维护外空的和平与安全，防止外空物体的碰撞和产生空间碎片。

3. 采取安全和安全性措施

各国应采取适当的技术和管理措施，最大限度地减少太空碎片和其他危险物质的风险，保护太空环境和地球环境；各国应确保其太空活动不会对其他国家的太空活动造成干扰或损害。

4. 保护太空资源和环境

各国应共同保护太空资源，避免过度开发和滥用，确保太空资源的可持续利用；各国应采取必要措施，防止太空活动对地球环境造成不利影响。

5. 通过协商和合作解决疑虑和争议

各国应通过对话、协商和合作，解决在外空活动中可能产生的疑虑和争议，增进国际的互信和合作；建立国际机制，如多边协商、专家会议等，以促进各国在外空活动领域的交流与合作。

6. 共同利益和和平利用原则

各国在外空活动中应遵循共同利益原则，确保太空活动为全体人类谋取福利和利益；各国应和平利用外空，禁止在外空进行军事化活动，包括在外空放置核武器或其他大规模毁灭性武器等。

7. 其他重要原则

不得据为己有原则：任何国家不得将外空据为己有，包括月球和其他天体。救援航天员原则：各国应将航天员视为人类派往外空的使者，在航天员发生意外时应提供一切可能的援助。外空物体登记和管辖原则：外空物体的发射国家应对该物体进行登记，并保持对该物体的管辖及控制权。

### 12.3.3 太空碎片减缓指南

伴随着商业航天的蓬勃发展和众多卫星星座计划的逐步实施，发射进入太空的卫星数量急剧增长，空间碎片增长的势头并未得到有效遏制，而外空条约也并未明确提及空间碎片问题。为防止空间碎片形势持续恶化，维护外空活动和外空环境安全，国际社会遵循联合国外空条约体系确立的原则，逐步构建了以相关规范和标准为主体的空间碎片减缓国际机制。1993年，美国、欧洲、日本和俄罗斯航天管理机构联合组建了机构间空间碎片协调委员会（IADC），协调与空间碎片有关的活动。2002年，IADC发布了在相关国家和国际组织做法、标准、规则基础上编制的《空间碎片减缓指南》。在此基础上，外空委于2007年通过《空间碎片减缓指南》文本,并在同年 12 月得到联大决议核准。联大决议鼓励各成员国和国际组织通过国家机制或其各自机制,自愿采取措施,切实可行地执行指南中的做法和程序。

1. 减少生成具有潜在危害性的空间碎片

限制在正常运作期间分离碎片:确保航天器在正常运行过程中不释放不必要的碎片。最大限度减少操作阶段可能发生的解体:通过优化设计和操作程序,减少航天器在轨运行时的解体风险。限制轨道中意外碰撞的可能性:采取主动和被动的避撞措施,如使用预警系统、机动规避等。避免故意自毁和其他有害活动:禁止航天器在轨进行可能产生大量碎片的故意自毁或其他有害活动。最大限度降低剩存能源导致的任务后解体的可能性:通过合理安排任务周期和能源管理,减少航天器在任务结束后因剩余能源导致的解体风险。

2. 从轨道中清除空间碎片

清除失效卫星和火箭残骸:通过发射专门的清理卫星或使用现有卫星的机械臂等设备,捕捉和移除失效卫星和火箭残骸。利用激光或雷达系统实时测距或测速:这些技术有助于更精确地接近和捕捉目标碎片。抓住目标碎片,将其带到较低的轨道或带回地面:通过物理抓取或利用大气阻力使碎片减速并坠入大气层烧毁。

3. 其他相关措施

限制卫星和火箭在任务结束后长期滞留低地轨道区域:通过设计合理的轨道衰减策略,确保航天器在任务结束后能够迅速离开低地轨道区域。限制航天器和运载火箭轨道级在任务结束后对地球同步区域的长期干扰:通过优化轨道设计和任务规划,减少在地球同步轨道区域的长期干扰。此外,空间碎片减缓指南还强调了国际合作的重要性,鼓励各国共同制定和执行减缓措施,以确保外层空间的长期可持续利用。

### 12.3.4　外空活动长期可持续性

外空活动的长期可持续性是当前太空国际规则谈判的另一个重要议题。外层空间活动长期可持续性被界定为,以实现公平享有为和平目的探索和利用外层空间惠益的目标的方式,保证一直到未来均可无限期开展空间活动的能力,目的是满足目前一代的需要,同时也为今后世代保护好外层空间环境。这与《关于各国探索和利用外层空间法律原则宣言》和《关于各国探索和利用包括月球和其他天体在内外层空间活动的原则条约》(《外层空间条约》)中的各项目标是相一致的,而且是对这些目的的支持,因为这类目标同致力于在开展空间活动时顾及确保外层空间环境仍然适合当前和今后世代所探索和利用的基本需要之间有着有机的联系。各国认识到,保持为和平目的探索和利用空间是为全人类的利益而追求的一项目标。联合国外空委(UNOOSA)的科技小组委员会在经过多年讨论和准备后,于 2019 年在其第 61 届会议上通过了《外层空间活动长期可持续性准则》。该准则的制定过程涉及了多个国家和国际组织的参与和贡献,旨在确保外层空间活动的长期可持续性,特别是关注空间碎片减缓等关键问题。

1. 准则的构成

该准则共包含序言和 21 条具体准则,这些准则主要由 A. 空间活动的政策和监管框架(5),B. 空间业务安全(10),C. 国际合作、能力建设和认识(4),D. 科学和技术研究与开发(2)4 个方面组成,以确保其长期可持续性。

2. 与空间碎片减缓相关的准则

其中,A. 2、B. 3、B. 7、B. 8、D. 2 等准则特别关注了空间碎片减缓的问题。这些准则建议各国及国际组织在制定或修正外层空间活动国家监管框架时,执行联合国外空委在《空间碎片减缓准则》中所提议的推荐措施,鼓励各国将其空间物体运行按照《空间碎片减缓准则》中的建议进行离轨处置,以减少空间碎片的产生;同时,也鼓励各国和国际组织在设计空间物体时遵守《空间碎片减缓准则》的寿命期限要求,限制空间物体在任务结束后在轨道中的长期存在,从而进一步控制空间碎片的数量。

3. 准则的性质和执行

《外层空间活动长期可持续性准则》在序言中强调了其自愿性,即它本身并不具有国际法下的法律约束力。然而,准则鼓励各国和国际组织在切实可行的最大限度内执行这些准则,以促进外层空间活动的长期可持续性。

# 本 章 回 顾

## 关键词

太空国际公约
联合国外空委
可持续性
国际电信联盟

## 重要概念

◇ 太空国际公约主要包括
  -《外空条约》
  -《营救协定》
  -《责任公约》
  -《登记公约》
  -《月球协定》
◇ 卫星频率和轨道资源分配方式
  -协调方式
  -规划方式

# 思考与讨论

1.《外空条约》有着什么样的法律地位?
2. 太空国际规则谈判的主要目的是什么?
3. 联合国外空委是一个什么样的机构?
4. 请讨论:促进外层空间和平探索与利用的措施有哪些?

# 参考文献


[1]HOLZINGER M J, CHOW C C, GARRETSON P. A primer on cislunar space[M]. Dayton, Ohio: Air Force Research Laboratory, 2021.

[2]LIU Z X, ESCOUBET C P, PU Z Y, et al. The double star plasma electron and current experiment[J]. Annales Geophysicae: Atmospheres, hydrospheres and space sciences, 2005, 23(8): 2733-2756.

[3]胡其正, 杨芳. 宇航概论[M]. 北京: 中国科学技术出版社, 2010.

[4]郑晓虹, 余英. 航天概论[M]. 北京: 人民邮电出版社, 2013.

[5]贾玉红. 航空航天概论[M]. 4 版. 北京: 北京航空航天大学出版社, 2017.

[6]尹志忠. 世界军事航天发展概论[M]. 北京: 国防工业出版社, 2015.

[7]李智, 张占月, 孙琰. 现代太空战[M]. 北京: 国防大学出版社, 2016.

[8]刘家騑, 李晓敏, 郭桂萍. 航天技术概论[M]. 2 版. 北京: 北京航空航天大学出版社, 2018.

[9]寇静行, 蔡世鑫, 张一鸣. 美国商业遥感发展现状及其军事应用研究[J]. 国际太空, 2023(7): 50-56.

[10]顾先冰, 司群英. 国内外遥感卫星发展现状[J]. 航天返回与遥感, 2000, 21(2): 29-33.

[11]杨歌, 李伊涵. 美国航天遥感力量发展现状及特点[J]. 国际太空, 2023(6): 53-57.

[12]李德仁, 王珈樱, 王密. 我国商业遥感卫星系统发展建议[J]. 卫星应用, 2024(5): 6-10.

[13]童庆禧. 中国遥感技术和产业化发展现状与提升思路[J]. 发展研究, 2023(6): 1-5.

[14]赵志明, 翟峰, 付重, 等. 科学技术试验卫星发展与展望[J]. 航天器工程, 2021, 30(6): 31-43.

[15]王赤, 李超, 孙丽琳. 我国空间科学卫星任务国际合作管理实践与思考: 以中国科学院空间科学战略性先导科技专项为例[J]. 中国科学院院刊, 2020, 7(8): 1032-1040.

[16]邓薇. 实践十号: 我国首颗微重力科学实验卫星[J]. 卫星应用, 2016(4): 91.

[17]吴季. 空间科学任务及其特点综述[J]. 空间科学学报, 2018, 38(2): 139-146.

[18]相里斌. 发展空间科学建设航天强国——第一届中国空间科学大会筹备召开[J]. 空间科学学报, 2019, 39(1): 2.

[19]总装备部电子信息基础部. 《太阳风暴影响与应对措施》科普丛书: 太阳风暴对雷达及导航装备的影响与应对、太阳风暴揭秘、太阳风暴的监测与预报、太阳风暴对航天器的影响与防护、太阳风暴对通信装备的影响与应对(全 5 册合售)[M]. 北京: 国防工业出版社, 2012.

[20] 于登云, 总装备部. 《太阳风暴影响与应对措施》科普丛书: 太阳风暴对航天器的影响与防护[M]. 北京: 国防工业出版社, 2012.

[21] TRIBBLE A C. The space environment: implications for spacecraft design[M]. Princeton, NJ: Princeton University Press, 1995.
[22]刘林. 航天器轨道理论[M]. 北京: 国防工业出版社, 2000.
[23]杨嘉墀. 航天器轨道动力学与控制-下[M]. 北京: 宇航出版社, 2001.
[24]郗晓宁, 王威, 高玉东. 近地航天器轨道基础[M]. 长沙: 国防科技大学出版社, 2003.
[25]于小红,张雅声,李智. 发射弹道与轨道基础 [M]. 北京:国防工业出版社,2007.
[26] CURTIS H D. 轨道力学[M]. 周建华, 徐波, 冯全胜译. 北京: 科学出版社, 2009.
[27] VALLADO D A. Fundamentals of astrodynamics and applications[M]. 5th ed. Portland, Oregon: Microcosm Press,2013.
[28]WRIGHT D, GREGO L,GRONLUND L. 太空安全物理学 [M]. 范丽,潘升东,张学阳,译. 北京:国防工业出版社,2014.
[29] CURTIS H D. Orbitalmechanics for engineering students: Revised reprint[M]. 4th ed. Amsterdam:Elsevier Ltd,2020.
[30] VAMPOLA A L. The hazardous space particle environment[J]. IEEE transactions on plasma science, 2000, 28(6): 1831-1839.
[31]王子凤. 航天器电介质材料在空间环境下的内部充放电特征[D]. 北京:中国科学院大学(中国科学院国家空间科学中心),2017.
[32]张雅声, 徐艳丽, 杨庆. 航天器轨道理论与应用[M]. 北京: 清华大学出版社, 2020.
[33] 杨东, 杜红, 付林春, 等. 国外航天器电源与供配电标准体系综述[J]. 电源学报, 2024, 22(2): 396-404.
[34]蔡国平, 刘翔, 李海泉, 等. 航天器电池阵/天线动力学与控制[M]. 北京: 科学出版社, 2023.
[35]泮斌峰. 航天器制导理论与方法[M]. 北京: 科学出版社, 2023.
[36]罗文波, 张新伟, 高峰. 航天器尺寸稳定结构设计与验证[M]. 哈尔滨: 哈尔滨工业大学出版社, 2023.
[37] 周佐新, 黄金印, 张红星, 等. 我国航天器热控技术发展及展望[J]. 航天器工程, 2023, 32(6): 1-9.
[38] SELLMAIER F, UHLIG T, SCHMIDHUBER M. Spacecraft operations [M]. 2nd ed. Switzerland:Springer, 2022.
[39]昂海松, 童明波, 余雄庆. 航空航天概论[M]. 3 版. 北京: 科学出版社, 2021.
[40] SINGER K N, STERN S A, ELLIOTT J, et al. A new spacecraft mission concept combining the first exploration of the Centaurs and an astrophysical space telescope for the outer solar system[J]. Planetary and space science,2021, 205: 105290.
[41]冉隆燧. 航天工程设计实践[M]. 北京: 中国宇航出版社, 2012.
[42]李颐黎. 航天器返回与进入的轨道设计[M]. 西安: 西北工业大学出版社, 2015.
[43]王希季. 航天器进入与返回技术:上册[M]. 北京: 宇航出版社, 1991.
[44]北京空间机电研究所. 安全返回: 航天器回收与着陆技术的发展与成就[M]. 北京: 北京理工大学出版社, 2018.
[45]郑荣跃, 王克昌,鄢小清. 航天工程学[M]. 长沙: 国防科技大学出版社, 1999.

[46] 王国语. 外空透明与建立信任措施及中国的立场[J]. 中国航天, 2012(9): 35-38.

[47] 高国柱. 欧盟《外空活动行为准则》草案评析[J]. 北京航空航天大学学报(社会科学版), 2010, 23(4): 18-23.

[48] 段锋. 解读美国从太空交通管理向太空交通协调的转变[J]. 空间碎片研究, 2022, 22(1): 62-67.

[49] 龚自正, 宋光明, 李明, 等. 空间活动长期可持续: 从空间交通管理到空间环境治理: 第683次香山科学会议评述[J]. 空间碎片研究, 2021(1): 5-12.

[50] 王冀莲,任迪. 空间交通管理促进外空活动长期可持续发展[J]. 空间碎片研究,2021,21(1):13-17.

[51] 冯书兴, 姚文多, 陈凌云. 太空交通管理体系框架探讨[J]. 中国航天, 2021(9): 38-43.

[52] 左清华. 美国空间交通管理政策的背景分析及思考[J]. 中国航天, 2020(8): 58-62.

[53] 姚文多, 冯书兴, 陈凌云. 我国空间交通管理体系发展路线图的思路[J]. 国际太空, 2020(11): 40-45.

[54] European Space Policy Institute (ESPI). Towards a European Approach to Space Traffic Management[R/OL]. 2020 - 01. https://www. europeansources. info/record/towards-a-european-approach-to-space-traffic-management.

[55] The White House Washington. United States Space Priorities Framework [R/OL]. 2021 - 12. https://www. whitehouse. gov/wp-content/uploads/2021/12/United-States-Space-Priorities-Framework-_-December-1-2021. pdf.

[56] European Space Policy Institute (ESPI). Mechanisms for the Development of International Norms regarding Space Activities[R/OL]. 2016 - 05. https://www. espi. or. at/reports/mechanisms-for-the-development-of-international-norms-regarding-space-activities.

[57] 张永生, 王涛, 张云彬. 航天遥感工程[M]. 2版. 北京: 科学出版社, 2010.

[58] 魏文寿. 卫星遥感应用[M]. 北京: 气象出版社, 2013.

[59] OLSEN R C. 航空航天遥感[M]. 王小勇,译. 2版. 北京: 国防工业出版社, 2022.

[60] 蒋卫国, 王文杰, 李京, 等. 遥感卫星导论[M]. 北京: 科学出版社, 2015.

[61] 胡如忠, 刘雪萍, 楚良才, 等. 国产遥感卫星进展与应用实例[M]. 北京: 电子工业出版社, 2015.

[62] 侯妍, 范丽, 杨雪榕, 等. 太空信息支援[M]. 北京: 国防工业出版社, 2018.

[63] 李果, 刘新彦. 地球同步轨道光学遥感卫星高精度高稳定度控制技术[J]. 空间控制技术与应用, 2021, 47(5): 24-32.

[64] "高分四号"相机的四宗"最"——解读国际首台地球同步轨道分辨率光学遥感相机[J]. 航天返回与遥感. 2016,31(1):3.

[65] 刘淮宇. 高分四号相机全揭秘[J]. 太空探索, 2016(2): 10-11.

[66] 邬树楠, 孙兆伟, 叶东. 低轨对地凝视卫星姿态控制[J]. 上海航天, 2010, 27(1): 15-19.

[67] 刘韬. 国外视频卫星发展研究[J]. 国际太空, 2014(9): 50-56.

[68] 何永刚. 基于遥感技术的半干旱地区水体信息提取方法研究[J]. 甘肃科技, 2013, 29

(2): 26-29.

[69] REICHSTEIN M, CAMPS-VALLS G, STEVENS B, et al. Deep learning and process understanding for data-driven Earth system science[J]. Nature, 2019, 566(7743): 195-204.

[70] 谭琨, 王雪, 杜培军. 结合深度学习和半监督学习的遥感影像分类进展[J]. 中国图象图形学报, 2019(11): 1823-1841.